미생물에 의한 제어를 중심으로

독성 오염물질 제어전략

Control Strategy for Toxic Pollutants

이학박사 최 주 환 편저

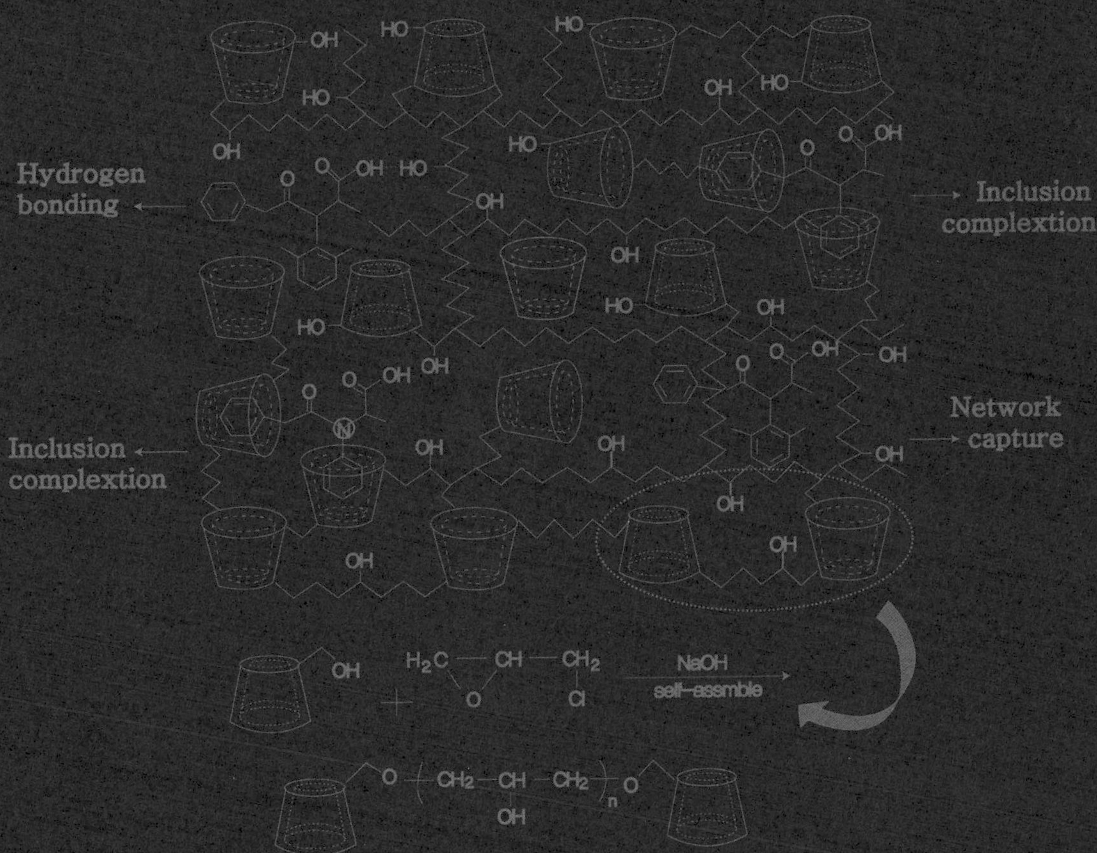

도서출판 서훈

머리말

산업의 발전과 더불어 수많은 환경오염 물질들이 양산되고 있다. 그중에서 일부 환경오염물질들은 지속성이 강하고, 독성이 크며, 정화가 용이하지 못하며 그리고 각종 질병과 돌연변이들을 유발할 수 있다. 본서는 대표적인 몇몇 독성 오염물질에 대하여 환경친화적이며 여러 측면에서 향후 각광을 받게 될 미생물에 의한 정화기술을 중심으로 기술하였다.

미생물에 의한 정화기술은 지금까지 개발되어 사용되어오고 있는 기술들과 비교하여 여러 측면에서 대단히 바람직스러운 기술로 평가받는 것으로 알려지고 있어 현재 집중적이고 광범위하게 연구가 진행되고 있으며 향후 기술의 적용이 크게 기대되는 정화기술 분야이다.

환경정화기술 산업 분야에서의 적용을 위한 평가전제조건들이 있다. 그중에서 최근 그리고 향후 간과하지 말고 고려해야 할 필수적인 요건들이 있는데 그것은 바로 정화기술에 의해 초래되는 처리된 물질의 독성과 유해성에 대한 평가이다. 그동안 처리 자체에만 집중하여 이러한 점은 간과되었다. 미생물에 의한 정화기술의 바람직스러운 점들 중에서의 한가지는 바로 이러한 점에 대한 고려이다.

본서에서 미생물에 의한 정화기술 이외에 다루어 놓은 정화기술은 우리 주변에서 쉽게 접근할 수 있으면서 유익하다고 판단되는 정화기술을 몇 가지 수록해 놓았다. 특히 중금속에 관한 정화기술에 관해서는 연이어 출간케 될 "석유 및 중금속오염 제어기술"에서 좀 더 자세히 다루고져 하였으니 참고하기 바란다.

본서의 내용은 환경분야를 연구하는 대학원생, 연구소 연구원 그리고 이 분야에 종사하는 엔지니어링 및 환경오염정화 업체에 근무하는 분들께 조금이나마 도움이 되었으면 한다. 부족한 내용은 향후 출간케될 단행본에서 보완코져 한다.

본서의 출간을 흔쾌히 결정해주신 도서출판 서훈 고우용 대표님과 편집에 수고를 아끼지 않으신 편집부원 여러분께 이글을 빌어 감사드린다.

2020년 03월

저자

목차

Ⅱ. 높은 분자량의 다환 방향족 탄화수소(PAHs)의 미생물에 의한 정화: 벤조[a]피렌(BaP)의 미생물에 의한 분해 / 41

Ⅲ. 시안화물(Cyanide)의 정화 / 97

Ⅳ. 촉매산화에 의한 휘발성 유기 화합물(VOCs)들의 파괴 / 131

Ⅴ. 황, 질소 그리고 산소 헤테로고리 화합물들의 미생물에 의한 분해
개요 / 167

Ⅵ. 독성 금속들과 방사성 핵종들의 미생물에 의한 해독 / 187

Ⅶ. 기술적 규모(파일럿 플랜트 규모)에서 미생물에 의한 화학 폐수로부터 수은의 제거 / 205

Ⅷ. 규조토를 사용한 중금속을 포함하는 폐수의 정화 / 223

Ⅸ. 부유회분을 사용한 폐수로부터 PCBs의 제거 / 243

I
다환 방향족 탄화수소들(PAHs)의 미생물에 의한 정화

개요

다환 방향족 탄화수소들(PAHs)은 화석연료의 연소와 같은 주로 인위적인 활동들의 결과로써 자연환경에 축적되었던 유기화합물의 한 부류이다. 사람들의 건강에 대한 그들의 잠재적으로 유해한 영향 때문에 수십 년 동안 PAHs의 발생과 분포 그리고 확산에 관심이 집중되었다. 이러한 관심은 자연환경으로부터 이 유기화합물들을 해독시키고 제거하기 위한 방법들을 연구원들이 역점을 두어 다루도록 촉구하였다. 미생물에 의한 정화는 오염된 토양과 물을 정화시키기 위해 사용되었던 한 가지의 접근방법이며 그 위치에서의 미생물군을 사용하여 오염물질들의 자연적인 감소를 촉진시킨다. 이 장에서는 이들 변환을 할 수 있는 다양한 균류와 박테리아에 관해서 고찰하고, 주된 호기성 그리고 혐기성 분해 경로들을 기술하며, 그리고 최근에 입수 가능하고 실행 가능한 약간의 미생물 정화기술들을 강조하여 기술키로 하겠다.

1. 서론

1.1 환경에서 다환 방향족 탄화수소 오염

1.1.1 다환 방향족 탄화수소(PAHs)의 발생원과 발생

다환 방향족 탄화수소들(PAHs)은 여러 구조적 배치들로 배열되는 두 개 이상의 융합된 벤젠고리들/혹은 다섯 고리 분자들로써 구성되는 유기화합물들의 부류이다. 이들은 그들의 소수성과 낮은 물에 대한 용해도 때문에 환경에 지속적으로 남을 수 있는 매우 다루기 어려운 분자들이다[1]. 몇 가지 대표적인 PAHs의 화학구조와 물리적 특징은 [그림 1-1]에 나타내었다.

[그림 1-1] Chemical structures and physical characteristics of some representative polycyclic aromatic hydrocarbons(PAHs).

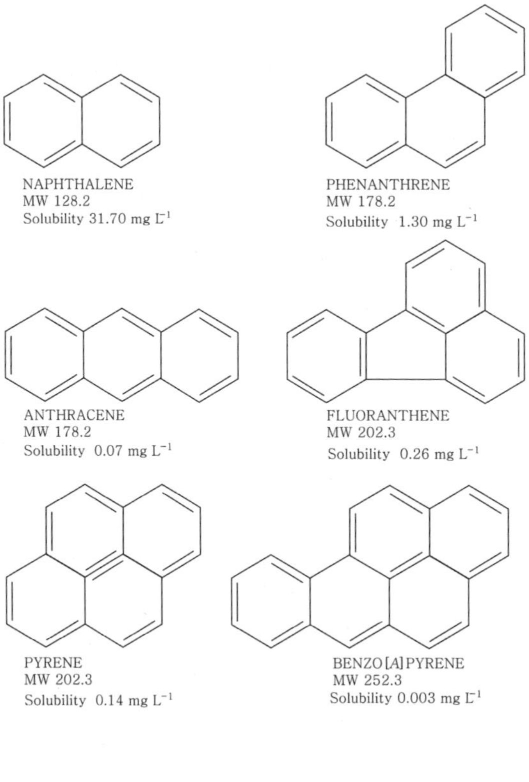

PAHs는 자연환경 속에 여기저기 도처에 있으며 두 가지의 주된 소스들로부터 유래된다: 이들은 자연적인(생물 기원의 그리고 지구화학적인) 그리고 인위적이다[2]. PAHs 후자의 소스는 환경오염의 주된 원인이며 그래서 많은 미생물 정화 프로그램의 초점이 맞추어지는 대상이다. PAHs는 석탄 그리고 석유와 같은 화석연료에서 자연적으로 발생하지만 석탄, 디젤연료 그리고 목재와 같은 유기재료의 불완전연소 동안 또한 형성된다[3, 4]. 이것은 공기 중에서의 이동에 의한 PAH 오염을 초래하며 이것은 먼 거리에 걸친 PAH 이동에 대한 주된 루트이다[5].

PAHs의 포인트 소스들은 석유와 디젤연료의 유출로부터 그리고 코우크 생산 동안 석탄액화와 가스화와 같은 산업공정들로부터 유래될 수 있다[6]. 예를 들면, 코우킹의 부산물들인 크레오소트들과 코울타르는 현저한 양의 PAHs를 포함한다(예를 들면, 크레오소트는 85%까지의 PAHs를 포함한다[2]). PAHs의 보다 적은 소스들은 담배 연기와 탄 음식을 포함한다.

화산분화와 산림화재와 같은 자연적인 과정들은 PAHs의 소스를 또한 제공할 수 있다[7]. PAHs는 그들이 열분해 동안 형성되기 때문에(이것은 퇴적물 세대교체 동안 퇴적물의 고온에서의 노출과 관련된다) 지구화학적 유래원천을 가질 수 있다[7].

PAHs는 토양과 퇴적물, 지하수 그리고 대기 중에 폭넓게 분포하고 있다. 이들은 해양퇴적물 그리고 자동차 배기가스 등 여러 곳에서 검출되어졌다[4, 8, 9, 10, 11, 12, 13].

PAH 오염의 포인트 소스들은 가장 현저하고 중요한 환경적 관심을 모은다. 비록 오염된 면적이 상대적으로 규모가 적다 할지라도 이들 위치에서의 오염물질 농도는 종종 높으며 정화노력들을 방해할 수 있는 벤젠, 톨루엔, 에틸렌 그리고 자일렌 화합물들(BTEX), 중금속 그리고 지방족 탄화수소들과 같은 공통 오염물질들과 제휴되어 관련된다. 토양들은 오염소스에 의존하여(예를 들면, 오래된 석탄가스화 위치들에서는 더 높은 농도 수준을 갖는다) $1\mu gm^{-3}$과 $3gkg^{-1}$ 사이의 PAHs로써 오염될 수 있다. 석탄과 목재와 같은 재료의 불완전연소로부터 초래되는 PAHs의 대기 중 농도 수준은 $60\mu gm^{-3}$과 $3mgm^{-3}$ 사이인 것으로 밝혀졌다[3].

1.1.2 환경에서의 PAHs의 지속성

환경에서 PAHs의 지속성은 PAH의 화학구조, PAH의 농도와 분산, 그리고 오염들의 생물유효성과 같은 다양한 인자들에 의존한다. 토양의 타입과 구조, pH와 온도 그리고 오염물질을 분해시키는 미생물군의 활동을 위해 적당한 수준의 산소, 자양분 그리고 물의 존재와 같은 환경적 인자들은 PAHs가 환경에서 존속하는 [16] 시간을 조절할 것이다(이후 3절에서의 'PAHs의 미생물에 의한 정화에 영향을 미치는 인자들'을 참조하기 바란다).

일반적으로 PAH의 분자량이 점점 더 높을수록 소수성과 독성은 점점 더 높아지며 그리고 분자의 환경적 지속성은 점점 더 길어진다[1]. 토양/퇴적물 매트릭스에서의 오염물질의 '나이'는 토양에서의 PAHs의 생분해 능력에 중요한 역할을 한다[17]. 모델 PAH로써 페난스렌을 사용한 연구에서는 페난스렌의 생분해 능력은 에이징의 시간에 따라서 현저하게 감소되었다는 사실을 나타내었다[17].

탄화수소들 그리고 중금속들과 같은 공통 오염물질들과 PAHs의 제휴(연합)는 환경에서의 그들의 머무름 시간을(지속성을) 연장할 수 있는 또 다른 인자이다. 지방족 탄화수소들과 BTEX 화합물들은 더 복잡한 화학구조의 PAHs에 상대적으로 in situ 미생물군에 의해 용이하게 생분해가 가능하다. 이것은 주변 환경에서의 입수 가능한 산소의 고갈을 그리고 혐기성의 징후(시작)을 초래한다. 비록 최근의 연구에서 산소분자의 부재하에 PAHs의 생분해에 대한 실제 가능성이 있다는 사실을 나타내었다 할지라도(2, 3절의 'PAHs의 혐기적 물질대사'를 참조하세요) 혐기적 환경에서 PAH 분해의 효율과 규모에 관한 자세한 사항은 한층 제한된다(호기성 조건들하에서의 그것들보다도 더 작은 양까지의 혐기성 유기물질 산화율(속도)로써)[18]. 토양 속에 중금속들의 존재는 미생물의 성장을 억제할 수 있어서 혐기성 조건들하에서 오염물질들의 물질대사를 제한할 수 있다는 사실은 가능하다.

1.1.3 PAHs의 독성

PAHs는 사람들의 건강에 심각한 유독한 영향을 미칠 수 있다는 사실은 오래전부터 알려져 오고 있는데 내과의사인 John Hill은 1761년에 코담배의 사용과 코암 사이의 연계를 처음으로 인식하였다[6]. 이 발견에 뒤이어 PAHs가 포유동물의 건강에 미치는 독성 영향에 관하여 심각한 발암성, 돌연변이 유발성 그리고 기형 발생 성질들을 나타내는 많은 PAHs에 대한 연구가 계속되었다. 벤조[a]피렌은 이 화합물이 모든 알려진 PAHs 중에서 가장 유력하게 발암성인 물질들 중에서 하나인 것으로 알려져 있기 때문에 [5] US EPA[19]에 의해 최우선의 특급 오염물질로써 인식된다.

섭취하였을 때 PAHs는 그들의 높은 지질 용해도 때문에 위장관에서 빠르게 흡수된다[6]. PAH 흡수의 주된 주요한 루트는 피부 흡수를 통해서이며 이것은 12명의 coke-oven 작업자들에 대한 연구에 의해서 그 사실이 드러났다[20]. PAHs(특히 피렌)의 총 흡수된 양의 대략 75%는 피부를 거쳐서 몸으로 들어왔으며 이것이 PAHs의 주요한 주된 노출 루트로써 강조되었다. 사람들에 의한 PAHs의 빠른 흡수는 생태계의 먹이사슬에 의한 생물학적 독물 농축에 대한 높은 가능성을 초래한다. 일반적으로 벤젠고리의 수가 점점 더 클수록 PAH의 독성도 점점 더 커진다[1]. PAHs의 상대적인 독성은 LD_{50}값들(the lethal dose in 50% of cases)을 사용하여 측정될 수 있다. 이들은 실험대상 몸무게의 1kg당 독성물질의 mg 수로써 표현되며 실험 경우들(실험 실시 대상들)의 50%에서의 죽음을 초래하게 될 것이다. 독성물질을 테스트 대상 동물에 투여하는 경로(예를 들면, 경구 또는 피하 등)와 독성물질을 시험한 동물(예, 쥐 등)을 상세히 밝히는 것은 중요하다. 몇 가지 대표적인 PAHs의 LD_{50}값들에 대해서는 <표 1-1>에 나타내었다.

〈표 1-1〉 LD_{50} values of some representative PAHs

Material	Number of carbon rings	LD_{50} value($mgkg^{-1}$)	Test subject	Exposure route
Naphthalene	2	533–710	Male/female mice respectively	Oral
Phenanthrene	3	750	Mice	Oral
Anthracene	3	〉430	Mice	Intraperitoneal
Fluoranthene	4	100	Mice	Intravenous
Pyrene	4	514	Mice	Intraperitoneal
Benzo[*a*]pyrene	5	232	Mice	Intraperitoneal

Generally, toxicity increases with an increase in number of benzene, but data should be examined using careful consideration of the exposure route, etc(data taken from the Risk Assessment Information System(RAIS) http://risk.lsd.oml.gov).

PAHs는 또한 발암물질들이 아닌가 의심되지만 만약 포유동물의 효소들에 의해 반응성이 큰 에폭사이드들 그리고 퀴논들로 활성화되지 않는다면 유전자독성적인 것으로 생각되지는 않는다. 이것은 방향족 고리를 에폭사이드 그리고 디올-에폭사이드 반응성이 큰 중간체들을 형성토록 산화시키는 cytochrome P_{450} monooxygenase enzyme-mediated 반응에 의해서 일어난다. 중간체들이 DNA와의 공유결합 첨가생성물들을 형성하기 위해 DNA를 공격하기 전에 이 중간체들은 적어도 4가지의 다른 산화 그리고/혹은 가수분해 메커니즘 중에서 한 가지를 겪게 되는 것으로 보고되어 있다. DNA 첨가생성물들은 DNA의 돌연변이를 초래하고 종양들을 초래할 수 있다[21].

1.2 해결방안으로서의 미생물에 의한 정화

생물재생 그리고 생물복원으로도 불리워지는 미생물에 의한 정화는 '조절된 조건들하에서 유기폐기물들을 무해한 상태로 생물학적으로 분해하는 과정'으로서 기술될 수 있다[22]. 이 기술의 주된 원리는 자연환경으로부터 오염물질들을 제거하고 그리고/혹은 오염된 환경에서 토착적으로 자생하는 고유의 미생물군을 사용하여 오염물질들을 덜 유해한 물질로 변환시키는 것이다. 물, 공기 그리고 자양분 공급을 조절함으로써 오염물질들의 미생물 물질대사를 촉진시키기 위한 미생물에 의한 정화 전략들이 개발된다. 이것은 오염된 환경의 biostimulation(우드칩 그리고/혹은 N/P/K와 같은 자양분들과 같은 bulking agent)과 bioaugmentation(알려진 오염물질 변환능력들을 갖는 미생물의 이식)에 의해서 이루어진다.

PAH로써 오염된 토양, 퇴적물 그리고 물의 미생물에 의한 정화는 다양한 방법들로 이루어질 수 있다(예, in situ 처리 혹은 bio-piling과 composting과 같은 ex-situ 방법들). PAH 처리와 관련된 미생물 정화의 자세한 사항은 4절의 'PAH로써 오염된 환경의 미생물에 의한 정화 접근방법들'에서 다루기로 하겠다. 또한, 폐기물을 bioreactors에서 처리할 수도 있는데 이것은 in situ 기술들보다도 더 비용이 많이 들 수 있다. 매립, 소각 그리고 토양세척과 같은 오염된 땅의 물리적 그리고 화학적 처리(방법)들에 미생물에 의한 정화기술이 비용과 성공에서 필적한다는 것은 중요하다. 미생물에 의한 정화기술의 응용능력은 가변적일 수 있지만, 이것은 일반적으로 유리하지 못한 위치조건들 때문이며(3절의 'PAHs의 미생물에 의한 정화에 영향을 미치는 인자들'을 참조하시오) 그러므로 미생물에 의한 정화기술의 충분하고 완전한 이해는 미생물 정화의 최적화와 뒤이은 더 효과적인 결과들을 주게 될 것이다. 상업적인 상황들에서 PAH로써 오염된 토양들의 미생물 정화는 오염된 자리가 4개 이상의 고리들을 갖는 PAHs의 현저한 양을 포함할 때 전형적으로 실행되지 않는데 그것은 이 분자량의 PAHs의 낮은 퍼센트의 제거와 PAH 농도들에서의 성공적인 감소를 위해 소요되는 시간이 경제적으로 실행 가능하지 않기 때문이다. 사용되는 방법은 보통은 자양분 첨가(3, 4절 '자양분 유효성'을 참조하시오)와 오염된 토양의 잦은 선회에 의한 공기노출이다. 미생물에 의한 정화 시험 동안 총 PAH 수준들은 대략 3000mg of total PAHs/kg으로부터 1000mg까지로 일반적으로 감소된다.

2. PAHs의 미생물에 의한 물질대사

미생물에 의한 PAHs의 호기성 물질대사에는 3가지의 근본적으로 다른 메커니즘들이 있으며[그림 1-2] 박테리아에 의한 그리고 균에 의한(ligninolytic 그리고 non-ligninolytic) PAH 물질대사에 관한 자세한 내용은 아래에서 고찰하기로 하겠다. 이 메커니즘들의 기본원리는 화합물의 PAH 대사 산문 그리고/혹은 CO_2로의 체계적인 붕괴를 수반하면서 이루어지는 방향족 고리의 산화이다. PAHs의 혐기성 물질대사는 2, 3절의 'PAHs의 혐기성 물질대사'에서 고찰된 자세한 과정들에 따른 방향족 고리의 수소화를 거쳐서 일어나는 것으로 생각된다.

[그림 1-2] The three main pathways for polycyclic aromatic hydrocarbon degradation by fungi and bacteria[1]

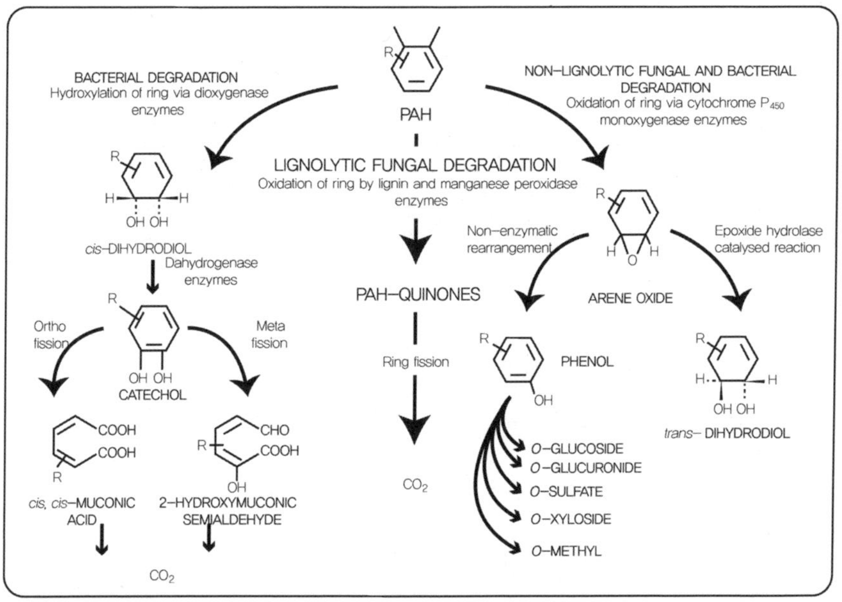

PAH를 분해시키는 미생물들은 토양(박테리아 그리고 non-ligninolytic fungi) 그리고 목질재료(ligninonytic fungi)에서와 같은 자연환경에 도처에 분포한다. 많은 PAH로써 오염된 토양과 퇴적물들은 PAH를 분해하는 활성적인 박테리아균의 주체이다. 예를 들면, 페난스렌을 분해시키는 박테리아는 홍콩에서 PAH로써 오염된 홍수림의 퇴적물들로부터 분리되었다[11]. 이들 분리물들은 순수한 그리고 혼합된 배양액들에서 일련의 염도 범위하에서 페난스렌을 분해시킬 수 있다. 또 한 예를 들면, 도시하수 슬러지[23]와 해양퇴적물들[9]과 같은 혐기성 환경은 다양한 PAH를 분해하는 박테리아 배열의 숙주 역할을 할 수 있다. Non-ligninolytic fungi와는 달리 ***Phanerochaete chrysosporium***과 같은 ligninolytic fungi는 일반적으로 목질계 재료와 관련이 있으며 일반적으로 토양에서는 발견되지 않는다. 그러나 이들 fungi는 밀짚, 우드칩, 그리고 다른 리그닌이 풍부한 기질들의 첨가에 의해서 토양에서 풍부하게 될 수 있다. ***PAH를 분해할 수 있는 능력이 있는 미생물들의 완전한 명세는 Mueller 등에[2] 의해 제공된다.***

2.1 PAHs의 박테리아에 의한 물질대사

PAHs의 호기성 박테리아에 의한 물질대사에 대한 주요한 메커니즘은 cis-dihydrodiols를 형성하기 위한 dioxygenase 효소들의 작용에 의한 벤젠고리의 초기 산화이다. 이들 dihydrodiols는 dihydroxyl화된 중간체들을 형성하기 위해 탈수소화되며, 이 중간체들은 카테콜들을 거쳐서 CO_2와 물로 더 이상 물질대사될 수 있다. 나프탈렌의 미생물에 의한 분해에 수반되는 물질대사 경로와 효소 반응들은 [그림 1-3]에 나타낸 박테리아에 의한 나프탈렌의 호기성 분해에서의 주된 경로로써 자세히 연구되었다.

[그림 1-3] The main pathways in the aerobic degradation of naphthalene by bacteria[85].

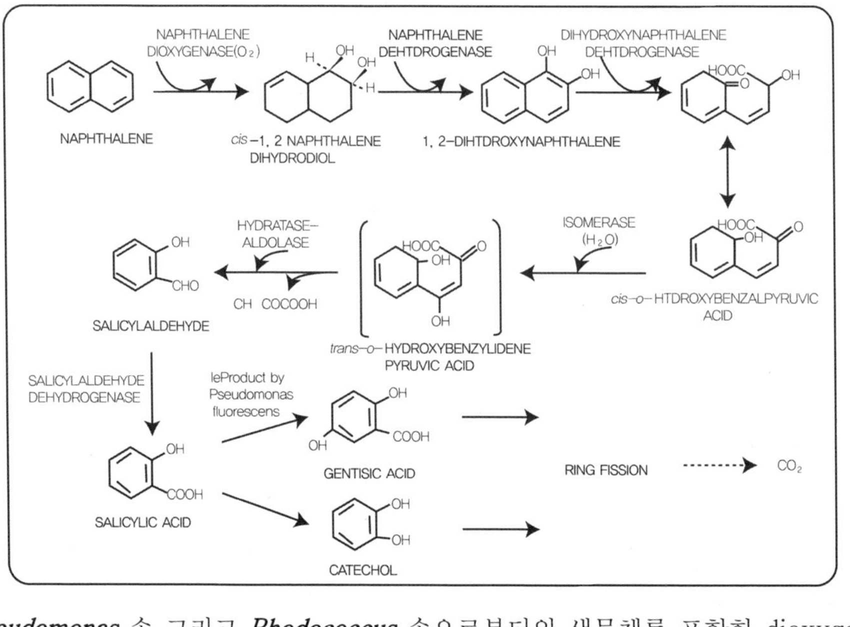

Pseudomonas 속 그리고 ***Rhodococcus*** 속으로부터의 생물체를 포함한 dioxygenase 효소들을 사용하여 나프탈렌을 산화시킬 수 있는 매우 다양한 박테리아가 있다(참고문헌 1과 2를 보시오). 다소의 박테리아는 또한, ***Mycobacterium*** sp와 같은 trans-dihydrodiols를 형성키 위해 cytochrome P_{450} monoxygenase 효소의 작용에 의해

PAHs를 산화시킬 수 있다[24]. Rockne 등[25]은 methane monoxygenasegene의 작용을 거쳐서 PAHs를 분해함에서 해양 메탄 생성 미생물(methanotrophs)의 능력에 관하여 보고하였다. 그러나 이들은 dioxygenase 효소들의 활동과 비교되는 보다 중요하지 않은 메커니즘들인 것으로 생각된다[26]. 이 경로에 수반되는 메커니즘들은 다음 절에서 자세히 고찰키로 하겠다.

박테리아에 의한 분해 동안 발생되는 나프탈렌 대사 산물의 독성에 관해서는 적게 연구되었다. 나프탈렌 dihydrodiols와 같은 나프탈렌의 대사 산물들은 나프탈렌보다도 더 높은 물에 대한 용해도를 가지며 그러므로 잠재적으로 더 생물학적 이용 효능이 있다. 그리고 나프탈렌 전구체보다도 더 큰 독성을 제기할 수 있었다. 나프탈렌 1, 2-dihydrodiols는 사람의 간세포에 극미의 독성을 나타내는 반면 사람의 cytochrome P_{450}-mediated 산화반응들 동안 발생되는 1-naphthol, 1, 2-naphthoquinone 그리고 1, 4-naphthoquinone의 대사 산물들은 사람의 간세포에 현저한 독성을 나타내었다[27]. 이들 대사 산물들은 나프탈렌 전구체보다도 상당히 더 독성적이었다[27]. 사람들과 약간의 균류에 의해 생산되는 나프탈렌 대사 산물들과 비교하여 보면 ***Mycobacterium*** sp에 의한 cytochrome P_{450}-mediated 산화반응 동안 발생되는 나프탈렌 중간체들은 사람들에게 최소한의 극미의 독성을 나타내는 것으로 기대될 수 있었던 trans-dihydrodiols를 발생시킨다.

2.2 PAHs의 균류에 의한 물질대사

두 가지의 주된 타입들의 PAHs의 균류에 의한 물질대사가 있다; non-ligninolytic fungi와 ligninolytic fungi(또한, white-rot fungi로서 알려진)에 의해서 매개된다. 대다수의 균류는 non-ligninolytic이며 그들은 목재에서 자라지 않기 때문에 그러므로 ligninolytic fungi에 의해서 생산되는 lignin peroxidase 효소들을 필요로 하지 않는다. 그러나 ***Phanerochaete chrysosporium***[28] 그리고 ***Pleurotus ostreatus***[29]와 같은 많은 ligninolytic fungi는 non-ligninolytic 타입의 효소들을 생산할 수 있지만 PAH 분자의 분해에 각 효소가 어느 정도로 기여하는지에 관해서는 분명치 않다.

2.2.1 Non-ligninolytic fungi

Non-ligninolytic fungi에 의한 PAHs의 물질대사에서의 첫 번째 단계는 arene oxide를 생산하기 위해 cytochrome P_{450} monoxygenase 효소의 촉매작용에 의한 반응에서 방향족 고리를 산화시키는 것이다[16]. 이 루트는 PAHs의 포유동물에 의한 물질대사와 비슷하다. cis-dihydrodiols를 형성하기 위한 dioxygenase 효소들에 의한 방향족 고리의 산화와 비교하여 보면 monoxygenase 효소는 arene oxide를 형성하기 위해 고리에 단지 하나의 산소원자를 혼합(첨가)시킨다. 이것은 이후에 trans-dihydrodiol을 형성하기 위해 epoxide-hydrolase에 의해 촉매 작용된 반응을 거쳐서 수화된다[30]. 페놀 유도체들은 화합물의 비효소적 재배열에 의해서 arene oxides로부터 생산된다. 이들 유도체들은 뒤이은 sulfation 혹은 methylation 혹은 glucose, xylose 혹은 glucuronic acid와의 결합을 위한 기질들로서 작용할 수 있다[2]. 비록 대부분의 non-ligninolytic fungi는 PAHs의 완전한 광물화를 할 수 있는 능력이 없다 할지라도 이들 PAH-conjugates는 일반적으로 그들의 각각의 모태가 되는 화합물들보다도 덜 독성적이며 더 용해성이다. 예를 들면, Pothuluri 등[31]은 non-ligninolytic fungal species인 ***Cunninghamella elegans***에 의한 플루오란센의 분해로써 이것을 증명하였다. 대사 산물인 3-fluoranthene-β-glucopyranoside, 3-(8-hydroxy-fluoranthene)-β-glucopyranoside, fluoranthene trans-2,3-dihydrodiol 그리고 8-hydroxy-fluoranthene-trans-2,3- dihydrodiol은 rat liver homogenate fraction에 돌연변이 유발 효과를 나타내지 않았으며 9-hydroxy-fluoranthene-trans-2,3-dihydrodiol은 fluoranthene보다도 독성이 상당히 더 적었다.

Chrysosporium pannorum, ***Cunninghamella elegans*** 그리고 ***Aspergillus niger***는 PAH 분해를 위한 P_{450} monoxygenase 효소 매개의(촉매의) 산화 경로를 사용하는 non-ligninolytic fungi의 예들이다. 페난스렌의 cytochrome P_{450}-mediated 산화 경로의 한 예는 [그림 1-4]의 step 1~4에 자세히 나타내었다. 뒤쪽 단계들(5 그리고 6)은 lignin peroxidase 효소들에 의해 매개(촉매작용)되는 것으로 생각된다(다음 절에 자세히 나타내었다)[29].

[그림 1-4] Proposed pathway for the degradation of phenanthrene by the ligninolytic fungus pleurotus ostreatus.[29].

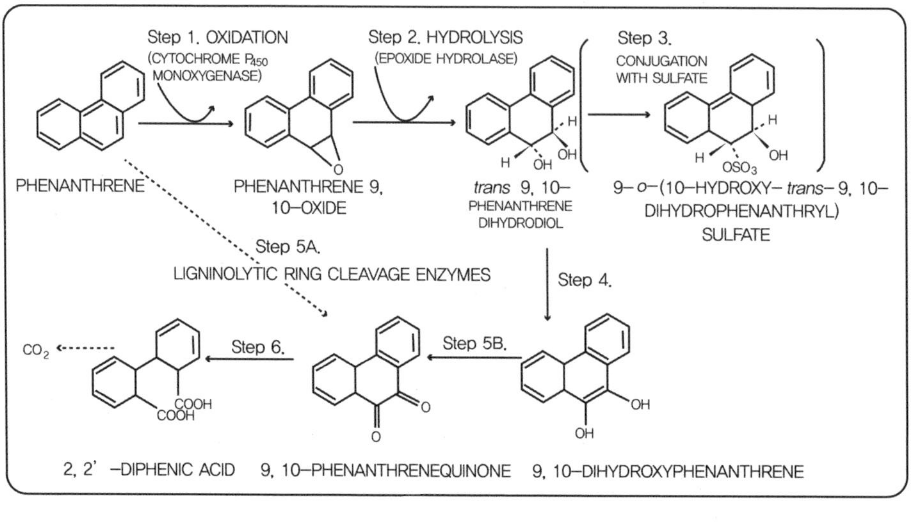

2.2.2 Ligninolytic fungi

White-rot fungi는 목재 그리고 다른 유기물질에 존재하는 리그닌의 산화에 수반되는 ligninolytic 효소들을 생산하는 fungi의 그룹이다. 두 가지 타입이 ligninolytic 효소들이 있다; 이들은 peroxidases 그리고 laccases이다[32]. 이들 효소들은 비 특정 라디칼계 반응을 통해서 유기물질을 산화시킨다[33]. 그들의 분해하는 기질 타입에 의존하는 두 가지의 주된 타입들의 peroxidase 효소가 있다: LP(lignin peroxidase) 그리고 MnP(manganese peroxidase). 이들 두 가지 타입들의 효소 모두는 PAHs를 산화시킬 수 있다.

Ligninolytic conditions 하에서 white-rot fungi는 한 개의 전자의 주게에 의해서 자유라디칼들(즉, 하이드록실 자유라디칼들)을 발생시킴으로써 PAHs를 산화시킬 수 있으며 이러한 자유 라디칼들의 발생은 PAH 고리를 산화시킨다. 이것은 dihydrodiols보다는 오히려 PAH-quinones와 산들의 선택을 초래한다([그림 1-4]의 step 5와 6을 보시오). PAHs를 분해시키기 위한 ligninolytic fungi의 사용을 둘러싼 현저한 관심과 흥미로운 사항이 있는데 그들은 낮은 기질 특이성을 갖기 때문에 대부분의 가장 다루기 어려운 까다로운 화합물 조차도 분해시킬 수 있다. 또한, 수반되는 효소들은 extracellular이며 이론적으로 토양/퇴적물 매트릭스 속으로 확산할 수 있으며 낮은 생물학적 이용 효능을 갖는 PAHs를 잠재적으로 산화시킬 수 있다(3, 5절의 '생물학적 이용 효능'을 보시오).

Ligninolytic fungi의 분해 연구들은 화합물의 완전한 광물화를 초래할 수 있는 ligninolytic 효소들, cytochrome P_{450} monooxygenases 그리고 epoxide hydrolases의 결합에 의해서 PAHs가 분해된다는 사실을 나타내었다[29]. ligninolytic fungi(예, Phanerochaete chrysosporium 그리고 Pleurotus ostreatus)에 의한 피렌과 벤조[a]피렌과 같은 높은 분자량의 PAHs의 분해 연구들에서는 ligninolytic 효소와 non-ligninolytic 효소의 결합은 이들 저항적이며 다루기 어려운 화합물들의 완전한 광물화에서 핵심적인 사항이라는 사실을 제안하였다[29].

상당한 실제적인 연구는 PAHs로써 오염된 물질을 정화시키기 위한 이 균류 그룹의 가능성에 초점을 맞추었다. PAH로써 오염된 토양과 퇴적물을 정화시키기 위해 ligninolytic fungi를 사용하였던 미생물에 의한 정화시험들은 혼합된 결과들을 나타내었다. 예를 들면, Canet 등[34]은 코울타르로써 오염된 토양을 분해시키기 위해 4가지의 white-rot fungi 종들을 사용하였다. 비록 이 연구에서의 토양이 밀짚(fungi에 대한 기질로써)으로써 보충되었다 할지라도 토착의 고유한 자생의 토양 미생물들은 도입된 fungi 종들보다도 PAH 분해에 더 성공적이었다. PAH로써 오염된 토양을 분해시키기 위해 white-rot fungi와 brown-rot fungi의 잠재가능성을 모니터링하였던 또 다른 연구에서 일련의 PAHs를 분해시키기 위해 인공적으로 오염된 토양에 넣기 위해 ***Pleurotus ostreatus*** 그리고 ***Antrodia vaillantii***를 사용하였다[35]. P ostreatus fungi 접종물은 정화되지 않은 토양에 상대적으로 PAHs의 분해를 현저하게 증가시켰지만 잠재적으로 독성적인 PAH 대사산물들의 축적을 초래하였다. 이 white-rot fungi는 또한, 토양 속의 in situ 미생물군들을 억제하였기 때문에, 이것은 PAHs의 완전한 광물화를 방해하였으며 PAH 대사산물들의 축적을 초래하였다. 균류-박테리아의 컨소시엄은 이 토양의 탈오염(정화)에 유익하다. Brown-rot fungus A vaillantii는 P ostreatus보다도 더 좋은 PAH 분해를 나타내거나 아니면 동등함을 나타내었기 때문에, 그리고 막다른 PAH 대사산물들을 발생시키지 않았기 때문에, 이 fungus는 미생물에 의한 정화시험들에서 가치 있는 접종물로서 개발될 수 있었다는 사실이 제안되었다.

PAH로써 오염된 토양의 정화에서 white-rot fungi의 효율성을 증가시키기 위하여 May 등[36]은 초기에 오염된 토양으로부터 PAHs를 추출하고, 뒤이어 fungal bioreactor에서 추출된 PAHs를 처리하는 2단계 파일럿 규모의 반응기를 디자인하였다. 이 fungal bioreactor는 P chrysosporium을 사용하였으며 벤조[a]피렌과 같은 높은 분자량의 PAHs를 분해시키는데 성공적이었다.

2.3 PAHs의 혐기성 물질대사

PAHs는 대수층(지하수를 함유한 다공질 삼투성 지층)[37-39] 그리고 해양퇴적물[8-10, 40]과 같은 혐기성 환경의 일반적인 오염물질이다. 오염된 토양, 퇴적물 그리고 지하수와 같은 호기성 환경들조차도 혐기성 지대들을 발생시킬 수 있다[41]. 이것은 in situ 미생물군을 자극하는 그래서 호기성 호흡 동안 산소분자의 고갈을 초래하는 유기 오염물질 때문이다. 이 산소는 그것의 고갈과 같은 비율로 보충되지는 않으며 오염물질 소스에 가장 가까운 인접한 혐기성 지대들의 형성을 초래한다.

최근까지 분자산소의 부재에서 PAHs를 분해시키기 위한 미생물들의 잠재가능성은 인식되지 못하였다. 이전의 연구들은 PAHs와 같은 다루기 어려운 유기화합물들의 미생물에 의한 정화의 열역학적으로 더 유리한 호기성 과정들에 초점을 맞추는 경향이 있었으며 이것에 의해서 분자산소는 탈수소화 그리고 이후의 PAH 고리의 붕괴 전에 방향족 고리에 혼합(추가)된다. PAH 분해는 탈질[18, 42] 그리고 황산염-환원[8, 9, 39, 43] 혐기성 조건들하에서 일어날 것이라는 것을 확실히 증명하는 최근의 연구와 함께 분자산소의 부재에서 이들 방향족 화합물들을 산화시키기 위해 질산염, ferrous iron, 그리고 황산염과 같은 대체 전자받게들이 필요하다.

비록 최근의 연구들이 [그림 1-5]에 정리해서 요약해 놓은 바와 같은 나프탈렌의 혐기성 분해에 대한 메커니즘을 제안하였다[39, 43]. 혐기성 PAH 분해의 메커니즘들은 아직 모호하다. 첫 번째 단계는 2-naphthoic acid로의 방향족 고리의 카르복실화이며 이것은 가수분해 전에 방향족 고리를 활성화시킨다. 일련의 수소화 반응들을 통한 2-naphthoic acid의 단계적 환원은 이후에 decahydro-2-naphthoic acid로 변환되는 decaclin-2-carboxylic acid를 초래한다. 혐기성 나프탈렌 분해에 대한 다른 메커니즘들이 있지만 이들은 아직 명료하게 밝혀지지 못하였다. 예를 들면, 황산염 환원 조건들하에서 혐기성 나프탈렌 분해에서의 초기 시작 단계는 나프톨 중간체를 형성하기 위해 하이드록실화 반응을 거쳐서 일어난다[44].

[그림 1-5] Simplified proposed pathway for the anaerobic metabolism of naphthalene under sulfate-reducing conditions.[39, 43].

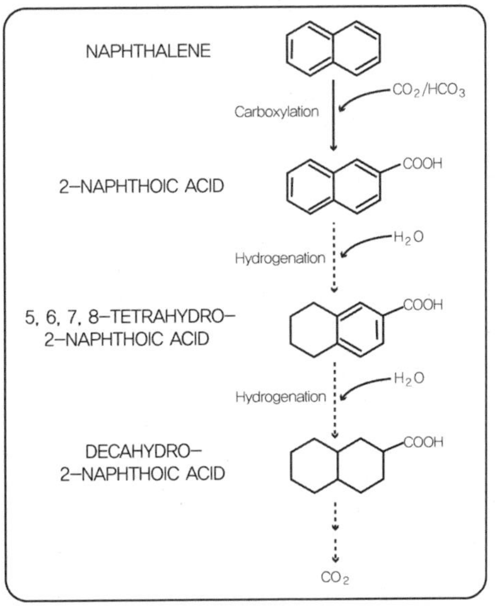

3. PAHs의 미생물에 의한 정화에 영향을 미치는 인자들

Biopiling과 composting과 같은 접근방법을 사용한 오염된 자리들에 미생물 정화기술들의 성공적인 적용의 많은 예들이 있다. 많이 발표된 연구들은 bench 규모에서 여러 방향으로 중성인 pH 그리고 mesophilic 온도들과 같은 이상적인 실험실 조건들하에서 미생물 정화의 효력을 조사하였다. 그러나 위치에 따라서 변화하는 환경적 인자들(토양 pH, 자양분 입수 가능성 그리고 오염물질의 생물학적 이용 효능과 같은)은 오염물질을 분해시키는 미생물의 성장을 억제함으로써 미생물에 의한 정화의 과정에 영향을 미칠 수 있다. 미생물에 의한 정화의 실행 가능성에 영향을 미칠 수 있었던 주된 환경적 인자들은 다음의 5개 절에 요약해 놓았으며 마지막 3, 6절에는 PAHs의 생분해 동안 형성되는 대사산물들의 독성에 관해서 기술하였다.

3.1 온도

PAHs를 분해시키기 위한 원위치 미생물들의 능력에 온도는 상당한 영향을 미치며 일반적으로 대부분의 오염된 장소들은 그해의 모든 계절 동안 미생물적 정화를 위한 최적온도에 있지는 못할 것이다. PAHs의 용해도는 온도에 따라서 증가하며 [45] 이것은 PAH 분자들의 생물학적 이용 효능을 증가시킨다. 게다가 산소용해도는 증가하는 온도에 따라서 감소하며 이것은 호기성 미생물들의 물질대사 활동을 감소시킬 것이다.

PAHs의 생분해는 폭넓은 온도 범위에 걸쳐서 일어날 수 있지만, 대부분의 연구에서는 매우 낮은 혹은 높은 온도들에서의 변환의 효율보다도 오히려 내저온 온도들에 초점을 맞추는 경향이 있다. 그러나 미생물들은 극한 온도들에서 PAHs를 물질대사하기 위해 순응하였다는 사실은 명백한데 예를 들면, 0℃처럼 낮은 온도들에서 바닷물에서 원유로부터의 나프탈렌과 페난스렌 분해가 보고되었다. 이와 비교하여 보면 ligninolytic fungi의 laccase 효소와 manganese peroxidase 효소는 아래의 온도들에서 일어나는 오염시키는 PAHs의 90% 이상의 분해와 함께 PAHs의 분해 동안 [47] 다 써버린 버섯 배양토에서 각각 ~50℃ 그리고 >75℃의 온도 최적조건을 갖는 것으로 보고되었다.

3.2 pH

PAHs로써 오염된 많은 장소들은 미생물에 의한 정화를 위한 최적 pH에 있지 못한다. 예를 들면, 퇴역한(철거된) 가스공장 자리들은 종종 콘크리트 그리고 벽돌과 같은 해체 폐기물의 현저한 양을 포함한다. 이 재료의 용융은 원 토양의 pH를 증가시키게 되며 미생물의 물질대사를 위한 덜 유리한 조건들을 초래한다. 석탄채굴 따위로 파낸 흙의 산화와 용해는 황화물의 방출과 산화에 의해서 산성환경을 창출한다. 오염된 장소의 pH는 종종 오염물질에 관련지어질 수 있기 때문에 그 장소에서의 고유한 토착의 미생물들은 산성 혹은 알칼리성 조건들하에서 PAHs를 변환시키기 위한 능력을 갖지 못할 것이다. 그러므로 예를 들면, 석회의 첨가에 의해서 이들 장소들에서 pH를 조절하는 것이 보편적인 실제 실행방법이다[48].

액체 배양에서의 페난스렌 분해는 석유로써 오염된 토양으로부터 분리시킨 생물체인 ***Burkholderia cocovenenas***로써 일련의 pH값들의 범위에서(pH 5.5-7.5) 조사되어졌다[49]. 비록 박테리아의 성장이 pH에 의해서 현저하게 영향을 받지 않았다 할지라도 페난스렌 제거는 ≥80%이었다. 그러나 ***Sphingomonas paucimobilis*** (strain BA 2)는 pH 7에 상대적으로 pH 5.2에서 현저하게 억제된 PAHs인 페난스렌과 안트라센의 분해로써 성장 미디어의 pH에 더 민감하였다[50].

PAH 분해는 28일의 기간에 걸쳐 감소된 나프탈렌, 페난스렌 그리고 안트라센의 농도들과 함께 고유의 토착 미생물로써 석탄채굴로 파낸 흙에 오염된 산성토양(pH 2)에서 기록되어졌다[51]. 나프탈렌 농도들은 석탄더미에서 가까운 토양 다운스트림에서 50%까지 감소되었으며 한편 페난스렌과 안트라센은 10%와 20% 사이의 값까지 감소되었다. S. M. Bamforth 등은 균류와 박테리아의 컨소시엄이 이것을 이루었다는 사실을 나타내었으며 PAH를 분해시키는 acidophilic 박테리아의 존재와 활동을 제안하였다. 이 결과들은 향후 연구는 산성 및 알칼리성 환경으로부터 PAH를 분해시키는 미생물의 분리와 특징 짓기로부터 유익한 이점을 발견하게 될 것이라는 점을 제안해 준다.

Bamforth 등은 PAHs로써 오염된 콘크리트로부터 ***Pseudomonas*** 종들의 존재, 활동 그리고 다양성(동일하지 않음)에 관하여 조사하였으며 alkalophilic 환경들로부터 분리된 미생물들이 상승된 pH에서 PAHs를 분해시킬 수 있는 가능성에 관하여 강조하였다[52]. 액체 배양액에서 나프탈렌을 분해시키기 위한 이들 ***Pseudomonas***의 가능성은 특징지워진 PAH를 분해시키는 ***Pseudomonas*** 종들의 선택과 비교되었다. 약간의 환경 분리물들은 24시간 내에 액체 미디어의 pH를 9로부터 6.5까지로 감소시킬 수 있었으며 또한 탄소의 유일한 소스로서 나프탈렌을 사용할 수 있었다는 사실이 밝혀졌다. 대조적으로 나프탈렌을 분해시키는 미생물들이 ***Pseudomonas fredrikbergensis***(DSM 13022) 그리고 ***Pseudomonas fluorescens***(DSM 6506)는 상승된 pH에 의해서 심하게 억제되었다.

3.3 산소

PAHs와 같은 유기 오염물질들의 미생물에 의한 정화는 호기성 그리고 혐기성 조건들하에서 진행될 수 있다는 사실이 잘 확립되어 있다 할지라도(2, 3절 'PAHs의 혐기성 물질대사'를 보시오) 대부분의 연구는 PAHs의 호기성 물질대사에 집중되는 경향을 나타내었다. 이것은 부분적으로 혐기성 미생물에 상대적인 호기성 미생물의 연구와 배양의 용이성 때문이다. 호기성 PAH 물질대사 동안 산소는 방향족 고리의 초기산화에서 monooxygenase와 dioxygenase 효소들의 작용에 빠뜨릴 수 없는 필수적이다[53]. *in situ* 처리들을 위한 호기성 물질대사를 위한 적당한 산소 수준들을 유지하기 위한 방법들은 아래에 고찰해 놓았으며 sub-surface 오염에 대한 과산화수소를 포함한다. 표면오염에 대해 배양토 뒤집는 사람들에 의한 간단한 토양의 갈아 엎음 그리고/혹은 혼합은 PAH 변환이 진행되기에 충분하게 오염된 물질에 공기를 통하게 할 수 있다.

지하수에서 PAH 농도에서의 현저한 감소를 초래하는 호기성 미생물군을 자극하기 위해서 성공적으로 사용되는 오염된 혐기적 대수층들의 공기 노출로써(과 함께) 혐기성 미생물에 의한 정화의 이점이 부정적인 말들에 의해 보다 더 중요한 지의 여부에 관해서는 지금까지 논의의 대상이 되고 있다. 이것은 과산화수소[54], 질산나트륨[38] 그리고 perchlorate[55]를 사용하여 이루어졌다. 탄화수소의 호기성 생분해는 혐기성 생분해에 상대적인 더 높은 양인 것으로 보고되었다[18]. 그러나 탈질조건들하에서 혐기성 PAH 분해속도는 호기성 조건들하에서의 그것들에 필적하였다고 또한 보고되었다[56].

혐기성 미생물에 의한 정화의 미래는 유망하다 할지라도 혐기성 미생물적 정화의 증진에는 여러 결점들이 있다. 모든 환경들이 PAHs를 분해시킬 수 있는 활성적인 혐기성 미생물군을 포함하지는 않는다. 이것은 creosote로써 오염된 퇴적물에서 볼 수 있는데 여기서 비록 퇴적물에 존재하는 활성적으로 호흡하는 혐기성 미생물군이 있었다 할지라도 탈질, 황산염-환원 그리고 메탄 생성 미생물적 조건들하에서 제한된 PAHs의 생분해가 나타났다[40].

혐기성 미생물적 정화의 증진과 관련된 사항들을 완전히 이해하기 위해서는 더 많은 연구가 필요하다. 오염물질을 변환시키는 매우 다양한 혐기성 미생물들의 발견은 혐기성 정화에서 중요한 단계이다.

3.4 자양분의 이용도와 유효성

용이하게 분해될 수 있는 탄소소스에 더하여 미생물들은 세포로 된 물질대사를 위해 그러므로 성공적인 성장을 위해 질소, 인, 그리고 칼륨(N, P 그리고 K)과 같은 미네랄 자양분들을 필요로 한다. 오염된 장소들에서는 유기탄소 수준들은 오염물질의 성질 때문에 종종 높으며 이용할 수 있는 자양분들은 미생물의 물질대사 동안 빠르게 고갈될 수 있다[61]. 그러므로 *in situ* 미생물군을 자극시키기 위해 그러므로 미생물에 의한 정화를 향상시키기 위해 일반적으로 질소와 인(인산염)과 같은 자양분들을 오염된 땅에 보충해 준다[62, 63].

최적 미생물 성장과 그로 인한 미생물에 의한 정화를 위해 요구되는 N과 P의 양들은 미생물 바이오매스에서의 C:N:P의 비율(100:15:3[64]와 120:10:1[65]의 사이)로부터 전에 먼저 추정되었다. 그러나 최근의 연구에서는 최적 미생물 성장과 크레오소트 생분해는 미생물 성장에서의 향상을 초래하지 않는 더 낮은 C:N 비율들(5:1)을 갖는 미생물 바이오매스에서의 비율로부터 예측된 비율들보다도 훨씬 더 높은 C:N 비율(25:1)을 갖는 토양에서 일어났다는 사실을 나타내었다[63]. PAH 변환을 위해 요구되는 자양분들의 수준들은 석유 화합물들과 같은 다른 유기물질들에 대해 요구되는 수준들과 비슷한 것으로 일반적으로 생각된다. 그러나 PAHs의 최적의 분해를 위해 요구되는 가장 유리한 자양분 수준들에 관해서는 적은 수의 연구가 이루어졌으며 이 분야에서의 더 이상의 많은 연구는 향후 미생물에 의한 정화시험들을 위해 필요하다. 균류는 효과적으로 자양분들(특히, 질소)을 리사이클시킬 수 있으며 지나치게 높은 자양분 양들은 사실상 미생물 물질대사를 억제한다는 사실을 주목할 가치가 있다. 높은 분자량의 PAH를 산화시키는 white-rot fungi의 ligninolytic 효소들은 자양분이 모자라는(종종 낮은 질소) 조건들하에서 생산된다[66].

비록 미생물의 물질대사가 일시적으로 증가된다 할지라도 기능적으로 중요한 생물체들의 장기간 억제는 높은 분자량의 PAHs(벤조(a)피렌과 같은)의 미생물에 의한 정화의 불이행을 초래한다.

3.5 생물학적 이용 효능

생물학적 이용 효능은 생분해의 속도와 정도에 미치는 물리화학적인 그리고 미생물학적 인자들의 영향으로서 정의될 수 있으며[2] 미생물에 의한 정화에서 가장 중요한 인자들 중의 하나인 것으로 여겨진다. PAH 화합물들은 낮은 생물학적 이용 효능을 가지며 소수성 유기오염물질들로서 분류된다[67]. 이들은 생물학적인, 화학적인 그리고 광분해적 붕괴에 저항적이며 낮은 물에 대한 용해도를 갖는 화학물질들이다[67]. PAH의 분자량이 점점 더 클수록 그것의 용해도는 점점 더 낮아지며([그림 1-1]을 보시오) 이것은 차례로 미생물 세포에 의한 물질대사에 대한 PAH의 근접 능력을 감소시킨다[68, 69]. PAHs는 미네랄 표면들(다시 말해서 백토) 그리고 토양 매트릭스에서의 유기물질(즉, humic 그리고 fulvic acid)에 빠른 흡착을 나타낼 수 있다. PAH가 토양과 접촉하고 있는 시간이 점점 더 길수록 흡착은 점점 더 비가역적이며 오염물질의 화학적인 그리고 생물학적인 추출 능력은 점점 더 낮아진다[17]. 이 현상은 오염물질의 'ageing'으로 알려져 있다. 그러므로 오염물질의 생물학적 이용 효능은 어떤 주어진 환경에서의 그것의 지속성과 관련지어진다.

미네랄과 유기물질의 표면으로부터 PAHs의 방출은 계면활성제들의 사용에 의해서 이루어질 수 있다. 이들은 소수성 부분과 친수성 부분들을 포함하는 화합물들이며 그래서 소수성 PAH 분자와 친수성 미생물 세포 사이에 '가교(브릿지)'를 제공하게 된다. 약간의 미생물들은 계면활성제들(biosurfactants)을 생산할 수 있으며 이들은 토양 매트릭스로부터 PAHs의 탈착을 향상시킬 수 있다[70, 71]. 이들은 그들은 *in situ* 미생물군에 덜 독성적인 것으로 생각되며 그리고 마이셀들을 생산하지 않으며 이것은 오염물질인 PAHs를 캡슐화 할 수 있으며 미생물의 접근을 차단할 수 있기 때문에 합성 계면활성제들을 사용하는 것보다 잠재적으로 더 효과적이다[71].

두 가지의 접근방법들(화학적인 방법과 생물학적인 방법) 모두는 고유의 제한점들(제약점들)을 갖기 때문에 비록 어느 테스트(평가) 방법이 토양에서 소수성 유기 오염물질들의 생물학적 이용 효능에 관한 가장 대표적인 것인지 의심스럽다 할지라도 PAHs의 생물학적 이용 효능은 화학적인 방법과 생물학적인 방법을 사용하여 평가될 수 있다[72]. 토양에서 PAHs의 생물학적 이용 효능을 평가하기 위한 많은 생물학적 기술들이 있다. 이들은 생물학적 기능과 작용의 모니터링에 기초할 수 있다[73, 74]. 생물학적 이용 효능은 PAH 분해에 대한 유전암호를 지정하는 유전(인)자들의 표현에서의 변화들을 모니터링함으로써 측정될 수 있다[51].

생물학적 분석 평가는 토양에서 오염물질의 생물학적 이용 효능의 화학적 분석평가를 실행함으로써 종종 뒷받침되고 지원되는데 화학적 분석평가는 화학적 용매를 사용하여 토양 매트릭스로부터 오염물질을 물리적으로 추출한다. 비록 유기용매들에 의한 추출이 오염물질의 올바르고 정확한 생물학적 이용 효능을 증명하지 못하고 토양 속의 총 오염물질 농도를 설명해 준다 할지라도 유기용매들은 가혹한 추출 과정들(Soxhlet 추출과 같은) 동안 유기 오염물질들을 추출하기 위해 전통적으로 사용되어졌다. 그러나 더 대표적이고 전형적인 접근방법은 Hatzinge와 Alexander[17]에 의해서 사용되었는데 이들은 토양에서 생물학적 이용 가능 비율을 나타내기 위해 온화한 유기용매들(메탄올과 같은)로써 오염물질을 추출하였다. 미생물들은 대개 수용액상인 오염물질들에 단지 접근할 수 있기 때문에 수계 용매들도 토양에서의 유기 오염의 생물학적 이용 가능 분율을 더 정확하게 예측하기 위해 또한 사용되고 있다. 하나의 그러한 화합물은 HPCD(hydroxypropyl-β-cyclodextrin)이며 이것은 소수성 오염물질들을 캡슐화할 수 있다. HPCD는 lux-타입 미생물을 억제하는 것으로는 생각되지 않으며 생물학적 이용 효능의 결합된 생물학적 그리고 화학적 평가를 허용한다.

3.6 최종 생성물들의 독성

미생물에 의한 정화의 원리는 미생물을 사용하여 어떤 주어진 환경으로부터 오염물질을 제거하거나 혹은 해독하는 것이다. 대부분의 상업적인 미생물에 의한 정화 시험들은 모태가 되는 오염물질의 제거 정도에 의하여 처리의 성공을 모니터하는 경향이 있으며 더 독성적인 붕괴 물질대사 산물들의 생물학적 생산의 가능성을 생각하지 않는다. 그러나 오염되는 물질이 처리의 끝에서 적당히 해독되어진다는 것을 보증하고 확실하게 하는 것은 중요하다[12, 76]. PAH로써 오염된 가스공장 토양을 처리하기 위해 바이오리액터를 사용하는 최근의 연구에서는 PAHs의 제거들 그리고 PAH-ketones, quinones, 그리고 coumarins와 같은 oxy-PAHs의 축적을 모니터하였다[12]. 이들 화합물들은 PAHs의 미생물에 의한 물질대사 동안 형성되며(2절 'PAHs의 미생물에 의한 물질대사'를 보시오) 또한, PAHs의 화학적 산화와 광변환으로부터 형성될 수 있다[77]. PAH로써 오염된 토양의 처리 동안 형성되는 모태가 되는 화합물들보다도 더 지속성인 많은 oxy-PAHs와 함께 그러한 변환 생성물들은 모태 PAH와 비교하였을 때 인간의 건강에 만약 더 독성적이 아니라면 동등하게 독성적일 수 있다[12]. 이 연구에서 Lundstedt 등은 비록 에이징된 가스공장 토양의 미생물에 의한 정화 동안 형성된 새로운 oxy-PAHs가 없었다 할지라도 1-acenaphthenone 그리고 4-oxapyrene-5-one의 농도들은 30일간의 바이오슬러리 처리에 걸쳐서 각각 30% 그리고 60%까지 토양에서 증가하였다는 사실을 나타내었다. 또한, 그들은 어떤 oxy-PAHs는 처리 동안 실제로 농도가 증가하였으며 이후에 그들의 대응하는 모태가 되는 PAH 화합물보다도 미생물에 의한 분해에서 더 분해가 잘 안 되었다는 사실을 나타내었다.

oxy-PAHs는 모태 PAHs보다도 더 독성적이기 때문에 이 연구는 미생물에 의한 정화의 물질대사 산물들 특히 독성적인 막다른 생성물들에 대한 모니터링의 그리고 처리 전후 물질의 독성에 대한 평가의 중요성을 강조한다.

생태 독성테스트들에는 박테리아(Microtox®), 조류 그리고 Daphnia계 테스트들이 있다.

4. 결론

환경에서 PAHs와 관련된 지속성과 독성 문제들은 이들 복잡한 방향족 분자들을 변환시키기 위한 다양한 미생물들(균류와 박테리아)의 능력에 집중된 많은 실험실적 연구들을 초래하였다. 호기성 PAH 변환의 경로들은 확립되었으며 많은 환경들은 PAHs의 농도들을 감소시킬 수 있는 미생물들을 포함한다. 그동안의 연구들은 호기성 조건들에 집중되었으나 향후에는 혐기성 정화기술의 개발의 바람직한 방향도 많이 있다고 생각된다. 그리고 PAHs로써 오염된 환경의 미생물에 의한 정화에 있어서의 고유한 제한들이 존재하는데 이의 극복을 위한 더 이상의 연구가 필요하다. 앞서 고찰한 바와 같이 그간 대부분의 미생물에 의한 정화기술은 모태가 되는 오염물질의 제거 정도에 의하여 처리의 성공을 모니터링하는 경향이 있었지만 향후에는 여기에 더하여 미생물에 의한 정화에 의한 오염물질의 변환 생성물과 미생물에 의한 대사산물들의 독성 정도에 관심을 가질 필요가 있을 것이다. 이들 변환 생성물과 대사산물의 독성이 모태가 되는 제거 대상 오염물질의 독성보다 높은 경우가 많다. 그러므로, 보다 완전한 정화기술의 개발을 위해 다각적인 면들에 대한 고려와 평가가 필요하다고 생각된다. 향후 미생물에 의한 정화기술의 개발시 이러한 점에 대한 고려는 대단히 중요하다. 혐기성 그리고 호기성 균류와 박테리아의 개발과 스크린 작업 등 한 가지 학문 분야에 의해서가 아닌 여러 학문 분야의 복합적인 노력이 필요하다고 생각된다.

참고문헌

[1] Cerniglia CE, Biodegradation of polycyclic aromatic hydrocarbons. Biodegradation 3:351–368(1992).

[2] Mueller JG, Cerniglia CE and Prichard PH, Bioremediation of environments contaminated by polycyclic aromatic hydrocarbons, in Bioremediation: Principles and Application, ed by Crawford RL and Crawford DI. Cambridge University Press, Idaho, pp 125~194(1996).

[3] Freeman DJ and Cattell FCR, Woodburning as a source of atmospheric polycyclic aromatic hydrocarbons. Environ Sci Technol 24: 1581–1585(1990)

[4] Lim LH, Harrison RM and Harrad S, The contribution of traffic to atmospheric concentrations of polycyclic aromatic hydrocarbons. Environ Sci Technol 33: 3538–3542(1999)

[5] Juhasz AL and Naidu R, Bioremediation of high molecular weight polycyclic aromatic hydrocarbons: a review of the microbial degradation of benzo-[a]pyrene. Int Biodeterior Biodegrad 45:57—88(2000).

[6] Cerniglia CE, Microbial degradation of polycyclic aromatic hydrocarbons. Adv Appl Microbiol 30:31–71(1984).

[7] Blumer M, Polycyclic aromatic compounds in nature. Sci Am 3:35–45(1976).

[8] Coates JD, Anderson RT and Lovley DR, Oxidation of polycyclic aromatic hydrocarbons under sulfate-reducing conditions. App Environ Microbiol 62:1099–1101(1996).

[9] Coates JD, Woodward J, Allen J, Philp P and Lovley DR, Anaerobic degradation of polycyclic aromatic hydrocarbons and alkanes in petroleum-contaminated marine harbour sediments sediments. App Environ Microbiol 63:3589–3593 (1997)

[10] Ohkouchi N, Kawamura K and Kawahata H, Distributions of three to seven-ring polynuclear aromatic hydrocarbons on the deep sea floor in the central pacific. Environ Sci Technol 33:3086–3090(1999).

[11] Tam NFY, Guo CL, Yau WY and Wong YS, Preliminary study on biodegradation of phenanthrene by bacteria isolated from mangrove sediments in Hong Kong. Mar Pollut Bull 45:316–324(2002).

[12] Lundstedt S, Haglund P and Öberg L, Degradation and formation of polyclinic aromatic compounds during bioslurry treatment of an acid aged gasworks soil. Environ Toxicol Chem 22:1413–1420(2003).

[13] Ellis B, Harold P and Kronberg H, Bioremediation of a creosote contaminated site. Environ Technol 12:447–459(1991).

[14] Wild SR, McGrath SP and Jones KC, The polynuclear aromatic hydrocarbon (PAH) content of archived sewage sludges. Chemosphere 20:703–716(1990).

[15] Kanaly RA and Harayama S, Biodegradation of high-molecular weight polycyclic aromatic hydrocarbons by bacteria. J Bacteriol 182:2059–2067(2000).

[16] Sutherland JB, Rafii F, Khan AA and Cerniglia CE, Mechanisms of polycyclic aromatic hydrocarbon degradation, in Microbiol Transformation and Degradation of Toxic Organic Chemicals, ed by Young LY and Cerniglia CE. Wiley-Liss, New York, pp269-306(1995).

[17] Hatzinger PB and Alexander M, Effect of aging on chemicals in soil on their biodegradability and extractability. Environ Sci Technol 29:537-545(1995).

[18] Rockne KJ and Strand SE, Biodegradation of bicyclic and polycyclic aromatic hydrocarbons in anaerobic enrichments. Environ Sci Technol 32:2962-2967 (1998).

[19] Renner R, EPA to strengthen persistent, bioaccumulative and toxic pollutant controls - mercury first to be targeted. Environ Sci Technol 33:62A(1999).

[20] Vanrooij JGM, Bodelierbade MM and Jongeneelen FJ, Estimation of individual dermal and respiratory uptake of polycyclic aromatic-hydrocarbons in coke-oven workers. Brit Jn Ind Med 50:623-632(1993).

[21] Harvey RG, Mechanisms of carcinogenesis of polycyclic aromatic hydrocarbons. Polycyclic Aromatic Compounds 9:1-23(1996).

[22] Mueller JG, Devereux R, Santavy DL, Lantz SE, Willis SG and Pritchard PH, Phylogenetic and physiological comparisons of PAH-degrading bacteria from physiologically diverse soils. Antonie Leeuwenhoek 71:329-343(1997).

[23] Chang BV, Chang W and Yuan SY, Anaerobic degradation of polycyclic aromatic hydrocarbons in sludge. Advances in Environmental Research 7:623-628 (2003).

[24] Kelley I, Freeman JP, Evans FE and Cerniglia CE, Identification of metabolites from degradation of naphthalene by a Mycobacterium sp. Biodegradation 1:283-290(1990).

[25] Rockne KJ, Stensel HD, Herwig RP and Strand SE, PAH degradation and bioaugmentation by a marine methanotrophic enrichment. Bioremediation Journal 1:209-222(1998).

[26] Heitkamp MA, Freeman JP, Miller DW and Cerniglia CE, Pyrene degradation by a Mycobacterium sp.: identification of ring oxidation and ring fission products. App Environ Microbiol 54:2556-2565(1988).

[27] Wison AS, Davis CD, Williams PD, Buckpitt RA, Pirmohamed M and Park BK, Characterisation of the toxic metabolites of naphthalene. Toxicology 114:233-242(1996).

[28] Hammel KE, Gai WZ, Green B and Moen MA, Oxidative degradation of phenanthrene by the ligninolytic fungus Phanerochaete chrysosporium. App Environ Microbiol 58:1832-1838(1992).

[29] Bezalel L, Hadar Y and Cerniglia CE, Enzymatic mechanisms involved in phenanthrene degradation by the white rot fungus Pleurotus ostreatus. App Environ Microbiol 63:2495-2501(1997).

[30] Jerina DM, Metabolism of aromatic hydrocarbons by the cytochrome P450 system and epoxide hydrolase. Drug Metab Dispos 11:1-4(1983).

[31] Pothuluri JV, Heflich RH, Fu PP and Cerniglia CE, Fungal metabolism and detoxification of fluoranthene. App Environ Microbiol 58:937-941(1992).

[32] Mester T and Yicn M, Oxidation mechanism of ligninolytic enzymes involved in the degradation of environmental pollutants. Int Biodeterior Biodegrad 45:51- 59(2000).

[33] Kirk TK and Farrell RL, Enzymatic 'combustion': the microbial degradation of lignin. Annu Rev Microbiol 41:465-505(1987).

[34] Canet R, Birnstingl JG, Malcolm GD, Lopez-Real JM and Beck AJ, Biodegradation of polycyclic aromatic hydrocarbons(PAHs) by native microflora and combinations of whiterot fungi in a coal-tar contaminated soil. Bioresource Tech 76:113- 117(2001).

[35] Anderson RT, Lundstedt S, Tornberg K, Schnurer Y, Oberg LG and Mattiasson B, Incomplete degradation of polycyclic aromatic hydrocarbons in soil inoculated with wood-rotting fungi and their effects on the indigenous soil bacteria. Environ Toxicol Chem 22:1238-1243(2003)

[36] May R, Schroder P and Sandermann HJ, Ex-situ process for treating PAH contaminated soil with Phanerochaete chrysosporium. Environ Sci Technol 31:2626-2633(1997).

[37] Bakermans C, Hohnstock-Ashe AM, Padmanabhan S, Padmanabhan P and Madsen EL, Geochemical and physiological enidence for mixed aerobic and anaerobic field biodegradation of coal tar waste by subsurface microbial communities. Microb Eco 44:107-117(2002).

[38] Bewley RJF and Webb D, In situ bioremediation of groundwater contaminated with phenols, BTEX and PAHs using nitrate as electron acceptor. Land Contam Reclam 9:335-347(2001).

[39] Meckenstock RU, Annweiler E, Michaelis W. Richnow HH and Schink B, Anaerobic naphthalene degradation by a sulphate reducing enrichment culture. App Environ Microbiol 66:2643-2747(2000).

[40] Genthner BRS, Toensend GT, Lantz SE and Mueller JG, Persistence of polycyclic aromatic hydrocarbon components of creosote under anaerobic enrichmant conditions. Arch Environ Contam Toxicol 32:99-105(1997).

[41] Anderson RT and Lovley DR, Ecology and biogeochemistry of in situ groundwater remediation, Adv Microb Ecol 15:289-350(1997).

[42] Rockne KJ, chee-Sandford JC, Sanford R, Hedlund BP, Staley JT and Strand SE, Anaerobic naphthalene degradation by microbial pure cultures under nitrate reducing conditions. App Environ Microbiol 66:1595-1601(2000).

[43] Zhang X, Sullivan ER and Young LY, Evidence for aromatic ring reduction in the biodegradation pathway of carboxylated naphthalene by a sulphate-reducing consortium. Biodegradation 11:117-124(2000).

[44] Bedessem ME, Swoboda-COlberg NG and Colberg PJS, Naphthalene mineralisation coupled to sulfate reduction in aquiferderived enrichments. FEMS Microbiol Lett 152:213-218(1997).

[45] Margesin R and Schinner F, Biodegradation and bioremediation of hydrocarbons in extreme environments. App Microbiol Biotechnol 56:650-663(2001).

[46] Siron R, Pelletier E and Brochu H, Environmental factors influencing the biodegradation of petroleum hydrocarbons in cold seawater. Arch Environ Contam Toxicol 25:406-416(1995).

[47] Lau KI, Tsang YY and chiu SW, Use of spent mushroom compost to bioremediate PAH-contaminated samples. Chemosphere 52:1539-1546(2003).

[48] Alexander M, How toxic are toxic chemicals in soil? Environ Sci Technol 29:2713

-2717(1995).

[49] Wong JWC, Lai KM, Wan CK, Ma KK and Fang M, Isolation and optimisation of PAH-degradative bacteria from contaminated soil for PAH bioremediation. Water Air Soil Pollut 139:1-13(2002).

[50] Kästner M, Breuer-Jammali M and Mahro B, Impact of inoculation protocols, salinity, and pH on the degradation of polycyclic aromatic hydrocarbons (PAHs) and survival of PAH-degrading bacteria introduced into soil. App Environ Microbiol 64:359-362(1998).

[51] Stapleton RD, Savage DC, Sayler GS and Stacey G, Biodegradation of aromatic hydrocarbons in an extremely acidic environment. App Environ Microbiol 64:4180-4184(1998).

[52] Bamforth SM, Manning DAC and Singleton I, Naphthalene transformation by the Pseudomonas at an elevated pH. In preparation(2005).

[53] Gibson DT, Koch JR and Kallio RE, Oxidative degradation of aromatic hydrocarbons by microorganisms. I. Enzymatic formation of catachol from benzene. Biochemistry 7:2653-2661(1968).

[54] Pardieck DL, Bouwer EJ and Stone AT, Hydrogen-peroxide use to increase oxidant capacity for in situ bioremediation of contaminated soils and aquifers - a review. J Contam Hydrol 9:221-242(1992).

[55] Coates JD, Michaclidou U, Bruce RA, O' Connor SM, Crespi JN and Achenbach LA, The ubiquity and diversity of (per)chlorate reducing bacteria. App Microbiol Biotechnol 65:5234-5241(1999).

[56] McNally DL, Mihelcic JR and Lucking DR, Biodegradation of three- and four ring-polycyclic aromatic hydrocarbons under aerobic and denitrifying conditions. Environ Sci Technol 32:2633-2639(1998).

[57] Stumm W and Morgan JJ, Aquatic Chemistry. Wiley-Interscience, New York(1981).

[58] Banks D, Younger PL, Arnesen R, Iversen ER and Banks SB, Mine-water chemistry: the good, the bad and the ugly. Environ Geol 32:157-174(1997).

[59] Ponnamperuma FN, The chemistry of submerged soils. Adv Agron 24:29-96(1972).

[60] Graves J and Reavey D, Global Environmental Change. Longman, Harlow, UK(1996).

[61] Breedveld GD and Sparrecik M, Nutrient limited biodegradation of PAHs in various soil strata at a creosote contaminated site. Biodegradation 11:391- 399(2000).

[62] Alexander M, Biodegradation and Bioremediation. Academic Press, San Diego(1994).

[63] Atagana HI, Haynes RJ and Wallis FM, Optimization of soil physical and chemical conditions for the bioremediation of creosote-contaminated soil. Biodegradation 14:297-307(2003)

[64] Zitrides TG, Mutant bacteria overcome growth inhibition in industrial waste facility. Industrial Waste 24:42-44(1978).

[65] Alexander M, Introduction to Soil Microbiology. John Wiley and Sons, New York(1977).

[66] Bogan BW, Schoenike B, Lamar RT and Cullen D, Expression of lip genes during growth in soil and oxidation of anthracene by Phanerochaete chrysosporium. App Environ Microbiol 62:3697-3703(1996).

[67] Semple KT, Morriss WJ and Paton GI, Bioavailability of hydrophobic organic contaminants in soils: fundamental concepts and techniques for analysis. Eur J

Soil Sci 54:809-818(2003).

[68] Fewson CA, Biodegradation of xenobiotic and other persistent compounds: the causes of recalcitrance. Trends Biotechnol 6:148-153(1988).

[69] Miller RM and Bartha R, Evidence of liposome encapsulation for transport- limited microbial metabolism of solid alkanes. App Environ Microbiol 55:269- 274(1989).

[70] Van Dyke MI, Lee H and Trevors JT, Applications of microbial surfactants. Biotechnol Adv 9:241-252(1991).

[71] Makkar RS and Rockne KJ, Comparison of synthetic surfactants and biosurfactants in enhancing biodegradation of polycyclic aromatic hydrocarbons. Environ Toxicol Chem 22:2280-2292(2003).

[72] Reid BJ, Jones KC and Semple KT, Bioavailability of persistent organic Pollutants in soils and sediments - a perspective on mechanisms, consequences and assessment. Environ Pollut 108:103-112(2000).

[73] Reid BJ, Semple KT, Maccleod CJ, Weitz H and Paton GI, Feasibility of using prokaryote biosensors to assess acute toxicity of polycyclic aromatic hydrocarbons. FEMS Microbiol Lett 169:227- 233(1998).

[74] Johnson DL, Jones KC, Langdon CJ, Piearce TG and Semple KT, Temporal changes in earthworm availability and extractability of polycyclic aromatic hydrocarbins in soil. Soil Biol Biochem 34:1363-1370(2002).

[75] Weston DP and Mayer LM, Comparison of in vitro digestive fluid extraction and traditional in vivo approaches as measures of polycyclic aromatic hydrocarbon bioavailability from sediments. Environ Toxicol Chem 17:830-840(1998).

[76] Mendonça E and Picado A, Ecotoxicological monitoring of remediation in a coke oven soil. Environ Toxicol 17:74-79(2002).

[77] Kochany J and Maguire RJ, Abiotic transformations of polynuclear aromatic hydrocarbons and poly-nuclear nitrogen heterocycles in aquatic environments. Sci Total Environ 144:17-31(1994).

[78] Straube WI, Nestler CC, Hansen LD, Ringleberg D, Pritchard PH and Jones-Meehan J, Remediation of polyaromatic hydrocarbons (PAHs) through landfarming with biostimulation and bioaugmentation. Acta Biotechnol 23:179-196(2003).

[79] Semple KT, Reid BJ and Fermor TR, Impact of composing strategies on the treatment of soils contaminated with organic pollutants. Environ Pollut 112:269-283(2001).

[80] Fogarty AM and Tuovinen OH, Microbiological degradation of pesticides in yard waste composting. Nicrobiol Rev 55:225-233(1991).

[81] Guerin TE, The differential removal of aged polycyclic aromatic hydrocarbons from soil during bioremediation. Environ Sci Pollut Tes 7:19-26(2000).

[82] Joyce JF, Sato C, Cardenas R and Surampalli RY, Composting of polycyclic aromatic hydrocarbons in simulated municipal solid waste. Water Environ Res 70:356-361(1998).

[83] Potter CL, Glaser JA, Chang LW, Meier JR, Dosani MA and Herrmann RF, Degradation of polynuclear aromatic hydrocarbons under bench-scale compost conditions. Environ Sci Technol 33:1717-1725(1999).

[84] Sasek V, Bhatt M, Cajthaml T, Malachova K and Lednicka D, Compost-mediated

removal of polycyclic aromatic hydrocarbons from contaminated soil. Arch Environ Contam Toxicol 44:336-342(2003).

[85] Davies JI and Evans WC. Oxidative metabolism of naphthalene bu soil pscudomonads: the ring fission mechanism. J Biochem 91:251-261(1964).

Ⅱ
높은 분자량의 다환 방향족 탄화수소(PAHs)의 미생물에 의한 정화: 벤조[a]피렌(BaP)의 미생물에 의한 분해

개요

과거 30년간에 걸쳐서 다환 방향족 탄화수소들(PAHs)의 미생물에 의한 분해에 관한 연구는 낮은 분자량의 PAHs(3개 이하의 융합된 벤젠고리들을 포함하는 화합물들)를 분해할 수 있는 수많은 종류의 박테리아, 균류 그리고 조류의 분리를 초래하였다. 비록 약간의 균류와 조류들이 높은 분자량의 PAHs(4개 이상의 융합된 벤젠고리들을 포함하는 화합물들)를 변환시킬 수 있다 할지라도 이 화합물들은 일반적으로 미생물에 의한 공격에 대하여 저항적이고 다루기 어렵다. 최근까지 유일한 탄소 그리고 에너지 소스들로서 4개 고리의 PAHs를 이용할 수 있는 능력을 갖는 단지 적은 수의 박테리아 종류들이 분리되어졌으며 5개 고리의 화합물들의 공통 물질대사에 관해서도 보고되었다. 이 장에서는 높은 분자량의 PAH인 벤조[a]피렌(BaP)에 초점을 맞추었다. 그것의 발암성, 기형발생성 그리고 독성 때문에 환경에서의 BaP의 존재에 대하여 많은 관심이 있다. BaP는 식품 소비를 통해서 사람들에 대한 노출을 간접적으로 초래할 수 있었던 해양 생물체들과 식물들에 축적되는 것으로 관찰되었다. 이 장에서는 환경에서의 BaP의 발생과 존재 그리고 박테리아, 균류 그리고 조류 등과 같은 생물체들에 의한 BaP 분해에 대한 경로를 포함한 화합물을 분해시킬 수 있는 생물체들의 능력에 관해서 고찰키로 하겠다. 또한, BaP의 미생물에 의한 분해를 향상시키기 위한 방법에 관해서도 고찰키로 하겠다.

1. 서론

다환 방향족 탄화수소(PAHs)는 다양한 인위 개변 활동 때문에 환경에 축적되는 독성 환경 오염물질들의 한 가지 부류이다. 1970년대 이래 PAHs의 생물학적 분해에서의 연구는 PAH로써 오염된 토양과 물의 정화를 위해 이용되는 이화작용 능력을 박테리아, 균류 그리고 조류가 갖고 있다는 것을 증명하였다. 현재 미생물에 의한 정화는 낮은 분자량의 PAHs로써 오염된 토양을 정화시키는데 효과적인 것으로 나타났지만[193, 145, 10] 높은 분자량의 PAHs는 미생물에 의한 공격에 대하여 일반적으로 저항적이며 다루기 어렵다[203, 81, 39]. 비록 높은 분자량의 PAHs에 대한 미생물 활동의 부족은 오염물질의 생물학적 이용 효능, 자양분들, 환원산화(redox) 가능성과 같은 오염장소에 특유한 환경적 인자들에 기인한다 할지라도 제한인자는 더 매우 축합된 화합물들을 분해시킬 수 있는 미생물들의 부족이다. 미생물에 의한 정화가 PAH로써 오염된 토양의 정화를 위한 효과적인 도구가 되기 위해서는 수반되는 과정들에 대한 그리고 높은 분자량의 PAHs의 분해를 제한하는 과정들에 대한 더 큰 이해가 요구된다.

한 가지의 그러한 높은 분자량의 PAH는 다섯 개의 고리로 된 화합물인 벤조[a]피렌(BaP)이다. BaP는 US EPA에 의해 최우선 오염물질로써 분류되어졌다: 그것의 알려진 혹은 의심스러운 발암성, 기형 발생성 혹은 심각한 독성에 기초하여 선택된 한 화합물, 많은 종들에서의 다중 동물에 대한 연구들은 수많은 루트들에 의한 관리를 수반하는 BaP의 발암성을 증명하였다. BaP는 폭넓은 범위의 원핵생물(예, 균류)의 그리고 포유동물의 세포 분석물에 유전자 독성 효과들을 초래하는 것으로 나타났으며 그러한 이유 때문에 환경에서의 그것의 발생과 존재는 많은 관심을 끌고 있다. 환경에서의 BaP의 수준은 전세계에 걸쳐서 환경평가의 전개와 정화 규제 규정들에 대한 기초 근거를 형성한다. 비록 나프탈렌, 아세나프텐 그리고 페난스렌과 같은 낮은 분자량의 PAH를 분해시킬 수 있는 매우 다양한 생물체들이 있다 할지라도 BaP와 같은 높은 분자량의 PAHs를 분해시킬 수 있는 속(종류)은 상대적으로 적은 것으로 관찰되었다. 이 장에서는 BaP의 미생물에 의한 분해, 화합물들의 분해를 제한하는 인자들 그리고 그것의 정화를 위한 옵션들에 관하여 고찰키로 하겠다.

2. PAHs와 BaP의 물리적 성질들

PAH는 일반적으로 여러 가지 배열들에서의 두 개 이상의 벤젠고리들을 포함하는 탄화수소를 나타낸다[233]. PAHs는 소수성 화합물들이며 그리고 환경에서의 그들의 지속성은 주로 그들의 낮은 물에 대한 용해도 때문이다[39]. 일반적으로 PAH 용해도는 벤젠고리들의 수가 증가함에 따라서 감소하며 소수성은 증가한다. 휘발성은 벤젠고리들의 증가하는 수에 따라서 감소한다[271]. 이 사실은 화합물의 방향족성에 있어서의 증가에 주어지지는 않는다. BaP는 벤젠고리들이 클러스터화된 방식으로 배열되는 다섯 고리 PAH이다. BaP는 낮은 수용액 용해도(0.0038mgl^{-1})와 증기압력(5.0×10^{-7}torr) 그리고 높은 옥탄올: 물 분배계수(6.04)를 갖는데 이러한 사실은 비 수용액 상에 대한 그것의 선호를 제안해준다. <표 2-1>은 BaP와 약간의 다른 PAHs의 물리화학적 성질들을 나타낸다.

〈표 2-1〉 Structure and physical-chemical properties of some three-, four-, five-, and six-ring polycyclic aromatic hydrocarbons(adapted from Sims and Overcash, 1983)

PAH	No. of rings	mp^a(℃)	bp^b(℃)	Sol^c(mg1^{-1})	logK_p^d	Vapour pressure (torr at 20℃)
Phenanthrene	3	101	340	1.29	4.46	6.8×10^{-4}
Anthracene	3	216	340	0.07	4.45	2.0×10^{-4}
Fluoranthene	4	111	250	0.26	5.33	6.0×10^{-6}
Benz[a]anthracene	4	158	400	0.014	5.61	5.0×10^{-9}
Pyrene	4	149	360	0.14	5.32	6.8×10^{-7}
Chrysene	4	255	488	0.002	5.61	6.3×10^{-7}
Benzo[*a*]pyrene	5	179	496	0.0038	6.04	5.0×10^{-7}
Dibenz[*a,h*]anthracene	5	262	524	0.0005	5.97	1.0×10^{-10}
Benzo[*g,h,i*]perylene	6	222	–	0.0003	7.23	1.0×10^{-10}
Indeno[*1,2,3-c,d*]pyrene	6	163	536	0.062	7.66	1.0×10^{-10}

^{a}mp: melting point
^{b}bp: boiling point
^{c}Sol: aqueous solubility
^{d}logK_n: logarithm of the octanol: water partitioning coefficient.

3. PAHs의 생산

PAHs의 주된 소스는 유기물질의 연소로부터이다[55, 108]. PAHs는 열적 지질학적 생산 동안 그리고 산림과 숲의 화재에서 수목의 연소과정 동안 자연적으로 형성된다[25, 24]. PAHs와 그들의 알킬 동족체들은 또한, 생물 기원 전구체들로부터 유도된다[262, 167, 166]. 그러나 특히 연료의 연소, 열분해 공정들, 석유제품들의 유출, 폐기물 소각장치들 그리고 가정의 히터들로부터의 인위개변 소스들은 환경에서 PAHs의 중요한 현저한 소스들이다[90, 261]. 선진국들에서 인위개변 연소활동은 토양들에서의 PAHs의 주요한 소스인데 여기서 그들은 대기 석출로부터 생긴다. 이것은 과거 100-150년 간에 걸쳐서 토양 PAH 농도에서의 증가를 초래하였다[136, 137].

4. 환경에서의 PAHs의 발생

환경에서의 PAHs의 방출은 이들 화합물들이 불완전 연소의 도처에 있는 편재된 생성물들이기 때문에 널리 만연되어 있다. PAHs는 공기[90, 227, 101], 토양[136, 137, 138, 271], 퇴적물[280, 166, 229], 물[50], 오일, 타르[199], 그리고 식료품[172, 73]을 포함한 매우 다양한 환경 시료들에서 검출되었다. 화석연료들의 연소와 처리와 같은 산업활동들은 매우 오염된 장소들에서 PAHs의 존재와 일반적으로 관련이 있다. 산업현장들에서의 PAH 오염은 일반적으로 저장 탱크로부터의 유출과 유출 그리고 이들 연료/오일 제품들의 운반, 처리 그리고 사용과 관련된다[271]. PAHs는 또한 크레오소트(무게로써 대략 5% PAH)와 안트라센 오일의 주된 성분이며 이들은 일반적으로 목재처리를 위한 농약들에 사용된다[32, 30, 263]. 그러한 이유 때문에 PAH 오염은 종종 목재처리 활동들과 관련된다[193, 195, 257, 233].

4.1 공기 속의 Bap

PAH 수송에 대한 주된 루트는 대기를 통해서이다. 주변 공기 모니터링 프로그램들로부터의 결과들은 PAH 농도들이 일반적으로 공기 1㎥당 적은 수의 나노그램들임을 나타내었다[211]. 그러나 PAH 농도들은 가정에서의 히팅제품들(난방 및 조리용 기구들)의 연소로부터 발생하는 배출들에 의존하여 계절에 따라서 변화한다<표 2-2>. Greenberg 등은[101] 대략 50의 BaP에 대한 겨울/여름 농도비율을 관찰하였는데 그들은 이것을 목재연소의 사용 때문이었다는 사실을 제안하고 있다. 또 다른 연구에서 Halsall 등[113]은 극지방의 흐림 안개 낀 기간과 동시에 일어나는 동절기 동안 발생하는 가장 높은 농도들로써 극지방의 공기 중에서의 BaP 농도들의 뚜렷한 계절적 분포를 관찰하였다. 그러나 작업장 주변 공기 중에서의 BaP 농도들은 주변 대기 중에서 관찰되는 농도보다도 여러 배 더 높다. 알루미늄 환원 플랜트의 작업장 공기에서의 thiaarenes와 PAHs에 관한 Becker 등[20]에 의한 연구는 0.4로부터 $23.5\mu m^{-3}$까지 범위의 BaP 농도들을 관찰하였다.

〈표 2-2〉 Concentration of benzo[*a*]pyrene detected in aerosols from various sampling stations

Site	BaP concentration(ng m^{-3})		Reference
	Summer	Winter	
Newark, NJ, USA	0.23	1.63	Greenberg et al.(1985)
Elizabeth, NJ, USA	0.14	1.01	Greenberg et al.(1985)
Camden, NJ, USA	0.20	0.87	Greenberg et al.(1985)
Ringwood, NJ, USA	0.06	0.32	Greenberg et al.(1985)
Waterbury, Vermont, USA	–	0.2–2.4	Sexton et al.(1985)
Birkenes, Norway	–	ND[a]–2.35	Bjorseth et al.(1979b)
Rervik, Sweden	–	ND–4.32	Bjorseth et al.(1979b)
Esthwaite, UK	0.51	8.06	Gardener et al.(1995)
Castleshaw, UK	0.13	3.14	Gardener et al.(1995)
Alert, Ellesmere Island	0.007	0.002	Halsall et al.(1997)
Dunai Island, Eastern Silberia	0.026	0.001	Halsall et al.(1997)

[a]ND: not determined.

가솔린 그리고 디젤 자동차들, 트럭과 버스를 포함하는 자동차들은 배기가스 응축물과 PM, 타이어 마모 입자들, 윤활유 그리고 그리스를 통해서 대기의 PAH 오염에 또한 기여한다[261]. 화석연료들의 연소 동안 디젤 자동차들은 대기 중에서의 더 경질의 PAHs의 주된 소스인 반면 가솔린 자동차들은 BaP와 같은 더 높은 분자량의 PAHs의 우세한 소스이다. Harkov 등[117]은 자동차로부터 유도된 BaP는 뉴저지주의 비 난방 및 취사에 의해 생성된 BaP 배출의 98%를 차지하였다고 제안하였다. 산림화재, 관목과 숲 화재 그리고 일반적인 주거 목재의 소각은 BaP를 포함하는 PAHs의 높은 농도들을 발생시킬 수 있다. 3000μgm^{-3}의 PAH 농도와 BaP에 대한 60μgm^{-3}의 농도들이 작은 주거용 스토브로부터의 송기관 배출에서 측정되어졌다[90]. 모닥불 연기는 70ppm의 벤조피렌을 포함하며 이것은 담배 연기에서 발견되는 양의 대략 350배이다[92]. 목재와 다른 초목의 연소로부터의 PM에서의 잔류 BaP 농도들은 물질(재료) 타입에 의존하여 변화할 수 있다. Freeman과 Cattell[90]은 2.2μgg^{-1}로부터 71μgg^{-1}까지로 변하는 다른 시료들과 비교되는 관목과 숲(오스트레일리아의 토종식물 연소) 화재 시료들에서 BaP의 높은 농도들(194μgg^{-1}까지의)을 검출하였다.

4.2 퇴적물에서의 BaP

PAHs는 낮은 물에 대한 용해도와 높은 옥탄올-물 분배계수들에 의해서 특징지워지기 때문에 물에서 그들의 농도는 극히 낮다. 퇴적물에서의 PAHs의 농도는 산업활동과 관련하여 수로의 인접성에 의존하여 수 μgkg^{-1}로부터 gkg^{-1}까지의 농도 분포 범위를 나타낸다<표 2-3>. Paine 등[202]의 연구로부터의 결과들은 퇴적물에서의 BaP 농도들과 이 퇴적물들의 알루미늄 제련소에 대한 인접성 사이의 상관관계를 설명하였다. BaP 농도들은 Alcan Inner Harbour에 바로 인접한 지역들에서 가장 높았던 반면(1100mgkg^{-1}) 직접적으로 인접하지 않은 시료 채취 지역들은 낮은 BaP 농도들을 갖는다(0.135mgkg^{-1}).

〈표 2-3〉 Concentration of benzo[*a*]pyrene detected in sediments from around the world

Site	BaP (mg kg^{-1})	Winter	Reference
Boston Harbour, USA	0.07-95	0.5-718	Shiaris and Jambard-Sweet(1986)
Malburger Haven, The Netherlands	39	2353	Huis in't Veld et al.(1995)
Rijks Binnenheven, The Netherlands	78	3335	Huis in't Veld et al.(1995)
Giltoyees Inlet, British Colombia, Canada	0.1^{a}	-	Simpson et al.(1998)
Grosser Ploner, See, Germany	1.6	-	Hites et al.(1980)
Ajaccio Harbour, Corsica	1.6	20	Baumard at al.(1998)
Rhine-Muese Delta	5.2	60.1	Hendrix et al.(1998)
Charles River, Boston, USA	33^{b}	87	Laflamme and Hites(1979)
Kitimat Arm, BC, Canada	〈0.135-1100	1.31-9890	Paine et al.(1996)
Kidala Arm, BC, Canada	〈0.02	0.057	Paine et al.(1996)

^{a}BaP concentration in the top 10 cm of sediment core.
^{b}Sum of benzofluorenes, benzopyrenes and perylene.

퇴적물들에서의 PAH 농도들은 1800년대 후반 이래 증가하는 PAH에 대한 부담을 드러내었으며 1950년대에 피이크를 이루었다[124]. Hites 등은 USA Rhode Island Pettaquamscutt River로부터 퇴적물 핵심에서의 PAHs의 농도를 측정하였다. 핵심부는 ^{210}Pb를 사용하여 연대가 정해졌으며 3mmyear^{-1}의 퇴적율은 PAH 농도를 퇴적 햇수에 대하여 도시하기 위해 사용되었다. 그들의 결과들은 1950년대에 피이크를 이루면서 1900년으로부터 PAH 농도에서의 빠른 증가를 나타내었다; 그러나 1950년대 후 PAH 농도에서의 감소가 발생하였다. 그들은 1940년대 중반으로부터 오일과 가스 연료들에 대한 증가하는 의지를 수반하는 세기의 변환기에서 산업활동에서의 증가에서 퇴적물 PAH 농도들에서의 상승과 하락을 설명하였다. 만약 치환된 PAH(알킬 유도체들과 같은)가 퇴적물들에서 우세하다면 PAHs의 소스는 석유계이며; 그러나 만약 치환되지 않는 PAHs가 우세하다면 PAHs는 연소과정들로부터 발생한다고 일반적으로 여겨진다[184].

4.3 토양에서의 BaP

산업화된 국가들로부터 토양 속의 PAH 농도들은 1800년대 중반 이래 1950년대/1960년대에 피이크를 이루면서 증가하는 PAH 누적 부담을 또한 나타내었다[136, 137]. UK Rothamsted로부터 수집된 토양 속의 PAH 농도에 관한 Jones 등에 의한 연구에서는 1893년부터 1987년까지 20배 이상의 BaP 농도에서의 증가를 보고하였다. 대부분의 지역에 대한 정성적인 PAH 패턴은 도심 가까이에서 PAH에서의 증가를 나타내었다. 화석연료의 인위개변 연소와 PAHs의 먼 거리의 대기 중 이동은 넓은 환경에 걸친 PAHs의 분산에 기여하였다[24, 101].

산업지대로부터의 오염된 토양들에서의 PAHs의 농도는 지대와 관련된 산업활동에 의존하여 변할 수 있다<표 2-4>. 이 활동들은 오염된 토양들과 관련된 BaP의 농도들에 또한, 영향을 미친다. 예를 들면, 크레오소트 생산 지역으로부터의 토양에서 Ellis 등[80]은 5863mgkg^{-1}의 총 PAH 농도를 보고하였다; 그러나 BaP는 검출되지 않았다. 그러나 French manufacturing gas plant(MGP) site(COGEMA)에서 BaP는 토양의 총 PAH 함유량의 10.9%를 구성하였다[27].

〈표 2-4〉 Concentration of selected PAHs in contaminated soils and sediment[a]

PAH	PAH Concentration (mg kg^{-1} soil) in PAH-contaminated soils/sediment:							
	CP	WP	Superfund Minnesota	GW	PC	MGP	Superfund Mississippi	COGEMA
NAPH	1131	3925	6494		186	97	673	
ACEN	33	49	3651			28	79	28
ACE		1368	21,319	2	43	49	705	2
FLU	650	1792	2497	225	87	14	32	4
PHEN	1595	4434	7902	379	156	26	266	51
ANTH	334	3307	1440	156	53	11	2	58
FA	682	1629	10,053	2174	137	73	419	195
PYR	642	1303	9481	491	99	47		173
CHRY	614	481	2392	345		15	305	52
BaA		171	1670	317	33	16	496	88
BaP		*82*	*536*	*92*	*15*	*14*	*224*	*106*
BdF/BkF		140	2271	498		21	513	99
DBA			192	2451	12	33	27	
IndPYR		23	120	207		7	64	46
Sum PAH	5863	18,704	70,633	7337	821	451	3815	974
% BaP	0	0.44	0.76	1.25	1.46	3.10	5.87	10.88

[a]NAPH: naphthalene; ACEN: acenaphthylene; ACE: acenaphthene; FLU: fluorene; PHEN: phenanthrene; ANTH: anthracene; FA:fluoranthene; PYR: pyrene; BaA: benz[*a*]anthracene; BaP: benzo[*a*]pyrene; BbF/BkF: benzo[*b*]fluoranthene/benzo[*k*]fluoranthene; DBA: dibenz[*a, h*]anthracene; IndPYR: indeno[1,2,3-*c, d*]pyrene; CP: creosote production site(Ellis et al., 1991); WP: wood preserving site(Mueller et al., 1991a); Superfund Site, Minnesota. USA(USEPA, 1995b); GW: gas works site(Bewley et al., 1989); PC: petrochemical site(Juhasz, 1998); MGP: manufacturing gas plant site(Erickson et al., 1993); Superfund site, Mississippi, USA(USEPA, 1995a); COGEMA: French MGP site(Bogan et al., 1999)

4.4 해양 생물체들에서의 BaP

공기, 퇴적물 그리고 토양에 더하여 PAHs는 해양 생물체들에 축적된다<표 2-5>. 해양 생물체들에 의한 PAHs의 흡수는 PAHs의 생물학적 이용효능(즉, 다시 말해서 퇴적물, 물 그리고 식품 사이에서의 화합물의 분배)뿐만 아니라 생물체의 생리 현상에 의존한다[184]. 생물체 크기, 음식물 섭취율, 성장 속도, 막 투과성, 환기 속도, 그리고 장내에서의 머무름 시간은 PAHs의 생물체 흡수에 미치는 생물학적 과정들이다. 예를 들면, Baumard 등[18]은 10월과(250ngg^{-1}) 비교하였을 때 3월에(870ngg^{-1}) 시료 채취를 하는 동안 홍합들에서 PAHs의 더 높은 농도들을 관찰하였다. 온도, 산소 함유량, pH 그리고 염도와 같은 환경인자들은 화합물들의 생물학적 이용효능에 미치는 영향 때문에 해양생물체들에 의한 PAHs의 흡수에 영향을 미칠 수 있다. 생물체 행동에서의 변화, 계절적 리듬, 자양분의 품질 그리고 스트레스는 또한 PAH 흡수에 영향을 미칠 수 있다. <표 2-5>는 수많은 해양 생물체들에서 검출되는 BaP와 총 PAH 농도들을 나타낸다.

〈표 2-5〉 Benzo[a]pyrene and total polycyclic aromatic hydrocarbon concentration detected in a number of marine organisms from around the world

Organism	Source	BaP(ng g^{-1})	Total PAH(ng g^{-1})	Reference
Fish				
Pseudopleuronectes americanus[a]	NY Bight	7-21[d]	14-315[d]	Humason and Gadbois(1982)
Scophthalmus aquosus[a]	NY Bight	1-4[d]	18-536[d]	Humason and Gadbois(1982)
Arophysate chuss[a]	NY Bight	ND[f]-22[d]	143-412[d]	Humason and Gadbois(1982)
Molluscs				
Mytilus edulis[b]	S.Norway	3-91[e]	500-12,845[e]	Knutzen and Sortland(1982)
Mytilus edulis[b]	S.California	0.4-0.8[d]	-	Dunn and Young(1976)
Mytilus edulis[b]	Scotland	1-329[d]	54-2803[d]	Mackie et al.(1980)
Mytilus edulis[b]	Vancouver, Canada	2-215[d]	-	Dunn and Stich(1976)
Mytilus californianus[b]	S.California	〈0.1-2.3[d]	-	Dunn and Young(1976)
Mytilidae[b]	Norway	-	5000-225,000[e]	Bjorseth et al.(1979a)
Littorina littorea[b]	S.Norway	2-8[e]	595-1135[e]	Knutzen and Sortland(1982)
Patella vulgata[b]	S.Norway	t[g]-28[e]	674-15,462[e]	Knutzen and Sortland(1982)
Cardium edule[b]	Gulf of Naples, Italy	5-21[d]	198-205[d]	Cocchieri et al.(1990)
Crustaccan				
Cancer irroratus[a]	NY Bight	ND-1[d]	52-1600[d]	Humason and Gadbois(1982)
Hamarus americanus[a]	NY Bight	ND-25[d]	129-367[d]	Humason and Gadbois(1982)
Hamarus americanus[c]	Nova Scotia	0.4-1000[d]	97-88,100[d]	Sirota et al(1983)
Sea Sponge				
Halichondria panicea[b]	S.Norway	8[e]	769[e]	Knutzen and Sortland(1982)
Diatom				
Navicula phyllepta[b]	Netherlands	25[e]	454[e]	Stronkhorst et al.(1994)
Algae				
Fucus vesiculosus	S.Norway	t-64[e]	284-4665[e]	Knutzen and Sortland(1982)
Fucus serratus	S.Norway	2-20[e]	456-2964[e]	Knutzen and Sortland(1982)

[a]BaP and PAH concentrations were determined from edible tissue
[b]Whole organisms minus the shell

[c]Whole organisms minus the hepatopancreas
[d]PAH concentrations were determined per wet weight.
[e]PAH concentrations were determined per dry weight.
[f]ND: not detectable.
[e]t: trace concentrations detected.

PAHs는 모태 화합물의 물질대사로부터 생산되는 극성 대사산물들의 수동적 확산에 의해서 혹은 배출에 의해서 생물체로부터 제거된다. 환경인자들과 생리적 인자들은 제거율에 영향을 미친다. Meador 등[184]에 의한 광범위한 리뷰에서는 해양생물체에서의 PAHs의 생물 축적을 조절하는 과정들에 관해서 고찰하고 있다.

4.5 식물들에서의 BaP

PAHs는 식품 소비를 통해서 사람에 대한 노출을 간접적으로 초래할 수 있었던 식물에 또한 축적된다[260]. 식물들에서의 PAHs의 공기(대기)퇴적이 일어나며 약간의 경우들에서는 여러 식물은 이 화합물들을 흡수하는 것으로 밝혀졌다[231]. PAHs는 만약 PAHs가 세포를 통과할 수 있다면 β-O-glucuronide conjugates로 변환된다[196]. 그러나 잎들에서 이들 변환 생성물들과 그들의 모태가 되는 화합물들의 최후는 완전히 밝혀지지 않았다. PAH의 물리적 성질들, 식물종과 구조[260]뿐만 아니라 대기중 PAH 농도들, 온도 그리고 바람 조건들을 포함하는 환경 조건들과 같은 수많은 인자들은 식물들에서의 PAHs의 축적에 영향을 미칠 수 있다. Wagrowski와 Hite[260]는 160t total PAHs $year^{-1}$가 대기로부터 식물로 흐른다고 계산하였다.

5. PAH 독성

많은 PAHs는 발암성이며 그러므로 그들은 환경오염 물질들로서 많은 관심을 끌고 있다[233]. 수많은 연구들에서는 더 높은 분자량의 PAHs는 심각하게 독성적이라는 사실을 지적하였다[233, 172, 185, 200, 204].

BaP는 가장 유력한 발암성 PAHs 중에서 하나이며 그렇기 때문에 PAH 부류 중에서 가장 많이 연구된 화합물이다. BaP의 위험성 평가[62]뿐만 아니라 포유동물 시스템들에서 BaP의 물질대사와 활성화[65]에 있어서의 여러 리뷰들이 발표되었다. BaP는 실험동물들에서 발암성 종양이 생기게 함으로써 발암성이라는 사실을 나타내었다[62]<표 2-6>.

〈표 2-6〉 Effect of different modes of benzo[a]pyrene administration on experimental animals (IARC, 1983)

Mode of administration	Effect	Animals tested
Gavage	Malignant and benign forestomach tumours, mammary tumours in female rats	Mice, hamsters, rats
Diet	Forestomach tumours and lung adenomas	Mice
Topically inhalation	Skin carcinomas and papillomas Tracheal papillomas and carcinomas Squamous carcinomas of the lung	Mice, rats, guinea pigs rabbits Hamsters Rats
Intratraccheal instilation	Lung tumours Tracheobronchial tumours, squamous carinomas of the lung	Rats Hamsters, subhuman primates
Subcutancous injection	Local sarcomas, hepatomas and lung adenomas	Mice, rats, guinea pigs, newts, hamsters, subhuman primates, mice
Intrapertoneal injection	Abdominal fibrosarcomas Mammary and uterine carcinomas	Mice Rats
Intravenous injection	Mammary carcinomas	Rats
Intrabronchial implantation	Local tumours	Rats

BaP는 박테리아의 DNA 수복, 세균 분해 바이러스 유도(감응) 그리고 Drosophila melanogaster 돌연변이에 대해 분석평가에서 또한 활성적이라는 사실이 나타났다[91, 30, 185, 275]. 배양된 포유동물 세포들에서 BaP는 DNA 바인딩, 시스터 염색분체 교환, 염색체 이상, 점 돌연변이 그리고 변환을 유발시킬 수 있다. 포유동물 생체 테스트들에서는 BaP는 DNA 바인딩, 시스터 염색 분체 교환, 염색체 이상, 정자 이상에 대한 분석평가에서 그리고 somatic specific locus(spot) test에서 활성적이라는 사실을 나타내었다[125, 70].

현재 사람들에서의 BaP의 발암성에 관한 역학적 연구들은 없다; 그러나 동물에서의 생물학적 검정으로부터의 데이터를 사람의 암 위험성을 추정하기 위해 외삽하였다. 이들 추정들은 수많은 가정들에 기초하였다:

1. 암은 비 가역적인 것으로 가정되었으며 수많은 생물학적 단계를 수반한다;
2. 각 단계의 발생율(속도)은 dose(1회 복용량)에 따라서 선형적으로 변하였다;
3. 암 발생율은 나이에 따라서 증가하였다;
4. 전력 그리고 화학적으로 유발된 암의 발생율은 부가적인 것으로 가정되었다;
5. 테스트 동물들의 수명 노출시간;
6. 표면적은 몸무게에 대략적으로 비례한다; 그리고
7. 흡입 후 호흡기관에 의해 흡수된 BaP는 쥐와 사람에 대해서 같다.

이들 가정들에 기초하여 쥐와 햄스터로부터의 데이터를 사용하여 인간의 BaP 암 잠재발생 측정들은 1.3으로부터 16.9mgkg^{-1}day^{-1}까지 범위의 수명 흡입값들을 주었다[62].

6. PAH 분해의 일반적인 양상

환경에서의 PAHs의 지속성은 PAH의 물리적인 그리고 화학적인 특징에 의존한다. PAHs는 광산화와 화학적 산화에 의해서 분해되지만[228] 생물학적 변환은 아마도 PAH 결손의 널리 행하여지는 루트이다[192]. 미생물에 의한 분해에 대한 PAHs의 저항성은 분자량과 옥탄올: 물 분배계수(log K_{ow})에 따라서 직접적으로 증가한다[39]. 3개 고리들까지를 포함하는 PAHs(나프탈렌, 페난스렌, 안트라센, 플루오렌)의 미생물에 의한 물질대사에 관해서는 광범위하게 연구되었다. 물질대사율, 물질대사 경로, 효소 조절, 그리고 유전자 조절에 관해서는 잘 증명되었다[82, 155, 157, 156, 158, 13, 15, 16, 96, 108, 109, 241, 151, 198, 89, 190, 265, 266, 132, 119, 148, 72, 7, 66, 121, 107, 273, 251, 187, 188, 102, 103, 104]. 그러나 최근까지 4개 이상의 벤젠고리를 포함하는 더 큰, 더 저항적인 높은 분자량의 PAHs에 관한 정보는 부족하고 대단히 적다.

박테리아는 처음에 방향족 탄화수소들을 cis-dihydrodiols로 산화시킨다[38, 122, 149, 161, 132, 82][그림 7]. 이들 화합물들의 산화는 기질에 대기중 산소의 효소에 의한 혼합을 수반한다. 특징으로서 박테리아는 dioxygenases를 생산하며 이것은 두 개의 산소 원자들을 방향족 핵에 혼합(편입)시킨다[3]. 이들 초기 반응들을 촉매작용하는 디옥시게나제는 다성분 효소 시스템이다. 초기 고리산화는 일반적으로 PAHs의 생분해 반응에서 속도제한 단계이다[39]. cis-dihydrodiols는 디하이드록실화된 유도체를 생성시키기 위해 cis-dihydrodiol dehydrogenase를 거쳐서 다시 방향족화 된다[55]. cis-dihydrodiols의 더 이상의 산화는 방향족 고리의 효소에 의한 분해를 일으키는 다른 dioxygenase에 대한 기질인 catechols의 형성을 초래한다[9, 98]. Catechol은 두 가지 경로들을 거쳐서 산화될 수 있다. Ortho 경로는 cis, cis-muconic acid를 생성시키기 위해 두 개의 하이드록실기들의 탄소원자들 사이의 결합들의 붕괴를 수반한다. 한편 meta 경로는 하나의 하이드록실기를 갖는 탄소 원자와 하나의 하이드록실기를 갖는 인접한 탄소 원자 사이의 결합의 붕괴를 수반한다[그림 2-1]. 고리 분열(붕괴)은 숙신산, 푸마르산, 피루브산 그리고 초산 그리고 알데히드들의 생산을 초래하며 이들 모두는 세포 성분들의 합성과 에너지를 위해 미생물에 의해 사용된다[271]. 이들 반응들의 부산물은 CO_2와 물의 생산이다.

[그림 2-1] Microbial metabolism of the aromatic ring by ortho or meta cleavage(adapted from Cerniglia, 1984; Rockkind- Dubinsky et al., 1987).

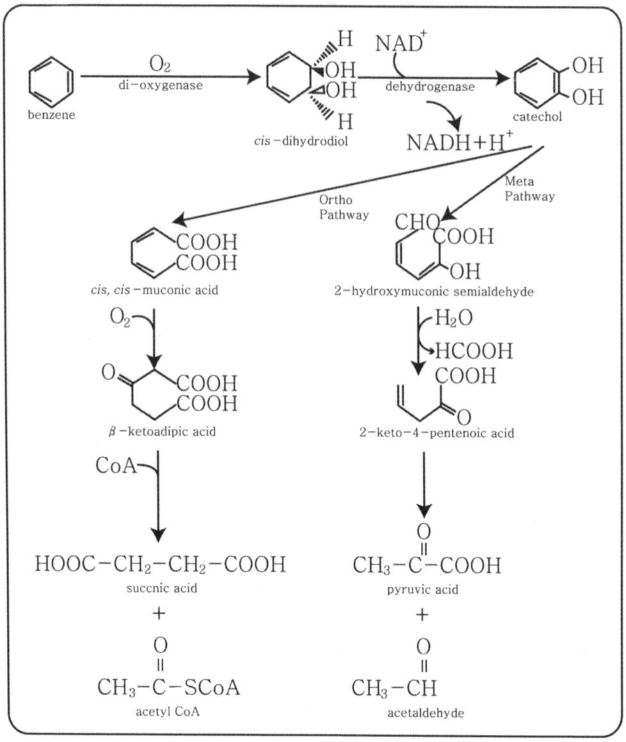

PAH의 초기의 하이드록실화된 방향족 고리가 분해되자마자(피루브산과 CO_2로) 두 번째 고리가 같은 방법으로 공격을 받는다[9]. 그러나 BaP와 같은 많은 높은 분자량의 PAHs는 그들의 낮은 물에 대한 용해도, 높은 공명에너지 그리고 독성 때문에 단지 어렵게 분해되거나 혹은 조금도 분해되지 않는다[39, 271]. 그러나 BaP는 공통물질대사 메커니즘에 의해 덜 저항적인 화합물들을 거쳐서 분해된다[19].

7. PAHs의 생분해 능력

수많은 미생물속들이 PAHs를 산화시키는 것으로 관찰되었다<표 2-7>. 나프탈렌, 아세나프텐 그리고 페난스렌과 같은 낮은 분자량의 PAH를 분해시킬 수 있는 매우 다양한 생물체들이 있는 반면 상대적으로 적은 수의 미생물류가 BaP와 같은 높은 분자량의 PAHs를 분해시킬 수 있는 것으로 관찰되었다. Kastner 등[143]은 nocardioform bacteria(예를 들면, *Rhodococcus, Nocardia, Mycobacterium* 그리고 *Gordona*)는 토양에서 높은 분자량의 PAHs의 분해에 결정적인 중대한 역할을 한다고 제안하였다. 약간의 *Pseudomonas* 종들은 약간의 4개 그리고 5개 고리 PAHs를 분해시키는 것으로 관찰되었다.

〈표 2-7〉 Polycyclic aromatic hydrocarbons oxidised by difference species of bacteria (adapted from Cerniglia, 1992)

Organisms	Reference
Naphthalene	
Acinetobacter calcoaceticus, Alcaligenes denitrificans, Mycobacterium sp., *Pseudomonas* sp., *P. putida, P. fluorescens, Sp. paucimobilis, Brevundimonas vesicularis, Burkholderia cepacia, Comamonas testosteroni, Rhodococcus* sp., *Corynebacterium renale, Moraxella* sp., *Streptomyces* sp., *B. cereus, P. stutzeri, P. saccharophila, Neptunomonas naphthovorans, Cycloclasticus* sp.	Ryu et al.(1989), Weissenfels et al. (1990, 1991), Kelly et al.(1991), Dunn and Gunsalus (1973), Davies and Evans (1964), Foght and Westlake(1988), Jeffrey et al.(1975), Mueller et al. (1990a), Kuhn et al.(1991), Walter et al. (1991), Dua and Meera(1981), Tagger et al.(1990), Garcia-Valdes et al.(1988), Trower et al.(1988), Grund et al.(1992), Barnsley (1975a); Barnsley (1983a), Yang et al. (1994), Burd and Ward(1996), Allen et al.(1997), Stringfellow and Aitken(1995), Filonov et al.(1999), Hedlund et al.(1999), Geiselbrecht et al.(1998), Foght and Westlake(1996), Goyal and Zylstra(1996)
Acenaphthene	
Beijernickia sp., P. putida, P. flourescens, Bu. cepacia, Pseudomonas sp., Nephthumonas naphthovorans, Alcaligenes eutrophus, Alcaligenes paradoxus.	Chapman(1979), Schocken and Gibson(1984), Ellis et al.(1991), Geiselbrecht et al.(1998), Hedlund et al(1999), Selifonov et al.(1993)
Phenanthrene	
Aeromonas sp., *A. denitrificans, Arthrobacter polychromogenes, Beijernickia* sp., *Micro-bacterium* sp., *P. putida, Sp. paucimobilis, Rhodococcus* sp., *Vicrio sp., Nocardia* sp., *Flavobacterium* sp., *Streptomyces* sp., *S. griseus, Acinetobacter* sp., *P. aeruginosa, P. stutzeri, P. saccharophomonas malto-philia, Cycloclasticus* sp., *P. flourescens,*	Kiyohara et al.(1976, 1982, 1990), Weissenfels et al.(1990, 1991), Keuth and Rehm(1991), Jerina et al.(1976), Colla et al.(1959), West et al.(1984), Kiyohara and Nagao(1978), Heikkamp and Cerniglia(1988), Guerin and Jones(1988a, 1989), Treccani et al.(1954), Evans et al.(1965), Foght and Westlake (1988), Mueller et al.(1990b), Sutherland et

Acinetobacter calcoaceticus, Acidovorax delafieldii, Gordona sp., *Sphingomonas* sp., *Comamonas testosteroni, Cycloclasticus pugetii, Sp. yanoikuyae, Agrobacterium* sp., *Bacillus* sp., *Burkholderia* sp., *Sphingomonas* sp., *Pseudomonas* sp., *Rhodotorula glutinis, Nocardioides* sp., *Flavobacterium gondwanense, Halomonas meridiana*	al.(1990), Ghosh and Mishra(1983), Savino and Lolini(1977), Trower et al.(1988), Barnsley (1983b), Yang et al.(1994), Kohler et al. (1994), Stringfellow and Aitken(1995), Boonchan (1998), Juhasz(1998), Geiselbrecht et al.(1998), Foght and Westlake(1996), Kastner et al. (1998), Lal and Khanna(1996), Shuttleworth and Cerniglia(1996), Mahro et al.(1995), Goyal and Zyistra(1996), Dyksterhousr et al.(1995), Allen et al.(1999), Aitken et al. (1998), Romero et al.(1998), Iwabuchi et al. (1998), Churchill et al.(1999), Jahasz(1991)
Anthracene	
Beijernickia sp., *Mycobacterium* sp., *P. Putida, Sp. paucimobilis, Bu. cepacia, Rhodococcus* sp., *Flavobacterium* sp., *Arthrobacter* sp., *P. marginalis, Cycloclasticus* sp. *P. flourescens, Sp. yanoikuyae, Acinetobacter calcoaceticus, Gordona* sp., *Sphingomonas* sp., *Comamonas testosteroni, Cycloclasticus pugetii*	Colla et al.(1959), Akhtar et al.(1975), Jerina et al.(1976), Evans et al.(1965), Ellis et al. (1991), Weissenfels et al.(1991), Foght and Westlake(1988), Walter et al.(1991), Mueller et al.(1990a), Savino and Lollini(1977), Tongpim and Pickard(1996), Burd and Ward(1996), Geiselbrecht et al.(1998), Foght and Westlake(1996), Kim et al.(1997). Lal and Khanna(1996), Mahro et al.(1995), Goval and Zylstra(1996), Dyksterhouse et al.(1995), Allen et al.(1999)
Fluoranthene	
A. denitrificans, Mycobacterium sp., *P. putida, Sp. Paucimobilis, Bu. cepacia, Rhodococcus* sp., *Pseudomonas* sp., *Stenotrophomonos maltophilia, Acinetobacter calcoaceticus, Acidovorax delafieldii, Gordona* sp., *Sphingomonas* sp., *P. saccharophilia, Pasteurella* sp.	Kelly and Cerniglis(1991), Walter et al.(1991), Weissenfels et al.(1991), Foght and Westlake (1988), Barnsley(1975b), Mueller et al.(1990a, 1990b), Ye et al.(1996), Kelly et al.(1993), Boonchan(1998), Juhasz(1998), Lal and Khanna (1996), Shuttleworth and Cerniglia(1996), Mahro et al.(1995), Willumsen and Karlson (1998), Sepic et al.(1998), Willumsen et al.(1998), Churchill et al.(1999), Chen and Aitken(1999)
Pyrene	
A. denitrificans, Mycobacterium sp., *Rhodococcus* sp., *Sp. paucimobilis, Stenotrophomonas maltophilia, Acinetobacter calcoaceticus, Gordona sp., Sphingomonas* sp., *P. putida, Bu cepacia, P. saccharophilia*	Heitkamp et al.(1988a), Walter et al.(1991), Weissenfels et al.(1991), Grosser et al.(1991), Schneider et al.(1996), Ye et al.(1996), Boonchan (1998), Juhasz(1998), Kastner et al.(1998), Lal and Khanna(1996), Mahro et al.(1995), McNally et al.(1999), Jimenez and Bartha(1996), Churchill et al.(1999), Juhasz et al.(1997), Chen and Aitken(1999)
Chrysene	
Rhodococcus sp., *P. marginalis, Sp. paucimobillis, Stenotrophomonas maltophilia, Acinetobacter calcoaceticus, Agrobacterium* sp., *Bacillus* sp., *Burkholderia* sp., *Sphingomonas* sp., *Pseudomonas* sp., *P. saccharophilia*	Walter et al.(1991), Burd and Ward(1996), Ye et al.(1996), Boonchan(1998), Lal and Khanna(1996), Aitken et al.(1998), Chen and Aitken(1999)

Benz[*a*]anthracene	
A. denitrificans, Beijernickia sp., *P. putida, Sp. paucimobilis, Stenotrophomonas maltophilia, Agrobacterium* sp., *Bacillus* sp., *Burkholderia* sp., *Sphingomonas* sp., *P. saccharophilia*	Gibson et al.(1975), Mahaffey et al.(1988), Weissenfels et al.(1991), Schneider et al.(1996), Ye et al.(1996), Boonchan(1998), Juhasz(1998), Aitken et al.(1998), Chen and Aitken(1999)
Dibenz[*a,h*]anthracene	
Sp. paucimobilis, Stenotrophomonas maltophilia	Ye et al.(1996), Boonchan(1998), Juhasz(1998)

Fungi, 특히 white-rot fungi는 목재와 관련된 재료들을 리사이클링함에서 중요한 환경적 역할을 하는데 그것은 주로 리그닌 부분의 분해를 개시하기 위해서 사용되는 상대적으로 비 특정 과정 때문이다[85]. 리그닌 분해는 lignin peroxidase 그리고 manganese dependent peroxidase와 같은 효소들에 의한 매우 반응성이 큰 중간체의 생산에 관련된 메커니즘들에 의해 실행된다[11]. 이들 비 특정 효소들의 반응성은 어떤 범위의 유기 화합물들의 분해를 위한 이 생물체들의 적용을 초래하였다. 낮은 분자량의 PAHs의 균류에 의한 물질대사에 관해서는 많은 연구원들에 의해 광범위하게 연구되었다<표 2-8>. 나프탈렌을 산화시킬 수 있는 능력을 갖는 수많은 종류의 균류가 확인되었다. 보고된 대부분의 분해 메커니즘들은 공통물질대사이며 여기서 2차 탄소 공급자는 에너지와 성장을 위해 사용되며 동시에 PAH는 이 성장의 결과로써 변형된다. 그러나 white-rot fungus인 Phanerochaete chrysosporium은 자양분이 제한된 배양에서 페난스렌, 플루오렌, 플루오란센, 안트라센 그리고 피렌을 광물화하는 것으로 보고되었다[32]. BaP의 CO_2와 물로의 분해 또한 보고되었다[220]. 균류는 포유동물의 효소시스템들과 비슷한 방법으로 PAHs를 물질대사한다. 균류 시스템과 포유동물 시스템으로부터의 효소들은 cytochrome P450 효소시스템에 의해서 PAHs를 산화아렌들로 산화시킨다. 산화물들은 페놀들을 생성시키기 위해 이성질화할 수 있거나 혹은 trans-dihydrodiols를 생성시키기 위해 효소에 의한 수화를 하게 된다[98].

〈표 2-8〉 Polycyclic aromatic hydrocarbons oxidised by difference species of fungi (adapted from Cerniglia, 1992)

Organisms	Reference
Naphthalene	
Absida glauca, Aspergillus niger, Basidiobolus ranarum, Candida utilis, Choanephora campincta, Circinella sp., *Claviceps paspali, Cokeromyces poitrassi, Conodiobolus gonimodes, C. bainieri, C. japonica, Emericellopsis* sp., *Epicoccum nigrum, Gilbertella persicaria, Gliocladium* sp., *Helicostylum piriforme, Hyphochytrium*	Cerniglia and Gipson(1977), Cerniglia et al.(1978, 1982a), smith and Rosazza(1974), Cerniglia and Crow(198), Ferris et al.(1973)

catenoides, Linderina pennipora, Mucor hiemalis, Neurospora crassa, Panaeolus cambodginensis, Panaeolus subbalteatus, Penicillium chrysogenum, Pestalotia sp., *Phlyctochytrium reinboldtae, Phycomyes blakesleeanus, Phytophthora cinnamomi, Psilocybe cubensis, Psilocybe strictipes, Psilocybe stuntzii, Psilocybe subaeruginascens, Rhizophlyctis harderi, Rhizophlyctis rosea, Rhizopus oryzae, Rhizopus stolonifer, S. cervisiae, Saprolegnia parasitica, Smittium culicis, Smittium culisetae, Smittium simulii, Sordaria fimicola, Syncephalastrum, Thamnidium anomahum, Zygorhynchus moelleri*	
Acenaphthene	
C. elegans, T. versicolor	Pothuluri et al.(1992a), Johannes et al.(1998)
Phenanthrene	
C. elegans, P. chrysosporium, P. laevis, Pleurotus osteratus, T. versicolor, Bjerkandera adjusta, Pleurotus ostreatus, Cylindrocladium simplex, Monosporium olivaceum, Curvularia lunata, Curvularia tuberculata, Laetiporus sulphureus, Daedaela quercina, Flamulina velutipes, marasmiellus sp., *Penicullium* sp., *Kuehneromyces mutabilis, Laetiporus sulphureus sulphureus, Agrocybe aegerita, Aspergillus niger, Syncephalastrum racemosum*	Cerniglia and Yang(1984), Cerniglia et al., (1989), Morgan et al.(1991), Sutherland et al. (1991), Bumpus(1989), Hammel et al.(1992), Bezalel et al.(1996), Brodkorb and Legge (1992), Schutzendubel et al.(1999), Lisowska and Dlugonski(1999), Bogan and Lamar(1996), Sack and Gunther(1993), Sack et al.(1997a), Collins and Dobson(1996), Casillas et al.(1996), Sutherland et al.(1993)
Anthracene	
Bjerkandera sp., *Bjerkandera adiusta, C. elegans, P. chrysosporium, P. laevis, Ramaria* sp., *R. solani, Trametes versicolor, Pleurotus ostreatus, Cylindrocladium simplex, Monosporium olivaceum, Curvulatia lunata, Curvularia tuberculata, Cryphonectria parasitica, Ceriporiopsis subvermispora, Oxysporus* sp., *Clodosporium herbarum, Drechslera spicifera, Verticillium lecanii, Fusarium moniliforme, Rhizopus arrizus, Coriolopsis polyzona, Laetiporus sulphureus, Daedaela quercina, Flamulina velutipes, marasmiellus* sp., *Penicullium* sp.	Cerniglia(1982), Cerniglia and Yang(1984), Hammel et al.(1992), Sutherland et al. (1992), Field et al.(1992), Collins et al.(1996), Schutzendubel et al.(1999), Lisowska and Dlugonski(1999), Krivobok et al.(1998), Andersson and Henrysson(1996), Johannes et al.(1996), Bogan et al.(1996), Bogan and Lamar(1996), Vyas et al.(1994), Sack and Gunther(1996)
Fluoranthene	
C. elegans, C. blackesleeana, C. echinulata adiusta, Pleurotus ostreatus, Sporormiella australis, Cryptococcus albidus, Cicinobolus cesatii, Pestalotia palmarum, Beauveria alba, Aspergillus terreus, Mortierella ramanniana, Rhizopus arrhizus, Laetiporus sulphureus, Daedaela quercina, Flamulina velutipes, marasmiellus sp., *Penicullium* sp.	Pothuluri et al.(1990, 1992b), Schutzendubel et al.(1999), Salicis et al.(1999), Sack and Gunther(1993)

Pyrene	
C. elegans, P. chrysosporium sp., *P. janthinellum, P. glabrum, P. ostreatus, Syncephalastrum racemosum, Bjerkandera adjusta, Pleurotus* sp., *Dichomitus squalens, Flammulina velutipe, Trammetes versocolor, Kuehneromyces mutabilis, Laetiporus sulphureus, Agrocybe aegerita*	Cerniglia et al.(1986), Hammel et al.(1992), Launen et al.(1995), Bezelel et al.(1996), Schutzendubel et al.(1999), Martens and Zadrazil(1998), Sack et al.(1997b), Wunder et al.(1997), Sack and Fritsche(1997), Lang et al.(1996), Stanley et al.(1999), Boonchan (1998)
Benz[*a*]anthracene	
C. elegans, Trametes versicolor, P. laevis, P. janthinellum	Cerniglia et al.(1980a), Andersson and Henrysson (1996), Bogan and Lamar(1996), Stanley et al.(1999), Boonchan(1998)
Chrysene	
P. janthinellum, Syncephalastrum racemosum, Penicillium sp.	Kichlmann et al.(1996), Stanley et al.(1999), Boonchan(1998)
Dibenz[*a,h*]anthracene	
Trametes versicolor, P. janthinellum	Andersson and Henrysson (1996), Stanley et al.(1999), Boonchan(1998)

조류와 시아노박테리아는 또한 PAHs를 산화시키는 것으로 나타났다<표 2-9>. 수많은 조류와 시아노박테리아에 의한 나프탈렌의 산화에 대해 보고되었던 반면 이들 생물체들에 의한 높은 분자량의 화합물 분해에 관해서는 상대적으로 적은 수의 연구들이 이루어졌다.

〈표 2-9〉 Polycyclic aromatic hydrocarbons oxidised by difference species of cyanobacteria and algae

(adapted from Cerniglia, 1992)

Compound	Organism	Reference
Naphthalene	*Oscillatoria* sp., *Microcoleus chthonoplastes, Nostoc* sp., *Anabaena.* sp., *Agmenellum quadruplicatum, Coccochloris elabens, Aphanocapsa* sp., *Chlorella sorokiniana, chlorella aututrophica, Dunaliella tertiolecta, Chlamudomonas angulosa, Ulva fasciata, Cylindrotheca* sp., *Amphora* sp., *Nitzschia* sp., *Navicula* sp., *Porphyridium cruentum*	Cerniglia et al.(1979, 1980d, 1980b, 1982b), Narro et al.(1992a)
Phenanthrene	*Oscillatoria* sp., *Agmenellum quadruplicatum*	Narro et al.(1992b)

8. BaP 물질대사

8.1 박테리아

BaP의 박테리아에 의한 산화에 대해서는 적게 알려져 있다. 지금까지 성장 기질로서 BaP를 사용할 수 있는 능력을 갖는 박테리아는 분리되지 못하였다. 그러나 액체 배양실험들에서는 박테리아는 대체 탄소공급원에서 성장할 때 BaP를 분해시킬 수 있는 것으로 나타났다<표 2-10>. Ye 등[279]은 *Sphingomonas paucimobilis* strain EPA 505로써 배양하는 동안 BaP 농도에서의 감소를 관찰하였다. 플루오란센에 의해 배양된 strain EPA 505를 주입한 배양에서 168시간 후 BaP 농도에서의 5%의 감소가 관찰되었다. 그러나 이스트 추출물을 미디움에 첨가시켰을 때(100mgl^{-1}) BaP 제거에서의 현저한 증가(40%)가 관찰되었다. *S. paucimobilis* strain EPA 505(글루코오스가 보충된 자양분 우뭇가사리류의 세포배양기에서 증식된)의 휴먼세포들로써 실시된 별도의 실험에서[7-^{14}C] BaP로써 증식된(배양된) 배양물로부터 $^{14}CO_2$의 현저한 방출(28%)이 관찰되었는데 이것은 7,8,9,10-벤조 고리의 하이드록실화와 고리분열을 가리킨다. BaP의 분해로부터의 대사산물들은 특정지워지지 않았으며 BaP는 C-7 위치에서만 라벨링되어졌기 때문에 다른 방향족 고리들에서의 고리분열은 배제될 수 없었다.

어떤 범위의 박테리아에 의한 BaP 미네랄화에 대해서도 또한 보고되었다[57, 140, 1]. Chen과 Aitken[57]은 BaP 미네랄화에서 공급된 공통기질의 중요성에 관해서 설명하였다. *Pseudomonas saccharophilia* strain P15의 유도되지 않은 배양에서 48시간 후 BaP의 현저한 미네랄화는 관찰되지 않았다[57]. 그러나 페난스렌-그리고 Salicylate-유도된 배양에서 각각 ^{14}C label의 30%와 20%가 $^{14}CO_2$로써 회수되었다. Chen과 Aitken[57]은 유도되지 않은 배양에서 관찰되는 BaP 미네랄화의 결여는 연구된 다른 화합물들에 상대적인 느린 분해속도 때문인 것 같았다고 제안하였다. 다른 PAHs(페난스렌)에 혹은 PAH 변환 생성물(salicylate)에 *P. saccharophilia* strain P15의 사전 노출은 성장 기질로써 작용하지 않는 BaP와 같은 PAH 화합물들의 분해를 위한 효소합성의 유도를 위해 중요하다.

<표 2-10> Benzo[a]pyrene degradation by bacterial and algal isolates

Organism	Growth substrate	Initial BaP concentration	% removal	CO_2 produced	Incubation time	Metabolites produced	Reference
Bacteria							
Sphingomonas paucimobils	Fluoranthene		5		168 h		Ye et al.(1996)
	FA+YE	10 mg l^{-1}	40		16 h		
	NA+glucose		31.5	28%	48 h		
Mycobacterium sp. strain RGJII-135	Yeast extract, peptone, stach	0.4 mg l^{-1}	40		32 days	7,8-BaP dihydrodiol, 4,5-chrysene dicarboxylic acid, *cis*-4-(8-hydroxypyrene-7-yl)-2-oxobut-3-enoic acid or *cis*-4-(7-hydroxypyrene-8-yl)-2-oxobut-3-enoic acid, 7,8-dihydroxy-7-carboxylic acid or 7,8-dihydroxy-8-carboxylic acid	Schneider et al.(1996)
Beijernickia strain B-836	Succinate biphenyl	75 mg l^{-1}			48 h	*cis* -7,8 and 9,10-BaP dihydrodiols	Gibson et al.(1975)
Mixed Culture F2 (*P. putida, P. aeruginosa, Flavobacterium* sp.)	Flouranthene yeast extract	10 mg l^{-1}	19		12		Trzesicka-Mlynarz and Ward(1995)
Marine bacterium	Peptone, yeast extract, starch	500㎍ l^{-1}	25		2 weeks		Heitkamp and Cerniglia(1988)
Pseudomonas saccharophila P15	Phenanthrene, salicylate, succinate	10 mM		20-30%	48 h		Chen and Aitken (1999)
Burkholderia cepacia	Pyrene	50 mg l^{-1}	1.4-6.2		56 days		Juhasz et al.(1997)
Burkholderia cepacia	Pyrene	50 mg l^{-1}	20-30		63 days		Juhasz et al.(1996, 1997)
Rhodococcus sp. UW1	Pyrene	250 mg l^{-1}	11		2 weeks		Walter et al.(1991)
Stenotrophomonas maltophilia	Pyrene	50 mg l^{-1}		0.12%	70 days	Distribution of ^{14}C: 4.8% in water Products, 12% in cell debris	Juhasz(1998)
Stenotrophomonas maltophilia	Pyrene	50 mg l^{-1}		32%	56 days		Stanley et al.(1999)

(continued on next page)

A.I. Juhasz. R. Naidu / International & Biodegradation 45 (2000) 57-88

<표 2-10> (continued)

Organism	Growth substrate	Initial BaP concentration	% removal	CO_2 produced	Incubation time	Metabolites produced	Reference
Pseudomonas species *Agrobacterium* *Bacillus* *Burkholderia,* *Sphingomonas*	Phenanthrene	Aqueous solubility		3–37%	24 h		Aitken et al.(1998)
Algae							
Selenastrum capricornutum	Glucose yeast extract	1.2 mg l^{-1}			4 days	*cis* –4,5–, 9,10–and 11,12–BaP	Lindquist and Warshawsky(1985)
Selenastrum capricornutum	Glucose yeast extract	0.4 mg l^{-1}			24 h	*cis* –4,5–, 9,10–and 11,12–BaP dihydrodiols	Warshawsky et al. (1985)

Aitken 등[1]에 의한 또 다른 연구에서 BaP를 분해시킬 수 있는 능력을 갖는 11 isolates가 다양한 오염된 장소들로부터 얻어졌다. 생물체들은 적어도 3종의 *Pseudomonas* 뿐만 아니라 *Agrobacterium, Bacillus, Burkholderia* 그리고 *Sphingomonas* 종들로서 확인되었다. C2, P15 그리고 P21에 대해서 [7-^{14}C] BaP 인큐베이션으로부터 $^{14}CO_2$의 회수는 추가된 라벨의 3% 이하였다; 그러나 이들 isolates에 대해 7,8-위치에서 고리분열이 일어나지 않았다는 것을 시사하는 비 라밸화된 실험들에서 BaP 농도에 있어서의 감소들이 관찰되어졌다. 다른 isolates에 대해서 페난스렌-성장 배양에 의해서 24시간 후 ^{14}C label의 9%와 37% 사이가 $^{14}CO_2$로서 회수되었다. 비록 $^{14}CO_2$의 현저한 방출이 검출되어졌다 할지라도 Aitken 등[1]은 BaP는 하나의 노출된 고리에서 하나의 위치에 단지 라벨링되어져서 나머지 고리들의 더 이상의 산화 없이 $^{14}CO_2$가 방출되는 것이 가능하다는 사실을 주의 깊게 지적하였다.

Stenotrophomonas maltophilia strain VUN 10,003에 의한 BaP 미네랄화가 최소(0.12%)였다 할지라도 BaP는 극성 대사산물들(4.8%)로 분해되었으며 ^{14}C 라벨은 세포질(11.6%)에서 검출되었다[140]. [^{14}C]BaP가 C7 위치에 단지 라벨링되었다고 가정하면 Juhasz는 7,8-위치에서의 분열은 $^{14}CO_2$의 방출을 초래하였던 반면 만약 BaP가 광범위하게 분해되지 않았다면 4,5-위치에서의 고리분열은 극성 대사산물들로서 검출되고 있는 라벨을 초래하지 않았기 때문에 고리분열은 9,10-위치에서 일어났다고 제안하였다.

Rhodococcus sp. strain UW, *Burkholderia cepacia* strains, *Mycobacterium* strains, *S. maltophilia* strains를 포함하는 다른 박테리아뿐만 아니라 *Pseudomonas* 와 *Flavobacterium* species를 포함하는 혼합된 배양액에 의해서 BaP는 분해되는 것으로 또한 보고되었다[263, 141, 142, 222, 237, 253].

비록 BaP 농도에서의 감소들이 여러 박테리아 strains에 의한 BaP의 인큐베이션 후 관찰되었다 할지라도 단지 적은 수의 연구들에서만 BaP 이화작용의 대사 부산물을 분리시켰다. Gibson 등[97]은 biphenyl의 존재하에서 succinate에서 성장한 후 *Beijernickia* strain β-836은 BaP를 근접한 dihydrodiols의 혼합물로 산화시켰다는 사실을 발표하였다. 형성된 주된 dihydrodiols은 *cis*-9,10-dihydroxy-9,10-dihydro BaP로써 확인되었다. 이 결과들은 비록 strain B-836이 탄소 소스로써 BaP를 사용할 수 없었다 할지라도 대체 기질에서의 성장은 다섯 고리 PAH를 변환시킬 수 있는 효소들의 합성을 유도하였다는 것을 지적하였다.

Mycobacterium strain RJGII-135는 *Beijernickia* strain B-836에 의한 BaP의 초기 분해에 대해 보여진 것과 같았던 BaP dihydrodiols[222]를 또한, 형성하였다. *cis*-4-(7-hydroxypyren-8-yl)-oxobut-3-enoic acid의 더 이상의 형성은 하이드록실화된 화합물의 *meta* 분열로부터 초래되었다. 이 생성물은 아직 완전하게 특정지워지지 않았던 여러 뒤이은 단계들을 거쳐서 7,8-dihydro-pyrene-8-carboxylic acid로 변

화된다. Schneider 등[222]은 4,5-chrysene-dicarboxylic acid를 분리시켰는데 이것은 대체 초기 하이드록실화 생성물인 *cis*-4,5-BaP dihydrodiol의 *ortho* 분열 생성물이었다. [그림 2-2]는 박테리아에 의한 BaP의 분해에 대한 제안된 경로를 나타낸다.

[그림 2-2] Proposed pathway for the degradation of benzo[a]pyrene by bacteria. cis-7,8-and 9,10-BaP dihydrodiols were isolated after incubation of benzo[a]pyrene with Beijernickia strain B836(Gibson et al., 1975). Although Schneider et al.(1996) were unable to isolate cis-4,5-and 9,10-BaP dihydrodiols, these products were proposed after isolation of 4,5-chrysene-dicarboxylic acid and cis-4-(8-hydroxypyren-7-yl)-oxobut-3-enoic acid. Arrows between benzo[a]pyrene metabolites indicate multiple steps, not single reactions.

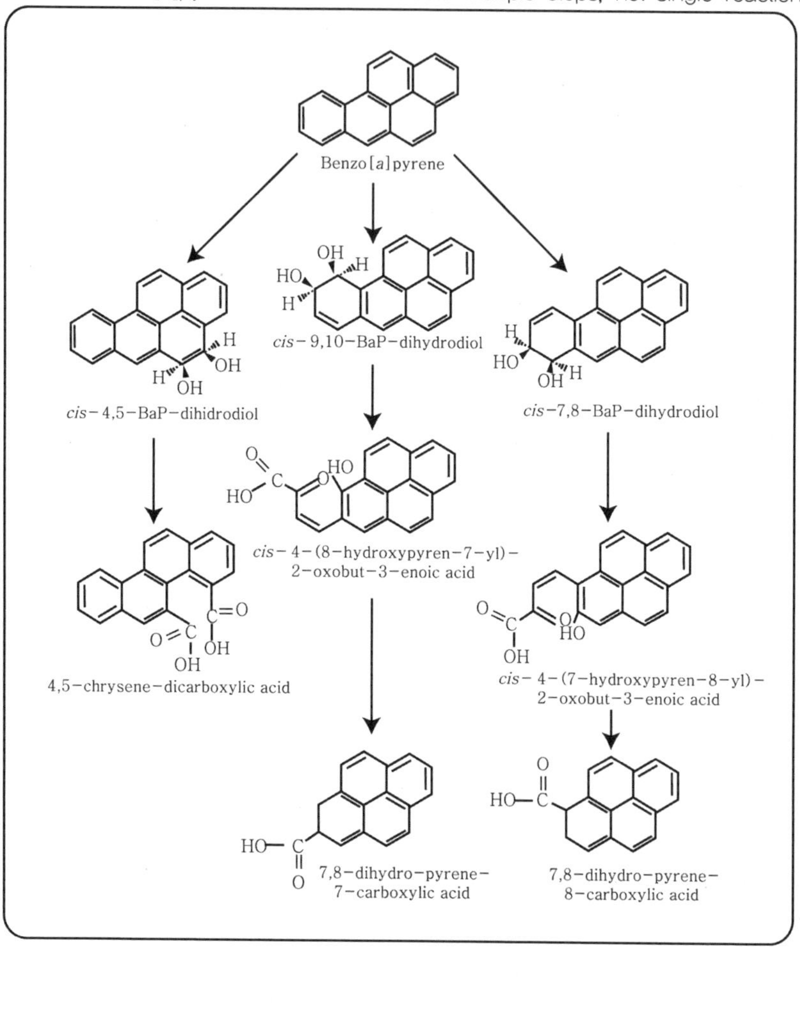

8.2 균류(Fungi)

다양한 그룹의 ligninolytic 그리고 non-ligninolytic 균류(fungi)가 PAHS를 산화시킬 수 있는 능력을 갖는다<표 2-8>. 이 중에서 수많은 분리(유리)물들이 대체 탄소 소스에서의 성장 후 BaP를 극성 대사산물들로 변환시키는 것으로 나타났다; 그러나 단지 적은 수의 분리물들만이 BaP를 미네랄화 시킬 수 있다<표 2-11>. 여러 연구자들[220, 33, 12]은 글루코오스에서의 성장 후의 *P. chrysosporium* 배양물들에 의한 혹은 *P. chrysosporium*의 crude 그리고 정제된 extra-cellular ligninase preparations에 의한 BaP의 미네랄화를 보고하였다. BaP의 3%와 14.6% 사이의 값이 24시간으로부터 30일까지의 인큐베이션 기간 후 *P. chrysosporium* strain에 의해 미네랄화 되었다. 비록 [7-^{14}C] BaP로부터의 ^{14}C label의 단지 작은 분율만이 $^{14}CO_2$로써 검출되어졌다 할지라도 Sanglard 등[220]은 label의 23%와 58%는 각각 유기 용해성 산화된 생성물들 그리고 수용성 생성물들로써 이루어져 있다고 보고하였다. Pleurotus의 strains는 또한 BaP를 미네랄화 시키는 것으로 나타났다[22, 274]<표 2-11>. Wolter 등[274]은 고체상태 발효에서 BaP를 미네랄화 시킬 수 있는 Pleurotus sp. Florida의 능력을 증명하였다: 밀짚에서의 15주간의 인큐베이션 기간에 걸쳐서 BaP의 39%는 미네랄화 되었다. BaP의 미네랄화율은 또한 테스트된 농도들에서(5mgkg^{-1}로부터 125mgkg^{-1}까지) BaP의 초기농도에 무관하였다. ^{14}C label의 21%는 추출 불가능한 잔류물들로써 묶여있었다. 비록 균류(fungi)에 의한 BaP의 미네랄화가 제한된다 할지라도 수많은 연구들은 fungi가 BaP를 극성 대사산물들로 변환시킬 수 있다는 것을 증명하였다<표 2-11>. 예를 들면, 여러 연구원들[220, 210, 179, 163, 218]은 *P. chrysosporium, Pycnoponus cinnabarinus, Trametes versicolor, Bjerkandera* sp. strain BOS 55 그리고 *Nematoloma frowardii*에 의한 인큐베이션 후 BaP 농도에서의 90-99%의 감소들을 관찰하였다. BaP 농도에서의 감소들은 수용성 BaP products에서의 동반하는(수반하는) 증가로 귀착되었다.

<표 2-11> Benzo[*a*]pyrene degradation by fungal isolates

Organism	Growth substrate	Initial BaP concentration	% removal	CO_2 Produced	Incubation time	Metabolites produced	Reference
Phanerochaete chrysosporium	Glucose	150 nmol	99	14.6%	168 h	Distribution of C: 23% organic soluble oxidised products, 58% water soluble products and 4.2% bound to fungal pellet	Snglard et al.(1986)
Phanerochaete chrysosporium[a]	Glucose±veratryl alcohol	50 nmol	40–60		2 h	BaP 1,6–, 3,6–and 6,12–quinones	Haemmerli et al.(1986)
Phanerochaete chrysosporium	Glucose	1.25 nmol		116.8 pmol	30 days		Bumpus et al.(1985)
Phanerochaete chrysosporium	Glucose	76μg l^{-1}		3%	24 days	22% of ^{14}C associated with the biomass	Barclay et al.(1995)
Cunninghamella elegans	Sabouraud dextrose broth	53.1 μmol	18.4		96 h	*Trans*–9,10–dihydroxy–9,10–dihydroBaP, *trans*–7,8–dihydroxy–7,8–dihydroBaP, BaP 1,6–and 3,6–quinones, 3–and 9–hydroBaP, glucuronide and sulphate conjugates	Cerniglia and Gibson (1980a)
Cunninghamella elegans	Sabouraud dextrose broth	53.1 μmol			48 h	(±)–7β, 8α,9α,10β–tetrahydroxy–7,8,9,10–tetrahydroBaP	Cerniglia and Gibson (1980b)
Cunninghamella elegans	Sabouraud dextrose broth	53.1 μmol			24 h	*Trans*–7,8–dihydroxy–7,8–dihydroBaP	Cerniglia et al.(1980c)
Pleurotus ostreatus				0.19%	11 days		Bezalel et al.(1996)
Pleurotus sp. Florida	Wheat straw	5–125 mg kg^{-1}		39%	15 weeks		Wolter et al.(1997)
Aspergillus ochraceus	Sucrose, Cronsteep liquor	80 μmol			16–18 h	3–HydroxyBaP	Ghosh et al.(1983)
Aspergillus ochraceus		0.4 mmol			48 h	*Trans* –9,10–dihydroxy–9,10–dihydroBaP, *trans*–7,8–dihydroxy–7,8–dihydroBaP, *trans*–4,5–dihydroxy–4,5–dihydroBaP, BaP 1,6–and 3,6–quinones, 3–and 9–HydroxyBaP	Datta and Samanta (1988)
Trametes versicolor[b]	Glucose	20 mg l^{-1}			24 h		Collins et al.(1996)
Trametes versicolor[c]	I–Hydroxy benzotriazole	25 μmol		90%	72 h	BaP 1,6–, 3,6–and 6,12–quinones	Majcherczyk et al. (1998)
Pycnoporus cinnabarinus		0.1 mmol		95%	24 h	BaP 1,6–, 3,6–and 6,12–quinones	Rama et al.(1998)
Bjerkandera sp. strain BOS55	Malt extract, glucose	10 mg l^{-1}		83%	28 days		Field et al.(1992)
Bjerkandera sp. strain BOS55	Glucose	50 mg l^{-1}		47–98%	3–4 days		Kottermann et al. (1998)
Penicillum janthinellum	MYPD[d]	50 mg l^{-1}		61%	56 days	Distribution of ^{14}C: 61% water soluble products	Stanley et al/(1999)
Penicillum janthinellum	MYPD[d]	100 mg l^{-1}			7 days	9–hydroxyBaP	Launen et al.(1995)
Saccharomyces cerevisiae	Glucose	5 mg l^{-1}			48 h	7,8–Dihydroxy–7,8–dihydroBaP, 3–hydroxyBaP, BaP quinone	Wiseman and Woods (1979)
Saccharomyces cerevisiae	Glucose	5 mg l^{-1}			48 h	7,8–Dihydroxy–7,8–dihydroBaP, 3–hydroxyBaP, 9–hydroxyBaP	Woods and Wiseman (1979)
Neurospora crassa	Sucrose, glycerol	1–20 mg^{-1}				3–HydroxyBaP	Lin and Kapoor(1979)
Candida lipolytica	Glucose	200 mg l^{-1}			48 h	3–and 9–HydroxyBaP	Cerniglia and Crow (1981)
Syncephalastrum racemosum	MYPD[d]	100 mg l^{-1}			7 d	9–HydroxyBaP	Launen et al.(1995)
Nematoloma frowardii[e]	Glucose	10 mg l^{-1}		54% 4%	168 h		Sack et al.(1997b)
Nematoloma frowardii[f]	Glucose	10 mg l^{-1}		99%	168 h		Sack et al.(1997b)

[a] Degradation experiments were prepared with crude and purified extracellular ligninase preparations from *P. chrysosporium*.
[b] Degradation experiments were prepared with crude and purified laccase preparations from *T. versicolor*.
[c] Degradation experiments were prepared with purified laccase preparations from *T. versicolor*.
[d] MYPD; malt extract, yeast extract, peptonr and dextrose.
[e] Degradation experiments were prepared with crude manganese peroxidase preparations from *N. frowardii*.
[f] Degradation experiments were prepared with crude manganese peroxidase preparations from *N. frowardii* and a mediator substance(5 mM glutathione).

A.L. Jahasz, R. Naidu/International Biodeterioration & Biodegradation 45(2000) 57–88

많은 fungi는 포유동물에서 관찰되는 것들과 비슷한 메커니즘들에 의해서 BaP를 산화시키는 것으로 나타났다. BaP의 포유동물 물질대사는 microsomal cytochrome P-450 monooxygenases에 의해 중재된다. BaP의 fungi에 의한 산화는 fungi에 의한 BaP 산화가 cytochrome P-450에 의해 중재된다는 가정을 뒷받침하는 *trans*-dihydrodiols의 형성을 초래한다[45]. *Trans*-7,8-dihydroxy-7,8- dihydro BaP 그리고 *trans*-9,10-dihydroxy-9,10-dihydro BaP는 *Cunninghamella elegans* 그리고 *Aspergillus ocharaceus*의 초기 BaP 산화 생성물들로써 검출되어졌다[53, 67][그림 2-3]. BaP dihydrodiols의 더 이상의 산화는 C. elegans로써 Cerniglia와 Gibson[45,46]에 의해 설명되고 증명되었다. 7,8-위치에서 *trans*-9,10-BaP dihydrodiol의 산화는 9,10-BaP diol epoxides의 형성을 초래하였다[그림 2-3]. Cerniglia와 Gibson[45,46]은 9,10-BaP diol epoxides의 가수분해는 tetraols의 형성을 설명하였다는 사실을 제안하였다.

[그림 2-3] Fungal transformation products of benzo[*a*]pyrene. The formation of hydroxylated benzo[*a*]pyrenes and benzo[*a*]pyrene dihydrodiols occurs via benzo[*a*]pyrene epoxides. Dihydrodiols may be transformed to diol epoxides, which may undergo further transformation to form *cis*- and *trans*-tetraols(adapted from Cerniglia and Gibson, 1980a, 1980b; Gatta and Samanta, 1988).

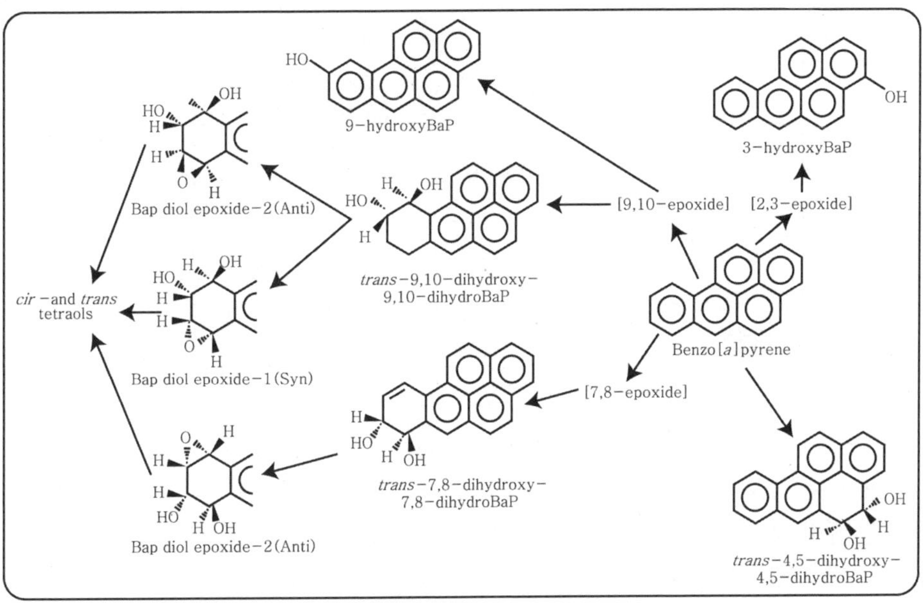

Mono-oxygenase 활동으로부터 생기는 다른 BaP 변환생성물들은 *A. ochraceus, Penicillium janthinellum* 그리고 *Syncephalastrum racemosum*에 대해 관찰된 바와 같은 3-and 9-hydroxy BaP를 포함한다[96, 67, 170][그림 2-3]. 대안으로 BaP의 산화는 extra-cellular peroxidases와 laccases를 수반하는 다른 효소 메커니즘

들에 의해 촉매작용된다[170, 179]. 예를 들면, BaP 1,6-, 3.6- 그리고/혹은 6,12-quinones는 *P. chrysosporium, C. elegans, A. ochraceus, T. versicolor* 그리고 *P. cinnabarinus*의 BaP 극성 대사 생성물들로써 검출되어졌다[112, 45, 67, 179, 210][그림 2-4]. BaP diols의 sulfuric and glucuromic acid conjugates가 또한 검출되었다[45]. Fungi에서의 sulfuric and glucuronic acid conjugate 반응들은 해독 메커니즘들로써 관련시켜졌다[45].

[그림 2-4] Benzo[*a*]pyrene quinones produced from the fungal oxidation of benzo[*a*]pyrene (adapted from Cerniglia and Gibson, 1980a; Haemmerli et al., 1986; Datta and Samanta, 1988).

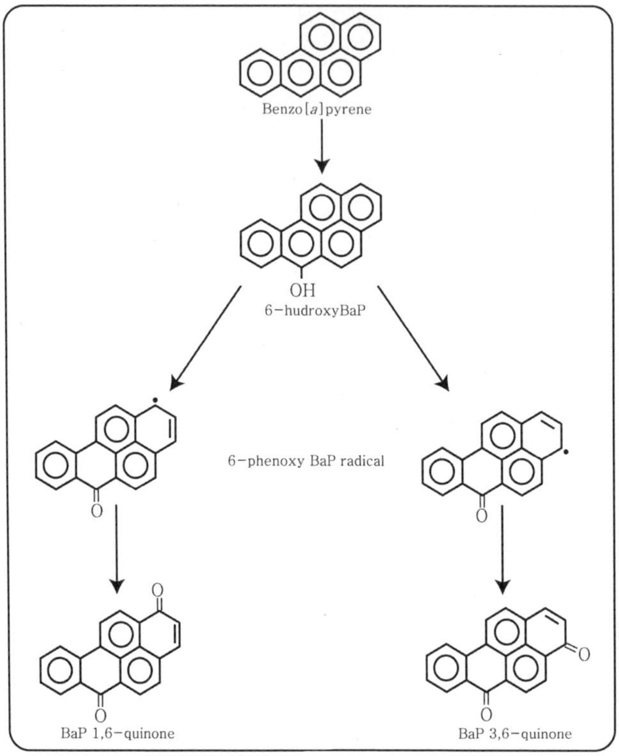

Fungi에 의한 변환 후 BaP 대사산물들의 축적은 관심의 대상이 되는데 그것은 fungi의 mono-oxygenases가 BaP를 epoxides와 dihydrodiols로 산화시킬 수 있으며 이들은 매우 유력한 발암물질들이기 때문이다[240, 246]. Cerniglia와 Gibson [45]은 더 고등 생물체들에서의 BaP 7.8-diol-9,10-epoxides 중에서 적어도 하나를 형성할 수 있는 *C. elegans*의 능력을 증명하였다.

[그림 2-5] Algal transformation products of benzo[*a*]pyrene

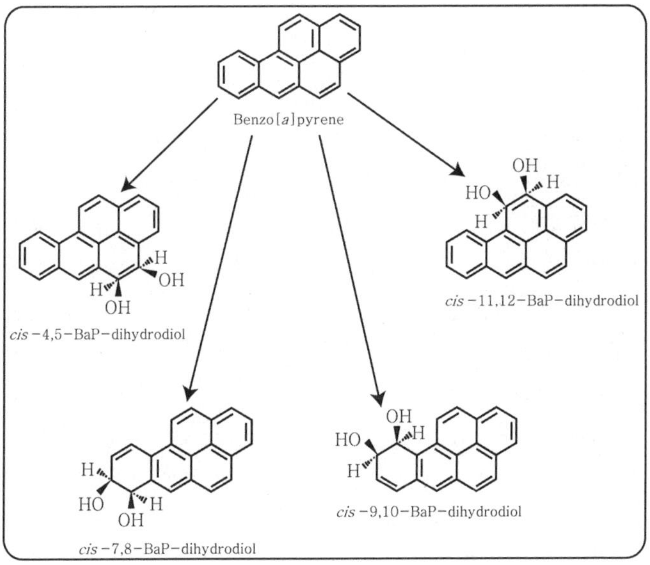

8.3 조류(Algae)

적은 수의 연구들이 조류에 의한 BaP의 분해에 관해서 보고하였다. Lindquist와 Warshawsky[174] 그리고 Warshawsky 등[264]은 녹조류인 *Selanastum capricornutum*에 의한 BaP의 산화에 관해서 설명하였다<표 2-10>. BaP의 분해는 cis-4,5-, 7,8-, 9,10- 그리고 11,12-BaP-dihydrodiols의 형성을 초래하였다[그림 2-5]. 이 결과들은 *S. capricornutum*이 dioxygenase 효소 경로를 거쳐서 *cis* vicinal dihydrodiols를 생산하였다는 사실은 지적해 주었다. Dioxygenase 효소들은 박테리아에 의한 물질대사 경로의 특징이며 mono-oxygenase 효소들을 수반하는 eukaryotic 생물체들(fungi와 같은)의 그것들과 같지 않다[264].

9. 복잡한 PAH 혼합물들에서 BaP의 분해

비록 수많은 박테리아, 균류 그리고 조류들이 PAH에 대한 미생물에 의한 정화에서 효과적이기 때문에 이 생물체들이 BaP를 분해할 수 있다 할지라도 그들은 복잡한 PAH 혼합물들에 존재하는 BaP뿐만 아니라 다른 PAH 화합물들을 분해시키기 위한 능력을 가져야 한다. BaP가 PAH 혼합물의 부분(일부)으로써 존재할 때 컨소시어 그리고 순수한 배양물들은 BaP를 분해시킬 수 있는 능력을 갖는다는 사실을 많은 연구들에서 지적하였다. Grosser 등[105]은 토착 microflora에 의한 석탄 가스화 플랜트들로부터 토양으로 유입된 [7−^{14}C] BaP의 미네랄화에 관해서 조사하였다. 토착 BaP 광물화의 수준은 여러 주일의 분해 지연 기간과 함께 장기간의 인큐베이션(>180일)을 수반하면서 검출 불가능으로부터 25%까지의 범위였다. 비록 BaP 미네랄화가 관찰되어졌다 할지라도 BaP를 분해시키는 미생물을 분리시키기 위한 시도는 성공적이지 못하였다.

크레오소트의 PAH 성분들에서 플루오란센을 분해시키는 박테리아군의 작용은 액체 미디움에서 Muller 등[192]에 의해서 평가되었다. 유일한 탄소 그리고 에너지 소스로써 플루오란센에서 성장시키고 이후에 크레오소트에서 일반적으로 발견되는 17 PAH화합물들에 노출시켰을 때 박테리아 컨소시어는 인큐베이션 기간에 걸쳐서 모든 PAH 성분들을 분해시켰다. 3일 후 1.2mgl^{-1}로 초기에 공급되었던 BaP를 포함하는 17 PAHs의 13은 검출 한계 아래로 분해되어졌다. 크레오소트 PAH 혼합물로부터의 BaP의 분해는 또한 Grifoll 등[104]에 의해 관찰되었다. Basal salts medium에 공급되어졌을 때 *Pseudomonas cepacia* F297은 낮은 그리고 높은 분자량의 PAHs를 분해하였다. BaP 농도에서의 41.5% 감소(1,19mgl^{-1})가 28일의 기간에 걸쳐서 관찰되었다.

Juhasz[140]는 또한 *Stenotrophomonas maltophilia*에 의한 PAH 혼합물(3개 고리~7개 고리 혼합물)에서 낮은 그리고 높은 분자량의 PAHs의 동시분해를 관찰하였다. 42일 후 BaP를 단독으로 유일하게 공급하였던 분해실험들과 비교되는 더 낮은 분자량의 PAHs의 존재에서 BaP의 향상된 분해가 관찰되었다: PAH 혼합물에서 분해된 BaP의 양은 단일기질 실험들과 비교되는 단백질 mg당 280% 더 컸다. Juhasz[140]는 BaP의 향상된 분해는 더 쉽게 분해 가능한 낮은 분자량의 PAHs의 존재 때문에 증가된 물질대사 활동의 결과였다는 사실을 제한하였다.

PAH로써 오염된 토양들의 fungi 주입은 BaP의 제거를 향상시키는 것으로 또한 증명되었다. Eggen과 Majcherczyk[79]에 의한 연구에서 *Pleurotus ostreatus*를 에

이징된 크레오소트로써 오염된 토양에 적용하였으며 BaP의 농도를 모니터링하였다. 1개월의 기간에 걸쳐서 BaP 농도들은 28%까지 감소되었다; 그러나 더 이상의 인큐베이션은 BaP의 제거에 충분한 영향을 미치지 못하였다. 크레오소트로써 오염된 토양에 [^{14}C] label의 단지 1%만이 $^{14}CO_2$로써 회수되었다.

PAH로써 오염된 토양에 fungi의 주입은 또한 바인딩된 잔류물들의 형성을 초래하는 BaP의 변환을 초래한다[182, 27]. Mcfarland와 Qiu[182]는 바운드된 잔류물 형성은 *P. chrysosporium*를 주입한 PAH로써 오염된 토양 배양시스템에서 BaP의 유력한 변환 메커니즘이었다는 사실을 설명하였다.

배양토 시스템에 white-rot fungus의 주입은 30일 기간에 걸쳐서 0.73으로부터 1.58mg BaPkg^{-1}day^{-1}까지의 bound residue 형성에서의 증가를 초래하였다. $^{14}CO_2$는 인큐베이션 기간에 걸쳐서 검출되지 않았는데 이 사실은 BaP의 미네랄화의 메커니즘이 토양 composting 동안 중요한 과정이 아니었다는 사실을 지적해 준다. Bogan 등[27]은 또한 PAH로써 오염된 토양에서 성장하는 동안 *P. ostreatus*에 의한 BaP의 가습을 보고하였다. 다른 연구들에서 *P. chrysosporium*[181] 혹은 *Phanerochaete sordida*[69]에 의한 PAH로써 오염된 토양들의 생물정화는 BaP 농도들에 현저한 영향을 미치지 않았다.

10. BaP 분해에 대한 제한 인자들

수많은 물리적, 화학적, 생물학적 혹은 환경적 인자들이 BaP 분해의 속도와 정도에 영향을 미친다. BaP 분해는 필수 자양분들(질소, 인, 칼륨과 같은) 혹은 성장 기질들의 부족, 온도(최적), 산소 입수 가능성 혹은 pH 때문에 일어나지 않는다. BaP는 그것의 낮은 물에 대한 용해도 때문에 취급하기가 쉽지 않다. BaP는 이용 가능한 유효 효소들에 대한 기질이 아니다[84].

백토와 같은 천연 고체들에 BaP의 공유결합 혹은 흡착은 환경에서 그 화합물의 생물학적 활성도와 분해에 영향을 미친다[205].

Weissenfels 등[267]과 Erickson 등[81]은 토양에서의 증가하는 머무름 시간에 따로 높은 분자량의 PAHs의 미네랄화에서의 감소를 관찰하였다. PAH 분해에서의 이러한 감소는 토양 유기물질에 대한 PAHs의 결합에 기인하였다. 그러한 결합들은 토양 수용액 상에서 토양 유기물질로부터의 PAH의 느린 탈착 때문에 PAH 분해의 속도와 정도에서의 감소를 초래한다[11]. van der Waals 인력, 화학적 바인딩, 양이온 브릿징, 수소결합, 이온교환, 공유결합 혹은 리간드 교환과 같은 수많은 메커니즘들이 흡착과정에 수반된다[12, 162]; 그러나 이 메커니즘들은 완전하게 이해되지 못하고 있다. pH, 온도, 백토의 타입과 품질, 토양 속의 유기물질의 양 그리고 주변 용액 속의 용질의 타입과 농도와 같은 환경적인 인자들은 또한 BaP의 흡착에 영향을 미칠 수 있다. 오염물질 머무름 정도는 옥탄올-물(K_{ow}) 분배계수 그리고 토양 속의 유기물질의 퍼센트와 직접적으로 상관관계된다. BaP는 큰 K_{ow}에 의해 특정지워지기 때문에 유기 토양 분율에서의 그것의 흡착 경향성은 높다.

11. BaP 분해를 향상시키기 위한 최근의 접근방법들

앞서 언급한 제한 인자들 때문에 오염된 토양, 퇴적물 그리고 물에서의 BaP의 미생물 정화는 제한되거나 혹은 성공적이지 못하다. 이들 제한 인자들을 극복하기 위하여 그리고 미생물에 의한 BaP 분해를 향상시키기 위하여 수많은 접근방법들이 미생물 정화에 적용된다.

11.1 제한된 물질대사 가능성들의 극복

어떤 미생물 정화 전략의 성공은 미생물의 특성에 의존한다. 마이크로플로라는 폭넓은 범위의 오염물질들을 무해한 부산물들로 분해시키기 위한(그래서 토양의 독성을 감소시키게 되는) 능력을 가져야 한다. BaP 분해에서의 제한 인자는 미생물들의 물질대사 가능성이다. <표 2-10>과 <표 2-11>에 나타낸 연구들이 수많은 박테리아, 균류 그리고 조류가 BaP를 분해시킬 수 있는 잠재력을 갖는다는 것을 예증한다 할지라도 이들 생물체들은 PAH/BaP 정화가 필요한 토양에서 널리 행해지지는 않는다. 이들 미생물들에 의한 BaP 분해 정도는 그들의 증가된 독성, 용해도 그리고 이동도 때문에 더 큰 독성적 위협과 우려를 제기하게 되는 극성 대사산물로 제한될지도 모른다.

11.1.1 Bioaugmentation(미생물증대)

미생물증대는 BaP 분해율들을 증가시킬 수 있는 하나의 기술이다. BaP 분해능력을 갖는 미생물의 첨가는 BaP에 대한 토착 마이크로플로라의 이화작용 제한을 극복한다. Mueller 등[191] 그리고 Trzesicka-Mlynarz와 Ward[254]는 미생물증대는 높은 PAH 농도들을 포함하는 위치들(장소들)에 대해 특히 중요하며 이 장소들은 현저한 비율의 높은 분자량의 PAHs를 포함한다는 것을 제안하였다.

비록 토착 마이크로플로라가 더 낮은 분자량의 PAHs(나프탈렌, 아세나프텐, 플루오렌 그리고 페난스렌)를 분해할 수 있는 약간의 능력을 가졌다 할지라도 BaP 농도들은 영향을 받지 않았다. 그러나 PAH로써 오염된 토양에 community five(mixed bacterial culture)의 주입은 BaP를 포함하는 모든 PAHs이 농도에서의 현저한 감소를 초래하였다. 그러나 BaP 분해 전에 광범위한 지연 기간이(대략 48일) 관찰되었으며 BaP 농도에서의 25% 감소는 91일 후 일어났다.

11.1.2 박테리아-균류 공통 배양물

비록 박테리아가 BaP를 분해시킬 수 있는 PAH 이화작용 경로를 가지고 있다 할지라도 이 화합물의 분해는 이 화합물이 박테리아 세포벽을 거쳐서 통과할 수 없기 때문에 일어나지 않는다[116]. 그러나 이 제한들은 extracellular 효소들(리그닌을 분해하는 효소들)을 생산할 수 있는 그들의 능력 때문에 fungi에는 적용되지 않는다. BaP의 fungi에 의한 분해는 화합물의 현저한 미네랄화를 초래하지 않지만 ligninases는 BaP를 더 생물학적 이용효능이 있는[186] 그리고 모태 화합물보다도 잠재적으로 더 독성적인[45] 수용성 생성물들로 변환시킨다<표 2-11>. 박테리아에 의한 PAH 분해는 종종 생물체들이 그 화합물을 하이드록실화 시킬 수 없기 때문에 제한되기 때문에 극성 대사산물들의 박테리아에 의한 분해를 수반하는 fungi에 의한 BaP의 초기 변환은 BaP 분해를 위한 효과적인 전략을 초래할 수 있었다.

공통배양(박테리아와 fungi의 배양) 연구들은 BaP의 미네랄화와 해독을 위한 이것의 적용의 잠재가능성에 관하여 설명하였다. Kottermann 등[163]은 white-rot fungus *Bjerkandera* sp. strain BOS55와 토양, 퇴적물 그리고 슬러지로부터의 미생물의 혼합된 배양물들로써 [^{14}C]BaP의 초기 인큐베이션은 15일 후 각각 $^{14}CO_2$ 그리고 수용성 대사산물들로써 검출되는 ^{14}C label의 8.5% 그리고 73%를 초래하였다. 215일까지 동안 더 이상의 인큐베이션은 BaP 미네랄화에서 단지 작은 증가만을 초래하였다(13.5%). 그러나 활성슬러지, 산 산림 토양, 그리고 2.2′-diphenic acid에서 자란 배양물들로부터 접종물을 BaP-fungal cultures에 첨가시켰을 때 BaP 미네랄화는 20-27%로 빠르게 증가하였다. ^{14}C labelled 수용성 생성물들의 양은 69%로부터 37-48%까지로 감소하였다. 가장 좋은 성능의 공통 배양물에서 더 이상의 인큐베이션(215일)은 $^{14}CO_2$로써 회수되는 ^{14}C label의 34% 그리고 수용성 대사산물들로써 회수되는 16%를 초래하였다. 한편 BaP를 포함하는 미디움에 직접적으로 미생물군의 주입(접종)은 단지 낮은 수준의 BaP 미네랄화(0.4-1.0%)를 초래하였다.

BaP를 *P. janthinellum*과 PAH를 분해하는 박테리아군으로써 인큐베이션 시켰을 때 비슷한 결과들이 Stanley 등[237]에 의해서 관찰되었다. BaP 미네랄화되는 개별 박테리아 혹은 fungi 분리물들과 비교되는 박테리아-fungi 공통배양물로써 인큐베이션 하는 동안 현저하게 향상되었다. *P. janthinellum*은 basal salts medium에 유일하게 단독으로 첨가된 BaP를 미네랄화 시킬 수 없었다; 그러나 ^{14}C label의 16~64%는 공급된 공통기질(pyrene, glucose or malt ectract, peptone, dextrose medium)에 의존하여 극성 대사산물들로써 검출되었다. BaP 미네랄화는 PAH를 분해하는 미생물에 의해 관찰되었다(S. maltophilia strain VUN 10,010 그리고 bacteria consortia): Pyrene의 존재하에서(250mgl^{-1}) 56일간의 인큐베이션 후 ^{14}C label의 13%~32%가 $^{14}CO_2$로서 회수되었다. Pyrene(250mgl^{-1})과 BaP(50mgl^{-1})를 포함하는 미디어에 *P. janthinellum* 그리고 *S. maltophilia* strain VUN 10,010을 주입시킴은 BaP 미네랄화에서의 현저한 증가를 초래하였다(56일 후 58%). BaP 수용성 생성물들의 현저한 양들은 배양 미디움에서 검출되지 않았다. BaP 미네랄화의 향상은 PAH가 가해진 그리고 PAH로써 오염된 토양들에 박테리아-fungi 공통배양물을 주입하였을 때 또한 관찰되었다[237].

Kottermann 등[163]과 Stanley 등[237]의 연구들에서 BaP의 분해는 *Salmonella typhimurium* 귀선 돌연변이체 분석평가에서 관찰되었던 것처럼 배양물 혹은 토양 추출물들의 돌연변이 유발 가능성에서 현저한 감소를 초래하였다. BaP의 fungi에 의한 산화는 다른 fungi에 대해 앞서 관철되었던 직접적인 돌연변이 생성물들의 생성을 초래하지는 않았다[48]. 박테리아와 fungi의 주입은 개별적으로 각각의 생물체의 주입보다도 BaP 돌연변이 유발력을 감소시킴에 더 큰 영향을 미쳤다. Kottermann 등[163]과 Stanley 등[237]의 결과들은 BaP의 fungi에 의한 사전 산화는 박테리아에 의한 BaP 미네랄화 비율을 증가시킬 수 있다는 사실을 증명해 준다. 이 현상은 또한 pyrene[129]과 안트라센[186]과 같은 다른 PAHs에 대해서도 관찰되어 졌다.

11.2 생물학적 이용효능 이슈들의 극복

오염된 토양에서 BaP의 생물학적 이용효능은 계면활성제들의 적용에 의해 증가된다. 계면활성제는 용액에서 마이셀들의 소수성 코어 속에 분자의 편입(용해성)에 의해서 유기 오염물질들의 생물학적 이용효능을 증가시킨다. 토양 시스템들에 계면활성제들의 적용은 고체와 흡착된 상들로부터 질량이전 속도를 향상시킴으로써 BaP의 용해 및 탈착율을 증가시킬 수 있다. 이것은 그들의 CMC(critical micelle concentration)를 초과하여 계면활성제들에 대해서 관찰되었다[271]. Tiehm 등[248]은 MGP 토양을 비이온성 계면활성제들로써 처리하였을 때 BaP 생물학적 이용효능에서의 증가를 관찰하였다. 두 가지의 계면활성제들로써(Arkopal N-300과 Sapogenat T-300) BaP는 그것의 물에 대한 용해도의 1000배에 이르기까지 토양으로부터 용해되었다. 비록 BaP 생물학적 이용효능이 증가되었다 할지라도 단지 BaP 농도에서의 작은 감소만이 미생물에 의한 분해 때문에 관찰되었다. BaP에 대한 미생물의 활동의 부족이 물리화학적인 혹은 생물학적인 이유들 때문이었는지의 여부에 관해서는 결론을 내릴 수 없었다. 비록 계면활성제들의 도움이 소수성 오염문질의 생물학적 이용효능을 증가시키는데 있다 할지라도 그들의 적용 동안 약간의 억제(금지)효과들이 관찰되었다.

약간의 계면활성제들은 그들의 CMC 위에서 미생물에 대하여 독성효과를 나타낸다[258, 146]. 이들 독성효과들은 미생물 세포막의 세제에 의해 유도된 파괴를 통해서 나타난다. 그러나 최근에 Tiehm[247]은 긴 에톡실레이트 사슬들을 갖는 비이온성 계면활성제들은 박테리아에 독성적이지 않다는 사실을 보고하였다. 계면활성제 첨가는 또한 주된 일차적인 탄소소스로서 이용됨으로써[100] 혹은 그로 인해서 오염물질의 독성효과를 나타내는 threshold level 이상으로 이용 가능한 오염물질 농도를 증가시킴으로써 오염물질 분해에 있어서의 감소를 또한 초래한다. 그들의 CMC 위에서의 비이온성 계면활성제들의 사용은 생물학적 이용 가능 오염물질들의 평형에 있어서의 감소를 초래하는 광범위한 마이셀화 때문에 생분해를 억제한다[235]. 그래서 생물학적 정화전략을 위해 적당한 계면활성제와 농도를 선택하는 것은 중요하다.

11.3 공통 물질대사 요구

유기화합물들의 미생물에 의한 분해에서의 하나의 물질대사 장애는 이화작용 효소 유도의 부족이다[209]. BaP는 탄소 소스로써 그리고 에너지 소스로써 사용될 수 없기 때문에[39] 생물체의 성장을 개시하기 위해서 그리고 이화작용 효소의 생산을 유도하기 위해서 성장 기질을 공급하여야 한다. 공급되는 성장기질/유도물질 타입은 BaP 분해의 정도에 현저하게 영향을 미칠 수 있다. 예를 들면, Chen과 Aitken[57]은 페난스렌 그리고 살리실레이트로써 사전 인큐베이션 후 BaP를 미네랄화 시킬 수 있는 P. saccharophila P15의 능력을 비교하였다. 48시간의 인큐베이션 후 [^{14}C]BaP 미네랄화의 정도는 유도되지 않은 *P. saccharophila* P15와 비교하였을 때 살리실레이트와 페난스렌 유도된 세포들에 대해서 각각 22배와 33배 더 컸다. 살리실레이트는 또한 토양 미생물군들에서 나프탈렌을 분해하는 미생물에 대해 선택키 위해 사용되었다[201, 60].

12. 결론

비록 미생물학적 정화가 PAH로써 오염된 정화를 위한 경제적인 정화옵션으로서 일반적으로 생각된다 할지라도 이 기술의 성공적인 적용은 높은 분자량의 PAHs를 분해시킬 수 있는 미생물의 제한된 능력에 의해서 제한된다. 많은 박테리아, fungi 그리고 조류는 나프탈렌, 플루오렌 그리고 페난스렌과 같은 낮은 분자량의 PAHs를 분해시킬 수 있는 능력을 갖지만 BaP와 같은 5개 이상의 벤젠고리를 포함하는 PAHs에 대한 이들의 활동은 제한된다. 이러한 이슈와 함께 BaP 분해에 관한 연구는 다음과 같은 사항을 고려하는 것이 절대 필요하다:

1. 지금까지 단지 적은 수의 대사산물들만이 확인되어졌기 때문에 박테리아와 조류에 의한 BaP의 대사경로에 관한 제한된 정보만이 입수가능하다. Fungi에 대한 BaP 분해경로가 대부분 기술되었다; 그러나 이것도 완전하지는 않다. BaP의 발암 성질들은 그 화합물이 부분적으로 분해된 후 단지 표현되기 때문에 BaP 대사산물들의 특성 짓기는 중요하다. PAH의 발암 현상의 메커니즘을 이해하기 위한 사전 필요조건은 형성되는 대사산물들의 프로필에 관한 지식과 그들의 형성을 규제하는 인자들에 관한 지식이다.
2. BaP와 다른 PAHs의 미생물에 의한 해독에 관한 연구의 부족은 그러한 과정에 수반되는 메커니즘들을 이해하기 위한 좋지 못한 체제를 제공하며 이 사실은 미생물에 의한 정화를 위한 성공적인 전략들을 개발하는데 결정적이고 중대하다. 이러한 문제에 있어서의 추가적인 방해물은 오염된 토양의 독성 테스팅에 대한 표준화된 생물학적 검정의 유효성이다. 이 분야에서의 많은 연구에 대한 필요성이 있으며 값싸고, 빠르며 그리고 간단한 토양계 독성에 관한 생물학적 검정방법들의 개발에 대한 필요성이 있다.
3. 생물학적 이용효능의 개념, 토양에이징에 영향을 미치는 인자들뿐만 아니라 미생물학적 정화를 위한 오염물질들의 생물학적 이용효능을 향상시키기 위한 전략들을 고려할 필요가 있다. 그러므로 이러한 방향에서의 더 이상의 연구가 필요하다.

참고문헌

[1] Aitken M.D., Stringfellow, Q.T., Nagel, R.D., Kazunga, C., Chen, S.-h., 1998. Characteristics of phenanthrene-degrading bacteria isolated from soils contaminated with polycyclic aromatic hydrocarbons. Canadian Journal of Microbiology 44, 743-752.

[2] Akhtar, M.N., Boyd, D.R., Thomas, N.J., Koreeda, M., Gibson, D.T., Mahadevan, V., Jerina, D.M., 1975. Absolute stereochemistry of the dihydroanthracene cis- and trans-1,2-diols produced from anthracene by mammals and bacteria. Journal fo the Chemical Society, Perkin Transcripts 1, 2506-2511.

[3] Albaiges, J., Frei, R.W., Merian, E., 1983. Chemistry and Analysis of Hydrocarbpns in the Environment. Gordon and Breach Science Publishers, New York, pp. 177-190.

[4] Allen, C.C.R., Boyd, D.R., Hempenstall, F., Larkin, M.J., Sharma, N.D., 1999. Contrasting effects of a nonionic surfactant on the biotransformation of polycyclic aromatic hydrocarbons to cis-hydrodiols by soil bacteria. Applied and Environmental Microbiology 65, 1335-1339.

[5] Allen, C.C.R., Boyd, D.R., Larkin, M,J., Ried, K.A., Sharma, N.D., Wilson, K., 1997. Metabolism of naphthalene, 1-naphthol, indene and indole by Rhodococcus sp. strain NCIMB 12038. Applied and Environmental Microbiology 63, 151-155.

[6] Andersson, B.E., Henrysson, T., 1996. Accumulation and degradation of dead- end metabolites during treatment of soil contaminated with polycyclic aromatic hydrocarbons with five strains of white-rot fungi. Applied Microbiology and Biotechnology 46, 647-652.

[7] Aranha, H.G., Brown, L.R., 1981. Effect of nitrogen source on end products of naphthalene degradation. Applied and Environmental Microbiology 42, 74-78.

[8] Atlas, R.M., 1981. Microbial degradation of petroleum hydrocarbons; an environmental perspective. Microbiological Reviews 45, 180-209.

[9] Atlas, R.M., Bartha, R., 1981. Microbial Ecology; Fundamentals and Applications. Addison-Wesley, MA, pp. 423-427.

[10] Banerjee, D.K., Fedorak, P.M., hashmoto, A., Masliyah, J.H., Pickard, M.A., Gray, M.A., 1995. Monitoring the biological treatment of anthracene-contaminated soil in a rotating-drum bioreactor. Applied Microbiology and Biotechnology 43, 521-528.

[11] Barbosa, A.M., Dekker, R.F.H., St Hardy, G.E., 1996. Veratryl alcohol as an inducer of laccase by an ascomycete, Botryosphaeria Sp., when screened on the polymeric dye Poly R-478. Letters in Applied Microbiology 23, 93-96.

[12] Barclay, C.D., Farquhar, G.F., Legge, R.L., 1995, Biodegradation and sorption of polyaromatic hydrocarbons by Phanerochaete chrysosporium. Applied Microbiology and Biotechnology 42, 958-963.

[13] Barnsley, E.A., 1975a. The induction of the enzymes of naphthalene metabolism in

Pseudomomads by salicylate and 2-aminobenzoate. Journal of General Microbiology 88, 193-196.

[14] Barnsley, E.A., 1975b. The bacterial degradation of fluoranthene and benzo[a] pyrene. Canadian Journal of Microbiology 21, 1004-1008.

[15] Barnsley, E.A., 1983a. Bacterial oxidation of naphthalene and phenanthrene. Journal of Bacteriology 153, 1069-1071.

[16] Barnsley, E.A., 1983b. Phthalate pathway of phenanthrene metabolism: formation of 2′ carboxybenzalpyruvate. Journal of Bacteriology 154, 113-117.

[17] Baumard, P., Budzinski, H., Garrigues, P., 1998. Polycyclic aromatic hydrocarbons in sediments and mussels of the western Mediterrancan Sea. Environmental Toxicology and Chemistry 15, 765-776.

[18] Baumard, P., Budzinski, H., Garrigues, P., Dizer, H., Hansen, P.D., 1999. Polycyclic aromatic hydrocarbons in recent sediments and mussels(Mytilus edulis) from the western Baltic Sea: occurrence, bioavailability and seasonal variations. Marine Environmental Research 47, 17-47.

[19] Beam, H.W., Perry, J.J., 1973. Cometabolism as a factor in microbial degradation of cycloparaffinic hydrocarbons. Archives of Microbiology 91, 87-90.

[20] Becker, G., Colmsjo A., Ostman, C., 1999. Determination of thiaarenes and polycyclic aromatic hydrocarbons in workplace air of an aluminium reduction plant. Environmental Science and Technology 33, 1321-1327.

[21] Bewley, R., Ellis, B., Theile, P., Viney, I., Rees, J., 1989. Microbial clean up of contaminated soil. Chemistry and Industry 23, 778-783.

[22] Bezalel, L., Hadar, Y., Cerniglia, C.E., 1996. Mineralisation of polyclinic aromatic hydrocarbons by the white rot fungus pleutotus ostreatus. Applied and Environmental Microbiology 62. 292-295.

[23] Bjorseth, A., Knutzen, J., Skei, J., 1979a. Determination of polycyclic aromatic hydrocarbons in sediments and mussels from Saudafjord, W. Norway, by glass capillary gas chromatography. Science of the Total Environment 13, 71-86.

[24] Bjorseth, A., Lunde, G., Lindskog, A., 1979b. Long-range transport of polycyclic aromatic hydrocarbons. Atmospheric Environment 13, 45-53.

[25] Blumer, M., 1976. Polycyclic aromatic compounds in nature. Scientific America March 1976, 33-45.

[26] Bogan, B.W., Lamar, R.T., 1996. Polycyclic aromatic hydrocarbon degrading capabilities of Phanerochaete laevis HHB-1625 and its extracellular ligninolytic enzymes. Applied and Environmental Microbiology 62, 1597-1603.

[27] Bogan, B.W., Lamar, R.T., Burgos, W.D., Tien, M., 1999. Extent of humification of abthracene, fluoranthene and benzo[a]pyrene by pleurotus ostreatus during growth in PAH-contaminated soils. Letter in Applied Microbiology 28, 250-254.

[28] Bogan, B.W., Schoenike, B., Lamar, R.T., Cullen, D., 1996. Expression of LiP genes during growth in soil and oxidation of anthracene by Phanerochaete chrysosporium. Applied and Environmental Microbiology 62, 3697-3703.

[29] Boonchan, S., 1998. Biodegradation of polycyclic aromatic hydrocarbons of fungal-bacterial co-cultures and surfactants. Ph.D. Thesis, Victoria University of Technology, Melbourne, Australia.

[30] Bos, R.P., Theuws, J.L.G., Leijdekkers, C.M., Henderson, P.T., 1984. The presence of mutagenic polycyclic aromatic hydrocarbons benzo[a]pyrene and Bbnz[a]-anthracene in creosote Pl. Mutation Research 130, 153-158.

[31] Brodkorb, T.S., Legge, R.L., 1992. Enhanced biodegradation of phenanthrene in oil tar-contaminated soils supplemented with Phanerochaete chysosporium. Applied and Environmental Microbiology 58, 3117-3121.

[32] Bumpus, J.A., 1989. Biodegradation of polycyclic aromatic hydrocarbons by Phanerochaeta chrysosporium. Applied and Environmental Microbiology 55, 154-158.

[33] Bumpus, J.A., Tien, M., Wright, D., Aust, S.D., 1985. Oxidation of persistent environmental pollutants by a white rot fungus Science 228, 1434-1436.

[34] Burd, G., Ward, O.P., 1996. Involvement of a surface-active high molecular weight factor in degradation of polycyclic aromatic hydrocarbons by Pseudomonas marginalis. Canadian Journal of Microbiology 42, 791-797.

[35] Burgos, W.D., Novak, J.T., Berry, D.F., 1996. Reversible sorption and irreversible binding of naphthalene and α-naphthol to soil: elucidation of processes. Environmental Science and Technology 30, 1205-1211.

[36] Casillas, R.P., Crow, S.A., Heinze, T.M., Deck, J., Cerniglia, C.E., 1996. Initial oxidation and subsequent conjugative metabolites produced during the metabolism of phenanthrene by fungi. Journal of Industrial Microbiology 16, 205-215.

[37] Cerniglia, C.E., 1982. Initial reactions in the oxidation of anthracene by Cunninghamella elegans. Journal of General Microbiology 128, 2055-2061.

[38] Cerniglia, C.E., 1984. Microbial metabolism of polycyclic aromatic hydrocarbons. Advances in Applied Microbiology 30, 31-71.

[39] Cerniglia, C.E., 1992. Biodegradation of polycyclic aromatic hydrocarbons. Biodegradation 3, 351-368.

[40] Cerniglia, C.E., campbell, W.L., Freeman, J.P., Evans, F.E., 1989. Identification of a novel metabolite in phenanthrene metabolism by the fungus Cunninghamella elegans. Applied and Environmental Microbiology 55, 2275-2279.

[41] Cerniglia, C.E., Crow, S.A., 1981. Metabolism of aromatic hydrocarbons by yeasts. Archives of Microbiology 129, 9-13.

[42] Cerniglia, C.E., Dodge, R.H., Gibson, D.T., 1980a. Studies on the fungal oxidation of polycyclic aromatic hydrocarbons. Bot. Mar. 23, 121-124.

[43] Cerniglia, C.E., Freeman, J.P., Mitchum, R.K., 1982a. Glucuronide and sulphate conjugation in the fungal metabolism of aromatic hydrocarbons. Applied and Environmental Microbiology 43, 1070-1075.

[44] Cerniglia, C.E., Gibson, D.T., 1977. Metabolism of naphthalene by Cunninghamella elegans. Applied and Environmental Microbiology 34, 366-370.

[45] Cerniglia, C.E., Gibson, D.T., 1980a. Oxidation of benzo[a]pyrene by the filamentous fungus Cunninghamella elegans. Journal of Biological Chemistry 254, 12174-12180.

[46] Cerniglia, C.E., Gibson, D.T., 1980b. Fungal oxidation of benzo[a]pyrene and (±)-trans-7,8-dihydroxy-7,8-dihydrobenzo[a]pyrene. Journal of Biological Chemistry 255, 5159-5163.

[47] Cerniglia, C.E., Gibson, D.T., van Baalen, C., 1979. Algal oxidation of aromatic hydrocarbons: formation of 1-naphthol from naphthalene by Agmenellum quadruplicatum strain PR-6. Biochemical and Biophysical Research Communications 88, 80-58.

[48] Cerniglia, C.E., Gibson, D.T., van Baalen, C., 1980b. Algal oxidation of naphthalene. Journal of General Microbiology 116, 495-500.

[49] Cerniglia, C.E., Gibson, D.T., van Baalen, C., 1982b. Aromatic hydrocarbon oxidation by diatoms isolated from the Kachemak Bay region of Alaska. Journal of General Microbiology 128, 987-990.

[50] Cerniglia, C.E., Heitkamp, M.A., 1989. Microbial degradation of polycyclic aromatic hydrocarbons in the aquatic environment. In-Varansi, U. (Ed.), Metabolism of Polycyclic Aromatic Hydrocarbons in the Aquatic Environment. CRC Press, Boca Raton, pp. 42-64.

[51] Cerniglia, C.E., Herbert, R.L., Dodge, R.H., Szaniszlo, P.J., Gibson, D.T., 1978. Fungal transformation of naphthalene. Archives of Microbiology 117, 135-143.

[52] Cerniglia, C.E., Kelly, D.W., Freeman, J.P., Miller, D.W., 1986. Microbial metabolism of pyrene. Chemical-Biological Interaction 57, 203-216.

[53] Cerniglia, C.E., Mahaffey, W., Gibson, D.T., 1980c. Fungal oxidation of benzo[a]pyrene: formation of (-)-trans-7,8-dihydroxy-7,8-dihydrobenzo[a]pyrene by Cunninghamella elegans. Biochemical and Biophysical Research Communication 94, 226-232.

[54] Cerniglia, C.E., van Baalen, C., Gibson, D.T., 1980d. Metabolism of naphthalene by the blue-green alga, Oscillatoria sp., strain JCM. Journal of General Microbiology 116, 485-495.

[55] Cerniglia, C.E., Yang, S.K., 1984. Stereoselective metabolism of anthracene and phenanthrene by the fungus Cunninghamella elegans. Applied and Environmental Microbiology 47, 119-124.

[56] Chapman, P.J., 1979. Degradation mechanisms. In: Bourquin, A.W., Pritchard, P.H.(Eds), Proceedings of the Worlshop: Microbial Degradation of Pollutants in Marine Environments. U.S. Environmental Protection Agency, FL, pp. 28-66.

[57] Chen, S.-H., Aitken, M.D., 1999. Salicylate stimulates the degradation of high molecular weight polycyclic aromatic hydrocarbons by Pseudomonas saccharophila P15. Environmental Science and Technology 33, 435-439.

[58] Churchil, S.A., Harper, J.P., Churchill, P.F., 1999. Isolation and characterisation of a Mycobacterium species capable of degrading three- and four-ring aromatic and aliphatic hydrocarbons. Applied and Environmental Microbiology 65, 549-552.

[59] Cocchieri, R.A., Arnese, A., Minicucci, A.M., 1990. Polycyclic aromatic hydrocarbona in marine organisms from Italian central Mediterrancan coasts. Marine Pollution Bulletin 21, 15-18.

[60] Colbert, S.F., Schroth, M.N., Weinhold, A.R., Handson, M., 1993. Enhancement of population densities of Pseudomonas putida ppg7 in agricultural ecosystems by selective feeding with the carbon source salicylate. Applied and Environmental Microbiology 59, 2064-2070.

[61] Colla, A., Fiecchi, A., Trecani, V., 1959. Ricerche sul metabolismo ossidativo microbico dell' antracene e del fenantrene Annals of Microbiology 9, 87-91.

[62] Collins, J.F., Brown, J.P., Dawson, S.V., Marty, M.A., 1991. Risk assessment for

benzo[a]pyrene. Regulatory Toxicology and Pharmacology 13, 170–184.

[63] Collins, P.J., Dobson, A.D.W., 1996. Oxidation of fluorene and phenanthrene by Mn(Ⅱ) dependent peroxidase activity in whole cultures of Trametes (coriolus) versicolor. Biotechnology Letters 18, 801–804.

[64] Collins, P.J., Kotterman, M.J.J., Field, J.A., Dobson, A.D.W., 1996. Oxidation of anthracene and benzo[a]pyrene by laccases from Trametes vericolor. Applied and Environmental Microbiology 62, 4563–4567.

[65] Cooper, C.S., Grover, P.L., Sims, P., 1983. The metabolism and activation of benzo– [a]pyrene. Progress in Drug Metabolism 7, 295–396.

[66] Cox, D.P., Williams, L., 1980. Biological process for converting naphthalene to cis–1,2–dihydroxy–1,2–dihydronaphthalene. Applied and Environmental Microbiology 39, 320–326.

[67] Datta, D., Samanta, T.B., 1988. Effects of inducers of metabolism of benzo[a]–pyrene in vivo and in vitro: analysis by high pressure liquid chromatography. Biochemical and Biophysical Research Communications 155, 493–502.

[68] Davis, J.I., Evans, W.C., 1964. Oxidative metabolism of naphthalene by soil pseudomonads. Biochemical Journal 91, 251–261.

[69] davis, M.W., Glaser, J.A., Evans, J.w., Lamar, R.T., 1993. Field evaluation of the lignin– degrading fungus Phanerochaete sordida to treat creosote–contaminated soil. Environmental Science and Technology 27, 2572–2576.

[70] de. Serres, F.J., Ashby, J., 1981. Evaluation of short term tests for carcinogens. Report of the international collaborative program. Progress in mutation research, vol. 1. Elsevier/North–Holland, Amsterdam.

[71] Deslou–Paoli, J.M., Sornin, J.M., Heral, M., 1987. Variations saisonieres in situ de la production et de la composition des biodrpots de trois mollusques estuariens (Mytilus edulis, Crassostrea gigas, Crepidula fornicata). Haliotis 16, 2333–2345.

[72] diGraziia, P.M., King, J.M.H., Blackburn, J.W., Applrgate, B.A., Bienkowski, P.R., Hilton, B.L., Sayler, G.S., 1991. Dynamic response of naphthalene biodegradation in a continuous flow soil slurry reactor. Biodegradation 2, 81–91.

[73] Dipple, A., Bigger, C.A.H., 1991. Mechanism of action of food–as–sociated polycyclic aromatic hydrocarbon carcinogens. Mutation Research 259, 263–276.

[74] Dua, R.D., Meera, S., 1981. Purification and characterisation of naphthalene oxygenase from Corynebacterium renale. European Journal of Biochemistry 120, 461–465.

[75] Dunn, B.P., Stich, H.F., 1976. Monitoring procedures for chemical carcinogens in coastal waters. Journal of the Fish Research Board of Canada 33, 2040–2046.

[76] Dunn, B.P., Young, D.R., 1976. Baseline levels of benzo[a]pyrene in southern Californian mussels. Marine Pollution Bulletin 7, 231–234.

[77] Dunn, N.W., Gunsalus, I.C., 1973. Transmissible plasmid coding early enzymes of naphthalene oxidation in Pseudomonas putida. Journal of Bacteriology 114, 974–979.

[78] Dyksterhouse, S.E., Gray, J.P., Herwig, R.P., Lara, J.C., Staley, J.T., 1995. Cycloclasticus pugetii gen. nov., sp., nov., an aromatic hydrocarbon–degrading bacterium from marine sediment. International Journal of Systematic Bacteriology 45, 116–123.

[79] Eggen, T., Majcherczyk, A., 1998. Removal of polycyclic aromatic hydrocarbons (PAH) in contaminated soil by white rot fungus Pleurotus ostreatus. International Biodeterioration and Biodegradation 41, 111–117.

[80] Ellis, B., Harold, P., Kronberg, H., 1991. Bioremediation of a creosote contaminated site. Environmental Technology 12, 447–459.

[81] Ericson, D.C., Loehr, R.C., Neuhauser, E.F., 1993. PAH loss during bioremediation of manufactured gas plant site soil. Water Research 27, 911–919.

[82] Evans, W.C., Fernley, H.N., Griffiths, E., 1965. Oxidation metabolism of phenanthrene and anthracene by soil pseudomonads. Biochemical Journal 98, 819–831.

[83] Ferris, J.P., Fasco, M.J., Stylianopoulou, F.L., Jerina, D.M., Daly, J.W., Jeffrey, A.M., 1973. Mono-oxygenase activity in Cunninghamella bainieri: evidence for a fungal system similar to liver microomes. Archives of Biochemistry and Biophysiology 156, 97–103.

[84] Fewson, C.A, 1988. biodegradation of xenobiotic and other persistent compounds: the causes of recalcitrance. Trends in Biotechnology 6, 148–153.

[85] Fiechter, A., 1993. Function and synthesis of enzymes involved in lignin degradation. Journal of Biotechnology 30, 49–55.

[86] Field, J.A., de Jong, E., Costa, G.F., de Bont, J.A.M., 1992. Biodegradation of polycyclic aromatic hydrocarbons by new isolates of white rot fungi. Applied and Environmental Microbiology 58, 2219–2226.

[87] Filonov, A.E., Puntus, I.F., Karpov, A.V., Gaiazov, R.R., Kosheleva, I.A., Boronin, A.M., 1999. Growth and survival of Pseudomonas putida strains degrading naphthalene in soil model systems with different moisture levels. Process Biochemistry 34, 303–308.

[88] Foght, J.M., Westlake, D.W.S., 1996. Transposon and spontaneous deletion mutants of plasmid-borne genes encoding polycyclic aromatic hydrocarbon degradation bu a strain of Pseudomonas fluroescens. Biodegradation 7, 353–366.

[89] Foght, J.M., Westlake, D.W.S., 1988. Degradation of polycyclic aromatic hydrocarbons and aromatic heterocycles by a Pseudomonas species. Canadian Journal of Microbiology 34, 1135–1141.

[90] Freeman, D.J., Cattell, F.C.R., 1990. Woodburning as a source of atmospheric polycyclic aromatic hydrocarbons. Environmental Science and Technology 24, 1581–1585.

[91] Fujikawa, K., Fort, F.L., Samejima, K., Sakamoto, Y., 1993. Genotoxic potency in Drosophila melanogaster of selected aromatic amines and polycyclic aromatic hydrocarbons as assayed in the DNA repair test. Mutation Research 290, 175–182.

[92] Gamlin, L., Price, B., 1988. Bonfires and Brimstone. New Scientist 1637(11), 48–51.

[93] Garcia-Valdes, E., Cozar, E., Rotger, R., Lahucat, J., Ursing, J., 1988. New naphthalene-degrading marine Pseudomonas strains. Applied and Environmental Microbiology 54, 2478–2485.

[94] Geiselbrecht, A.D., Hedlund, B.P., Tichi, M.A., Stalet, J.T., 1998. Isolation of marine polycyclic aromatic hydrocarbon (PAH)-degrading Cycloclasticus strains from the gulf of mexico and comparison of their PAH degradation ability with that of Puget Sound Cycloclasticus strains. Applied and Environmental

Microbiology 64, 4703–4710.

[95] Ghosh, D.K., Datta, D., Samanta, T.B., Mishra, A.K., 1983. Microsomal benzo[a]-pyrene hudrooxylase in Aspergilus ochraceus TS: assay and characterisation of the enzyme system. Biochemical and Biophysical Research Communicationa 113, 497–505.

[96] Ghosh, D.K., Mishra, A.K., 1983. Oxidation of phenanthrene by a strain of Microciccus. evidence of a protocatechuate pathway. Current Microbiology 9, 219–224.

[97] Ghosh, D.K., Mahadevan, V., Jerina, R.M., Yagi, H., Yeh, H.J.C., 1975. Oxidation of the carcinogens benzo[a]pyrene and benzo[a]anthracene to dihydrodiols by a bacterium. Science 189, 295–297.

[98] Ghosh, D.K., Subramanian, V., 1984. Microbial degradation of aromatic hydrocarbons. In: Gibson, D.T. (Ed.), Microbial Degradation of Organic Compounds. Marcel Dekker, New York, pp. 181–252.

[99] Goyal, A.K., Zylstra, G.J., 1996. Molecular cloning of novel genes for polycyclic aromatic hydrocarbon degradation from Comamonas testosteroni. Applied and Environmental Microbiology 62, 230–236.

[100] Graves, D., Leavitt, M., 1991. Petroleum biodegradation in soil: the effect of direct application of surfactants. Remediation, 147–166.

[101] Greenberg, A., Darack, F., harkov, R., Lioy, P., Daisey, J., 1985. Polycyclic aromatic hydrocarbons in New Jersey: a comparison of winter and summer concentrations over a 2-year period. Atmospheric Environment 19, 1325–1339.

[102] Grifoll, M., Casellas, M., Bayona, J.M., Solanas, A.M., 1992. Isolation and Characterisation of a fluorene-degrading bacterium: identification of ring oxidation and ring fission products. Applied and Environmental Microbiology 58, 2910–2917.

[103] Grifoll, M., Selifonov, S.A., Chapman, P.J., 1994. Evidence for a novel pathway in the degradation of fluorene by Pseudomonas sp. Strain F274. Applied and Environmental Microbiology 60, 2438–2449.

[104] Grifoll, M., Selifonov, S.A., Gatlin, C.V., Chapman, P.J., 1995. Actions of a versatile fluorene-degrading bacterial isolate on polycyclic aromatic compounds. Applied and Environmental Microbiology 61, 3711–3723.

[105] Grosser, R.J., Warshawsky, D., Vestal, J.R., 1991. Indigenous and enhanced mineralisation of pyrene, benzo[a]pyrene and carbazole in soil. Applied and Environmental Microbiology 57, 3462–3469.

[106] Grund, E., Denccke, B., Eichenlaub, R., 1992. Naphthalene degradation via salicylate and gentisate by Phodococcus sp. strain B4. Applied and Environmental Microbiology 58, 1874–1877.

[107] Guerin, W.F., Boyd, S.A., 1992. Differential bioavailability of soil-sorbed naphthalene to two bacterial species. Applied and Environmental Microbiology 58, 1142–1152.

[108] Guerin, W.F., Jones, G.E., 1988a. Two stage mineralisation of phenanthrene by estuarine enrichment cultures. Applied and Environmental Microbiology 54, 929–936.

[109] Guerin, W.F., Jones, G.E., 1988b. Mineralisation of phenanthrene by a Mycro-

bacterium sp. Applied and Microbiology 54, 937-944.

[110] Guerin, W.F., Jones, G.E., 1989. Estuarine ecology of phenanthrene-degrading bacteria. Estuarine Coastal Shelf Science 29, 115-130.

[111] Guthrie, E.A., Pfaender, F.K., 1998. Reduced pyrene bioavailability in microbailly active soil. Environmental Science and Technology 32, 501-508.

[112] Haemmerli, S.D., Leisola, M.S.A., Sanglard, D., Fiechter, A., 1986. Oxidation of benzo[a]pyrene by extracellular liginase of Phanerochaete chrysosporium. The Journal of Biological Chemistry 261, 6900-6903.

[113] Halsall, C.J., Barrie, L.A., Fellin, P., Muir, D.C.G., Billeck, B.N., Lockhart, L., Rovinsky, F.Ya., Kononov, E.Ya., Pastukhov, B., 1997. Spatial and temparal variation of polycyclic aromatic hydrocarbons in the arctic atmosphere. Environmental Science and Technology 31, 3593-3599.

[114] Hammel, K.E., Gai, Z.G., Green, B., Moen, M.A., 1992. Oxidative degradation of phenanthrene by the ligninolytic fungus Phanerochaete chrysosporium. Applied and Environmental Microbiology 58, 1831-1838.

[115] Hammel, K.E., Green, B., Gai, W.Z., 1991. Ring fission of anthracene by a eukaryote Proceeding of the National Academy of Science 88, 10605-10608.

[116] Hammel, K.E., Kalyanaraman, B., Kirk, T.K., 1986. Oxidation of polycyclic aromatic hydrocarbons and dibenzo[a]dioxins by Phanerochaete chrysosporium liginase. Journal of Biological Chemistry 261. 16948-16952.

[117] Harkov, R., Greenberg, A., Darack, K., Lioy, P.J., 1984. Summer time variations in polyaromatic hydrocarbons at four sites in New Jersey. Environmental Science and Technology 18, 287-291.

[118] Hedlund, B.P., Geiselbrecht, A.D., Bair, T.J., Staley, J.T., 1999. Polycyclic aromatic hydrocarbon degradation by a new marine bacterium, Neptunomonas naphthovorans gen. nov., sp. nov. Applied and Environmental Microbiology 65, 251-259.

[119] Heikamp, M.A., Cerniglia, A.E., 1988. Mineralisation of polycyclic aromatic hydrocarbons by a bacterium isolated from sediment below and oil field. Applied and Environmental Microbiology 54, 1612-1614.

[120] Heitkamp, M.A., Franklin, W., Cerniglia, C.E., 1988a. Microbial metabolism of polycyclic aromatic hydrocarbons: isolation and characterisation of a pyrene-degrading bacterium. Applied and Envitonmental Microbiology 54, 2549-2555.

[121] Heitkamp, M.A., Freeman, J.P., cerniglia, C.E., 1987. Naphthalene biodegradation in environmental microcosms: estimates of degradation rates and characterisation of metabolites. Applied and Environmental Microbiology 53, 129-136.

[122] Heitkamp, M.A., Freeman, J.P., Miller, D.W., Cerniglia, C.E., 1988b. Pyrene degradation by a Microbacterium sp.: identification of oxidation and ring fission products. Applied and Environmental Microbiology 54, 2256-2265.

[123] Hendrix, A.J., Pieters, H., de Boer, J., 1998. Accumulation of matals, polycyclic (halogenated) aromatic hydrocarbons and biocides in zebra mussels and eel from the Rhine and Meuse Rivers. Environmental Toxicology and Chemistry 17, 1885-1898.

[124] Hites, R.A., Laflamme, R.E., Windsor Jr., J.G., 1980. Polycyclic aromatic hydrocarbons in an anoxic sediment core from the Pettaquamscutt River (Rhodr Island USA).

Geochimica et Cosmochimica Acta 44, 873-878.

[125] Hollstein, M., McCann, J., Angelosanto, F.A., Nichols, W.W., 1979. Short-term tests for carcinogens and mutagens. Mutation Research 65, 133-226.

[126] Huis in' t Veld, M.G.A., Werners, J., van veen, J.J., Doddema, H.J., 1995. Biological PAH degradation in dreged sludges. In: Hinchee, R.E., Hoeppel, R.E., Anderson, D.B., (Eds.), Bioremediation of Recalcitrant Organics. Battelle Press, Columbus, OH, pp. 17-22.

[127] Humason, A.W., Gadbois, D.F., 1982. Determination of polynuclear aromatic biocarbons in the New York area. Bulletin of Environmental Contamination and Toxicology 29, 645-650.

[128] IARC, 1983. Monographs on the evaluation of carcinogenic risk to humans. Polynuclear Aromatic Compounds, Part 1, Chemical, Environmental and Experimental Data vol. 3. International Agency for Research on Cancer, IARC Press, France.

[129] in der Wiesche, C., Martens, R., Zadrazil, F., 1996. Two-step degradation of pyrene by white-rot fungi and soil micro-organisms. Applied Microbiology and Biotechnology 46, 653-659.

[130] Iwabuchi, T., Inomatayamauchi, Y., Katsuta, A., Harayama, S., 1998. Isolation and Characterisation of marine Norcardioldes capable of growing and degrading phenanthrene at 42℃. Journal of Marine Biotechnology 6, 86-90.

[131] Jeffrey, A.M., Yeh, H.J.C., Jerina, D.M., Patel, R.T., Davey, J.F., Gibson, D.T., 1975. Initial reaction in the oxidation of naphthalene by Pseudomonas putida. Biochemistry 14, 575-586.

[132] Jerina, D.M., Selander, H., Yagi, H., Wells, M.C., Davey, J.F., Mahadevan, V., Gibson, D.T., 1976. Dihydrodiols from anthracene and phenanthrene. Journal of the American Chemists Society 98, 5988-5996.

[133] Jimenez, I.Y., Bartha, R., 1996. Solvent-augmented mineralisation of pyrene by a Mycobacterium sp. Applied and Environmental Microbiology 62, 2311-2316.

[134] Johannes, C., Majcherczyk, A., Huttermann, A., 1996. Degradation of anthracene by laccasa of Trametes versicolor in the presence of different mediator compounds. Applied Microbiology and Biotechnology 45, 313-317.

[135] Johannes, C., Majcherczyk, A., Huttermann, A., 1998. Oxidation of acenaphthalene and acenaphthylene by laccase of Trametes versicolor in a laccase-mediator system. Journal of Biotechnology 61, 151-156.

[136] Jones, K.C., Stratford, J.A., Tidridge, P., Waterhouse, K.S., Johnston, A.E., 1989a. Polynuclear aromatic hydrocarbons in an agricultural soil: long-term changes in profile distribution. Environmental Pollution 56, 337-351.

[137] Jones, K.C., Stratford, J.A., Waterhouse, K.S., Furlong, E.T., Giger, W., Hites, R.A., Schaffiner, C., Johbston, A.E., 1989b. Increases in the polynuclear aromatic hydrocarbon content of an agricultural soil over the last century. Environmental Science and Technology 23, 95-101.

[138] Jones, K.C., Stratford, J.A., Waterhouse, K.S., Vogtm N.B., 1989c. Organic contaminants in Welsh soil: polynuclear aromatic hydrocarbons. Environmental Science and Technology 23, 540-550.

[139] Juhasz, A.L., 1991. Hydrocarbon degradation by antarctic microorganisms isolated from the saline lakes of the Vestfold Hills. Honours Thesis, University of

tasmania, Australia.

[140] Juhasz, A.L., 1998. Microbial degradation of high molecular weight polycyclic aromatic hydrocarbons. Ph.D. Thesis, Victoria University of Technology, Melbourne, Australia.

[141] Juhasz, A.L., Britz, M.L., Stanley, G.A., 1996. Degradation of high molecular weight polycyclic aromatic hydrocarbons by Pseudomonas cepacia. Biotechnology Letters 18, 577–582.

[142] Juhasz, A.L., Britz, M.L., Stanley, G.A., 1997. Degradation of fluoranthene, pyrene, benzo[a]anthracene and dibenz[a]anthracene bu Borkholderia cepacia. Journal of Applied Microbiology 83, 189–198.

[143] Kastner, M., Breuer–Jammali, M., Mahro, B., 1994. Enumeration and characterisation of the soil microflora from hydrocarbon–contaminated soil sites able to mineralise polycyclic aromatic hydrocarbons (PAH). Applied Microbiology and Biotechnology 41, 267–273.

[144] Kastner, M., Breuer–Jammali, M., Mahro, B., 1998. Impact of inoculation protocols, salinity and pH on the degradation of polycyclic aromatic hydrocarbons (PAHs) and survival of PAH–degrading bacteria introduced into soil. Applied and Environmental Microbiology 64, 359–632.

[145] Kastner, M., Mahro, B., 1996. Microbial degradation of polycyclic aromatic hydrocarbons in soils affected by the organic matrix of compost. Applied Microbiology and Biotechnology 44, 668–675.

[146] Kawai, F., Hanada, K., Yoshiki, T., Ogata, K., 1997. Bacterial degradation of a water–insoluble polymer (polypropylene glycol). Journal of Fementation Technology 55, 89–96.

[147] Kelly, I., Cerniglia, C.E., 1991. The metabolism of phenanthrene by a species of Microbacterium. Journal of Industrial Microbiology 7, 19–26.

[148] Kelly, I., Freeman, J.P., Cerniglia, C.E., 1990. Identification of metabolites from degradation of naphthalene by a Mycrobacterium sp. Biodegradation 1, 283–290.

[149] Kelly, I., Freeman, J.P., Evans, F.E., Cerniglia, C.E., 1991. Identification of a carboxylic acid metabolite from the catabolism of fluoranthene by Microbacterium sp. Applied and Environmental Microbiology 57, 636–641.

[150] Kelly, I., Freeman, J.P., Evans, F.E., Cerniglia, C.E., 1993. Identification of metabolites from the degradation of fluoranthene by Microbacterium sp. strain PYR–I. Applied and Environmental Microbiology 59, 800–806.

[151] Keuth, S., Rehm, H.J., 1991. Biodegradation of phenanthrene by Arthrobater polychromogenes isolated from a contaminated soil. Applied Microbiology and Biotechnology 34, 804–808.

[152] Khan, S.U., Ivarson, K.C., 1982. Release of soil bound (nonextractable) residues by various physiological groups of micro–organisms. Journal of Environmental Science and Health B 17, 737–749.

[153] Kiehlmann, E., Pinto, L., Moore, M., 1996. The biotransformation of chrysene to trans– 1,2–dihydroxy–1,2–dihydrochrysene by filamentous fungi. Canadian Journal of Microbiology 42, 604–608.

[154] Kim, E.B., Zylstra, G.J., Freeman, J.P., Heinze, T.M., Deck, J., Cerniglia, C.E., 1997. Evidence for the role of 2–hydroxychromene–2–carboxylate isomerase in

the degradation of anthracene by Sphingomonas yanoikuyae B1. FEMS Microbiology Letters 153, 479-484.

[155] Kiyohara, H., Nagao, K., 1978. The catabolism of phenanthrene and naphthalene by bacteria. Journal of General Microbiology 105, 69-75.

[156] Kiyohara, H., Nagao, K., Kouno K., Yano, K., 1982. Phenanthrene-degrading phenotype of Alcaligenes faecalis AFK2. Applied and Environmental Microbiology 43, 458-461.

[157] Kiyohara, H., Nagao, K., Nomi, R., 1976. Degradation of phenanthrene through o-phthalate by an Aeromonas sp. Agricultural Biology and Chemistry 40, 1075-1082.

[158] Kiyohara, H., Takizawa, N., Date, H., Torigoe, S., Yano, K., 1990. Characterisation of a phenanthrene degradation plasmid from Alcaligenes faecalis AFK2. Journal of Fermentation Bioengineering 69, 54-56.

[159] Knutzen, J., Sortland, B., 1982. Polycyclic aromatic hydrocarbons (PAH) in some algae and invertebrates from moderately polluted parts of the coast of Norway. Water Research 16, 421-428.

[160] Kohler, A., Schuttoff, M., Bryniok, D., Knackmuß, H.-J., 1994. Enhanced biodegradation of phenanthrene in a biphasic culture system. Biodegradation 5, 93-103.

[161] Koreeda, M., Akhtar, M.N., Boyd, D.R., Neill, J.D., Gibson, D.T., Jerina, D.M., 1978. Absolute stereochemisty of cis-1,2-, trans-1,2-and cis-3,4-dihydrodiol metabolites of phenanthrene. Journal of Organic Chemistry 43, 1023-1029.

[162] Koskinen, W.C., Harper, S.S., 1990. The retention processes: mechanism. In: Chang, H.H. (Ed), Pesticides in the Soil Environment: Processes, Impacts and Modelling. Soil Science Society of America, Madisin, WI, PP. 51-77.

[163] Kottermann, M.J.J., Vis, E.H., Field, J.A., 1998. Successive mineralisation and detoxification benzo[a]pyrene by the white rot fungus Bjerkandera sp. strain BOS55 and indigenous microflora. Applied and Environmental Mictobiology 64, 2853-2858.

[164] Krivobok, S., Miriouchkine, E., Seiglemurandi, F., Benoit-Guyod, J.L., 1998. Biodegradation of anthracene by soil fungi. Chemosphere 37, 523-530.

[165] Kuhm., A.E., Stolz, A., Knackmuss, H.J., 1991. Metabolism of naphthalene by the biphenyl-degrading bacterium Pseudomonas paucimobillis Q1. Biodegradation 2, 115-120.

[166] Laflamme, R.E., Hites, R.A., 1978. the global distribution of polycyclic aromatic hydrocarbons in recent sediments. Geochimica et Cosmochimica Acta 42, 289-303.

[167] Laflamme, R.E., Hites, R.A., 1979. Tetra- and pentacyclic, naturally occurring, aromatic hydrocarbons in recent sediments. Geochimica et Cosmochimica Acta 43, 1687-1691.

[168] Lal, B., Khanna, S., 1996. Degradation of crude oil by Acinetobacter calcoaceticus and Alcaligenes odorans. Journal of Applied Bacteriology 81, 355-362.

[169] Lang, E., Nerud, F., Novotna, E., Zadrazil, F., Martens, R., 1996. Production of ligninolytic exeonzymes and ^{14}C-pyrene mineralisation by pleutorus sp. in ligninocellulose substrate. Folia Microbiologica 41, 489-493.

[170] Launen, L., Pinto, L., Wiebe, C., Kiehlmann, E., Moore, M., 1995. The oxidation of pyrene and benzo[a]pyrene by nonbasidiomycete soil fungi. Canadian Journal of Microbiology 41, 477–488.

[171] Lemke, M.A., Kennedy, C.J., 1997. The uptake, distribution and metabolism of benzo[a]pyrene in coho salmon (Oncorhynchus kisutch) during the parr–smolt transformation. Environmental Toxicology and Chemistry 16, 1384–1388.

[172] Lijinsky, W., 1991. The formation and occurrence of polynuclear aromatic hydrocarbons associated with food. Mutation Research 259, 251–262.

[173] Lin, W.S., Kapoor, M., 1979. Induction of aryl hydrocarbon hydroxylase in Neurospora crassa by benzo[a]pyrene. Current Microbiology 3, 177–181.

[174] Lindquist, B., Warshawsky, D., 1985. Identification of the 11,12–dihydro–11,12–dihydroxybenzo[a]pyrene as a major metabolite by the green alga Selenastrum capricornutum. 130, 71–75.

[175] Lisowska, K., Dlugonski, J., 1999. Removal of anthracene and phenanthrene by filamentous fungi capable of cortexolone 11–hydroxylation. Journal of Basic Microbiology 39, 117–125.

[176] Mackie, P.R., Hardy, R., Whittle, K.J., Bruce, C., McGill, A.S., 1980. The tissue hydrocarbon burden of mussels from various sites around the scottish coast. In: Bjorseth, A., Dennis, A.J. (Eds.), Polynuclear Aromatic Hydrocarbons: Chemistry And Biological Effects. Battelle Press, Columbus, OH, pp. 379–393.

[177] Mahaffey, W.R., Gibson, D.T., Cerniglia, C.E., 1988. Bacterial Oxidation of chemical carcinogens: formation of policyclic aromatic acids from benzo[a]anthracene. Applied and Environmental Microbiology 54, 2415–2423.

[178] Mahro, B., Rode, K., Kasche, V., 1995. Non–selective precultivation of bacteria able to degrade different polycyclic aromatic hydrocarbons (PAH). Acta Biotechnologica 15, 337–345.

[179] Majcherczyk, A., Johannes, C., Huttermann, A., 1998. Oxidation of polycyclic aromatic hydrocarbons (PAH) by laccase of Trametes versicolor. Enzyme and Microbial Technology 22, 335–341.

[180] Martens, R., Zadrazil, F., 1998. Screening of white–rot fungi for their ability to mineralise polycyclic aromatic hydrocarbons in soil. Folia Microbiologica 43, 97–103.

[181] May, R., Schroder, P., Sandermann Jr., H., 1997. Ex–situ process for treating PAH–contaminated soil with Phanerochaete chrysosporium. Environmental Science and Technology 31, 2626–2633.

[182] Mcfarland, M.J., Qiu, X.J., 1995. Removal of benzo[a]pyrene in soil composting systems amended with the white rot fungus Phnerochaete chrysosporium. Journal of Materials 42, 61–70.

[183] McNally, D.L., Mihelcic, J.R., Lucking, D.R., 1999. Biodegradation of mixtures of polycyclic aromatic hydrocarbons under aerobic and nitrate–reducing conditions. Chemosphere 38, 1313–1321.

[184] Meador, J.P., Stein, J.E., Reichert, W.I., Varanasi, U., 1995. Bioaccumulation of polycyclic aromatic hydrocarbons by marine organisms. Reviews of Environmental Contamination and Toxicology 143, 79–165.

[185] Mersch–Sundermann, V., Mochayedi, S., Kevekordes, S., 1992. Genotoxicity of

polycyclic aromatic hydrocarbons in Escherichia coli PQ37. Mutation Research 278, 1–9.

[186] Meulenberg, R., Rijnaarts, H.H.M., Doddema, H.J., Field, J.A., 1997. Partially oxidised polycyclic aromatic hydrocarbons show an increased bioavailability and biodegradability. FEMS Microbiology Letters 152, 45–49.

[187] Mihelcic, J.R., Luthy, R.G., 1988. Degradation of polycyclic aromatic hydrocarbon compounds under various redox condition in soil–water systems. Applied and Environmental Microbiology 54, 1182–1187.

[188] Monna, L., Omori, T., Kodama, T., 1993. Microbial degradation of dibenzofuran, fluorene and dibenzo–p–dioxin by Staphlococcus auriculans DBF63. Applied and Environmental Microbiology 59, 285–289.

[189] Morgan, P., Lewis, S.T., Watkinson, R.J., 1991. Comparison of abilities of white–rot fungus to mineralise selective xenobiotic compounds. Applied Microbiology and Biotechnology 34, 693–696.

[190] Mueller, J.G., Chapman, P.J., Blattmann, B.O., Oritchard, P.H., 1990a. Isolation and Characterisation of a fluroanthene utilising strain of Pseudomonas paucimobilis. Applied and Environmental Microbiology 56, 1079–1086.

[191] Mueller, J.G., Chapman, P.J., Prichard, P.H., 1989. Creosote contaminated sites. Environmental Science and Technology 23, 1197–1201.

[192] Mueller, J.G., Chapman, P.J., Pritchard, P.H., 1990b. Action of a fluoranthene–utilising bacterial community on polycyclic aromatic hydrocarbon components of creosote. Applied and Environmental Microbiology 55, 3085–3090.

[193] Mueller, J.G., Lantz, S.E., Blattmann, B.O., Chapman, P.J., 1991a. Bench–scale evaluation of alternative biological treatment process for the remediation of pentachlorophenol and creosote contaminated materials: solid phase bioremediation. Environmental Science and Technology 25, 1045–1055.

[194] Mueller, J.G., Lantz, S.E., Blattmann, B.O., Chapman, P.J., 1991b. Bench–scale evaluation of alternative biological treatment process for the remediation of pentachlorophenol and creosote contaminated materials: slurry phase bioremediation. Environmental Science and Technology 25, 1055–1061.

[195] Mueller, J.G., Lantz, S.E., Ross, D., Colvin R.J., Middaugh, D.P., Pritchard, P.H., 1993. Strategy using bioreactors and specially selected micro–organisms for bioremediation of groundwater contaminated with creosote and pentachloro–phenol. Environmental Science and Technology 27, 691–698.

[196] Nakajima, D., Kojima, E., Iwaya, S., Suzuki, S., 1996. Presence of 1–hydro–pyrene conjugates in woody plant leaves and seasonal changes in their concentration. Environmental Science and Technology 30, 1675–1679.

[197] Narro, M.L., Cerniglia, C.E., van Baalen, C., Gibson, D.T., 1992a. Metabolism of phenanthrene by the cyanobacterium Agmenellum quadruplicatum PR–6. Applied and Environmental Microbiology 58, 1352–1359.

[198] Narro, M.L., Cerniglia, C.E., van Baalen, C., Gibson, D.T., 1992b. Evidence of NIH shift in naphthalene oxidation by the marine cyanobacterium, Oscillatoria species strain JCM. Applied and Environmental Microbiology 58, 1360–1363.

[199] Nishioka, M., Chang, H.C., Lee, V., 1986. Structural charactristics of polycyclic aromatic hydrocarbon isomers in coal tars combustion products. Environmental

Science and Technology 20, 1023–1027.

[200] Nylund, L., Jeillila, P., Hameila, M., Pyy, L., Linnainmaa, K., Sorsa, M., 1992. Genotoxic effects and chemical composition of four creosotes. Mutation Research 265, 223–236.

[201] Ogunsteitan, O.A., Delgado, I.I., Tsai, Y.-L., Olson, B.H., 1991. Effect of 2-hydroxybenzoate on the maintenance of naphthalene degrading pseudomonads in seeded and unseeded soil. Applied and Environmental Microbiology 57, 2873–2879.

[202] Paine, M.D., Chapman, P.M., Allard, P.J., Murdoch, M.H., Minifie, D., 1996. Limited bioavailability of sediment PAH near an aluminium smelter: contamination does not equal effects. Environmental Toxicology and Chemistry 15, 2003–2018.

[203] Park, K.S., Sims, R.C., Dupont, R., 1990. Transformation of PAHs in soil systems. Journal of Environmental Engineering (ASCE) 116, 632–640.

[204] Phillips, D.H., 1983. Fifty years of benzo[a]pyrene. Nature 303, 472–486.

[205] Pignatello, J.J., Xing, B., 1996. Mechanisms of slow sorption of organic chemicals to natural particles. Environmental Science and Technology 30, 1–11.

[206] Pothuluri, J.V., Freeman, J.P., Evans, F.E., Cerniglia, C.E., 1990. Fungal transformation of fluoranthene. Applied and Environmental Microbiology 56, 2974–2983.

[207] Pothuluri, J.V., Freeman, J.P., Evans, F.E., Cerniglia, C.E., 1992a. Fungal metabolism of acenaphthene by Cunninghamella elegans. Applied and Environmental Microbiology 58, 3654–3659.

[208] Pothuluri, J.V., Heflich, R.H., Fu, P.P., Cerniglia, C.E., 1992b. Fungal metabolism and detoxification of fluoranthene. Applied and Environmental Microbiology 58, 937–941.

[209] Providenti, M.A., Lee, H., Trevors, J.T., 1993. Selected factors limiting the microbial degradation of recalcitrant compounds. Journal of Industrial Microbiology 12, 379–395.

[210] Rama, R., Mougin, C., Boyer, F.-D., Kollmann, A., Malosse, C., Sigoillot, J.-C., 1998. Biotransformation of benzo[a]pyrene in bench scale reactor using laccase of Pycnoporus cinnabarinus. Biotechnology Letters 20, 1101–1104.

[211] Ramadahl, T., Alfheim, I., Rustad, S., Olsen, T., 1982. Chemical and biological characterisation of emissions from small residential stoves burning wood and charcoal. Chemosphere 11, 601–611.

[212] Rochkind-Dubinsky, M.L., Sayler, G.S., Blackburn, J.W., 1987. Microbial Decomposition of Chlorinated Aromatic Hydrocarbons. Marcel Dekker, New York, pp. 48–65.

[213] Romero, M.C., cazau, M.C., Giorgieri, S., Arambarri, A.M., 1998. Phenanthrene degradation by micro-organisms isolated from a contaminated stream. Environmental Pollution 101, 355–359.

[214] Ryu, B.H., Oh, Y.K., Bin, J.H., 1989. Biodegradation of naphthalene by Acinetobacter calcoaceticus R-88. Journal of the Korean Agriculture Chemist Society 32, 315–320.

[215] Sack, U., Fritsche, W., 1997. Enhancement of pyrene mineralisation in soil by wood-decaying fungi. FEMS Microbiology Ecology 22, 77–83.

[216] Sack, U., Gunther, T., 1993. Metabolism of PAHs by fungi and correlation with extracellular enzymatic activities. Journal of Basic Microbiology 33, 269–277.

[217] Sack, U., Heinze, T.M., Deck, J., Cerniglia. C.E., Martens, R., Zadrazil, F., Fritsche, W., 1997a. Comparison of phenanthrene and pyrene degradation by different wood-decaying fungi. Applied and Environmental Microbiology 63, 3919–3925.

[218] Sack, U., Hofrichter, M., Fritsche, W., 1997b. Degradation of polycyclic aromatic hydrocarbons by manganese peroxidase of Nematoloma frowardii. FEMS Microbiology Letters 152, 227–234.

[219] Salicis, F., Krivobok, M.J.S., Benoit-Guyod, J.L., 1999. Biodegradation of fluoranthene bu soil fungi. Chemosphere 38, 3031–3039.

[220] Sanglard, D., Leisola, M.S.A., Fiechter, A., 1986. Role of extracellular liginases in biodegradation of benzo[a]pyrene by Phanerochaete chrysoporium. Enzyme Microbial technology 8, 209–212.

[221] Savino, A., Lollini, M.N., 1977. Identification of some fermentation products of phenanthrene in micro-organisms of the genus Arthrobacter. Bulletin of the Society for Italian Biology 53, 916–921.

[222] Schneider, J., grosser, R., Jayasimhulu, K., Xue, W., Warshawsky, D., 1996. Degradation of pyrene, benz[a]anthracene and benzo[a]pyrene by Micobacterium sp. strain RJGⅡ-135, isolated from a former coal gasification site. Applied and Environmental Microbiology 62, 13–19.

[223] Schocken, M.J., Gibson, D.T., 1984. Bacterial oxidation of the polycyclic aromatic hydrocarbons acenaphthene and acenaphthylene. Applied and Environmental Microbiology 48, 10–16.

[224] Schutzendubel, A., Majcherczyk, A., Johannes, C., Huttermann, A., 1999. Degradation of fluorene, anthracene, phenanthrene, fluoranthene and pyrene lacksconnection to the production of extracellular enzymes by Pleurotus ostreatus and Bjerkandera adjusta. International Biodeterioration and Biodegradation 43, 93–100.

[225] Selifonov, S.A., Slepenkin, A.V., Adanin, V.M., Grechkina, G.M., Starovoitov, I.I., 1993. Acenaphthene catabolism by strains of Alcaligenes eutrophus and Alcaligenes paradoxus. Microbiology 62, 85–92.

[226] Sepic, E., Bricelj, M., Lskovsek, H., 1998. Degradation of fluoranthene by Pasteurella sp. IFA and Mycobacterium sp. PYR-1: isolation and identification of metabolites. Journal of Applied Microbiology 85, 746–754.

[227] Sexton, K., Liu, K., hayward, S.B., Spengler, J.D., 1985. Characterisation and source apportionment of wintertime aerosol in a wood-burning community. Atmospheric Environment 19, 1225–1236.

[228] Shiaria, M.P., 1989. Phenanthrene mineralisation along a natural salinity gradient in an urban estuary, Boston Harber, MA. Microbial Ecology 18, 135–146.

[229] Shiaria, M.P., Jambard-Sweet, D., 1986. Polycyclic aromatic hydrocarbons in surficial sediments of Boston Harbour, MA. USA. Marine Pollution Bulletin 17, 469–472.

[230] Shuttleworth, K.L., Cerniglia, C.E., 1996. Bacterial degradation of low concentrations of phenanthrene and inhibition by naphthalene. Microbial Ecology 31, 305– 317.

[231] Simonich, S.L., Hites, R.A., 1994. Vegetation-atmosphere partitioning of polycyclic aromatic hydrocarbons. Environmental Science and Technology 28, 939-943.

[232] Simpson, C.D., Harrington, C.F., Cullen, W.R., Bright, D.A., Reimer, K.J., 1998. Polycyclic aromatic hydrocarbon contamination in marine sediments near Kitimat British Columbia. Environmental Science and Technology 32, 3266-3272.

[233] Sims, R.C., Overcash, M.R., 1983. Fate of polynuclear aromatic compounds (PNAs) in soil-plant systems. Residue Review 88, 1-68.

[234] Sirota, R.G., Uthe, J.F., Sreedharan, A., Matheson, R., Musial, C.J., Hamiton, K., 1983. Polynuclear aromatic hydrocarbons in lobster (Homarus americanus) and sediments in the vicinity of a coking facility. In: Cooke, M., Dennis, A.J., (Eds.), Polynuclear Aromatic Hydrocarbons: Formation, Metabolism and Measurement. Battelle Press, Columbus, OH, pp. 1123-1136.

[235] Smith, M.J., Lethbridge, G., 1997. Bioavailability and biodegradation of polycyclic aromatic hydrocarbons in soil. FEMS Microbiology Letters 152, 141-147.

[236] Smith, R.V., Rosazza, J.P., 1974. Microbial models of mammalian metabolism. Aromatic hydroxilation. Archives of Biochemistry and Biophysiology 161, 551-558.

[237] Stanley, G.A., Britz, M.L., Boonchan, S., Juhasz, A.L., 1999. Detoxufication of soil containing high molecular weight polycyclic aromatic hydrocarbons by gram-negative bacteria and bacterial-fungal co-cultures. In: Wise, D.L., Trantolo, D.J., Cichon, E.J., Inyang, H.I., Stottmeister, U. (Eds.), Remediation of Hazardous. Waste Contaminated Soil. Marcel Dekker, New York, pp. 161-179(in press).

[238] Stringfellow, W.T., Aitken, M.D., 1995. Competitive metabolism of naphthalene, methylnaphthalene and fluorene by phenanthrene-degrading pseudomonads. Applied and Environmental Microbiology 61, 357-362.

[239] Stronkhorst, J., Vos, P.C., Misdo게, R., 1994. Trace metals, PCBs and PAHs in benthic (epibenthic) diatoms from intertidal sediments: a pilot study. Bulletin of Environmental Contamination and Toxicology 52, 818-824.

[240] Sutherland, J.B., 1992. Detoxification of polycyclic aromatic hydrocarbons by fungi. Journal of Industrial Microbiology 9, 53-62.

[241] Sutherland, J.B., Freeman, J.P., Selby, A.L., Fu, P.P., Miller, D.W., Cerniglia, C.E., 1990. Stereoselective formation of a k-region dihydrodiol from phenanthrene by Streptomyces flavovirens. Archives of Microbiology 154, 260-266.

[242] Sutherland, J.B., Fu, P.P., Yang, S.K., Vontungeln, L.S., Casillas, R.P., Crow, S.A., Cerniglia, C.E., 1993. Enantiomeric composition of the trans-dihydrodiols produced from phenanthrene by fungi. Applied and Environmental Microbiology 59, 2145-2149.

[243] Sutherland, J.B., Selby, A.L., Freeman, J.P., Evans, F.E., Cerniglia, C.E., 1991. Metabolism of phenanthrene by phanerochaete chrysosporium. Applied and Environmental Microbiology 57, 3310-3316.

[244] Sutherland, J.B., Selby, A.L., Freeman, J.P., Fu, P.P., Miller, D.W., Cerniglia, C.E., 1992. Identification of xyloside conjugates formed from anthracene by Rhizoctonia solani. Mycology Research 96, 509-517.

[245] Tagger, S., Truffaut, N., Le Petit, J., 1990. Preliminary study on the relationships among strains forming a bacterial community selected on naphthalene from marine sediment. Canadian Journal of Microbiology 36, 676-681.

[246] Thakker, D.R., Tagi, H., Levin, W., Wood, A.W., Cooney, A.H., Jerina, D.M., 1985. Polycyclic aromatic hydrocarbons: metabolic activation to ultimate carcinogens. In: Anders, M.W. (Ed.), Bioactivation of Foreign Compounds. Academic Press, Orlando, FL, pp. 177–242.

[247] Tiehm, A., 1994. Degradation of polycyclic aromatic hydrocarbons in the presence of synthetic surfactants. Applied and Environmental Microbiology 60, 258–263.

[248] Tiehm, A., Stieber, M., Werner, P., Frimmel, F.H., 1997. Surfactant–enhanced mobilisation and biodegradation of polycyclic aromatic hydrocarbons in manufactured gas plant soil. Environmental Science and Technology 31, 2570–2576.

[249] Tngpim, S., Pickard, M.A., 1996. Growth of Rhodococcus S1 on anthracene. Canadian Journal of Microbiology 42, 289–294.

[250] Treccani, V., Walker, N., Wiltshire, G.H., 1954. The metabolism of naphthalene by soil bacteria. Journal of General Microbiology 11, 341–348.

[251] Trenz, S.P., Engesser, K.H., Fischer, P., Knackmuss, H.J., 1994. Degradation of fluorene by Brevibacterium sp. strain DPO 1361: a novel C–C bond cleavage mechanism via 1,10–dihydro–1,10–dihydroxyfluoren–9–one. Journal of Bacteriology 176, 789–795.

[252] Trower, M.K., Sariaslani, F.S., Kitson, F.G., 1988. Xenobiotic oxidation by cytochrome P–450–enriched extracts of Streptomyces griseus. Biochemical and Biophysical Research Communications 3, 1417–1422.

[253] Trzesicka–Mlynarz, D., Ward, O.P., 1995. Degradation of polycyclic aromatic hydrocarbons (PAHs) by a mixed culture and its component pure cultures, obtained from PAH–contaminated soil. Canadian Journal of Microbiology 41, 470–476.

[254] Trzesicka–Mlynarz, D., Ward, O.P., 1996. Degradation of fluoranthene in a soil matrix by indigenous and introduced bacteria. Biotechnology Letters 18, 181–186

[255] USEPA, 1995a. Cost and performance report: slurry phase bioremediation application at the Southeastern Wood Preserving Superfund Site Canton, Mississippi. Report contract number: 68–W3–0001.

[256] USEPA, 1995b. Cost and Performance report: land treatment at the Burlington Northern Superfunf Site Brainerd/Baxter, Minnesota. Report contract number: 68–W3–0001.

[257] Vanneck, P., Beecman, M., de Saeyer, N., D'Haene, S., Verstraete, W., 1995. Biodegradation of aromatic hydrocarbons in a two–liquid–phase system. In: Hinchee, R.E., Hoeppel, R.E., Anderson, D.B., (EDs.), Bioremediation of Recalcitrant Organics. Battelle Press, Columbus, OH, pp. 55–62.

[258] Volkering, F., Breure, A.M., van Andel, J.G., Rulkens, W.H., 1995. Influence of nonionic surfactants on bioavailability and biodegradation of polycyclic aromatic hydrocarbons. Applied and Environmental Microbiology 61, 1699–1705.

[259] Vyas, B.R.M., Bakowshi, S., Sasek, V., Matucha, M., 1994. Degradation of anthracene by selected white–rot fungi. FEMS Microbiology Ecology 14, 65–70.

[260] Wagrowski, D.M., Kites, R.A., 1997. Polycyclic aromatic hydrocarbon accumulation in urban, suburban and rural vegetation. Environmental Science and technology 31, 279–282.

[261] Wakeham, S.G., Schaffner, C., Giger, W., 1980a. Polycyclic aromatic hydrocarbons in recent lake sediments – Ⅰ. Compounds having anthropogenetic origins.

Geochimica et Cosmochimica Acta 44, 403–413.

[262] Wakeham, S.G., Schaffner, C., Giger, W., 1980b. Polycyclic aromatic hydrocarbons in recent lake sediments – Ⅱ. Compounds derived from biogenic precursors during early diagenesis. Geochimica et Cosmochimica Acta 44, 415–429.

[263] Walter, U., Beyer, M., Klein, J., Rehm, H.J., 1991. Degradation of pyrene by Rhodococcus sp. UWI. Applied Microbiology and Biotechnology 34, 671–676.

[264] Warshawsky, D., Radike, M., Jayasimhulu, K., Cody, T., 1988. Metabolism of benzo[a]pyrene by a dioxygenase enzyme system of the freshwater green alga Selenastrum capricorutum. Biochemical and Biophysical Research Communications 152, 540–544.

[265] Weissenfels, W.D., Beyer, M., Klein, J., 1990. Degradation of phenanthrene, fluorene and fluoranthene by pure bacterial cultures. Applied Microbiology and Biotechnology 32, 479–484.

[266] Weissenfels, W.D., Beyer, M., Klein, J., Rehm, H.J., 1991. Microbial metabolism of fluoranthene: isolation and identification fo ring fission products. Applied Microbiology and Biotechnology 34, 528–535.

[267] Weissenfels, W.D., Klewer, H., Landhoff, J., 1992. Adsorption of polycyclic aromatic hydrocarbons (PAHs) by soil particles: influence on biodegradability and biotoxicity. Applied Microbiology and Biotechnology 36, 689–696.

[268] West, P.A., Okpokwasili, G.C., Brayton, P.R., Grimes, D.J., Colwell, P.R., 1984. numerical taxonomy of phenanthrene–degrading bacteria isolated from the Chesapeake Bay. Applied Environmental Microbiology 48, 988–993.

[269] Willumsen, P.A., Karlson, U., 1998. Effect of calcium on the surfactant tolerance of a fluoranthene degrading bacterium. Biodegradation 9, 369–379.

[270] Willumsen, P.A., Karlson, U., Pritchard, P.H., 1998. Response of fluoranthene–degrading bacteria to surfactants. Applied Microbiology and Biotechnology 50, 475–483.

[271] Eilson, S.C., Jones, K.C., 1993. Bioremediation of soils contaminated with polynuclear aromatic hydrocarbons (PAHs): a review. Environmental Pollution 88, 229–249.

[272] Wiseman, A.L., Woods, F.J., 1979. Benzo[a]pyrene metabolites formed by the action of the yeast cytochrome P–450/P–448. Journal of Chemical Technology and Biotechnology 29, 320–324.

[273] Wodzinski, R.S., Bertolini, D., 1972. Physical state in which naphthalene and bibenzyl are utilised by bacteria. Applied Microbiology 23, 1077–1081.

[274] Wolter, M., zadrazil, F., Martens, R., Bahadir, M., 1997. Degradation of eight highly condensed polycyclic aromatic hydrocarbons by pleurotus sp. Florida in solid wheat straw substrate. Applied Microbiology and Biotechnology 48, 398–404.

[275] Wood, A.W., Levin, W., Lu, A.Y.H., yagi, H., Hernandez, O., Jerina, D.M., Cooney, A.H., 1976. Metabolism of benzo[a]pyrene and benzo[a]pyrene derivatives to mutagenic products by highly purified hepatic microsomal enzymes. Journal of Biological Chemistry 251, 4882–2890.

[276] Woods, L.F.J., Wiseman, A., 1979. Metabolism of benzo[a]pyrene by the cytochrome P–450/P–448 of Saccharomuces cerevisiae. Biochemical Society Transactions 7, 124–127.

[277] Wunder, T., Marr, J., Kremer, S., Sterner, O., Anke, H., 1997. 1–Methoxypyrene

and 1,6-dimethoxypyrene: two novel metabolites in fungal metabolism of polycyclic aromatic hydrocarbons. Archives of Microbiology 167, 310-316.

[278] Yang, Y., Chen, R.F., Shirais, M.P., 1994. Metabolism of naphthalene, fluorene and phenanthrene: preliminary characterisation of a cloned gene cluster from pseudomonas putida NCIB9816. Journal of Bacteriology 176, 2158-2164.

[279] Ye, B., Siddiqi, M.A., Maccubbin, A.E., Kumar, S., Sikka, H.C., 1996. Degradation of polynuclear aromatic hydrocarbons by Sphingomonas paucimobilis. Environmental Science and Technology 30, 136-142.

[280] Youngblood, W.W., Blumer, M., 1975. Polycyclic aromatic hydrocarbons in the environment: homologous series in soils and recent marine sediments. Geochimica et Cosmochimica Acta 39, 1303-1314.

[281] Yunker, M.B., MacDonald, R.W., Cretney, W.J., Fowler, B.R., Mclaughlin, F.A., 1993. Alkane terpene and polycyclic aromatic hydrocarbon geochemistry of the Mackenzie River and Mackenzie Shelf: riverine contributions to Beaufort Sea coastal sedoment. Geochimica et Cosmochimica Acta 57, 3041-3061.

Ⅲ
시안화물(Cyanide)의 정화

개요

시안화물(CN^-)은 야금 작업에 의해 발생되는 산업폐수에서 현저하게 검출되는 독성화학종이다. 금속들에 대한 시안화물의 강한 친화력은 그것을 금속의 처리를 위한 약품으로서 그리고 금속 용해를 위한 lixivant로서 유리하게 만든다. 이 기술들은 환경적으로 안전하지만 우연한 뜻밖의 유출로 인한 토양뿐만 아니라 지표수와 지하수를 오염시키는 것을 방지하기 위하여 보호를 요구하게 된다. 그러므로 이 장에서는 분리 그리고 산화를 비롯한 시안화물의 정화를 위한 여러 가지 방법들을 고찰키로 하겠다. 전체적으로 반응 메커니즘들을 나타내었다. 방법들은 여러 가지 시안화물 화학종들을 처리함에서의 그들의 효과에 관해서 비교된다: free cyanide, thiocyanate, weak-acid dissociables and strong-acid dissociables.

1. 서론

산업적 작업들로부터의 폐수들은 환경에 해로운 영향을 미치는 많은 화학 물질들을 운반한다. 여러 화학 물질들은 만약 그렇지 않으면 딴 방법으로는 변하지 않고 남게 되는 중금속들을 용해시킨다. 화학 물질들과 중금속들은 독성적이어서 수중 및 육상 생물상들이 병들거나 혹은 죽게 만든다. 최근에 입수 가능하거나 혹은 개발되고 있는 대부분의 폐수처리기술들은 화학 물질들 옥은 양이온들로써 중금속의 제거를 강조한다. 그러나 중금속 양이온들과 관련된 음이온들은 동등하게 독성적일 수 있지만 대부분 무시된다. 이 점에 관련하여 이 장에서는 시안화물의 정화에 관해서 주요하게 고찰키로 하겠다[1].

시안화물은 탄소와 질소원자의 동등 몰양이 삼중결합된 -1가 음이온이다: $C≡N^-$ 혹은 CN^-. 그것은 사실상 실질적으로 어떤 중금속과 낮은 농도들에서 착물을 형성할 수 있는 강한 리간드이다. 식물과 동물의 건당과 생존은 그들의 세포조직을 통한 이들 중금속들의 운반에 의존적이기 때문에 시안화물은 매우 유독하다. 성인에 대한 평균 치사량은 50~200mg이다[2]. 총 시안화물에 관한 음료수와 수중생물 생존 물에 대한 U.S. EPA 표준은 각각 200ppb와 50ppb이다. 여기서 총 시안화물은 free cyanide와 금속과 착물을 형성한 cyanide이다[3]. 모든 시안화물 화학종들은 심각하게 위험한 물질인 것으로 생각되기 때문에 P-Class hazardous wastes로 불리워진다.

금속과 착물을 형성한 시안화물은 금속 - CN 결합의 세기에 따라서 분류된다. Free cyanide는 가장 독성적인 시안화물의 형태이다: CN^- 그리고 HCN, WADs (Weak-acid dissociable)는 카드뮴, 구리, 니켈 그리고 아연과 같은 금속들과 CN^-의 착물이다. 비록 thiocyanate(SCN^-)가 WAD라 할지라도 그것이 자신의 범주로 생각된다. SADs (Strong-acid dissociable)는 코발트, 금, 철 그리고 은과 같은 금속들과 cyanide와의 착물들이다. 이 불특정 착물형성 성질은 시안화물을 (1) 여러 용해 작업들을 통해서 광석으로부터 금속들(특히, 금)을 추출하기 위해; (2) 금속제품들과 그들의 표면을 마무리하고/처리하기 위해 그리고 (3) 어떤 일정한 입자들이 광물들의 부유선광 분리에서 소수성이 되는 것을 방지하기 위해 매력적인 것으로 만든다. 용해 그리고 마무리/처리를 위한 시안화물 농도들은 부유선광에서 직면하게 되는 것들보다도 한 층 더 높은 반면 시안화물 용액들은 마무리/처리에서와 비교하였을 때 용해에서 더 많고 부피가 크다. 따라서 지표수와 지하수 오염을 방지하기 위하여 폐수들의 안전하고 적절한 처리, 저장 그리고 취급은 시안화물 용해 작업에 대한 주요한 주된 관심사항이다[4, 5].

이 장에서는 시안화물을 포함하는 폐수와 공정폐수에 대한 여러 가지 정화방법들에 관해서 고찰키로 한다. 시안화물을 실제로 파괴하는 산화 방법에 역점을 두었다.

2. 시안화물의 정화

시안화물을 처리하기 위해 존재하는 여러 과정들은 여러 물리적인, 흡착, 착물형성 그리고 산화 방법들로써 이루어진다. 이 방법들은 분리과정 혹은 파괴과정을 수반한다. 분리과정들은 물리적인, 흡착 그리고 착물형성 방법들을 포함하는데 이 방법들은 농축시키기 위해 사용되며 그곳으로써 리사이클링을 위해 시안화물을 회수케 된다. 한편, 파괴과정들은 탄소-질소 삼중결합을 끊기 위해 사용되며 그로 해서 시안화물을 파괴하게 되고 무독성 혹은 적은 독성의 화학종들을 생성하게 된다. 시안화물 분자에서의 탄소 원자와 질소 원자는 산화 상태에서의 변화들을 겪기 때문에 파괴과정들은 일반적으로 산화 방법이라 부르게 된다. 이 물리적, 흡착, 착물형성 그리고 산화 방법들에 관해서 다음 절에서 고찰키로 한다.

2.1 물리적 방법들

시안화물 처리를 위한 물리적인 방법들은 희석, 막(membranes), electrowinning, 그리고 가수분해/증류를 사용하여 이루어질 수 있다.

2.1.1 희석

희석은 시안화물을 분리시키거나 혹은 파괴하지 않는 유일한 처리방법이다. 이 방법은 배출 제한값 이하의 폐수를 생성시키기 위하여 시아화물의 농도가 낮거나 없는 방출수와 독성 시안화물 폐수를 결합하는 것이다. 따라서 희석은 간단하고 저렴하며 방출 제한(값)들이 만족되어진다는 것을 확실히 하기 위한 보완방법으로써 종종 사용된다[3]. 희석은 시안화물 방출의 총양이 변화되지 않고 흡착과 침전화 과정들을 약화시킬 수 있어서 지표수와 지하수에서의 시안화물의 농축을 초래할 수 있기 때문에 일반적으로 받아들일 수 없는 것으로 생각된다.

2.1.2 막(Membranes)

시안화물은 투석 혹은 역삼투에 의해 막(Membranes)을 사용하여 물로부터 분리될 수 있다. 투석에서 시안화물을 투과할 수 있는 막에 의해서 분리된 두 개의 전극들을 가로질러서 전위가 가해진다. 정제를 요구하는 시안화를 용액은 음극(cathode)을 포함하는 반쪽전지에 놓여진다. 시안화물은 음으로 하전되기 때문에 막을 통해서 확산되며 양극(anode)을 포함하는 반쪽전지에서 농축된다. 역삼투에서는 처리를 필요로 하는 시안화물 용액에 압력이 가해지지만 이 경우에서는 물은 막을 통해서 밀고 나아가지만 시안화물을 투과시킬 수는 없다. 이 방법들 모두는 자유 시안화물과 금속과 착물을 형성한 시안화물을 포함하는 용액들에 적용 가능한 것으로 나타났다.[6-11].

2.1.3 Electrowinning

SADs와 WADs는 같은 용액에 담겨진 두 개의 전극을 거쳐서 전위를 가함으로써 대응하는 금속들로 환원될 수 있다:

$$M(CN)_x^{y-x} + ye^- \rightarrow M^0 + xCN^- \tag{1}$$

Thiocyanate는 감응하지 않는다. 용액들이 다른 회수공정과 정화공정에 대하여 더 순응하여 따르도록 만드는 자유 시안화물이 유리된다. 이 electrowinning 반응은 음으로 하전된 전극(cathode)에서 음이온의 환원을 수반하기 때문에 금속회수와 전류효율은 낮다. 이것은 높은 표면적의 음극들로서 스틸 울들을 사용함으로써, 적절한 용액의 pH와 전기전도도를 사용함으로써, 만약 가능하다면 금속농도를 증가시킴으로써 그리고 electrowinning cell을 재디자인함으로써 상쇄된다[3, 12]. 반응 1은 대응하는 산화반응에 의해서 즉, 주어지는 동등 수의 전자들(e^-)과 함께 양극(anode)에서의 산소방출에 의해서 이루어져야 한다:

$$y/4 \cdot \{4OH^- \rightarrow 2H_2O + O_2 + 4e^-\} \tag{2a}$$

$$y/4 \cdot \{2H_2O \rightarrow O_2 + 4H^+ + 4e^-\} \tag{2b}$$

Electrowinning은 금처리를 위해 유력하게 사용된다; 그러나 이것은 시안화물의 재생을 위해 사용되었으며 이 경우에 그것은 종종 Celec 혹은 HSA process라 불리워진다[3, 13]. Electrowinning은 진한 용액들에서 잘 실행된다; 묽은 농도에서 수소방출이 우세하며 반응1을 완전하게 매스킹하게 된다:

$$2H^+ + 2e^- \rightarrow H_2(g) \tag{3}$$

묽은 용액에서 electrowinning 기술을 경제적으로 실행가능하게 만들기 위한 발전이 계속되고 있다. 시안화물의 정화를 위한 직접적인 응용은 가능하다.

2.1.4 가수분해/증류

자유 시안화물은 시안화수소 수용액을 생성시키기 위해[HCN(aq)] 물에서 자연적으로 가수분해한다:

$$CN^- + H^+ \rightarrow HCN(aq) \tag{4}$$

시안화수소 수용액은 hydrocyanic gas[HCN(g)]로서 기화할 수 있다:

$$HCN(aq) \rightarrow HCN(g) \quad (5)$$

hydrocyanic gas는 26℃에서 100kPa의 증기압력을 가지며 이것은 물의 그것보다도(34kPa at 26℃) 위이며 79℃의 끓는점을 가지는데 이것은 물의 그것(100℃)보다도 밑이기 때문에 시안화물의 분리는 상승된 온도와 감압하에서 향상될 수 있다[14-16]. 증류율(속도)은 교반속도, 공기/용액 비율, 그리고 공기/용액 계면에서의 표면적을 증가시킴으로써 또한, 증가될 수 있다. hydrocyanic gas는 리사이클링을 위해 전통적인 흡수-세정 타워들에서 포집되고 농축될 수 있다.

2.2 착물형성 방법

시안화물 처리는 산성화/휘발, 금속의 첨가, 부유 그리고 용매추출과 같은 여러 착물형성 방법들에 의해서 또한 이루어질 수 있다.

2.2.1 산성화/휘발

반응 4는 pH9.3에서 평형을 유지하기 때문에 이 pH값 이상에서는 시안화물이 우세하며 그 이하에서는 HCN 수용액이 우세하다. 따라서 대략 11보다도 더 큰 pH값들에서 시안화물은 용액에 남게 될 것이며, 이러한 사실은 이 pH값 위에서의 가동들이 시안화물 용액들을 유지하게 되는 이유를 설명해 준다. 한편 대략 8 이하의 pH값들에서 시안화물은 휘발하게 된다; pH가 점점 더 낮아질수록 휘발속도는 점점 더 높아진다. 만약 pH가 pH 2 아래로 낮아진다면 hydrocyanic gas가 또한 WADs로부터 방출될 것이다:

$$M(CN)_x^{y-x} + xH^+ \rightarrow xHCN_{(g)} + M^{y+} \quad (6)$$

Thiocyanate와 SADs는 비슷하게 반응하지만 용액들은 전형적으로 pH 0 아래로 조절되어야 하며, 따라서 단지 적당하게 영향을 받는다[18]. 이것은 터무니없이 산의 소비를 증가시키며 산성화/휘발 작업들에서는 1.5와 2 사이의 pH를 사용한다. 휘발속도들은 증류와 같은 방법으로 또한 증가될 수 있다. CO_2의 용해와 뒤이은 carbonic acid의 형성 때문에 휘발이 자연적으로 관찰되었다[15, 16, 19].

산성화 후 용액은 우세하게 현저하게 시안화물이 없지만 재중화되어져야 하여서 더 이상의 사용을 위해 그것을 방출할 수 있거나 혹은 리사이클시킬 수 있다. 재중화는 반응 6을 거쳐서 유리되었던 금속들이 수산화물들로서 침전되는 것을 초래한다:

$$Ca^{2+} + SO_4^{2-} = CaSO_4 \cdot 2H_2O_{(s)} \tag{8}$$

석고와 금속 수산화물들의 슬러지는 종종 물로부터 분리시키기 어려우며[20], 이것은 질산(HNO_3)과 같은 다른 산들을 사용함으로써[21] 혹은 수산화나트륨(NaOH)과 같은 다른 염기들을 사용함으로써 최소화될 수 있는 문제이다. 질산과 가성소다는 더 값비싸지만 슬러지 분리와 처리에서 절약이 실현될 수 있다.

산성화/휘발(AV) 공정과 재중화(R) 공정은 한데 묶어서 AVR 혹은 Mills-Crowe 공정이라 불리워진다[2, 3, 22]. 다른 버전들이 여러 곳에서 실행되었다[23-25]. 유사한 기술인 Cyanisorb™ 공정은 굉장히 많은 양의 산과 염기를 소비하지만, 감소된 에너지 소비와 증가된 휘발속도 때문에 가수분해/증류 공정에 비해서 선호된다.

2.2.2 금속의 첨가

시안화물은 금속-시안화물 착물들 혹은 침전물들의 형성을 촉진하기 위하여 여러 금속들 그리고 금속 양이온들의 첨가에 의해 반응성이 없게 될 수 있다. 예를 들면 금 회수를 위해 1890년에 개발된 Merrill-Crowe 공정에서 아연을 금 시안화물 용액에 첨가하여 금의 침전화를 초래한다[28]:

$$2Au(CN)_2^- + Zn^\circ \rightarrow 2Au^\circ + Zn(CN)_4^- \tag{9}$$

시안화물 용액들에서 금 그리고 다른 금속들의 cementation은 알루미늄, 구리 그리고 철에 의해서도 또한 이루어졌다[29-33].

1909년에 처음으로 사용된 또다른 공정에서[34] 각각 SAD-complexes $Se(CN)_6^{4-}$와 $Fe(CN)_6^{3-}$를 형성하기 위해 ferrous(Fe^{2+})와 ferric(Fe^{3+}) 양이온들을 시안화물 용액들에 첨가시킨다. 이들 ferrohexacyanide와 ferrihexacyanide 음이온들은 그들의 높은 안정도 때문에 독성이 없는 것으로 생각된다; 그러나 그들의 광분해에 관심이 고조되어졌다[2]. 이들 음이온들은 double salts로서 침전된다. 예를 들면, ferrohexacyanide 음이온들은 ferric 양이온들의 첨가에서 ***Prussian Blue***로서 침전된다[35-37].

$$3Fe(CN)_6^{4-} + 4Fe^{3+} \rightarrow Fe_4[Fe(CN)_6]_{3(s)} \tag{10}$$

ferrohexacyanide 음이온들은 각각 cupric, 니켈 그리고 아연 양이온들의 첨가에서 $Cu_2Fe(CN)_6$, $Ni_2Fe(CN)_6$, 그리고 $Zn_2Fe(CN)_6$로서 또한 침전될 수 있다[3, 37, 38]:

$$Fe(CN)_6^{4-} + 2M^{2+} \rightarrow M_2Fe(CN)_{6(s)} \tag{11}$$

비슷하게 ferrihexacyanide 음이온들은 ferrous 양이온들에 의해 ***Prussian Brown***으로서 혹은 ferric 양이온들에 의해 ***Prussian Green***으로서 침전될 수 있다[39−41]:

$$2Fe(CN)_6^{3-} + 3Fe^{2+} \rightarrow Fe_3[Fe(CN)_6]_{2(s)} \qquad (12a)$$

$$Fe(CN)_6^{3-} + Fe^{3+} \rightarrow Fe_2(CN)_{6(s)} \qquad (12b)$$

다른 침전화 공정들에서 자유 시안화물로부터 CuCN 그리고 AgCN 단일염들을 형성하기 위해 Cu^+ 그리고 Ag^+을 과량으로 첨가하였다[42−44]. 은 침전화는 자유 시안화물의 농도를 정량하기 위한 적정기술로서 일반적으로 사용된다[45]. 금속의 첨가는 시안화물의 처리를 위한 그것만으로 작동하는 독립된 방법은 아니다.

2.2.3 부유(Flotation)

부유는 광석으로부터 광물들을 농축시키기 위해 1880년에 처음으로 실행되었으며[47, 48] 그 이래로 정화를 위해 채택 사용되어오고 있다. 시안화물의 정화에 관해서 이온부유 그리고 전통적인 부유방법은 자연적으로 혹은 금속의 첨가에 의해 형성된 SAD−complexes와 침전물들을 분리시키기 위해 사용되었다. 부유는 이들 화학종들이 분해하고 재용해되는 것을 방지하기 위해 일반적으로 빠르게 실행된다[18, 49−52]. 이온부유에서는 tricaprylmethyl ammonium chloride(R_4NCl)과 같은 양이온성 아민과 같은 heteropolar 계면활성제를 organic(R) double salt로서 침전시키기 위해 음이온성 SAD−complex와의 반응을 위해 첨가시킨다:

$$(y-x)R_4NCl + M(CN)_x^{y-x} \rightarrow (R_4N)_{y-x}M(CN)_{6(s)} + (y-x)Cl^- \qquad (13)$$

보편적으로 double salt 침전물들은 콜로이드 혹은 더 큰 크기의 입자들을 형성하기 위해서 핵을 이루어 응집하게 될 것이다. 이온부유는 SADs를 분리시키기 위해 잘 운용되지만 WADs에 대해서는 단지 부분적으로만 운용된다. Thiocyanate의 행로(운명)는 알려지지 않고 있다. 비교하면 전통적인 부유에서 침전물 표면에서 흡착하기 위해서 같은 혹은 다른 계면활성제를 첨가시킨다. 두 가지 경우들에서 시스템에 공기버블들의 인젝션에서 거품상으로 분리될 수 있는 소수성 화학종들이 창출된다. 여러 화학물질들(frothers와 modifiers와 같은)을 부유감응을 극대화시키기 위해 첨가할 수 있다.

2.3 흡착방법

광물들, 활성탄 그리고 수지들을 용액으로부터 시안화물을 흡착한다. 여러 가지 타입의 접촉용기들이 이러한 목적을 위해 사용될 수 있다. 이러한 접촉용기 타입들에는 elutriation columns, agitation cells, packed-bed columns, 그리고 loops 등이 포함된다. 시안화물이 흡착되자마자 흡착재료(흡착제)는 예를 들면 스크리닝, 비중분리 혹은 부유에 의해서 용액으로부터 분리된다. 흡착제는 다른 용기로 옮겨 적은 양의 용액에서 시안화물을 탈착시켜서 농축시키게 된다. 결국 흡착제는 다시 분리시키며 대부분의 경우들에서 더 이상의 사용을 위해 재활성화시키서 리사이클시킨다.

2.3.1 광물

ilmenite($FeTiO_3$), hematite(Fe_2O_3), bauxite[$AlO \cdot OH/Al(OH)_3$] 그리고 pyrite(FeS_2)와 같은 미네랄들을 포함하는 토양, 폐기물 그리고 광석뿐만 아니라 feldspars, zeolites 그리고 clays와 같은 mineral-groups는 자유 시안화물과 금속과 착물을 형성한 시안화물들을 효과적으로 흡착하는 것으로 나타났다[62-66]. 미네랄에 의존하여 시안화물의 흡착은 일반적으로 두 가지 메커니즘들의 결합이다: 이온교환, 침전화 혹은 전기량 상호작용. 그러한 미네랄 그룹들에 의한 시안화물의 저하는 지표수와 지하수를 정화시키지만 용융(해)작업들에서 시안화물의 소비를 증가시킨다.

2.3.2 활성탄

활성탄들은 전형적으로 탄화재료들의 부분 열화학적 분해에 의해 제조된다. 흡착특성들은 재료와 제조방법에 따라서 변한다. 활성탄은 높은 다공성과 높은 표면적을 갖기 때문에 흡착 용량과 흡착률은 높다. 그러나 흡착은 매우 선택적이지 못하다; 양이온들, 음이온들 그리고 중성의 화학종들은 이온교환, solvation, chelation 그리고 coulombic 상호작용에 의해 여러 자리들에서 동시에 흡착될 수 있다. 활성탄은 폐수와 가스를 처리하기 위해 일반적으로 고정상의 충진층 시스템들에서 사용된다. 비록 활성탄의 사용이 고대 이집트와 인도로 거슬러 올라간다 할지라도 첫 번째의 상업적 적용은 1915년경 방독면에서 이었다[67]. 시안화물 폐수들에서의 적용들은 고정상 충진층 시스템들로써 보고되었으며 구리 혹은 은에 의한 전처리에 의한 WADs와 SADs의 증가된 흡착과 함께 묽은 시안화물 농도들에서 적용 가능한 것으로 나타났다[68, 69, 18, 70, 71].

시안화물에 의한 금의 leaching에서 일반적으로 충진층 시스템들은 피하게 되며 CIC(Carbon-in-column), CIL(carbon-in-leach) 그리고 CIP(carbon-in -pulp) 공정들에 의해 예증되는 연속적인 가동의 사용이 이루어지도록 한다. 비록 이 공정들이 금-시안화물의 흡착을 위해 디자인되었다 할지라도 Muir 등[15]에 의해 암시된 바와 같이 자유 혹은 다른 금속-시안화물 착물들의 정화를 위한 그들의 적용을 배제하지는 않는다. 높은 흡착용량과 흡착률뿐만 아니라 재활성화에 대한 중요한 파라미터들이지만 CIC, CIL 그리고 CIP 공정들에 사용될 때 활성탄은 또한, 높은 기계적인 강도, 높은 마모 저항성 그리고 일관된 입자크기를 가져야 한다.

2.3.3 수지(Resins)

수지들은 일반적으로 앞서 고찰된 용매추출 공정들과 어느 정도 비슷한 킬레이트 형성 혹은 이온교환 능력을 갖는 다양한 표면 작용기들을 포함하는 고분자 구슬들(beads)이다. 그들은 선택적일 수 있으며 킬레이팅 혹은 이온교환 성질들이 강하거나 혹은 약한지의 여부에 의존하여 높은 흡착용량들을 갖는다. 얇은 필름들로서 기질들 위에 퇴적된 수지들은 고정상의 충진층 시스템들에 유력하게 사용되는 반면 기질(베이스)를 요구하지 않는 수지들은 활성탄으로써 사용되는 공정들과 같은 연속공정들에 대부분 사용된다. Goldblatt[72]는 시안화물 회수를 위한 첫 번째 수지 칼럼을 개발하였다. 금속-시안화물 착물들은 더 강하게 흡착하는 것으로 밝혀졌지만 이 흡착은 어떤 수지를 사용하고 있는가에 그리고 용액 그리고/혹은 수지를 어떻게 전처리하느냐에 의존한다[73-77]. Thiocyanate는 약하게 흡착하는 것으로 나타났다. 수지들과 활성탄과의 비교에서 Fleming과 Cromberge[78]는 수지들은 그들이 유기오염에 대하여 저항적이며, 더 효과적으로 재생되며, 더 긴 수명을 가지며, 그리고 더 빠르게 탈착하기 때문에 더 비용효과적일 수 있다는 사실을 나타내었다. 현재 시안화물의 회수를 위해 산업에서 사용되고 있는 유일한 수지는 chelation 수지인, Vitrokele V912이다[79].

2.4 산화방법

희석공정(과정)에 대해서를 제외하고 물리적인, 착물형성 그리고 흡착 방법들은 방출 전에 처리되어져야 하는 높은 농도의 생성물을 생성시킨다. 독성의 시안화물 화학종들은 남게 된다. 따라서 이 방법들은 분리, 회수 그리고 리사이클링을 위해 유력하게 사용된다. 시안화물을 파괴하기 위하여 이후에 산화방법들이 필요하다. 시안화물의 산화는 생물학적, 촉매적, 전기분해, 화학적 그리고 광분해 방법들을 사용하여 실행될 수 있다.

2.4.1 미생물에 의한 산화

관련된 효소들과 아미노산들과 함께 여러 종류의 박테리아, 균류(fungi), 조류(algae), 이스트 그리고 식물들은 시안화물을 자연적으로 산화시키는 것으로 알려져 있다[80-91]. 미생물에 의한 산화의 유력한 메커니즘은 시안화물(cyanide)의 시안화물보다도 덜 독성적인 화학종인 시안산염(cyanate), OCN^-으로서의 물질대사 변환이다:

$$CN^- + 1/2O_{2(aq)} \rightarrow OCN^- \quad (14)$$

산소는 일반적으로 수용액 상태인 것으로 생각되지만 기체로서 존재한다. 어떤 바이오매스를 사용하는가, 무슨 시안화물 화학종들이 존재하는지, 그리고 시안화물의 농도, pH, 그리고 온도에 관련된 용액의 조건들이 무엇인지에 의존하여 여러 중간체 화학종들이 이 반응 동안 형성된다. 시안산염이 생성되고 방출되자마자 NH_4^+ 이온과 HCO_3^- 이온으로 가수분해한다:

$$OCN^- + 3H_2O \rightarrow NH_4^+ + HCO_3^- + OH^- \quad (15)$$

반응 15는 실온에서 대략 pH 7 이하의 조건들하에서 유리하다[92, 93]. 암모늄은 또한 유독한 것으로 생각되며, 일반적으로 탈질 공정에 의해서 방출 전에 또한 처리되어야 한다[94].

시험된 여러 바이오매스들 중에서 박테리아가 가장 좋은 것으로 알려지고 있다. 시안화물의 박테리아에 의한 산화는 South Dakota주의 Lead에 소재한 Homestake 금처리 플랜트에서 폐수처리를 위해 개발되어졌다[89, 90]. 회전하는 생물학적 접촉장치들 위에 주로 ***Pseudomonas paucimobilis***로써 이루어진 바이오필름을 tailings와 지하광산으로부터의 물에서의 시안화물을 물질대사시키기 위해 사용한다. 대부분의 다른 바이오매스들과는 달리 이 박테리아종은 SAD 화학종들을 포함하는 금속-시안화물 착물들을 처리할 수 있다:

$$M(CN)_x^{y-x} + 3xH_2O + x/2O_{2(aq)} \rightarrow$$

$$M^{y+} + xNH_4^+ + xHCO_3^- + xOH^- \quad (16)$$

금속 양이온들(M^{y+})의 미생물에 의한 축적은 흡수, 흡착 혹은 수산화물 침전화에 의해서 일어난다(반응 7을 보시오). 금속을 포함하는 박테리아는 계속적으로 접촉장치를 벗어나며 정화에 의해서 제거된다. 사이오시안산염은 정화된다:

$$SCN^- + 3H_2O + 2O_{2(aq)} \rightarrow$$

$$SO_4^{2-} + NH_4^+ + HCO_3^- + H^+ \quad (17)$$

반응 15와 16은 수산화물들을 생산하기 때문에 사이오시안산염의 미생물에 의한 산화는 시스템을 완충작용하는 것을 도울 수 있다. 반응 15-17에 의해 생산된 암모늄 이온은 이후에 nitrite(NO_2^-)를 생산키 위해 호기성, 자가영양 박테리아의 바이오필름에 의한 박테리아에 의한 질화(nitrification)에 의해서 처리되며 생산된 nitrite(NO_2^-)는 산소의 존재하에서 빠르게 nitrate(NO_3^-)로 산화된다. 황산염과 탄산수소염을 각각 석고와 방해석(calcite, $CaCO_3$)으로서 침전시키기 위해 석회를 첨가한다(반응 8을 보시오). 물은 정화시켜 스트림으로 방출하게 된다. 연기성 박테리아는 산소결핍 조건들에서 시암화물을 산화시키기 위해 사용되어졌으며[98-100] 지하수에 적용될 수 있었다. 이 경우들에서 반응 14, 16 그리고 17은 산소가 아닌 물로써 일어난다.

2.4.2 촉매에 의한 정화

앞서 언급한 바와 같이 활성탄은 시안화물에 대한 강력한 흡착제이다. 그러나, 흡착이 산소의 존재하에서 일어날 때 활성탄은 반응 14에 나타내어진 바와 같이 시안화물을 시안산염으로 촉매적으로 산화시킬 것이다[15, 18, 68, 71, 101-104]. 구리가 용액에 혹은 활성탄에 사전 흡착된 상태로 존재할 때 촉매작용 속도(촉매작용율)는 증가하며 그 현상은 시안화물의 증가된 흡착에 기인하였다. 만약 구리공동촉매가 과량이라면 반응 15로서 나타내어진 시안산염의 가수분해는 향상된다. 그러므로 금처리 플랜트들은 그들의 활성탄 흡착 경로에 산소투입을 최소화한다. 비록 활성탄에 의한 촉매작용이 자유 시안화물과 WADs뿐만 아니라 약간의 SADs를 처리하기 위해 효과적이라 할지라도 그것은 시안화물 파괴공정으로 개발되지 못하였다. 사이오시안산염의 운명에 관해서는(처리과정) 알려져 있지 않다. PbO_2 촉매를 사용하는 비슷한 시스템은 순조롭게 테스트되었다[105].

2.4.3 전기분해

Electrowinning의 원리는 전기분해에 적용 가능하며 그 결과로써 가동 파라미터들은 기본적으로 같다. 그러나 시안화물의 정화는 음극(cathode)에서의 금속-시안화물 착물의 환원보다도 오히려 양극(anode)에서 자유 시안화물의 산화로서 일어난다. 시안화물과 양극(anode)은 반대로 하전되기 때문에 전류효율들은 훨씬 더 좋다. 시안산염은 두 가지 기술들 중에서 한 가지를 사용하여 생산된다: 전기-산화와 전기-염소화, 전기-산화에서는 시안화물의 반응은 직접적으로 일어난다[13, 18, 106-108]:

$$CN^- + 2OH^- \rightarrow OCN^- + H_2O + ze^- \qquad (18)$$

반면, 전기-염소화에서는 반응은 전체적으로 같지만 연쇄적인 반응순서를 거쳐서 일어난다[18, 109]:

$$2Cl^- \rightarrow Cl_{2(g)} + 2e^- \quad (19a)$$

$$CN^- + Cl_{2(g)} \rightarrow CNCl_{(aq)} + Cl^- \quad (19b)$$

$$CNCl_{(aq)} + 2OH^- \rightarrow OCN^- + H_2O + Cl^- \quad (19c)$$

Chlorocyanogen(CNCl) 혹은 tear gas는 중간체로서 형성되며 그리고 염소음이온들은 재생되며 그러므로 촉매로서 작용한다. 반응은 chlorate(O_3Cl^-)의 형성을 최소화시키기 위하여 40℃와 50℃ 사이에서 실행되어져야 한다. 이 조건들하에서 hypochlorite(OCl^-)가 생성된다[108]:

$$Cl^- + H_2O \rightarrow OCl^- + 2H^+ + 2e^- \quad (20)$$

이것은 다음 절에서 고찰하게 되는 화학적 산화(alkaline chlorination을 보시오)에 도움을 준다. Hypochlorite(OCl^-)는 특히 어류에 유독하며 방출 전에 제어되어져야 한다. 수산화 음이온들은 두 가지 반응과정들에서 소비되기 때문에 hydrocyanic gas와 chlorocyanic gas가 휘발하는 것을 방지하기 위해서 11 위에서의 pH 조절이 필요하다. 전기-염소화뿐만 아니라 전기-산화도 실행되지 않는다. 두 가지 반응은 사이오시안산염과 WADs에 대해서 효과적이지만 SADs에 대해서는 효과적이지 않다.

2.4.4 화학적 첨가(화학물질의 첨가)

시안화물의 파괴를 위한 가장 인기있는 방법은 산화제들의 첨가이다. 산화제들은 높은 전자 친화력을 가지므로 시안화물의 전자들을 현저하게 스트립시켜서 반응 생성물로서 시안산염을 생성시킨다. 산소, 오존, 과산화수소, 염소, hypochlorite 그리고 이산화황은 가장 보편적인 산화제들이다.

시안화물의 자연적인 분해는 기체상태의 그리고 수용액 상태의 산소와의 반응들을 거쳐서 일어날 수 있다(반응 14를 보시오). 반응은 교반되는 슬러리들에서 빠르게 일어나며 tailings ponds에서 느리게 일어나게 되며 앞서 지적한 바와 같이 활성탄과 어떤 특정 호기성 박테리아의 존재하에서 촉매작용된다. 반응은 thiocyanate와 WADs에 대해 어느 정도 효과적이지만 SADs에 대해서는 효과적이지 못하다. 이들 반응들은 종종 대기중 산화반응들이라 불리어진다[2, 3].

시안화물의 파괴를 위한 오존화는 그것이 산소에 비해서 우수한 산화제이기 때문에 광범위하게 시험되어졌다[110-116]. 산소처럼 오존은 시안화물과 반응하여 시안산염을 생성시킨다; 그러나 두 가지의 메커니즘들이 제안되어졌다:

$$CN^- + O_{3(aq)} \rightarrow OCN^- + O_{2(aq)} \quad (21a)$$

$$3CN^- + O_{3(aq)} \rightarrow 3OCN^- \qquad (21b)$$

이들 두 가지 메커니즘들은 각각 간단한 오존화 그리고 촉매 오존화라고 불리워진다. 간단한 오존화는 시안화물을 한층 더 이상 산화시킬 수 있는 산소를 생성시킨다. 한편, 촉매 오존화는 높은 반응 효율성을 나타내며 비록 좀처럼 관철되지 않았다 할지라도 높은 첨가속도들에서 관찰되어졌다. 오존의 계속된 첨가는 시안산염을 탄산염과 질소기체로 변환시키게 될 것이다:

$$2OCN^- + 3O_{3(aq)} + H_2O \rightarrow 2HCO_3^- + N_{2(g)} + 3O_{2(aq)} \qquad (22a)$$

$$2OCN^- + O_{3(aq)} + H_2O \rightarrow 2HCO_3^- + N_{2(g)} \qquad (22b)$$

계속된 오존화는 반응 15를 거쳐서 시안산염의 가수분해를 못하게 하며 시안산염을 아질산염 혹은 질산염으로 산화시키지 못하기 때문에 질화 혹은 탈질이 필요 없다. 더구나 오존화는 사이오시안산염과 WADs에 대하여 매우 파괴적이지만 SADs에 대해서는 파괴적이지 않다. 수산화물은 오존을 분해시키기 때문에 대략 11보다도 더 큰 pH값들에서 덜 효과적이 된다. 시안화물 용액들은 hydrocyanic gas의 휘발을 방지하기 위해서 pH 11 이상으로 유지되어져야 한다.

오존화의 다른 불리한 점은 오존을 발생시키기 위한 그것의 높은 비용지출이다.

Degussa 공정에서는 시안화물을 화학적으로 산화시키기 위해 과산화수소를 사용한다[117]. 과산화수소는 산소보다는 다 강하지만 오존보다는 더 약한 산화제이다. 과산화수소는 상대적으로 값싸며, 수용성이고 그리고 취급하고 저장하기 쉽기 때문에 종종 더 좋은 것으로 생각된다. Degussa 공정은 특히 다른 공정들과의 비교를 위한 여러 연구노력들에서 시험되었다[118-125]. 이들 연구들의 결과들에서는 과산화수소는 시안산염을 생성시키기 위해 시안화물과 반응하며 과량으로 첨가되었을 때 아질산염과 탄산염 그리고 결국 질산염이 형성된다는 사실을 나타낸다:

$$CN^- + H_2O_2 \rightarrow OCN^- + H_2O \qquad (23a)$$

$$OCN^- + 3H_2O_2 \rightarrow NO_2^- + CO_3^{2-} + 2H_2O + 2H^+ \qquad (23b)$$

$$NO_2^- + H_2O_2 \rightarrow NO_3^- + H_2O \qquad (23c)$$

만약 그렇지 않으면 시안산염은 반응 15에 따라서 가수분해할 것으로 생각된다. Degussa 공정은 대부분의 WADs를 산화시키는데 성공적이지만 사이오시안산염과 SADs에 미치는 영향은 없거나 적다. 그래서 이 공정은 일차적인 시안화물 파괴공정으로서 캐나다와 미국에서 많은 광산작업에 편입되어졌다.

과산화수소의 반응속도와 효율성을 증가시키기 위해 다른 화학물질들을 첨가할 수 있다: cupric(Cu^{2+})양이온, 포름알데히드/Kastone reagent 그리고 황산[1].

Cupric(Cu^{2+})양이온들은 반응 23a-c에 대한 촉매들로서 작용하지만[2, 3] ferrohexa-cyanide 음이온들을 침전시킴에 의해 소비될 수 있다(반응 11을 보시오)[2]. 시안화물은 DuPont's proprietary Kastone reagent의 존재하에 포름알데히드(HCOH)와 반응하여 과산화수소의 존재하에서 glycolic acid amide($HOCH_2CONH_2$)로 가수분해되는 glycolnitrile ($HOCH_2CN$)을 형성하게 된다[126-128]:

$$CN^- + 2HOCH_{(aq)} + H_2O \rightarrow HOCH_2CN_{(aq)} + OH^- \quad (24a)$$

$$HOCH_2CN_{(aq)} + H_2O \rightarrow HOCH_2CONH_{2(aq)} \quad (24b)$$

시안산염과 암모늄 이온들이 부산물로서 또한 얻어진다. 황산과 과산화수소를 혼합시킬 때 극히 발열적인 반응이 일어나며 persulfuric acid 혹은 Caro's acid, H_2SO_5를 형성하게 된다. Caro's acid는 산소와 황산으로 쉽게 분해하므로 사용시간에 정위치에서 만들어져야 한다. 그것은 시안화물과 반응하여 시안산염을 생산한다[123, 129]:

$$CN^- + H_2SO_{5(aq)} \rightarrow OCN^- + H_2SO_{4(aq)} \quad (25)$$

사이오시안산염과 WADs에 대해 비슷한 반응들이 일어나지만; SADs는 반응하지 않는다. 또한, 테스트에서는 hydrocyanic gas의 휘발은 무시될 수 있다는 사실을 또한 나타내었다. 이것은 빠른 반응속도와 평형 pH가 6.5와 8 사이에서 확립되기 때문에 SADs의 휘발 무능력에 기인한다(반응 6을 보시오). Caro's acid와 비슷한 반응들은 persulfate, $S_2O_8^{2-}$에 대해서 또한 지적되었다.

알칼리성 염소화(Alkaline chlorination)는 금의 시안화물에 의한 leaching 1889년에 상업적으로 개발된 이래 실제로 사용되었으며 시안화물의 파괴를 위한 가장 일반적으로 적용되는 기술이다[18, 28, 109, 130-132]. 알칼리성 염소화는 유독한 WADs와 자유 시안화물 화학종들을 완전하게, 빠르게 그리고 경제적으로 제거한다. 그러나 이 방법은 알칼리성 pH의 조절과 chlorine gas/hypochlorite의 소비와 관련된 높은 시약 비용, 두 가지 모두 유독하며 SADs를 정화시킬 수 있는 능력이 없는 염화물과 hypochlorite 음이온들의 높은 방출농도를 나타낸다.

알칼리성 염소화는 전기-염소화에 대해서 앞서 고찰했던 바와 같이 염소기체를 사용하여 이루어질 수 있다(반응 19b와 19c를 보시오):

$$CN^- + Cl_{2(g)} + 2OH^- \rightarrow OCN^- + H_2O + 2Cl^- \quad (26)$$

염소기체는 또한 시안산염을 생성시키기 위해 사이오시안산염과 금속-시안화물 착물과 반응한다:

$$SCN^- + 4Cl_{2(g)} + 10OH^- \rightarrow$$

$$OCN^- + SO_4^{2-} + 8Cl^- + 5H_2O \quad (27a)$$

$$M(CN)_x^{y-x} + xCl_{2(g)} + (2x+y)OH^- \rightarrow$$

$$xOCN^- + 2xCl^- + M(OH)_y + xH_2O \quad (27b)$$

높은 pH 때문에 황산염과 금속 수산화물 침전들이 형성된다; 그러나 단지 WADs는 27b에 따라서 반응한다. SADs는 비활성이다. 과량일 때 염소기체는 또한 시안산염과 반응할 수 있어서 질소와 CO_2를 생성시킨다:

$$2OCN^- + 3Cl_{2(g)} + 4OH^- \rightarrow$$

$$N_{2(g)} + 2CO_{2(g)} + 6Cl^- + 2H_2O \quad (28)$$

그러한 경우에 염소와 수산화물 소비는 과량이 된다. Hydrocyanic 기체와 chlorocyanic 기체의 휘발을 피하기 위해서 pH 10 이상에서 알칼리도를 유지함에서 어려움이 증가하게 된다.

이러한 높은 염기의 소비를 상쇄시키기 위하여 염소기체의 가수분해에 의해서 생산되었던 hypochlorite가 또한 시안화물을 정화시켰다는 관찰들 때문에 hypochlorite alkaline chlorination 공정이 채택되었다:

$$Cl_{2(g)} + 2OH^- \rightarrow Cl^- + OCl^- + H_2O \quad (29)$$

이 점에 관해서는 hypochlorite 반응들은 염소기체에 대해 서술된 것들과 비슷하다(electro-chlorination을 보시오). 예를 들면, hypochlorite와 시안화물은 반응하여 시안산염으로 가수분해되는 chlorocyanogen을 생성시키게 된다(반응 19c를 보시오):

$$CN^- + OCl^- + H_2O \rightarrow CNCl_{(aq)} + 2OH^- \quad (30a)$$

$$CNCl_{(aq)} + 2OH^- \rightarrow OCN^- + Cl^- + H_2O \quad (30b)$$

시안산염은 thiocyanate와 금속과 착물을 형성한 시안화물들을 수반하는 hypochlorite 반응들을 거쳐서 또한 형성된다:

$$SCN^- + 4OCl^- + 2OH^- \rightarrow$$

$$OCN^- + SO_4^{2-} + 4Cl^- + H_2O \quad (31a)$$

$$M(CN)_x^{y-x} + xOCl^- + yOH^- \rightarrow$$

$$xOCN^- + xCl^- + M(OH)_y \quad (31b)$$

염소기체 반응들에 대해서처럼 단지 WADS 만이 이 방법으로 반응한다; SADs는 비활성이다. 결국, 과량일 때 hypochlorite는 시안산염과 또한 반응할 수 있어서 질소와 CO_2를 생성시킨다:

$$2OCN^- + 3OCl^- + H_2O \rightarrow$$

$$N_2 + 2CO_{2(g)} + 3Cl^- + 2OH^- \quad (32)$$

분명히 수산화물의 소비는 최소이며 반응 31a와 31b에 의해 지적되는 바와 같이 시이오시안산염과 WADs의 농도들이 높을 때 단지 높게 된다. 오늘날 hypochlorite는 나트륨염 그리고 칼슘염으로써 현저하게 첨가되는데 그것은 이들 금속 양이온들이 자연적인 완충작용 경향들을 갖기 때문이다.

시안화물의 파괴를 위한 INCO 공정은 SO_2와 공기를 자유 시안화물과 금속-시안화물 착물뿐만 아니라 사이오시안산염과의 혼합을 수반하며 시안산염을 생성시킨다[133-137]:

$$CN^- + SO_{2(g)} + H_2O + O_{2(g)} \rightarrow$$

$$OCN^- + H_2SO_{4(aq)} \quad (33a)$$

$$M(CN)_x^{y-x} + xSO_{2(g)} + xH_2O + xO_{2(g)} \rightarrow$$

$$xOCN^- + xH_2SO_{4(aq)} + M^{y+} \quad (33b)$$

$$SCN^- + 4SO_{2(g)} + 5H_2O + 4O_{2(g)} \rightarrow$$

$$OCN^- + 5H_2SO_{4(aq)} \quad (33c)$$

반응 33a-c는 cupric(Cu^{2+}) 양이온과 니켈 양이온에 의해 촉매작용될 수 있다; 그러나 SADs는 반응하지 않는다. 반응들은 황산을 발생시키고 pH9 가까이에서 가장 효과적이기 때문에 pH 조절을 위해 석회를 첨가시킨다. 이것은 앞서 지적하였던 바와 같이 정화시키기가 어려울 수 있는 금속 수산화물과 석고의 침전화에 기인한 슬러지를 발생시킨다(반응 7과 8을 보시오). INCO 공정은 기술이 1983년에 상업적으로 사용이 시작된 이래 캐나다와 미국에서 많은 광산작업에 편입되었다.

시안화물의 산화를 위해 다른 정화공정들이 고려되어졌다. 이들 정화공정들에는 용융과정에서 시안화물을 소비하는 화학종인 cyanicides를 시안화물과 반응시켜 덜 유돗한 화학종을 생성시키게 되는 것이 포함된다. 예를 들면, 황원소(S_8)와 pyrrhotite($Fe_{1-x}S$)와 같은 고리 폴리설파이드 미네랄들 그리고 polythionate ($S_2O_6^{2-}$)와 같은 수용액 황-산소 음이온들은 시안화물과 자연적으로 반응하여 사이오시안산염을 생성시키는 것으로 알려져 있다[3, 18, 138, 139]. 그러나 사이오시안산염은 이미 고찰했던 바와 같이 정화시키기 어려우며 또한 금에 대한 좋은 lixivant이다[43, 140]. 따라서 사이오시안산염의 형성을 통한 시안화눌의 정화는 일반적으로 실행가능한 것으로는 고려되지 않는다.

2.4.5 광분해

광분해는 전자이전 과정들을 촉매작용하기 위해 전자기 복사선으로부터 에너지를 공급함으로써 환원/산화(redox) 반응들을 향상시킬 수 있다. 전자기 복사선은 흡수되며, 흡수하는 화합물에서의 하나의 전자가 바닥상태로부터 들뜬상태로 들뜨게 하며 쌍을 이룬 전자들이 서로로부터 분리시킨다. 전자들은 화학적 환경에 더 영향을 받기 쉬우며 그러므로 산화환원(redox) 반응들에 참여하기 더 쉽다. 광환원은 흡수하는 화합물이 들뜬 전자를 다른 화학종에 줄 때 일어난다. 광산화는 흡수하는 화합물이 그것의 전자공백을 채우기 위하여 다른 화학종으로부터 하나의 전자를 얻을 때 일어난다. 들뜬 전자는 반응 생성물들의 바닥상태로 결국 이완될 것이다.

바닥상태로부터 들뜬상태로 전자들을 들뜨게 하기 위하여 필요한 에너지는 자외선(UV)에 의해 보유된 것과 일반적으로 동등하다. 많은 redox 반응들은 인공 광원에 노출시킴으로써 촉매작용될 수 있다. 감마선과 같은 더 높은 에너지와 가시선과 같은 더 낮은 에너지들이 사용될 수 있지만 응용들은 제한된다[141]. 광분해 반응들은 만약 흡수하는 화합물이 전화되고 있는 화학종이라면 직접적으로 혹은 만약 정화되고 있는 화학종으로 광자에너지를 이전하기 위한 흡수하는 화합물이 입수가능하고 실행가능하다면 간접적으로 유발될 수 있다. 그러므로 광분해는 감광장치들(photosensitizers)의 부재하에서(직접 광분해) 혹은 그들의 존재하에서 수용액 상태의 화학종으로서(homogeneous photolysis 그리고 photocatalysis) 혹은 고체 반도체(heterogeneous photocatalysis)로서 실행될 수 있다. 이들 광분해 방법들은 상대적으로 새로운 기술들이며 그래서 고급 산화공정들이라 불리워진다. 최근에 이들에 관해서 고찰되었지만 주로 유기화합물들의 산화를 강조하였다[142, 143].

직접 광분해는 자유 시안화물들에 적용될 수 없고 약간의 WADs와 SADs에 대해서 특히 ferric 그리고 ferrous hexacyanide 착물들에 대해서 일어난다[124, 125, 144-146]. Ferrihexacyanide에 대해 다음과 같은 반응 메커니즘이 제안되었다:

$$Fe(CN)_6^{3-} + H_2O \overset{hv}{\rightarrow} [Fe(CN)_5H_2O]^{2-} + CN^- \qquad (34a)$$

$$[Fe(CN)_5H_2O]^{2-} + 2H_2O \overset{hv}{\rightarrow} Fe(OH)_{3(5)} + 5CN^- + 3H^+ \qquad (34b)$$

이들 반응들은 가역적이다; 그러나 ferrihydroxide[Fe(OH)₃]는 반응 10과 비슷하게 Prussian Blue 침전물들을 형성하기 위해 자유 시안화물 그리고 ferrihexacyanide와 더 이상 반응할 수 있다. 반응 34a와 b는 photo-aquation 반응들이라 불리워지며 또한 가장 강한 SAD인 cobalthexacyanide, $Co(CN)_6^{3-}$에 대해서도 관찰되었다. 더구나 ferrihexacyanide는 ferrohexacyanide의 직접 광분해를 거쳐서 생성될 수 있다:

$$Fe(CN)_6^{4-} \overset{hv}{\rightarrow} Fe(CN)_6^{3-} + e^- \quad (35)$$

혹은 산소에 의한 ferrohexacyanide의 homogeneous photolysis를 거쳐서 생성될 수 있다[148]:

$$4Fe(CN)_6^{4-} + 2H_2O + O_2 \overset{hv}{\rightarrow} 4Fe(CN)_6^{3-} + 4OH^- \quad (36)$$

반응 34a-36의 결합은 대략 420nm 이하의 UV 파장에서 시안화물을 유리시키며 어류가 왜 일반적으로 낮 동안 죽고 밤에는 죽지 않는 이유를 뿐만 아니라 UV 복사선이 물을 현저하게 통과하지 못한다는 사실에도 불구하고 해독을 위해 시안화물에 ferric 그리고 ferrous 양이온들을 첨가하는 것이 극히 의심스러운 이유를 설명해 준다[2]. 분명히 직접 광분해는 WADs와 SADs를 정화시킬 수 있지만 위험하게도 반응이 진행되는 동안 자유 시안화물을 유리시킨다.

균일 광분해(Homogeneous photolysis)는 또한 반응효율들을 증가시키기 위하여, 그래서 시약의 소비를 최소화시키기 위하여 그리고 SADs가 더 용이하게 파괴되도록 하기 위하여 앞서 고찰된 여러 화학적 산화 방법들과 결합하여 사용되었다. 예를 들면, 오존에 의한 균일 광분해는 시안화물, WADs 그리고 SADs를 1ppm과 100,000ppm 사이의 농도범위로부터 0.1ppm 이하의 농도들로 정화시키는 것으로 나타났다[112, 149-151]. UV 복사선의 세기, 오존농도(즉, 유속) 그리고 용액의 온도에서의 증가들은 반응속도를 향상시킨다. 반응 21a, b 그리고 22는 하이드록실 라디칼들의 생성과 그들의 뒤이은 시안화물과의 반응 때문에 훨씬 더 적은 정도로 일어난다:

$$H_2O + O_{3(aq)} \overset{hv}{\rightarrow} 2OH\bullet + O_{2(aq)} \quad (37a)$$

$$CN^- + 2OH\bullet \rightarrow OCN^- + H_2O \quad (37b)$$

하이드록실 라디칼들은 전하가 전혀 없으며 전자들에 대한 높은 친화력을 가지기 때문에 그들은 사이오시안산염, WADs 그리고 SADs를 포함하는 화학물질의 전자들을 사실상 실질적으로 빠르게 스트립시킬 수 있어서 그들의 산화를 초래한다. 초래되는 시안산염은 반응 15에 따라서 가수분해될 것이거나 혹은 탄산수소이온(HCO_3^-) 그리고 질소기체(반응 22a를 보시오), 아질산염 혹은 질산염을 생성시키기 위해 계속된 광분해 오종과 반응하게 될 것이다:

$$OCN^- + 3OH\bullet \rightarrow HCO_3^- + 1/2N_{2(g)} + H_2O \quad (38a)$$

$$OCN^- + 6OH\cdot \rightarrow HCO_3^- + NO_2^- + H^+ + 2H_2O \qquad (38b)$$

$$OCN^- + 8OH\cdot \rightarrow HCO_3^- + NO_3^- + H^+ + 3H_2O \qquad (38c)$$

광분해 오존화에 의한 시안화물의 파괴는 시안화물 매 1몰당 1몰의 오존을(즉, 1:1) 시안산염을 형성하기 위해 요구하지만 이 비율은 질산염이 생성될 때 5:1로 증가한다. 높은 온도와 높은 UV 세기에 맞도록 보정하였을 때 그러한 높은 시약 소비는 광분해 오존화를 비용이 많이 드는 것으로 만들 수 있다.

자유 시안화물, 사이오시안산염, WADs 그리고 SADs는 또한 과산화수소의 균일 광분해에 의해서 또한 산화될 수 있다[122-125, 152, 153]. 광분해 과산화반응은 또한 하이드록실 라디칼을 생성시킨다:

$$H_2O_2 \overset{hv}{\rightarrow} 2OH\cdot \qquad (39)$$

결과적으로 반응 15, 37b 그리고 38a, b는 존재하는 과량의 과산화수소에 의존하여 관찰될 수 있다. 자유 시안화물, 사이오시안산염 WADs 그리고 SADs의 정화는 농도에 무관하게 거의 100%이다. 반응 39는 빠르게 일어나기 때문에 반응 23a, b 그리고 c는 일어나지 않는다. 광분해 오존화처럼 UV 세기, 과산화수소의 농도 그리고 용액의 온도를 증가시킴은 반응속도를 향상시킨다. 반응 화학양론들은 시안산염이 형성될 때 1:1이며, 질산염이 형성될 때 5:1이다. 그럼에도 불구하고 과산화수소는 그것의 상대적인 저렴함과 저장 그리고 취급의 용이성 때문에 더 매력적이다.

오존, 과산화수소 그리고 다른 수용액 상태의 감광제들에 의한 균일 광분해는 감관제들이 소비되고 종종 완전한 산화가 일어나는 것을 보장하기 위해서 과량으로 첨가되기 때문에 불리하다. 이미 지적했던 바와 같이 감광제 소비와 비용은 그러므로 높다. 초래되는 배출물은 과량의 감광제를 처리하기 위해 처리되어져야 한다. 오존과 과산화수소에 관해서는 이것은 holding pond에서 물과 산소로 분해하기 위한 시간을 하이드록실 라디칼들에 줌으로써 이루어질 수 있다; 그러나 그러한 간단한 용액은 다른 감광제들에 대해서 항상 입수가능하지는 않다. 이들 문제들은 리사이클될 수 있는 촉매 감광제들을 사용하여 완화되고 해결될 수 있다. 수용액 감광제들에 의한 homogeneous photocatalysis와 고체 감광제에 의한 heterogeneous photocatalysis가 초래된다. 그러나 homogeneous photocatalysis는 리사이클링을 위한 수용액 화학종들을 분리시킴에서의 어려움 때문에 좀처럼 실행되지 않는다. 한편, heterogeneous photocatalysis는 표준 고체-액체 분리공정들 혹은 고정상 시스템들을 사용할 수 있기 때문에 더 실행가능하다.

Heterogeneous photocatalysis에서 사용되는 고체 감광제들은 일반적으로 값싼, 무독한 그리고 비활성의 반도체들이다. UV 흡수는 valence band에서의 hole (h^+) 그리고 conductance band에 들뜬전자(e^-)를 창출하는 반도체의 valence band에서의 전자들을 bandgap을 가로질러 conductance band로 들뜨게 한다:

$$\text{Semiconductor} \xrightarrow{hv} (e^- h^+) \tag{40}$$

그러나 UV 복사선은 반도체의 bandgap과 같거나 혹은 이보다도 더 큰 에너지를 가져야 한다. 이후에 전자-hole$(e^- h^+)$쌍은 반응 화학종들이 반도체 표면에 흡착되며 그리고 반응 생성물들이 가역반응에 비활성이며 그리고/혹은 빠르게 탈착하는 사실을 제공하였던 산화환원(redox) 반응들을 유발할 수 있다.

불균일 광촉매작용은 시안화물 산화를 위해 시험되었으며 3개의 메커니즘들이 제안되었다[122-125, 152-161]. 첫 번째 메커니즘은 valence band에서의 holes에 의해 흡착된 물 혹은 흡착된 수산화물의 환원을 거쳐서 하이드록실 라디칼들을 생산한다:

$$H_2O + h^+ \xrightarrow{hv} OH\bullet + H^+ \tag{41a}$$

$$OH^- + h^+ \rightarrow OH\bullet \tag{41b}$$

한편, 하이드록실 라디칼들은 superoxide(O_2^-) 중간체를 거쳐서 용해된 산소를 conductance band에서의 들뜬 전자들과 반응시킴으로써 두 번째 메커니즘에서 생성된다:

$$O_{2(aq)} + e^- \rightarrow O_2^- \tag{42a}$$

$$2O_2^- + 2H^+ \rightarrow 2OH\bullet + O_{2(aq)} \tag{42b}$$

두 가지 반응 매커니즘들은 하이드록실 라디칼들에 의해 시안화물을 시안산염, 질소기체, 아질산염 그리고/혹은 질산염으로 산화시키는 것으로써 종결되며(반응 37b 그리고 38a, b, c를 보시오) 그리고 또한 사이오시안염, WADs 그리고 SADs를 정화시키기 위해 효과적이다. 초기 연구에서는 반응 15에 따라서 시안산염의 가수분해에 의해서 중탄산염 그리고 암모니아가 생산되었다는 사실을 지적하였다; 그러나 암모니아는 이들 시스템들에서 쉽게 산화된다. 세 번째 메커니즘은 cyanyl 라디칼들, $CN\bullet$을 생산하기 위해 valence band에서의 holes에 의해 시안화물을 환원시키는 것을 수반한다:

$$CN^- + h^+ \rightarrow CN\bullet \tag{43}$$

초래되는 시안산염은 앞서 반응 38a, b 그리고 c에 서술된 것처럼 하이드록실 라디칼들과 더 이상 반응한다.

분광학적 증거는 이들 3가지 반응 메커니즘들을 뒷받침하며 테스트되었던 반도체 광촉매들(TiO_2, ZnO, $FeTiO_3$, SiO_2, Fe_2O_3, ZnS 그리고 CdS)에 무관한 것으로 여겨진다. 금속 산화물들은 그들의 화학 안정성 때문에 가장 잘 작용한다; 그러나 anatase (polymorph of TiO_2)는 광변환에 대한 그것의 높은 양자효율, 전자-hole 쌍들의 안정한 형성 그리고 그것의 큰 3.2eV의 bandgap 때문에 선호되었다. 이 band gap은 사실상 실질적으로 UV 스펙트럼의 모든 부분들을 사용할 수 있다는 것을 의미하는 대략 387.5nm의 최대 파장과 같다. 더 안정한 electron -hole 쌍들은 광촉매의 표면에 백금 그리고 로듐의 금속 island를 퇴적시킴으로써 만들어졌다.

광분해는 적어도 6개의 정화시스템들에 사용된다. 이들은 Vulcan Peroxidation Systems, Inc의 perox-pure™ process[162], Solarchem Environmental Systems, Inc의 Rayox® Process[163], Ultrox, Inc의 Ultrox™ Process[164], ClearFlow, Inc의 PhotoReDox™ System[165, 166] 그리고 NM주 Albuquerque에 소재한 Sandia National Laboratories[167] 그리고 NREL(National Renewable Energy Laboratories)[168]에서 개발된 두 개의 시스템들을 포함한다. 첫 번째 3가지 공정들은 과산화수소에 의한 균일 광분해를 사용하며 또한 오존과 다른 수용액 상태의 감광제들에 의한 사용을 위해 채택되었다. 시스템들 사이의 차이들은 셀 디자인과(수평 vs. 수직) 인공 UV세기(3kW vs. 60W)이다. 한편 다른 공정들은 TiO_2에 의한 불균일 광촉매작용을 사용한다.

3. 결론

시안화물의 정화는 여러 가지 분리공정들 그리고 산화공정들을 사용하여 이루어질 수 있다. 분리공정들은 멤브레인, electrowinning 그리고 가수분해/증류에 의한 물리적인 방법들; 산성화/휘발, 금속의 첨가, 부유 그리고 용매추출에 의한 착물형성 방법들; 그리고 여러 가지 광물들, 활성탄, 그리고 수지들에 의한 흡착방법들을 포함한다. 이들 방법들은 리사이클링을 위해 시안화물을 농축시키고 회수함으로써 방출을 위해 배출물들을 정화시키기 위해 사용한다. 한편, 산화공정들은 시안화물을 파괴시키기 위해 사용되며 여러 생물학적, 촉매적, 전기분해적, 화학적 그리고 광분해적 방법들을 포함한다. 여러 조사들에서는 분리공정들과 산화공정들의 효과를 비교하였으며 그들이 존재하는 시안화물 화학종들에 의존한다는 사실을 밝혔다; 자유시안화물(CN^- 그리고 HCN), 사이오시안산염(SCN^-), WADs 그리고 SADs는 하나의 공정에 의해서 정화되며 다른 공정에서는 정화되지 않는다. 광분해 방법들과 제휴된 고급 산화공정들은 모든 시안화물 화학종들에 대해서 잘 운용되며, 따라서 정화를 위한 선호되는 선택이다; 그러나 만약 어떤 특정한 시안화물 화학종들이 존재하지 않는다면 정화는 더 적당한 대체 방법들에 의해서 이루어질 수 있다. 이것은 <표 3-1>과 <표 3-2>에 나타내었다. 따라서 시안화물 정화를 위한 적당한 선택은 하나하나 개별적으로 이루어져야 한다.

〈표 3-1〉 Effectiveness of separation processes for cyanide remediation.

SEPARATION	Effective for separating						
Remediation Process	Free Cyanide?	Thio-Cyanide?	WAD Metal Complex?		SAD Metal Complex?		Need Further Treatment?
			Cd/Zn	Cu/Ni	Fe	others	
Electrodialysis	yes	yes	yes	yes	yes	yes	No but cosity
Reverse Osmosis	yes	yes	yes	yes	yes	yes	No but cosity
Electrowinning	no	no	some	most	no	most	yes
Hydrolysis/Distillation	yes	no	no	no	no	no	yes
AVR	yes	some	yes	yes	most	some	some
Cementation(est.)	no	no	no	most	some	yes	most
Fe Complexation	yes	little	no	no	no	no	yes
Precipitation Flotation	yes	little	most	most	yes	no	most
Ion Flotation	some	?	some	yes	yes	yes	most
Solvent Extraction(est.)	some	little	yes	yes	yes	yes(Au)	some
Mineral Adsorption(est.)	most	some	most	yes	yes	yes	some
Untreated Activated Carbon	no	some	some	yes	yes	yes	some
Cu-treated Activated Carbon	yes	yes	yes	yes	yes	yes	little
Untreated Resin	no	some	yes	yes	yes	yes	little
Cu-treated Resin	yes	some	yes	yes	yes	yes	little

est = estimated

〈표 3-2〉 Effectiveness of oxidation processes for cyanide remediation.

SEPARATION	Effective for oxidizing						
Remediation Process	Free Cyanide?	Thio-Cyanide?	WAD Metal Complex?		SAD Metal Complex?		Need Further Treatment?
			Cd/Zn	Cu/Ni	Fe	others	
Bio-oxidation(Bacteria)	yes	yes	most	most	yes	yes	little
Catalysis	yes	?	yes	yes	no	some	yes
Electro-oxidation	most	yes	most	most	no	no	yes
Alkaline Chlorination	yes	yes	yes	yes	no	no	yes
Oxygen	yes	some	some	no	no	no	yes
Ozone	yes	yes	yes	yes	no	no	yes
Hydrogen Peroxide	yes	no	yes	some	some	no	yes
Hydrogen Peroxide/Cupric	yes	no	yes	yes	yes	no	some
Hydrogen Peroxide/Kastone	yes	no	yes	yes	yes(ppt)	no	some
Caros Acid	yes	yes	yes	yes	yes	no	litte
Sulfur Dioxide	yes	some	yes	yes	yes(ppt)	most	little
Direct Photolysis	no	no	no	some	yes	some	yes
Photolytic Oznation	yes	yes	yes	yes	yes	yes	no but cosity
Photolytic peroxidation	yes	yes	yes	yes	yes	yes	no
TiO_2 Photocatalysis	yes	yes	yes	yes	yes	yes	no

참고문헌

[1] M. Foote, C. Barry and J. Figueira, Issues Identification anf Technology Prioritization Report: Cyanide, MWTP Activity 1, Volume 3, 1993.

[2] J.L. Huiatt et al., Workshop: Cyanide from Mineral Processing, Utah Mining and Mineral Resource Institute, Salt Lake City, UT, 1983.

[3] J. Marsden and I. House, The Chemistry of Gold Extraction, Ellis Horwood, New York, NY, 1992.

[4] R.B. Bhappu, J.H. Fair and J.R. Wright, Waste Problems Relative to Mining and Milling of Molybdennum, Proc. 22nd Ind. Waste Conf., Lafayette, IN, 1967, pp 575–592.

[5] L.E. Towill et al., Reviews of the Environmental Effects of Pollutants: V. Cyanides, Interagency Report, Oak Ridge National Laboratory Report No. ORNL/EIS–81 and U.S. EPA Report No. EPA–600/1–78–027, 1978.

[6] S.B. Tuwiner, Investigation of Treating Electroplaters Cyanide Waste by Electrodialysis, U.S. EPA Report No. EPA/R2/73–287, 1973.

[7] R.G. Rosehart, Mine Water Purification by Reverse Osmosis, Can. J. Chem. Eng., 51(1973) 788–789.

[8] L.T. Rozelle et al., Ultrathin Membranes for Treatment of Waste Effluents by Reverse Osmosis, Appl. Poly. Symp. No. 22, 1973, pp.223–239.

[9] G.W. Bodamer, Electrodialysis for Closed Loop Control of Cyanide Rinse Waters, U.S. EPA Report No. EPA–600/2–77–161, 1977.

[10] E. Hinden and P.J. Bennet, Water Reclamation by Reverse Osmosis, Water and Sewage Works, 116(1979) 66–73.

[11] S.E. McGivney and P.R. Hoover, Evaluation of Reverse Osmosis Membranes for Treatment of Electroplating Rinsewater, U.S. EPA Office of Research and Development Report No. EPA/600/2–80–84, 1980.

[12] M.J. Nicol, C.A. Fleming and R.L. Paul, The Chemistry of the Extraction of Gold, in: G.C. Stanley(Ed.), Extraction Metallurgy of Gold in South Africa, SAIMM, 1987.

[13] A.T. Kuhn, Electrolytic Decomposition of Cyanides, Phenols and Thiocyanates in Effluent Streams - A Review, J. Appl. Chem. Biotech., 21 (1971)2 9–34.

[14] R.F. Roberts and B. Jackson, The Determination of Small Amounts of Cyanide in the Presence of Ferrocyanide by Distillation under Reduced Pressure, Anal. Chem., 43 (1971) 154–160.

[15] D.M. Muir, M. Aziz and W. Hoecker, Cyanide Losses under CIP Conditions and Effect of Carbon on Cyanide Oxidation, In: Proc. nt Hydromet. Conf., Beijing, China, 1988.

[16] G.K. Longe and F.W. DeVries, Some Recent Considerations on the Natural Disappearance of Cyanide, In: Proc. Econ. and Pratice of Heap Leaching in Gold Mining, Cairns, Australia, 1988, pp. 67–70.

[17] D.W. Grosse et al., Treatment Technology Evaluation for Aqueous Metal and Cyanide Bearing Hazardous Waste, J. Air Waste Manage. Assoc., 41 (1991) 710–715.

[18] J.C. Ingles and J.S. Scott, Overview of Cyanide Treatment Methods, Cyanide in Gold Mining Seminar, Ontario, Canada, 1981.

[19] N. Hedley and H. Tabachnick, Chemistry of Cyanidation, American Cyanamid Co., New York, NY, 1958.

[20] H.H. Huang and H. Long, paper in preparation, Montana Tech, Butte, MT, 1995.

[21] M.N. Hughes et al., Oxidation of Metal Thiocyanates by Nitric and Nitrous Acids, Part Ⅱ, Kinetics, J. Chem. Soc., 1969.

[22] T.I. Mudder and A.J. Goldstone, The Recovery of Cyanide from Slurries, Proc. Eng. and Min. J. Int. Gold Expo, Reno, NV, 1989, pp. 107–140.

[23] W.J.S. Craigen and F.J. Kelly, Economic Evaluation of Cyanide Removal Processes, CANMET, Energy Mines and Resources Canada, Lab Report 77–5, 1977.

[24] V. Mcnamara, Acidification/Volatilization/Reneutralization Treatment Process for Decontamination of Canadian Gold Mill Effluents, CANMET, Energy Mines and Resources Canada, Lab Report 78–223, 1978.

[25] G.M. Ritcey and V.M. McNamara, Treatment of Gold Mill Effluents for Removal and Recovery or Destruction of Cyanide - The Summary of a Joint Project with Six Canadian Gold Mills, Proc. 10th Annual Conf. Can. Miner. Proc., 1978, pp. 152–196.

[26] M.P.A. Williams and A. Goldstone, Water Management and Water Treatment at Golden Cross, Proc. 3rd Int. Mine Water Congr., Melbourne, Australia, 1989.

[27] M. Omofoma and P. Hampton, Cyanide Recovery in a CCD Merrill Crowe Circuit: Pilot Testwork of a CYANISORB Process at the NERCO De Lamar Silver Mine, Randol Gold Conf., Randol Int. Ltd., Golden, CO, 1992.

[28] T.K. Rose and W.A.C. Newman, The Metallurgy of Gold, 1937.

[29] J. Clennel, The Cyanide Handbook, McGraw Hill, New York, NY, 1915.

[30] W. Hutchings, Laboratory Experiments on Aluminum and Zinc Dusts as Precipitants of Gold in Cyanidation Practice, Can. Min. J., 10 (1949) 74–79.

[31] E.A. van Hahn and T.R. Ingraham, Kinetics of Silver Cementation on Zinc in Alkaline Cyanide and Perchloride Acid Solutions, Can. Met. Q., 7 (1968) 15–26.

[32] I.A. Kakovski and O.K. Scherbakov, Kinetics of Noble Metal Cementation from Cyanide Solution, Izv. Akad. Nayk. S.S.S.R. Metal., 1 (1967) 76–85.

[33] I.M. Ritchie and W.P. Staunton, Electrochemical Investigations and Electron Microscopy of Silver(1) – Copper Cementation Reaction, In: P.E. Richardson, S. Srinivasan and R. Woods(Eds.), Electrochemistry in Mineral and Metal Processing, The Electrochemistry Society, Pennington, NJ, 1984, pp. 486–500.

[34] J. Moir and J. Gray, The Destruction of Cyanide, J. Chem. Met., Mining Soc. S. Afr., 10 (1909) 433–439.

[35] L.G. Sillen and A.E, Martell, Stability Constants of Metal–Ion Complexes - Supplement No. 1, Chem. Soc. Pub. No. 17, London, 1964.

[36] L.G. Sillen and A.E. Martell, Stability Constants of Metal–Ion Complexes – Supplement No. 1, Chem. Soc. Pub. No. 25, London, 1970.

[37] R.G. Walker and K.O. Watkins, A Study of the Kinetics of Complex Formation Between Hexacyanoferrate (Ⅲ) Ions and Iron (Ⅲ) to Form $Fe(CN)_6$ (Prussian Brown), Inorg. Chem., 7 (1969) 885–889.

[38] K. Tanihara et al., Treatment of Wastewater Containing Iron Cyanide Complexes, Ⅱ, Precipitation Removal of Iron Cyanide Complexes by Simultaneous Dosage of Zinc Sulfate and Sodium Thiosulfate, Kyushu Kogyo Gij. Shik. Hokoku, 31 (1983) 2005–2011.

[39] T.M. Hendrickson and L.G. Daignault, Treatment of Complex Cyanide Compounds for Reuse or Disposal, U.S. EPA Report No. EPA–R2–73–269, Washington DC, 1973.

[40] J. Ingles, The Treatment of Mine–Mill Effluents for the Removal of Iron Cyanides, Mining and Metallurgical Division, Environment Canada, 1981.

[41] J.E. Schiller, Removal of Cyanide and Metals from Mineral Processing Wastes, U.S. Bureau of Mines Report of Investigation No. 8836, 1983.

[42] S.C. Caruso, The Chemistry of Cyanide Compounds and Their Behavior in the Aquatic Environment, Carnegie–Mellon Institute of research, Pittsburgh, PA, 1975.

[43] K. Osseo–Asare, T. Xue and V.S.T. Ciminelli, Solution Chemistry of Cyanide Leaching Systems, In: D.A. Corrigan and W.W. Liang(Eds.), Precious Metals: Mining, Extracting and Processing, TMS, Warrendale, PA, 1984, pp. 173–197.

[44] J.J Byerley et al., A Treatment Strategy for Mixed Cyanide Effluents-Precipitation of Copper and Nickel, Proc. Randol Gold Forum, Randol Int. Ltd., Golden, CO, 1988, pp. 331–340.

[45] ASTM, Research Report D2036:191131, ASTM, Philadelphia, PA, 1987.

[46] J.H. Espenson and J.G. Wolenuk, Jr., Kinetics and Mechanisms of Some Substitution Reactions of Pentacyanoferrate (Ⅲ) Complexes, Inorg. Chem., 11 (1972) 2034–2041.

[47] A.F. Taggart, Handbook of Mineral Dressing, John Wiley and Sons, New York, NY, 1945.

[48] A.M. Gaudin, Flotation, McGraw Hill Bool co., New York, NY, 1957.

[49] R.B. Grieves and D. Bhattacharyya, Precipitate Flotation of Complexed Cyanide, Proc. 24th Ind. Waste Conf., Purdue Univ., Lafayette, IN, 1969.

[50] A.K. Reed et al., An Investigation of Techniques for Removal of Cyanide from Electroplating Waste, Water Poll. Control Series, U.S. EPA. 12010 EIE 11/71, 1971.

[51] T. Nagahama, Treatment of Effluent from the Kamioka Concentrator by Flotation Techniques Including Development of the Nagahm Flotation Machine, Bull. Can. Inst. Min. Metall., 67 (1974) 79–89.

[52] R.O. Busch, D.J. Spottiswood and G.W. Lower, Ion–Precipitate Flotation of Iron–Cyanide Complexes, JWPCF, 52 (1980) 12–20.

[53] C.F. Coleman et al., Amine Salts as Solvent Extraction Reagents for Uranium and Other Metals, Proc. 2nd Intern. Conf., 2 (1958) 278–289.

[54] R.R. Swanson and D.W. Agers, A New Reagent for the Extraction of Copper, AIME Annual Meeting, New York, NY, 1964.

[55] J.E. House, The Development of the LIX® Reagents, Min. Met. Process., 6 (1981) 1–6.

[56] J.D. Miller and M.B. Mooiman, A Review of New Developments in Amine Solvent Extraction Systems for Hydrometallurgy, Sep. Sci. and Tech., 19 (1985) 895–909.

[57] M.B. Mooiman and J.D. Miller, The Chemistry of Gold Solvent Extraction from Cyanide Solution Using Modified Amines, Hydromet., 16 (1986) 245–261.

[58] J.D. Miller et al., Selective Solvation Extraction of Gold from Alkaline Cyanide Solution by Alkyl Phosphorous Esters, Sep. Sci. and Tech. 22 (1987) 487–502.

[59] H.A.C. Montgomery, D.N. Gardiner and J.G. Gregory, Determination of Free Hydrogen Cyanide in River Water by a Solvent Extraction Method, Analyst, 94 (1969) 284–291.

[60] D.F. Boltz, Colorimetric Determination of Nonmetals, Chemical Analysis Vol. 8, Wiley, New York, NY, 1978, pp. 78.

[61] K. Conn, Cyanide Analysis in Mine Effluents, In: Cyanide and the Gold Mining Industry, Environment Canada and Canadian Mineral Processors, Ontario, Canada, 1981.

[62] B.A. Adams and E.L. Holmes, Absor[tive Powers of Synthetic Zeolites, J. Soc. Chem. Ind., 54 (1935) 1–6T.

[63] G.A. Strobel, Cyanide Utilization in Soil, Soil Sci., 103 (1967) 299–302.

[64] J.S. Scott and J.C. Ingles, Removal of Cyanide from Gold Mill Effluents, Proc. 13th Annual Meeting of Canadian Mineral Processors, Ontario, Canada, 1981.

[65] T.D. Chatwin and J.J. Trepanowski, Utilization of Soils to Mitigate Cyanide Releases, In: Proc. 3rd Western Reg. Conf. on Prec. Metals, Coal and Environ., SME, Rapid City, SD, 1987, pp. 151–170.

[66] J. Zhang and. L. Hendrix, Attenuation of Cyanide in Soils, In: D.R. Gaskell(Ed.), EPD Congress ' 91, TMS, Warrendale, PA, 1991, pp. 677–686.

[67] R.C. Bansal, J.P. Donnet and F. Stoecki, Active Carbon, Marcel Dekker, Inc., New York, NY, 1988.

[68] S. Honda G. Kondo, Treatment of Wastewater Containing Cyanide Using Activated Charcoal, Os. Kogyo Gij. Shik. Koho, 18 (1967) 367.

[69] J.E. Hoff and J.M. Bigger, Cyanide Removal from Refinery Wastewater Using Powdered Activated Carbon, R.S. Kerr Environmental Research Laboratory, Ada, OK, EPA–600/2–80–125, 1980.

[70] G. van Weert and I. de Jong, Trace Cyanide Removal by Means of Silver Impregnated Active Carbon, Proc. Emerging Process Technologies for a Cleaner Environment, AME, Littleton, CO, 1992, pp. 161–168.

[71] R.H. Lien at al., Chemical and Biological Cyanide Destruction and Selenium Removal from Precious Metal Tailings Pond Water, Proc. AIME Gold 1990, Salt Lake City, UT, 1990, pp. 323–339.

[72] E. Goldblatt, Recovery of Cyanide from Waste Cyanide Solution by Ion Exchange, Ind. Eng. Chem., 51 (1959) 241.

[73] N.L. Avery and W. Fries, Selective Removal of Cyanide from Industrial Waste Effluents with Ion–Exchange, Ind. Eng. Chem. Prod. Res. Dev., 14 (1975) 102–104

[74] J.J. Trachentenberg and M.A. Murphy, Removal of Iron Cyanide Complexes from Waste Water Utilizing an Ion Exchange Process, AME, Littleton, CO, 1979.

[75] M. Akser, R.Y. Wan and J.D. Miller, Gold Adsorption from Alkaline Aurocyanide

Solution by Neutral Polymeric Adsorbents, Solv. Ext. Ion Ex., 4 (1986) 531–546.

[76] M. Akser et al., Synthesis of New Phosphonate Ester Resins for Adsor[tion of Gold from Alkaline Cyanide Solution, Met. Trans. B, 18 (1987) 625–633.

[77] V.I. Lakshmanan and P.D. Tackaberry, Advances in Gold and Silver Processing, In: M.C. Fuerstenau and J.L. Hendrix(Eds.), Proc. Gold Tech 4, Reno, NV, 1990, pp. 257–262.

[78] C.A. Fleming and G. Cromberg, The Extraction of Gold from Cyanide Solutions by Strong and Weak-Base Anion-Exchange Resine, J.S. Afr. Inst. Min. Metal., 84 (1984) 125–138.

[79] L. Whittle, The Piloting of Vitrokele for Cyanide Recovery and Waste Management at Two Canadian Gold Mines, Randol Gold Forum, Randol Int. Ltd., Golden, CO, 1992.

[80] B. Chance, The Reaction of Catalase and Cyanide, J. Biol. Chem., (1949) 1299.

[81] G.C. Ware and H.A. Painter, Bacterial Utilization of Cyanide, Nature, 175 (1955) 900.

[82] S. Blumenthal-Goldschmidt et al., Cyanide Metabolism in Higher Order Plants: Ⅲ. The biosynthesis of B-cyanoalanine, J. Biol. Chem., 243 (1968) 5302–5307.

[83] L. Fowden and E.A. Bell, Cyanide Metabolism by Seedlings, Nature, 206 (1965) 110–112.

[84] J. Allen and G.A. Strobel, The Assimilation of HCN by a Variety of Fungi, Can. J. Microbiol., 12 (1966) 414–416.

[85] B. Skowronski and G.A. Strobel, Cyanide Resistance and Cyanide Utilization by a Strain of Bacillus pumilus, Can. J. Microbiol., 15 (1969) 93–98.

[86] P.A. Castric, Hydrogen Cyanide, a Secondary Metabolite of Pseudomonas aeruginosa, Can. J. Microbiol., 21 (1975) 613–618.

[87] S. Raef, Fate of Cyanide and Related Compounds in Aeration Microbiol Systems, Water Research, 11 (1977) 477–492.

[88] E.T. Gaudy et al., Compatibility of Organic Waste and Cyanide During Treatment by the Extended Aeration Process, Proc. Ind. Waste Cinf., Purdue Univ., Lafayette, IN, 1981, pp. 484–495.

[89] T.I. Mudder and J.L. Whitlock, Biological Treatment of Cyanidation Wastewaters, SME Preprint No., 84-37, SME, Littleton, CO, 1984.

[90] A. Smith and T. Mudder, Chemistry and Treatment of Cyanidation Wastes, Journal Books Ltd., New York, NY, 1991, pp. 345–361.

[91] K. Ingvorgsen et al., Novel Cyanide-Hydrolyzing Enzyme from Alcaligenes xylosoxidans Subsp. denitrificans, Appl. Environ. Microbiol., 57 (1991) 1783–1789.

[92] M. Goldstein, Economics of Treating Cyanide Wastes, Poll. Eng., 8 (1976) 36–38.

[93] A. Griffiths et al., The Detoxification of Gold Mill Tailings with Hydrogen Peroxide, J.S. Afr. Inst. Min. Metall., 87 (1987) 279–283.

[94] U.S EPA, Quality Criteria for Water 1986, 440/5-86-001, U.S. EPA Office of Water Regulations and Standards, Washington, D.C. 20460, 1986.

[95] L.C. Thompson and R.L. Gerteis, New Technologies for Mining Waste Management: Biotreatment Processes for Cyanide, Nitrates, and Heavy Metals, In: F.M.

Doyle(Ed.), Mining and Mineral Processing Wastes, AME, Littleton, CO, 1990, pp. 271–278.

[96] L.C. Thomson, R. Fischer and S.W. Beckman, SITE Demonstration of Bioremediation of Cyanide at the Summitville Colorado Site, 21st Annual Risk Reduction Engineering Laboratory Research Symposium, 1995.

[97] J. Modrell, Feasibility of Biological Destruction of cyanide to Aid Closure of Cyanide Leach Operations. Proc. Mine Design, Operations and Closure Conference, MWTP, Butte, MT, 1995.

[98] R.H. Howe, Bio–Destruction of Cyanide Wastes - Advantages and Disadvantages, Int. J. Air Water Pollut., 9 (1965) 463–478.

[99] R.D. Fallon, Evidence of a Hydrolytic Route for Anaerobic Cyanide Degradation, Appl. Eviron. Microbiol., 58 (1991) 3163–3164.

[100] H.J. Garcia et al., Fate of Cyanide in Anaerobic Microbial Systems, In: B.J. Scheiner et al. (Eds.), New Remediation Technology in the Changing Environmental Arena, SME, Littleton, CO, 1995, pp. 229–234.

[101] W. Bucksteeg, Decontaminating Cyanide Wastes by Methods of Catalytic Oxidation and Adsorption, Proc. 21st Ind. Waste Conf., Purdue Univ., Lafayette, IN, 1966.

[102] F. Bernardin, Cyanide Detoxification Using Adsorption and Catalytic Oxidation on Granular Activated Carbon, J. Water Poll. Control Fed., 45 (1973) 221–231.

[103] A. Kuhn and C. Wilson, The Catalytic Air Oxidation of Cyanides, Oberf. Surf., 18 (1977) 91.

[104] R.G. Kunz, G.P. Casey and J.E. Huff, Refinery Cyanides, a Regulatory Dilemma, Hydroc. Process., 57 (1978) 98–106.

[105] P.F. Kandzas et al., Removal of Cyanides from Wastewaters, Russian patent No. 456507, 1977.

[106] M.C. Dart, J.D. Gentles and D.C. Renton, Electrolytic Oxidation of Strong Cyanide Wastes, J. Appl. Chem., 13 (1963) 55–58.

[107] J.E. Entwistle, The Electrolytic Processing of Cyanide Wastes, Effl. Water Treat. J., 16 (1976) 123–128.

[108] W. Chen, H.L. Recht and G.P. Hajela, Metal Removal and Cyanide Destruction in Plating Wastewaters Using Particle Bed Electrodes, U.S. EPA Report No. EPA–600/2–76–296, 1976.

[109] G.C. White, Handbook of Chlorination, Van Nostrand Reinhold Co., New York, NY, 1972.

[110] R.P. Selm, Ozone Oxidation of Aqueous Cyanide Waste Solutions in Stirred Batch Reactors and Packed Towers, Ozone Chemistry and Technology, Advances in Chemistry Series No. 21, ACS, Washington DC, 1955.

[111] N.E. Sondak and B.F. Dodge, The Oxidation of Cyanide–Bearing Plating Wastes by Ozone, Part Ⅰ and Ⅱ, Plating, 48 (1967) 173–180 and 280–284.

[112] R.L. Garrison, C.E. Mauk and H.W. Prengle, Jr., Advanced Ozone Oxidation System for Complexed Cyanides, In: R.G. Rice and M.E. Browning(Eds.), Ozone for Water and Waste Water Treatment, Unt, Ozone Assoc., Cleveland, OH, 1975, pp. 551–577.

[113] M.H. Rowley and F.D. Otto, Ozonation of Cyanide with Emphasis on Gold Mill

Wastewaters, Can. J. Chem. Eng., 58 (1980) 646–653.

[114] J.A. Zeevalkink et al., Mechanism and Kinetics of Cyanide Ozonation in Water, Water Research, 14 (1980) 1375–1385.

[115] Novak and G. Sukes, Destruction of Cyanide Wastewater by Ozonation, Ozone: Sci. Eng., 3 (1981) 61–86.

[116] F. Nava, H. Soto and J. Jara, Oxidation–Precipitation Method to Treat Cyanide Effluents, In: J.B. Hiskey and G.W. Warren (Eds.), Hydrometallurgy: Fundamentals, Technology and Innovation. Proc. Milton E. E. Wadswprth International Symp., SME, Littleton, CO, 1993, pp. 1199–1212.

[117] Degussa, Hydrogen Peroxide: Detoxifying Mine Effluents Containing Cyanide, Geschäftsbereich Anorganische Chemieprodukte, Postfach 11 05 33, D–6000 Frankfutr 11, Federal Republic of Germany, 1994.

[118] H. Knorre and A. Griffiths, Cyanide Detoxification with Hydrogen Peroxide Using the Degussa Process, In: D. van Zyl (Ed.), Cyanide and the Environment, 1984.

[119] O.B. Mathre and F.W. DeVries, Destruction of Cyanide in Gold and Silver Mine Process Water, Proc. 110th AIME Annual Meetng, Chicago, IL, 1981, pp. 77–82.

[120] H.M. Castrantas, V. Cachic and C. McKenzie, Cyanide Detoxification of a Gold Mine Tailings Pond with H_2O_2, Proc. Randol Gold Conf., Randol Int. Ltd., Golden, CO, 1988, pp. 81–88.

[121] A.M. Quamrul, M. Griffiths and E.P. Jucevic, Detoxification of Spent Heap Leaps with Hydrogen Peroxide, J.S. Afr. Inst. Min. Metall., 87 (1989) 279–283.

[122] N. Serpone et al., Photochemical Reduction of Gold(Ⅲ) on Semiconductor Dispersions of TiO_2 in the Presence of CN–Ions: Disposal of CN– by Treatment with Hydrogen Peroxide, J. Photochem., 36 (1987) 373–388.

[123] N. Serpone, E. Borgarello and E. Pelizzetti, Photoreduction and Photoderadation of inorganic Pollutant: I. Cyanides, In: M. Schiavello (Ed.), Photocatalysis and Environment, Kluwer Academic Publishers, Amsterdam, The Netherlands, 1988, pp. 499–526.

[124] C.A. Young, S.P. Cashin and F.E. Diebold, Photolysis for Cyanide and Nitrate Remediation of Water, In: M. Misra (Ed.), Separation Processes: Heavy Metals, Ions and Minerals, TMS, Warrendale, PA, 1995m pp. 61–80.

[125] C.A. Young and S.P. Cashin, Photolytic Remediation of Free and Metal–Complexed Cyanides, accepted for presentation at SME Annual Meeting, Phoenix, AZ, March 11–14, 1996.

[126] C.Y. Shen and P.E.R. Nordquist, Jr., Cyanide Remival from Aqueous Water by Polymerization, ACS Division of Water, Air, and Waste Chemistry, 1972.

[127] B.C. Lawes, L.B. Fournier and O.B. Mathre, A Peroxygen System for Destroying Cyanide Zinc and Cadmium Electroplating Rinse Waters, Plating, 60 (1974) 902–909.

[128] J.G. Moser, Zinc Sludge Recycling After KastoneTreatment of Cyanide–Bearing Rinse Water, U.S. EPA Report No. EPA–6000/2–77–038, 1977.

[129] H.M. Castrantas et al., Caro's Acid, the Low Cost Oxidant for CN Detoxification, Attains Commercial Status, SME Annual Meeting, Littleton, CO, Preprint No. 95–153, 1995.

[130] J.G. Dobson, The Treatment of Cyanide Wastes by Chlorination, Sewage Works J., 19 (1947) 1007–1020.

[131] A. Zaidi and L. Whittle, Evaluation of the Full Scale Alkaline Chlorination Treatment Plant at Giant Yellownife Mines Ltd., Report of Wastewater Technology Center - Environment Canada, Burlington, Canada, 1987.

[132] W. Staunton, R.S. Schulz and D.J. Glenister, Chemical Treatment of Cyanide Tailings, Proc. Randol Glod Conf., Randol Int. Ltd., Golden, CO, 1988, pp. 85–86.

[133] S.G. Nutt, Evaluation of the SO_2–Air Oxidation Process for Treatment of Cyanide Containing Wastwater, Environment Canada Report, 1982.

[134] E.A. Devuyst, V.A. Ettel and G.J. Borbely, Inco Method for Cyanide Destruction in Gold Mill Effluents and Tailings Slurries, Proc. 14th Ann. Meeting of Can. Miner. Process., 1982.

[135] E.A. Devuyst et al., A Cyanide Process Using Sulfur Dioxide and Air, JOM, 12 (1989) 43–45.

[136] A. Zaidi et al., Evaluation of Inco's SO_2/Air Process for the Removal of Cyanide and Associated Metals from Gold Milling Effluents at McBean Mine, Wastewater Technology Center Report - Environment Canada, Burlington, Canada, 1988.

[137] INCO, Cyanide Destruction: The Inco SO_2/Air Process, Inco Exploration and Technical Services, 1993.

[138] C.J. Wernlund and M.J. Gunick, Disposal of Waste Cyanide Solutions, U.S. Patent No., 2194438, 1940.

[139] B.F. Dodge and D.C. Reams, A Critical Review of the Literature Pertaining to the Disposal of Waste Cyanide Solutions, Plating, 36 (1949) 571–577.

[140] O. Barbosa and A.J. Monhemius, Thermochemistry of Thiocyanate Systems for Leaching of Gold and Silver Ores, In: M.C. Jha and S.D. Hill (Eds.), Precious Metals '89, The Metall. SoC., 1988.

[141] M. Daniels, Radiolysis and Photolysis of the Aqueous Nitrate System, In: R.F. Gould (Ed.), Advances in Chemistry Series, Radiation Chemistry, Volume Ⅰ, 1968, pp. 153–163.

[142] M.A. Fox and M.T. Dulay, Heterogeneous Photocatalysis, Chem. Rev., 93 (1993) 341–357.

[143] R. Venkatadri and R.W. Peters, Chemical Oxidation Technologies; Ultraviolet Light /Hydrogen Peroxide, Fenton' s Reagent, and Titanium Dioxide–Assisted Photocatalysis, Haz. Waste Haz. Mat., 10 (1993) 107–149.

[144] G.E. Burdink and M. Lipschuetz, Toxicity of Ferro– and Ferricyanide Solutions to Fish and Determination of the Cause of Mortality, Anal. Chem. Acta, 49 (1970) 192–202.

[145] W.S. Rader et al., Sunlight–Induced Photochemistry of Aqueous Solutions of Hexacyanoferrate (Ⅱ) and (Ⅲ) Ions, Environ. Sci. Technol., 27 (1993) 1875–1879.

[146] L. Moggi et al., Photochemistry of Coordination Compounds – ⅩⅤ. Cyanide Complexes, J. Inorg. Nucl. Chem., 28 (1966) 2589–2597.

[147] A.W. Adamson, A. Chiang and E. Zinato, Photochemistry of Aqueous Cobalt(Ⅲ) Cyano Complexes, J. Am. Chem. Soc., 91 (1969) 5467–5475.

[148] Y.Y. Lur'e and V.A. Panova, Behavior of Cyano Complexes in Water Ponds, Hydrochem. Master., 37 (1964) 41–44.

[149] Species by Ozone with Irradiation from Ultra–Violet Light, Trans. AIME, 260 (1976) 297–300.

[150] R. Prober, P. Melnyk and L. Mansfield, Ozone - Ultraviolet Treatment of Coke Oven and Blast Furnace Effluents for Destruction of Ferricyanides, Proc. 33nd Ind. Waste Conf., Purdue Univ., Lafayette, IN, 1977, pp. 17–23.

[151] G.R., Heltz, R.G. Zepp and D.G. Crosby, Aquatic and Surface Photochemistry, Lewis Publishers, Boca Raton, LA, 1994.

[152] B.G. Oliver and J.H. Carey, Photodegradation of Wastes and Pollutants in Aquatic Environment, In: E. Pelizzetti and M. Schiavello (Eds.), Homogeneous and Heterogeneous Photocatalysis, 1986, pp. 629–650.

[153] V.V. Goncharuk and A.O. Samsoni–Todorov, Photocatalytic Decomposition of Hydrogen Peroxide in Aqueous Solutions in the Presence of Ferrocyanides, Khim. Tek. Vody, 8 (1986) 34–38.

[154] S.A. Frank and A.J. Bard, Heterogeneous Photocatalytic Oxidation of Cyanide and Sulfite in Aqueous Solutions at Semiconductor Powders, J. Phys. Chem., 81 (1977) 1484–1488.

[155] B.C. Weathington, Project Summary. Destruction of Cyanide in Waste Waters: Review and Evaluation, U.S. EPA Report No. EPA/600/2–88/031, Water Engineering Research Laboratory, Cincinnati, OH, 1988.

[156] X. Domenech and J. Peral, Removal of Toxic Cyanide from Water by Heterogeneous Photocatalytic Oxidation Over ZnO, Solar Energy, 41 (1988) 55–59.

[157] J. Zhang, .L. Hendrix and M.e. Wadsworth, Photocatalytic Oxidation of Cyanide, In: D.R. Gaskell (Ed.), EPD Congress 1991, TMS, Warrendale, PA, 1991, pp 665–676.

[158] J. Peral and X. Domenech Photocatalytic Cyanide Oxidation from Aqueous Copper Cyanide Solutions Over TiO_2 and ZnO, J. Chem. Tech. Biotechnol., 53 (1992) 93–96.

[159] H. Hidaka et al., Heterogeneous Photocatalytic Degradation of Cyanide on TiO_2 Surfaces, J. Photochem. Photobiol. A: Chem., 66 (1992) 367–374.

[160] C.H. Pollema et al., Photocatalytic Oxidation of Cyanide to Nitrate at TiO_2 Particles, J. Photochem. Photobiol. A: Chem., 66 (1992) 235–244.

[161] B.V. Mihaylov, J.L. Hendrix and J.H. Nelson, Comparative Catalytic Activity of Selected Metal Oxides and Sulfides for the Photo–Oxidation of Cyanide, J. Photochem. Photobiol. A: Chem., 72 (1993) 173–177.

[162] E.M. Froelich, Advanced Chemical Oxidation of Contaminated Water Using the Pero–pureTM Oxidation System, Presented at Chemical Oxidation: Technology for the 1990' s, Vanderbilt Univ., February, 20–22, 1991.

[163] Solachem, Destruction of Cyanide, The UV/Oxidation Handbook, Solarchem Environmental Systems, Ontario, Canada, 1995.

[164] U.S. EPA, Superfund Innovative Technology Evaluation Program: technology Profiles, 5th ed., EPA/540/R–92/077, 1992.

[165] R. Enzweiler, L. Wagg and J. Dong, Requirement, Design and Field Test of

State–of -the–Art Industrial Wastewater Recycling System, Proc. Amer. Inst. Chem. Eng., Seattle, WA, 1993.

[166] ClearFlow, Information Bulletin, Boulder, CO, 1995.

[167] D.J. Alpert et al., Sandia Nationsl Laboratories' Work in Solar Detoxification of Hazardous Wastes, Solar Energy Mat., 24 (1991) 594–607.

[168] C.S. Turchi, M.S. Mehos and H.F. Link, Design and Cost of Solar Photocatalytic Systems for Groundwater Remediation, Remediation: The Journal Environment Cleanup Costs, Technologies and Techniques, 1992.

[169] M.A. Fox, K.E. Doan M.T. Dulay, The Effect of the "Inert" Support on Relative Photocatalytic Activity in the Oxidative Decomposition of Alcohols on Irradiated Titanium Dioxide Composites, Res. Chem. Intermed., 20 (1994) 711–722.

Ⅳ
촉매산화에 의한 휘발성 유기 화합물(VOCs)들의 파괴

개요

많은 배출원들에 의해, 특히 자동차의 가솔린 엔진으로부터 배출되는 휘발성 유기 화합물들은 해롭고 유독한 건강과 환경에 대한 영향들을 미치는 대기 오염물질들이다. 촉매산화는 수반되는 적당한 온도와 많은 양의 절감되는 에너지 때문에 이들 배출들을 제어함에서 매력적인 방법이다. 촉매적 연소의 폭넓은 이행을 위해서 열적으로, 기계적으로 그리고 화학적으로 안정한 촉매들이 요구된다. 이 장에서는 입수 가능하고 실행 가능한 촉매들 그리고 그들의 성능의 향상 혹은 새로운 더 좋은 포뮬레이션들에 관련된 새로운 혁신에 관해서 고찰하기로 하겠다.

1. 휘발성 유기화합물(VOCs)은 무엇이며 왜 그들을 제거해야 하는가?

VOCs는 가정, 드라이클리닝 유니트, 식품 가공공장, 석유정제(정유공장), 공항과 자동차 정비센터, 전자 및 화학 플랜트들, 인쇄공장과 페인트샵 등 수많은 배출처들로부터 배출된다. VOCs는 용이하게 휘발하여 공기 중에 노출되는 화학물질들이다. 그래서 이 화합물들은 그들의 증기에 의해서 대기오염에 그리고 빗물과 녹은 눈에 의해 토양 속으로 깊숙하게 운반될 수 있는 부분들에 의해서 물과 토양의 오염에 기여한다. 이 장에서는 단지 대기오염의 관점으로부터 VOCs를 고찰하였다.

1.1 환경과 VOCs

VOCs는 인간, 동물군 그리고 식물군에 대해서 위험하다. 첫째로 이들 화합물들은 다양한 해로운 건강에 대한 영향을 초래하는 것으로 밝혀졌다[119, 149, 182]. 일반적으로 알려지 피부 반응, 현기증, 두통, 눈과 호흡기관 자극과 염증, 기침, 기억력 장애, 빈혈 그리고 피로는 단기간의 노출과 관련된 몇 가지 징후들이다. 신장, 간 그리고 뇌의 손상, 심장의 민감 반응, 그리고 신경, 재생 그리고 면역 시스템들의 손상은 장기간의 노출에 의해서 초래된다. 몇 가지 VOCs는 암을 초래하는 것으로 또한 알려져 있다. 또한, 천연 식물공정들은 약간의 유기 휘발성 화합물들에 의해서 파괴될 수 있거나 혹은 방해받고 저지될 수 있다. 대기 중에서 이 화학물질들은 인간들, 동물군 그리고 식물군에 대해 한층 더 위험한 다른 화합물들로 변환된다. 도시 스모그의 핵심 성분인 지표 수준의 혹은 "나쁜"오존은 햇빛의 존재하에서 질소산화물들과 VOCs 사이의 화학적 반응에 의해서 창출된다. 오존 오염에 대한 반복된 노출은 다양한 건강상의 문제들을 초래한다[34]; 오존은 또한, 나무의 성장 속도와 농업생산을 감소시킨다. VOCs는 온실효과, 산성비 그리고 성층권의 혹은 "좋은"오존의 고갈에 참여하며 이들은 심각한 환경적 문제들이다[9]. 따라서 VOCs는 대기오염물질들의 커다란 그룹이며 우리는 배출되고 있는 그들을 제거해야 한다. 이러한 이유 때문에 우리는 그들은 무엇이며 그들의 배출원들에 관해서 알아야 한다.

1.2 VOCs와 그들의 배출원

US EPA는 VOCs에 대해 다음과 같은 정의를 내렸다 - CO, CO_2, carbonic acid, metallic carbides 혹은 carbonates, 그리고 Ammonium carbonate를 제외한 어떤 탄소화합물이며 이것은 대기 중의 광화학 반응들에 참여한다. 이것은 무시 가능한 광화학적 반응성을 갖는 것으로 측정되어졌던 화합물들 이외의 어떤 유기화합물을 포함한다(예, 매탄, 에탄, MC). 이 정의에 따라서 지방족, 방향족 그리고 염소화된 탄화수소들, 알데히드들, 케톤들, 에스터들, 그리고 유기산들 그리고 알코올들과 같은 폭넓고 다양한 유기화합물들은 VOC로서 고려될 수 있다(151에 있는 완전한 리스트를 보시오).

VOCs의 배출은 자연적인 배출원들로부터 나타날 수 있었지만, 대부분의 VOCs 배출들은 인공 배출원들로부터 초래된다. 매년 대략 235백만 톤의 VOCs가 인위개변 배출원들로부터 대기 중으로 배출된다[64]. 미국에서는 VOCs 배출의 대략 40%는 수송활동들로부터 배출되며 나머지 40%는 정지된 고정상 배출원들로부터 초래된다. 모든 제조공정에서 유기물질들은 석유 유도체들, 화학물질들 그리고 솔벤트 등으로서 존재한다. 일반적으로 이들은 유기물질들의 낮은 농도들을 포함하는 기체상태의 배출물의 형태로 플랜트를 벗어나서 대기 중으로 벤트된다[149, 182, 119].

1.3 VOCs 배출에 대비한 조처와 방책

VOCs 배출뿐만 아니라 그들의 유해한 영향에 관한 정보의 점진적 증가는 그들의 배출을 제어하기 위한 더 엄격한 규정들을 도입하기 위한 전 세계 환경 분야의 입법을 결정하였다[34, 182]. 미국에서는 ***The Clean Air Act Amendments of 1990***은 그들의 70%가 VOCs인 189가지의 독성화학물질들의 배출에 있어서 90%의 감소를 요구한다[139]. 그러한 요구에 대해 지난 40년간 미국민, 주들 그리고 시들에 대해 더 청정하고 더 건강한 환경을 위해 일해 오고 있는 US EPA는 고정상 그리고 이동상 배출원들로부터의 배출들을 한층 감소시키기 위한 프로그램을 수행하였다. 몇 가지 해결방안들은 청정 기술들의 사용, 더 청정한 차량과 연료, 증기를 재회수하기 위한 펌프들에서 특별한 노즐들을 사용하는 가스 스테이션, 그리고 차량검사 프로그램 등이다. 1997년에 VOCs 배출을 제어하기 위해 전 세계에 걸쳐서 가동되고 있는 6000개 이상의 시스템들이 있다[5].

VOCs의 배출들을 감소시키기 위해 사용되는 방법들은 "청정기술"의 이행에 의한 공정의 최적화와 배연가스들의 정화로 나뉠 수 있다. VOCs 저감을 위한 "end of the pipe" 제어기술들일 수 있는 많은 다른 기술들이 입수가능하고 실행가능하다[60, 69, 183]. 이 기술들은 오염물질의 포획 혹은 이들의 파괴에 사용한다. 물질의 호수를 원할 때 축합, 흡수 그리고 흡착과 같은 포획기술들이 요구된다. 오염물질들은 불꽃(소각)에 의해 혹은 미생물에 의해(생분해) 파괴될 수 있다. 가장 적당한 방법의 선택은 다음과 같은 기준에 의존한다: 요구되는 제어효율, 오염물질 성질들, 공기 수트림 성질들, 안전성 이슈들 그리고 회수된 물질의 가치 등.

VOCs 저감을 위해 위에서 언급된 기술들 중에서 가장 폭넓게 실행되는 기술은 소각(산화)이다. 이 방법의 파괴효율은 시스템의 타입에 의존하며 99.99% 이상을 달성할 수 있다[60]. 두 가지 형태의 소각이 있다: 열적 산화와 촉매적 산화.

2. VOCs 배출의 감소를 위한 방법들로서 촉매적 산화 vs. 열적 산화

전체적인 산화에 의해 VOCs 분자들은 CO_2와 H_2O로 변환된다. VOCs 분자들을 분해시키고 그들을 CO_2와 H_2O로 산화시키기 위해 이 반응의 활성화 에너지를 극복하기 위한 수단인 어떤 일정한 양의 에너지가 요구되어서 VOCs 분자들을 포함하는 공기 스트림의 온도는 어떤 일정하고 특정한 온도(전형적으로 706℃보다도 높은)로 상승시켜야 한다[37]. 이것은 ***열적 산화***이며 이것은 고온 시스템(예를 들면, 직접 불꽃, 플라즈마 토치 그리고 간접적으로 가열되는 세라믹층 산화장치)을 포함하는 열 산화장치에서 일어난다[8, 5]. 이 반응은 발열반응이라는 사실을 아는 것이 중요하며 그래서 초래되는 열은 생기는 배기가스를 사전 가열하기 위해 사용될 수 있었다. 그래서 요구되는 투입에너지는 작으며 연료비용은 감소된다. 열 회수는 ***회복시키는 혹은 재생시키는*** 시스템에 의해서 이루어진다. 첫 번째에서 온도 변화도가 두 개의 유체들 사이에서 존재하는 한 폐열을 거쳐서 프로세스 공기로 이전된다(예를 들면, air-to-air 교환기), 두 번째에서 폐열은 실행되는 시간 동안 세라믹 도자기의 표면으로 이전되며 이후 같은 표면상에 걸쳐서 통과하는 투입 공기는 열을 흡수한다.

투입에너지와 연료비용을 감소시키기 위한 다른 방법은 ***촉매적 산화***이다. 이 경우에 같은 반응은 촉매 층에서 일어나며 활성화에너지 장애는 더 낮아서 요구되는 온도는 현저하게 더 낮다 - 전형적으로 205~260℃에서 출발[37]. 촉매는 더 작은 부피의 장치에서 더 빠른 반응을 촉진시킨다.

소각의 여러 촉매기술이 다른 회사들에 의해서 개발되었다. 예를 들면, Anguil Environmental Systems Inc.사는 대기오염을 제어하는데 사용되는 기술들에 관한 선두주자이다[5]. 이들은 또한, 열적 소각장치와 촉매적 소각장치를 제작한다.

기술적인 측면에 관해서 열적 산화와 촉매적 산화는 제약점들을 갖는다. 올바른 기술을 선택함에서 모든 측면에 관한 조심스러운 고찰이 필요하다. 몇몇 참고문헌[8, 183]에서는 "적당한 소각장치 적용" 그리고 "소각장치들에 대한 추천 성능과 디자인 기준"에 관하여 기술하였다. 촉매적 산화에 의한 VOCs의 저감이 일어날 때 조심스럽게 평가되어져야 하는 인자들은 다음과 같다[37]: LEL(lower explosive limit)-연소공기와 함께 도입되는 가스 스트림에 대한 안전성 고려를 위해 그것의 농도를 LEL의 25% 이하로 유지시켜야 한다, 유속 - 2.8로부터 283m^3/min까지의 전형적인 시스템 용량 범위, 그리고 VOCs 농도 - 촉매적 산화는 전형적으로 "수백으로부터 수천 ppm까지의 VOCs 농도들에 대한 환경적 적용들을 갖지만 상대적으로 낮은

VOCs 농도들(~10ppm)에 대해 선호되는 기술이다."

촉매에 의한 산화는 냄새의 제어를 위해[72] 그리고 기화된 용매들을 포함하는 배출 물질들의 처리를 위해[188] 적용되어졌다. 또한, 실내공기 속의 매우 낮은 농도의 VOCs 처리를 위한 기술에 관해서도 연구되고 있다[131].

촉매적 산화의 큰 유리한 점은 그것이 이동상 배출원들에 대해서도 사용될 수 있다는 점이다. 가솔린 엔진에서 형성되는 자동차 배기가스는 불완전 연소의 결과로서 CO, 탄화수소(HC) 그리고 NO_x와 같은 많은 환경적으로 유해한 화합물들을 포함한다고 알려져 있다. 촉매 변환기라 불리는 흥미로운 장치의 개발은 실제적인 진보이다. 이 촉매 변환기는 배기가스가 자동차로부터 벗어나기 전에 이 가스를 처리한다[129]. 이 장치는 세 가지의 규제되는 배출 물질들인 CO, VOCs 그리고 NO_x를 CO_2, H_2O 그리고 N_2로 변환시킨다(그래서 이것을 삼원촉매 TWC: Three Way Catalyst라 알려지고 있음). TWCs는 1970년대 이래 차량에 장착되어졌으며[70] 낮은 배출의 차량들에 대한 증가된 요구와 수요 때문에(Euro Standard를 보시오)[187] 현재 대부분의 차량들에는 삼원 촉매 변환기가 장착되어 있다(전세계의 모든 신규 차량의 85%는 TWC가 장착되어 있다). 1976년이래 지금까지의 촉매 변환기의 발전에 관한 짧은 역사를 고찰한 문헌도 있다[42].

배출제어를 위한 방법으로서 촉매산화의 응용에 관해서는 여러 문헌들에 고찰되어 있다[147, 126]. 촉매 산화장치에 수반되는 적당한 경감된 온도들은 매력적인 절약된 에너지 외에도 일반적인 합금으로써[83] 만들어진 열교환기를 사용할 수 있는 가능성, 또한 CO_2 그리고 H_2O로의 더 높은 선택성을 초래하며 그리고 열 산화장치(고온을 수반하는)에서[148] 형성되는 다이옥신과 질소산화물들과 같은 유해한 부산물들이 형성되지 않도록 한다. 오리지널들보다도 훨씬 더 유독한 부분적으로 산화된 중간체들의 형성이 일어날 수 있었다는 사실이 보고되었다[107].

촉매산화를 매력적인 방법으로 만들었던 경제적 인자들은 촉매의 가격과 수명과 같은 약간의 부정적인 인자들과 경쟁한다. 마지막 인자에 관해서는 3.3절(촉매의 수명)에 기술키로 하겠다.

3. 촉매 산화장치와 촉매시스템

3.1 촉매 산화장치

촉매 산화장치는 VOCs의 산화가 오픈된 불꽃에서 일어나는 것을 대신해서 촉매층에서 일어난다는 것을 제외하고서 디자인에서 회복력 있는 산화장치와 비슷하다 [8]. VOCs를 포함하는 공기는 사전가열을 위해 열교환기를 거쳐 통과하여 촉매시스템으로 보내진다. 버너 챔버에서 공기는 VOC-촉매의 특정 반응온도로 가열된다. 산화공정에 기인하여 방출되는 열은 투입되는 배기가스를 사전가열시킨다. 열 산화장치와 촉매 산화장치 사이의 차이는 축매가 상당히 더 낮은 온도와 절감된 연료비용에서 같은 VOCs 파괴를 가능케 한다는 것이다. Anguil Environmental System Inc.사에 의해 제작된 촉매 산화장치의 개요도는 [그림 4-1]에 나타내었다.

[그림 4-1] Catalytic oxidizer(Anguil Environmental Systems Inc.)

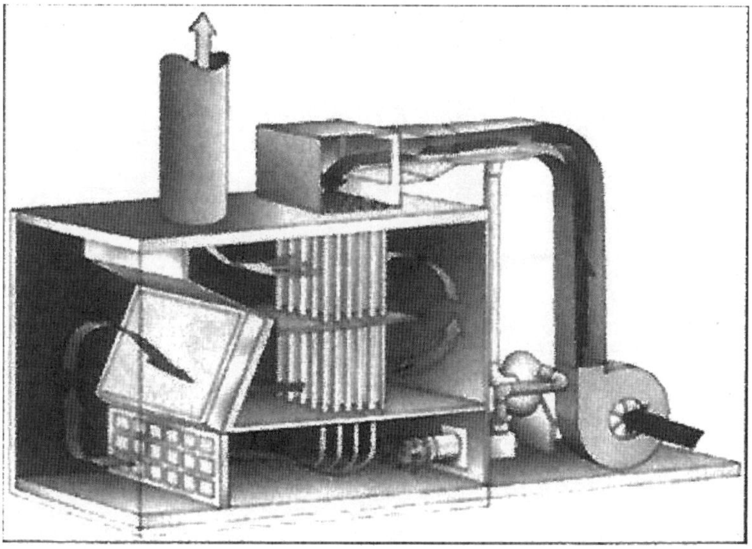

3.2 촉매시스템의 구조

전형적인 촉매시스템은 매우 다공성인 물질로써 앞서 washcoating되었던 기계적인 담지에 의해 제공된 확장된 표면을 가로질러 미세하게 분산된 촉매 활성물질로써 구성된다[37, 83]. 활성물질은 산소와 VOCs 사이의 반응이 일어나는 "자리들"을 나타낸다. 귀금속들과 일정하고 독특한 금속산화물들은 VOCs 산화를 위한 가장 활성적인 물질이다[102]. 그것의 높은 표면적에 의한 washcoat는 반응물들에서 실행가능한 활성자리들의 수를 최대화하며 그것은 "담지물질(support material)"이라 부리어진다. 앙상블의 물리적 구조와 기계적 보전은 금속(SUS) 혹은 세라믹에 의해 펠렛 혹은 monolith honeycomb과 같은 여러 형태를 취하는 "기계적 담지체"에 의해 제공된다[42]. 전형적으로 제조업체들은 최대 DRE(destruction removal efficiency)를 이루는 결정적인 디자인으로써 세라믹 honeycomb를 사용한다[37]. [그림 4-2]에는 monolith 벽돌 위에서의 washcoat의 분포방식을 나타낸다.

[그림 4-2] Monolith ceramic-section (Dumitriu and Hulea, 1997).

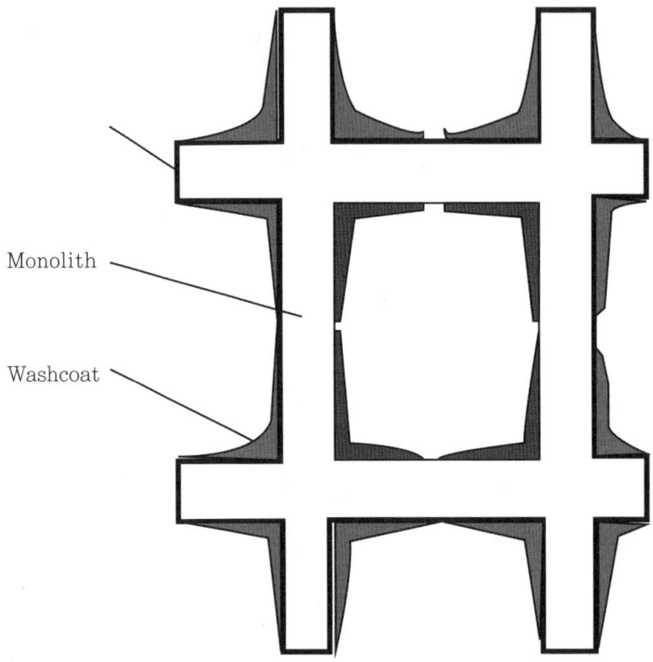

3.3 촉매수명

촉매산화의 제한들은 촉매시스템의 제한과 밀접하게 관련된다: 촉매수명과 촉매비용.

이론적으로 촉매는 영원하다. 그러나 실제로 그것의 수명은 감소된다[37]. VOCs의 완전산화 연구들에서 촉매의 촉매활성은 점화(light-off) 곡선들을("VOCs 변환 vs. 반응온도") 추적 조사함으로써 평가된다고 알려진다[83, 140]. 어떤 가동 기간이 지난 후

이 곡선은 활성도의 결손(비활성화)을 나타낸다. 촉매 비활성화에 대한 세 가지의 주된 이유들은 단독으로 혹은 서로 결합하여 작용할 수 있는 ***Poisoning, fouling*** 그리고 ***열적 비활성화***이다. 다음 사항들은 이들 현상에 대한 이유들을 설명하는 것들이다.

촉매의 활성 자리들은 두 번째 화학물질과 반응할 수 있었으며 만약 촉매 활성도가 향상된다면 그 현상은 ***doping***이라고 알려지며 만약에 감소한다면 ***poisoning***이라 알려진다[175]. 배기가스에 포함된 약간의 화학종들이 있는데 이들은 촉매작용을 억제하는 물질들(poisons)로서 생각된다: 할로겐, 실리콘, 인, 황, 수은, 납 그리고 카드뮴[37, 83]. 염소화된 화합물들이 촉매 상에서 변환될 때[42, 163] 염소는 활성자리들을 봉쇄하며 HCl은 캐리어와 반응하며 그것의 결정구조 붕괴를 유발시킬 수 있거나 혹은 금속-염소 화학종들이 기화된다[166]. 10ppm 이상의 할로겐화된 화합물들을 포함하는 VOC스트림은 전형적인 촉매의 활성도를 43%까지 저하시킨다[170, 83]. 다른 촉매들, 귀금속들 그리고 금속 산화물들에 미치는 염소화된 화합물들의 영향들에 관해 기술한 리뷰들이 있다[166, 196]. 또한, 염소화된 탄화수소들의 산화에 대해 제올라이트들이 더 효과적인 촉매들이라는 사실을 명시하는 약간의 보고들이 있다[27]. 염소화된 화합물들의 산화에 대해 좋은 촉매는 위에서 언급된 저하 현상에 의해서 영향을 받아서는 안 된다. 그것은 또한 독가스, 염소화된 다이옥신 혹은 DBF(dibenzofurans)와 간은 위험한 VOCs 그리고 금속 염화물 혹은 금속 산염화물과 같은 무기물의 형성을 제한해야 한다[163, 194]. 현재 촉매 공급업체들은 이와 같은 그러한 촉매들을 제공하고 있다[83]. VOCs가 실리콘, 인 혹은 황을 포함할 때 그들의 산화물들이 형성되며 이들이 활성자리들을 커버하여서 촉매 활성도를 감소시키게 된다. 그러므로 많은 연구원들은 이들 금속 산화물들에 대해 더 낮은 친화력을 나타내는 촉매 포뮬레이션들을 찾고 있다.

촉매의 활성자리 그리고/혹은 동공들이 그 위에 퇴적되는 물질에 의해서 봉쇄될 때 촉매의 오염이 일어난다고 알려지고 있다[12]. 가장 일반적인 오염물질은 코우크(탄화 퇴적물들)이다[15]. 그것은 촉매 상에서 유기화합물들의 바람직스럽지 못한 반응들에 의해 형성되며 그것의 화학적 성질은 흑연 탄소로부터 축합된 고분자들에 이르기까지 폭넓게 변한다. 제올라이트들은 그러한 비활성화에 순응하는 촉매들이다.

촉매들은 상당히 꽤 높은 온도들에서 작용할 수 있다. 그럴 경우 조만간 ***열적 비활성화***가 일어날 수 있다[178]. 이것은 더 까다로운 문제인데 이 경우에 비활성화는 비가역적이다. 고온은 촉매의 성분들 사이에서 고체상태 반응들을 유발한다; 만약 활성물질이 캐리어와 반응한다면 더 낮은 혹은 무시 가능한 활성들의 형성이 일어난다. 고온에서 결정들은 성장하거나 혹은 촉매의 성분들이 재결정하며 그러한 과정들은 표면적의 결손을 초래한다. 비활성화의 이 마지막 형태를 ***sintering***이라 부르며 이것은 표면에너지를 감소시키기 위하여 고체상태에서 물질의 재분포(배)를 수반한다. 열적 비활성화의 세 번째 형태는 촉매의 휘발에 의해 나타내어진다. 저온 촉매들을 개발하는 것은 중요하며 주로 연구원들의 목표 중에서 하나는 저온 작용 개시 기간의 최소화이다.

그래서 촉매들의 완전한 실행을 위해서는 몇 가지 문제들이 제기되는데 이 문제들은 연구원들에 대한 도전적 과제들이다. 좋은 촉매는 큰 활성도 이외에 변화하는 온도조건들과 오염들에 대하여 저항적이어야 하며 저렴해야 한다.

이 장에서는 VOCs의 산화에서 다른 촉매들에 의해 이루어진 몇 가지 연구들에 대하여 리뷰하고져 하였다.

4. VOCs의 산화에서 사용된 촉매시스템

4.1 VOCs의 산화에서 사용된 캐리어들

캐리어는 활성적인 상을 부착할 수 있고 흡착을 통해서 반응물을 끌어당길 수 있는 높은 표면적(150~300m^2/g of support)[37]을 갖는 미세 다공성 내화물이어야 한다. VOCs 산화에서 사용되는 그러한 물질에 관해서는 더 이상 기술키로 하겠다.

VOCs 파괴를 위한 활성적인 상들에 대해 가장 일반적으로 사용되는 캐리어는 $\gamma-Al_2O_3$*(alumina)*[123]이다. γ-알루미나는 100~200m^2/g의 표면적을 갖는다[42]. 상승된 온도들에서 그것의 결정구조는 소결(sintering)에 의해서 변화하며 가장 열역학적으로 안정한 상은 1~5m^2/g의 표면적을 갖는 $\alpha-Al_2O_3$라는 사실이 알려져 있다. 표면적의 감소 이외에 "기질의 거시적인 이동"은 촉매의 기계적 세기에서의 감소에 의해서 수반하여 일어난다[158]. 동시에 알루미나 위에 분산된 금속입자들은 함께 들러붙을 수 있으며[120] 혹은/그리고 캐리어 속에서 캡슐화될 수 있다("지진현상"으로서 알려진 과정)[181]. 그래서 금속의 표면적은 감소하며 촉매 활성도는 감소된다. $\gamma-Al_2O_3$의 $\alpha-Al_2O_3$로의 이 상변환은 Pt와 같은 활성적인 상[23] 그리고 그들의 더 높은 농도들 때문에 귀금속들보다도 더 강한 영향을 미치는 Mn, Fe, Ni, Mo, Co, V 그리고 Cu와 같은 금속들의 산화물들에 의해서[142, 133] 촉진된다. Ferrandon은 알루미나에 도핑된 이온들(*Zr, Ti, La, Ce, Ba, Sr, Si, Sn, Mg, Ca*)은 그것을 안정화시킨다는 사실을 고찰하였으며[47] 안정화제의 첨가에 의해서 소결효과는 억제될 수 있다고 주장하였다. Al_2O_3 상변환을 억제하기 위한 가장 좋은 첨가제들 중에서 하나는 특히 활성적인 화학종들이 그것 위에 담지될 때[134, 158] La임을 나타내었다[23, 142]. 그러한 산화물들과 결합된 이와 같은 알루미나는 TWC를 위한 washcoat로서 사용된다[179]. Ferrandon[47]은 안정화의 메커니즘 그리고 La 도핑의 다른 긍정적인 효과에 관하여 고찰하였으며 신뢰할 수 있는 방안은 perovskite $LaAlO_3$ 그리고 lanthanum$-\beta-$alumina이라고 주장하였다.

알루미나의 다른 불리한 점은 염화수소와 염소에 대한 그것의 낮은 저항성이다[95].

이것은 이 물질들에 의해 영향을 받지 않는 새로운 담지체 재료에 대한 연구에 대한 이유이다. 위에서 언급했던 바와 같이 그러한 재료는 존재한다. TiO_2-SiO_2는 HCl에 대한 높은 저항성을 나타내며[95] ***Sud-Chemie Prototech's***[170]는 할로겐의 공격을 막고 안정하게 남게 되는 특별히 포뮬레이션된 washcoat와 담지체들을 제공한다.

산-염기 성질들 그리고 산소저장능력(용량)[32]과 결합된 그것의 열 안정도와 화학 안정도 때문에 ***ZrO_2***는 불균일계 촉매의 분야에서 관심이 증가하고 있는 대상 물질이다. 지르코니아에 귀금속들[52, 122], 금속 산화물들[52, 80] 그리고 perovskites를 담지시킴으로써 산화를 위한 좋은 촉매들이 얻어진다. Ceria 격자에 zirconia의 도입에 의해[18] 표면 그리고 벌크 격자 산소 화학종들의 더 높은 이동도가 얻어져서 메탄을 산화시킬 수 있다(그것의 변환은 400℃에서 시작하여 800℃에서 완결된다). 명백하게 백금을 이 캐리어 위에 분산시켰을 때 더 좋은 활성도 vs. 메탄의 산화가 이루어졌다(변환은 200℃에서 시작한다).

그것의 성질들 때문에 ***SnO_2***는 VOCs의 촉매산화에서 담지체로서 그리고 활성적인 상으로서 사용될 수 있다. SO_4^{2-}음이온들로써 SnO_2를 도핑함으로써 소결을 방해하는 superacid sites 때문에 그리고 더 활성적인 산소화학종들 때문에 메탄의 산화에서 Pd에 대한 좋은 캐리어가 얻어진다고 보고되었다[78].

Niobia는 VOCs의 산화에서 담지체로서 사용되는 다른 금속 산화물이며 그것은 금속들과 산화바나듐을 담지한다[76].

환경촉매 분야에서의 ***제올라이트***들의 응용에 관해서는 최근에 출간된 리뷰에 기술되어 있다[81]. 촉매적 연소에 대해 가장 많이 사용되는 것은 금속을 포함하는 제올라이트들이다[93]. 그들의 잘 정리된 구조와 구성체제 그리고 그들의 산성 성질 때문에(조절될 수 있는) 제올라이트들은 다른 담지체들과 비교하였을 때 약간의 유리한 점들을 나타내며 주로 그들은 또한, 촉매 활성도를 갖는다. 제올라이트들은 그들 위에 담지된 금속의 타입과 입자 크기들을 조절할 수 있으며[94] 활성적인 성분들에 대한 높은 분산을 제공할 수 있다[84]. 제올라이트들의 결정 내 공간은 프로세스 반응속도에 주된 역할을 한다[17]. 제올라이트들은 폭넓은 범위의 연료-공기 비율들에 대해서 사용될 수 있으며 VOCs 산화의 더 낮은 가동온도들을 필요로 한다. 총 변환은 유기화합물의 성질에 의존하여 140℃와 360℃ 사이에서 달성될 수 있다[96, 101]. VOCs의 산화 동안 탄화 퇴적물들(coke)은 제올라이트들의 동공내에서 그리고 더 외부의 표면 위에서 형성된다[40]. 이것은 그들의 비활성화를 초래한다.

VOCs의 완전한 산화에 있어서의 ***PILCs(pillared interlayered clays)***의 사용에 관해서 매우 적은 수의 보고들이 있다. 이들은 제올라이트들의 그것과 비교될 수 있는 다공성 구조의 산도를 갖는 높은 표면적의 미세 다공성 물질이다[57]. 가끔 mesoporosity가 또한 형성될 수 있었다. PILCs의 Brönsted 산(성)도와 특정 표면적은 Al과 Cr과 같은[59] 전이금속들의 그리고 *Pt*와 같은 귀금속들의 더 좋은 촉매 성능에 기여하였다[58].

Al_2O_3, SiO_2, 제올라이트와 같은 전통적인 금속 산화물 담지체들의 주된 결점들은 낮은 열전도도이다: 이것은 VOCs의 깊은 그리고 발열적인 산화 동안 담지체의 뜨거운 지점들에서의 담지된 금속의 소결[202], 상승된 온도들에서의 수증기와의 반응 그리고 oxychlorides와 같은 귀금속들의 기화[189]를 초래한다. 모든 이들 결함들은 VOCs의 촉매 산화에서 사용되는 촉매의 담지체들로서 비산화물 재료의 시도를 초래한다.

활성탄에 담지된 Pt는 VOCs의 산화에서 전통적인 $Pt/\gamma-Al_2O_3$[199]에 비해서 가동을 위한 더 낮은 온도, 더 소수성 표면, 더 염소에 대한 저항성 그리고 무시 가능한 금속-담지체 상호작용들과 같은 여러 유리한 점들을 나타내었다. 그러나 활성탄은 250℃보다도 더 높은 온도에서는 사용될 수 없다.

담지체로서 많은 유리한 점들을 갖는 새로운 비산화물인[130] ***hexagonal boron nitride(h-BN)***에 대해서는 온도는 문제가 되지 않는다[36]. 이것은 높은 열 안정도를 갖는다. h-BN에 담지된 Pt는 200℃ 가까이에서 가솔린 증기의 90% 이상을 산화시킨다[199]. 이 촉매의 활성도들은 $Pt-Al_2O_3$의 그것들보다도 더 오래 유지되고 지속될 수 있다고 보고되었다.

"h-BN의 사용은 촉매작용에서 프런티어가 될 것이다."

4.2 VOCs의 총 산화에서의 활성적인 상들

VOCs의 산화에 사용되는 촉매들에는 두 가지 타입들이 있다[53, 136, 210]:

(i) 귀금속들 (ii) 전이금속들의 산화물들

여러 기술적 측면들을 고찰함으로써[70, 102] 이들이 선호되는 촉매들로 고려되어졌다. VOCs 화합물들은 다른 반응성을 갖는다. 다음과 같은 반응성의 순서가 확립되었다[72, 131]: 알코올>알데하이드>방향족>케톤>알켄>알칸. 그러므로 어떤 촉매들 부류의 활성도를 테스트하기 위해 알칸 화합물은 좋은 선택이며[165] 아마도 이것은 CH_4에서 이루어진 대다수의 연구들에 대한 좋은 설명이 된다. 실제로 처리되어져야 하는 가스 스트림은 유기화합물들의 혼합물로써 이루어진다. 촉매의 성능은 상호효과들에 의해 영향을 받기 때문에 단일 화합물의 산화로부터 혼합물 행동을 예측하는 것은 쉽지 않다[11, 22, 72, 103, 125, 137, 203, 204]. VOCs 분자들은 다른 분자들에 의해 활성화될 수 있다고[72, 125, 128, 189] 그리고 또한 선택성 변화들이 일어날 수 있었다고[11, 125] 주장한다. 따라서 산화촉매들 상에서 VOCs 반응성을 결정하는 모든 인자들을 이해하는 것은 매우 중요하다.

4.2.1 VOCs 산화를 위한 활성물질들로서의 귀금속

귀금속들은 가스 스트림으로부터 VOCs의 산화제거를 위한 높은 활성도들을 갖는 촉매들로서 알려지고 있다. Pt와 Pd는 그들의 높은 고유의 활성도 때문에 가장 일반적으로 사용된다[136]. 그들은 종종 Ru, Rh, Os 그리고 Ir과 같은 다른 금속들과 합금을 형성하며 산화물들에(Al_2O_3, SiO_2) 담지된다[132, 188]. 산화반응들은 귀금속들에서 매우 빠르게 일어나기 때문에 이들 활성적인 상들(물질들)은 촉매의 단지 작은 %분율만을 나타낸다.

*Catalytica*사는 1993년의 문헌에 관한 리뷰를 발표하였다[74]. 금속촉매들의 활성도는 유기화합물의 성질에 상당히 의존한다. 귀금속들은 탄화수소들과 함산소 화합물들을 포함하는 가스들에 폭넓게 적용된다.

탄화수소글에 관하여 알루미나, 실리카 그리고 제올라이트에 담지된 이들 금속들(Pt, Pd, Rh)은 광범위하게 그리고 집중적으로 연구되었으며 성공적으로 사용되었다[65, 210]. 메탄의 경우에 팔라듐에 대해서 제외하고서 백금은 탄화수소들의 산화에 대해 가장 활성적인 금속인 것으로 인식된다[20, 86]. 할로겐화된 탄화수소들의 산화에 대한 귀금속들의 활성도들에 관한 정보는 문헌에 따라 다르다; Petrosius 등[143]은 귀금속들은 그들의 가격 그리고 Cl_2와 HCl에 대한 그들의 민감성 때문에 이 반응에 대한 좋은 선택이 아니라고 주장하였다. 같은 해에 Windawi와 Wyatt[198]는 이 촉매들은 그들의 효율성들 때문에 할로겐화 된 화합물들의 파괴를 위해 성공적으로 상업화되었다고 주장하였으며 이 주장을 옹호할 수 있는 보고들이 있다[105, 123, 143, 166, 198, 185].

활성물질들로서 귀금속들(Pt 그리고 Pd)에 의한 VOCs 산화에 관한 연구들의 요약은 <표 4-1>에 나타내었다.

〈표 4-1〉 Overview of some studies made on VOCs oxidation with noble metal as catalysts

VOCs			CATALYSTS/REFERENCES Pt-CATALYSTS	Pd-CATALYSTS
HYDROCARBONS	Alkanes	methane	Bezo et al., 2000;$-CeO_2-ZrO_2^*$. Garetto and Apesteguia, 2000;$-Al_2O_3$.	Wang and Xie, 2001b; $-SnO_2(SO_4^{2-})$
		propane	Marécot et al., 1994.	Marécot et al., 1994b.
		butane	Labalme et al., 1996.	
		heptane	Hicks et al., 1991.	
		cyclopentane	Garetto and Apesteguia, 2000;$-Al_2O_3$.	
		cyclohexane		Mochida et al., 1975.$-$zeolite Y.
	Alkanes	ethylene	Pliangos et al., 1997; $-TiO_2$, ZrO_2, $\gamma-Al_2O_3$, SiO_2.	
		propene	Bozo et al., 2000; $-CeO_2-ZrO_2^*$	
			Marécot et al., 1994b.	
		cyclohexene	Kullavanijaya et al., 2000; $-CeO_2-Al_2O_3$.	
	Aromatics	benzene	Hermia and Vigneron, 1993; Sawyer and Abraham, 1994; Papaefthimiou et al., 1998.	
			Papaefthimiou et al., 1997.	
		toluene	Burgos et al., 2002;	Paulis et al., 2000;$-Al_2O_3$.
$Cl-$ VOCs	trichloroethylene		van den Brink et al., 1998.	Spivey and Butt, 1992; Petrosius et al., 1993.
			Kulażyński et al., 2002;$-TiO_2-SiO_2$.	
O-containing VOCs	alcohols	2-propanol	Burgos et al., 2002;	
		$n-$butanol	Sawyer and Abraham, 1994; Hermia and Vigneron, 1993.	
			Papaefthimiou et al., 1997.	
	ketones	acetone	Burgos et al., 2002; Gil et al., 2001; $-Al-$pillared smectite.	
		methyl-ethyl-cetone	Gil et al., 2001; $-Al-$pillared smectite. Burgos et al., 2002;	
	esters	ethyl-acetate	Sawyer and Abraham, 1994;$-Al_2O_3$ Tichenor and Palazzolo, 1987; Papaefthimiou et al., 1997.	
			Papaefthimiou et al., 1997.	
		$n-$butylacetate		Musialik-Piotrowska and Syezewska, 1989.
		methyl-methacrylate	Kullavanijaya et al., 2000; $-CeO_2-Al_2O_3$.	
other VOCs		diethylamine	Kullavanijaya et al., 2000; $-CeO_2-Al_2O_3$.	
		thiophene	Kullavanijaya et al., 2000; $-CeO_2-Al_2O_3$.	
		gasoline vapor	Wu et al., 2001;-h-BN.	
		other VOCs	O'Malley and Hodnett, 1999;$-$mordenite, silica, alumina.	Burck et al., 1995;$-Al_2O_3$

Pd는 Pt보다도 황화합물들과 납 화합물들에 더 민감하다[87, 71]. 황이 가스 스트림으로부터 제거되자마자 Pt는 더 빠른 회복을 나타낸다[13]. Pt 혹은 Pd를 탄화수소들의 산화를 위해 사용할 때 황 성분의 영향은 특히 고온에서 별로 대단치 않다[13].

대조적으로 $Pt/\gamma Al_2O_3$에 걸친 프로판 산화에서 SO_2는 촉진하는 효과를 나타내었다[19, 78, 110]. Pd/HZSM-5에서 그리고 Pd-Pt/HZSM-5에서의 나프탈렌 변환에서도 같은 효과가 보고되었다[84]. 오염된 촉매들은 600-800℃에서 재생될 수 있다[10, 13].

높은 비용과 제한된 유효성 때문에 가능한 한 촉매들에서 낮은 농도의 귀금속들을 사용하는 것이 중요하다. 그것은 활성적인 금속들이 높은 분산(정)도로 유지되어져야 한다는 것을 의미한다. 그러나 어떤 주어진 양의 Pt 혹은 Pd에서 최적의 입자크기가 존재한다는 사실이 보고되었다[111]. 예를 들면, 프로판의 산화에 대해 이 최적 입자크기는 각각 Pt에서 20% 가까이에서의 금속분산 그리고 Pd에서의 50%에서의 금속분산에 해당한다. 약간의 연구들[54, 56, 73, 98, 110, 137]에서는 탄화수소들의 산화는 오히려 더 큰 금속 결정들에서 진행되며 비록 문헌에서 약간의 논쟁이 있다 할지라도[29] 산화는 일반적으로 구조에 민감한 반응인 것으로 생각되고 있다고 주장하였다. 최근의 연구들[144, 137, 56]에서는 백금이 캐리어와 상호작용하여 촉매의 성능에 영향을 미친다는 사실이 밝혀졌다. 약간의 연구원들은[202] 이들 상호작용들은 촉매 활성도에 부정적인 영향을 미친다고 보고하였다.

열적인 저항성에 관해서 Pd는 Pt보다도 산화환경에서 열적 소결에 대하여 더 저항적인 것으로 알려졌다[70, 71, 166]. Pt는 산화조건들하에서 휘발한다[54]. Pd는 Pt보다도 더 높은 온도(750~850℃)에서 Al_2O_3 위에서 산화물들로서 분산될 수 있다[97]. PdO와 Al_2O_3 사이의 상호작용은 산화 분위기에서 Pd-Al_2O_3 촉매들에 상당한 활성도를 제공한다. 처리공정 과정 동안 형성된 Pt 그리고 Pd의 산화물들은 또한 유독한 RuO_2, OsO_4 혹은 Ir_2O_2와 대조적으로 휘발성 물질이 아니다[38].

그들의 높은 활성도들에도 불구하고 비용, 제한된 실행과 입수 가능성 그리고 고온과 오염에 대한 민감성 때문에 연구원들은 VOCs 산화를 위한 촉매들로서 시도되는 귀금속들과 물질들의 치환에 대하여 노력하였다.

4.2.2 VOCs 산화에서 활성물질들로서의 전이금속들

VOCs 산화에서 다른 재료들 위에 담지된 전이금속들을 조사하기 위한 여러 연구들이 실행되었다. 전이금속들에 의한 VOCs 산화에 관한 연구들에 관해서 <표

4-2>에 요약하여 정리해 놓았다.

〈표 4-2〉 Overview of some studies made on VOCs oxidation with transition metals like catalysts

VOCs			CATALYSTS	REFERENCES
HYDROCARBONS	Alkanes	$n-$hexane	$Au/CeO_2/Al_2O_3$ and Au/Al_2O_3	Centeno et al., 2002.
			Group Ⅷ/support	Papaefthimiou et al., 1997. Lahousse et al., 1998b.
	Alkanes	benzene	$Au/CeO_2/Al_2O_3$ and Au/Al_2O_3	Centeno et al., 2002.
			CuY	Papaefthimiou et al., 1997.
			Group Ⅷ/support	Lahousse et al., 1998b.
		toluene	$Cr; Co; Cu; Ni/Y$ zeolite	Antunes, 1999.
			Au/Al_2O_3	Minicò et al., 2001.
			$Au(Ag, Cu)/Fe_2O_3$	Scirè et al., 2001.
			$CuNaHY$	Antunes et al., 2001.
	other hydrocarbons		Transition metals/zeolite	Chatterjee et al., 1992. Neyerstanaki et al., 1995.
O-VOCs	Alcohols	methanol	Au/Al_2O_3	Minicò et al., 2001.
			$Au(Ag, Cu)/Fe_2O_3$	Scirè et al., 2001.
		ethanol	Au/Fe_2O_3	Minicò et al., 2001.
		2-propanol	$Au/CeO_2/Al_2O_3$ and Au/Al_2O_3	Centeno et al., 2002.
			Au/Al_2O_3	Minicò et al., 2001.
			$Au(Ag, Cu)/Fe_2O_3$	Scirè et al., 2001.
		butanol	Group Ⅷ/support	Papaefthimiou et al., 1997. Lahousse et al., 1998b.
Cl-VOCs	chlorineted hydrocarbons	methylene cloride	$CuCl$	Lago et al., 1996.
			Au/Co_3O_4	Chen et al., 1996.
		Chlorobenzene	$Cr/$doped pillared bentonite clays	Storaro et al., 1995.
			Uranium based catalyst	Hutchings et al., 1996
		chlorinated hydrocarbons	$Co-Y$, $Cr-Y$, $Cr-ZSM-5$	Greene et al., 1996; Ramachandran et al., 1996; Chintawar and Green, 1997.
O-VOCs		acetone	Au/Fe_2O_3	Minicò et al., 2001.
		ethylacetate	Group Ⅷ/support	Papaefthimiou et al., 1997. Lahousse et al., 1998b.
other VOCs			$Au/$support	Bond and Thompson, 1999; Sakurai and Haruta, 1995.
			Au/Fe_2O_3	Minicò et al., 2001.
			Au	Centeno et al., 2002.

최근까지 그것의 화학벅 비활성[154] 그리고 일반적인 담지재료 위에서의 높은 분산을 어려움 때문에 ***금***은 촉매적으로 사용되는 전이금속들 중에서 하나로서 생각되었다. Fe_2O_3, Co_3O_4 그리고 Mn_2O_3와 같은 금속산화물들에 분산된 금의 나

노입자들은 VOCs 산화에서 높은 촉매적 활성도를 갖는다. VOCs의 산화에서 Fe_2O_3[155]에 담지된 IB족의 금속들 모두를 연구하였는데 다음과 같은 촉매 활성도의 순서가 확립되었다:

Au/Fe_2O_3>>***Ag***/Fe_2O_3>***Cu***/Fe_2O_3. Au/Co_3O_4(5% Au)는 CH_2Cl_2의 산화에서[28] 어떤 현저한 비활성화 없이 Pt/Al_2O_3(0.5%)보다도 70배 더 활성적이라는 사실이 밝혀졌다.

VOCs 산화에서 전이금속으로써 교환된 혹은 함습된 제올라이트들에 관해서 조사하였다. 전이금속 양이온들은 제올라이트의 산도와 산소 화학흡착을 증가시켜서 탄화수소들의 변환에 대한 제올라이트의 활성도를 향상시키는 것으로 밝혀졌다[27]. 금속을 포함한 제올라이트들(예를 들면, Co-Y, Cr-Y, Cr-ZSM-5)은 또한, 염소화된 화합물들의 산화에서 연구되었다[90].

4.2.3 VOCs 산화에서 활성물질로서의 산화물들

금속산화물들은 비록 그들이 더 높은 온도에서 같은 촉매 활성도를 가질 수 있다 할지라도 VOCs 산화를 위한 촉매들로서 귀금속들에 대한 대체물질이다. 가장 활성적인 산화물들은 *P*-반도체 성질을 가지며 가장 종종 사용되는 것들은 ***Ag, V, Cr, Mn, Fe, Co***의 산화물들이다.

Ni 그리고 Cu[146] 산화물들의 약간의 결합들은 단일성분들과 비교하였을 때 혹은 귀금속의 그것과 비교되는 더 높은 활성도들을 나타내었다. 그러한 촉매들에는 ***Cu-Mn***[112], ***Cu-Cr***[186], ***Cu-V***[2], ***Mn-Ni***[113], ***Ag-Mn***[108], ***Ag-Co***[108], ***Cr-Co***[186], ***Co-Zn***[92] 그리고 ***Cu-Al***[141]이 포함된다. 양이온들과 산소의 화학종들 사이의 재미있는 구조적인 결합인 perovskites는 또한 VOCs의 산화에서 활성적인 화학종으로서 재미있다. 그들의 성능들에 관해서는 이후에 고찰키로 하겠다. 전이금속 산화물들은 탄화수소들의 완전하고 선택적인 산화에서 매우 활성적인 것으로 밝혀졌다[4]. 여러 혼합된 금속산화물 시스템들은 염소화된 탄화수소들의 산화에 적용되었다[166, 210, 143, 196, 95]. 유독한 다중 염소화된 부산물의 형성[51] 그리고 휘발성 oxychlorides로서 촉매재료의 결손[62]은 결전들로서 종종 직면하게 된다. 한 가지 예외는 ***uranium oxide***인 것 같다[75]. 전이금속 산화물들에 의한 VOCs의 산화에 관한 연구들의 요약은 <표 4-3>에 나타내었다. 문헌에 언급된 산화물들 중에서 몇 가지의 적은 수가 특히 다음과 같이 유망한 것 같다.

〈표 4-3〉 Overview of some studies made on VOCs oxidation with transition metals oxides like catalysts

VOCs			CATALYSTS	REFERENCES
HYDROCARBONS	Alkanes	methane	Mn-based oxides	Zhang et al., 1989; Ozkan et al., 1990; Lahousse et al., 1997; Milellea et al., 1998; Gallardo-Amores et al., 1999.
			Sn-based oxides	Meons et al., 1997; Wang and Xie, 2001a; Wang and Xie, 2001d; Wang and Xie, 2001c.
		ethane	$Cr_2O_3/\gamma-Al_2O_3$ $Co_3O_4/\gamma-Al_2O_3$	Kang and Wan, 1994
		propane	SnO_2 -La, Pr, Nd, Sm, Gd; SnO_2-Cr	Harrison et al., 1999.
		n-butane	V_2O_5, Nb_2O_5, TiO_2, MoO_3, WO_3, ZrO_2, HfO_2, Dy_2O_3, MnO_2, Cr_2O_3, CuO and Co_3O_4	Pradier et al., 2000.
	Alkenes		$Mo-Nb_2O_5$	Thorsteinnson et al., 1978.
O-VOCs	aromatics	benzene	$H-ZSM-5$	Anderson et al., 1991.
		toluene	V_2O_5/Nb_2O_5	Huuhtanen and Anderson, 1993.
			$H-ZSM-5$	Dong et al., 1991.
			Co_3O_4 -Sm	Imamura, 1985.
		methyl-substituted aromatic compounds	V_2O_5/Nb_2O_5	Sharipov et al., 1972.
		Phenanthrene	$Mn-Zr$ mixed oxides	Fermádez López et al., 2001.
other hydrocarbons			ZrO_2-CeO_2	Terribile et al., 1999.
			$SnO-Cr_2O_3$	Fabritchnyl et al., 1992; Harrison et al., 1999.
			SnO_2-Cu, Pd, Cr, Sb	Harrison, 1989.
			NiO	Yao and Kummer, 1973.
			$\alpha-Cr_2O_3$	Yao, 1973.

〈표 4-3〉 (continued)

<table>
<tr><td rowspan="7">Cl-VOCs</td><td colspan="2">cloromethane</td><td>$SnO_2-Cr_2O_3$</td><td>Solymosi et al., 1995.</td></tr>
<tr><td colspan="2" rowspan="2">clorobenzene</td><td>Y-type zeolitE</td><td>Becker et al., 1995.</td></tr>
<tr><td>Uranium oxide</td><td>Hutchings et al., 1996.</td></tr>
<tr><td colspan="2" rowspan="4">other Cl-VOC</td><td>Metal oxides</td><td>Lago et al., 1996;
Kiessling et al., 1998;
Busca et al., 1998.</td></tr>
<tr><td>Chromium and copper oxides</td><td>Agarwal et al., 1992;
Griesbaum et al., 1997.</td></tr>
<tr><td>Cr_2O_3/Y</td><td>Chatterjee and Greene, 1991;
Chatterjee and Greene, 1992.</td></tr>
<tr><td>zeolites</td><td>Chatterjee and Greene, 1991;
Chatterjee and Greene, 1992.</td></tr>
<tr><td rowspan="9">O-containing VOCs</td><td rowspan="3">alcohols</td><td>methanol</td><td>V_2O_5/Nb_2O_5</td><td>Jehng et al., 1992</td></tr>
<tr><td rowspan="2">isopropanol</td><td>V_2O_5/Nb_2O_5</td><td>Kera and Kawashima, 1988.</td></tr>
<tr><td>$Mn-Zr$ mixed oxides</td><td>Fern ndez L pez et al., 2001.</td></tr>
<tr><td rowspan="4">Ketones</td><td rowspan="3">acetone</td><td>Mn_2O_3</td><td>Gandia and Korili, 2001.</td></tr>
<tr><td>$Ag-Mn/Al_2O_3$;
$Ag-Co/Al_2O_3$;
$Ag-Ce/Al_2O_3$</td><td>Luo et al., 1998.</td></tr>
<tr><td>$Mn_2O_3/Al_2O_3(SiO_2)$</td><td>Paulis et al., 2000.</td></tr>
<tr><td>methyl ethyl cetone</td><td>Mn_2O_3</td><td>Gandia and Korili, 2001.</td></tr>
<tr><td rowspan="2">Esters</td><td rowspan="2">ethyl acetate</td><td>V_2O_5, Nb_2O_5, TiO_2, MoO_3, WO_3, ZrO_2, HfO_2, Dy_2O_3, MnO_2, Cr_2O_3, CuO and Co_3O_4</td><td>Luo et al., 1998.</td></tr>
<tr><td>$Cr_2O_3/SiO_2(Al_2O_3, MCM-41)$</td><td>Pradier et al., 2000.</td></tr>
<tr><td rowspan="7">Other-VOCs</td><td colspan="2">pyridine</td><td>$Ag-Mn/Al_2O_3$;
$Ag-Co/Al_2O_3$</td><td>Luo et al., 1998.</td></tr>
<tr><td colspan="2" rowspan="6">other VOCs</td><td>MnO_2</td><td>Lahousse et al., 1997;
Lahousse et al., 1998a.</td></tr>
<tr><td>Mn_2O_3</td><td>Zhang et al., 1989.</td></tr>
<tr><td>$MnO_x/Al_2O_3(SiO_2)$</td><td>Ozkan et al., 1990.</td></tr>
<tr><td>MnO_x/TiO_2</td><td>Gallardo-Amores et al., 1999;
Milella et al., 1998.</td></tr>
<tr><td>$Cu(II)Mn(IV)O_x$</td><td>Yoon and Cocke, 1988;</td></tr>
<tr><td>SnO_2</td><td>Meons et al., 1997.</td></tr>
</table>

chromium oxide를 포함하는 촉매들(전형적으로 Cr_2O_3로서 계산된 12-25wt% chromia)은 할로겐화된 화합물들의 파괴에서 폭넓게 그리고 성공적으로 사용되었으며[105, 143] 이 화합물들의 파괴에서 가장 활성적인 촉매들 중에서 하나인 것으로 주장된다[45]. 약간의 chromia계 촉매들의 성능들은 귀금속들을 포함하는 촉매들보다도 우수한 것 같다. 그러나 상승된 온도에서 매우 유독한 chromium oxychloride ($Cr_2O_2Cl_2$)가 형성된다. 이것은 Cr계 촉매들의 적용을 낮은 가동온도들로 제한하기 위한 이유이다[95].

물의 존재는 이 원치 않는 과정을 억제시킬 수 있다고 보고되었다[105].

Manganese oxides는 CO와 HCs의 총 산화를 위해 매우 활성적인 것으로 인식되며[206, 184] 이들은 환경친화적인 물질인 것으로 생각된다[150].

Zener에 따르면[207] $\beta-MnO_2$, $\gamma-MnO_2$, Mn_5O_8, $\alpha-Mn_2O_3$, $\gamma-Mn_2O_3$ 그리고 $\alpha-Mn_3O_4$와 같은 Mn oxides는 최적의 표면 산화환원 촉매들이다. 최근의 논문에서[101] Lahousse 등은 MnO_2의 nsutite(γ) 형태는 VOCs 산화에서 더 활성적이며 많은 점들에서 귀금속들에 기초한 전통적인 촉매들보다도 우수하다고 보고하였다. Mn_2O_3의 구조에 나트륨 이온과 세슘 이온의 첨가에 의해[55] 아세톤과 MEK의 연소에서의 그것의 성능은 향상되었다고 밝혀졌다; 이에 대조적으로 황산이온들은 Mn_2O_3의 활성도를 감소시키며 시트르산은 영향을 나타내지 않았다.

몇몇 연구원들에 따르면[122] Mn계 촉매들이 산화에 대해서 매우 활성적이 되도록 하기 위해서는 tetravalent Mn을 필요로 한다. 그러나 Mn(Ⅳ) 화합물들은 일반적으로 고온에서 불안정하며 산소와 덜 산화된 Mn 화합물들로 분해를 겪게 된다. 그래서 연구원들은 VOCs 산화에서 분석되는 다른 조성들에서 이 양이온을 안정화시키고져 하였다. Titania에서 안정화된 Mn(Ⅳ)은 매우 활성적이지 않은 것으로 밝혀졌다[116]. Mn을 포함하는 strontium titanate-zirconate perovsites는 메탄의 연소에서 좋은 결과들을 얻었다[39]; 금속들[52]과 산화물들[124]에 대해 좋은 담지체로서 잘 알려진 zirconia는 Mn(Ⅳ) 양이온들을 안정화시킨다; 여러 Mn-Zr 혼합된 산화물들은[46] 매우 낮은 온도(250-400℃)들에서 검댕이에 대한 모델로서 총 페난스렌을 산화시키며 그리고 이소프로판올의 산화에서 매우 활성적이며 CO_2로의 더 선택적이다. 이 재료들은 순수한 Mn 산화물들의 촉매 활성도에 근접하지만 Mn-Ti 촉매들보다도 더 높은 열 안정도를 가지며 더 활성적이다. Mn-Fe 복합 산화물들은 산소를 포함하는 유기화합물들의 산화에서 귀금속 촉매보다도 더 높은 활성도를 갖는다[109]. Copper manganate 그리고 hopcalite(구리(Ⅱ) 산화물과 망간(Ⅳ) 산화물의 혼합물)는 습한 공기에서 모델 오염물질들의 연소 후에 대한 촉매들로서 훌륭한 성질들을 나타내었다[205].

다른 금속 산화물들과 비교하였을 때 예를 들면, CuO와 Mn 산화물들은 Al_2O_3와 더 낮은 정도로 반응하여 낮은 활성도의 spinel aluminate, $MnAl_2O_3$를 형성하게 되며 그리고 높은 온도들에서 스팀의 존재하에서 더 낮은 휘발성을 나타낸다[184]. 모든 위의 결과들은 VOCs 산화를 위한 촉매들로서 Mn 산화물들의 잠재적인 적용들을 나타내었다. Mn 산화물들에 기초한 상용 촉매들은 입수가능하다[180].

산화촉매들의 잘 알려진 성분인, ***CuO***[138]는 VOCs 배출제어 적용들에서 높은 활성도를 나타내었다. CuO/TiO_2는 톨루엔의 산화에서 Fe, Co 그리고 Mn의 산화물들보다도 더 활성적인 것으로 밝혀졌다[103].

CuO는 황성분에 대한 내성을 갖는다[141]. 그것의 높은 활성도, 황에 대한 내성 그리고 무반응성이며 저항력이 있는 사실 때문에[147] CuO계 촉매들은 VOCs 제어에서 귀금속 촉매들에 대한 대체제로서 고려되어 졌다.

순수한 그리고 변형된 ***SnO_2***는 활성적인 산화촉매들이라는 사실이 밝혀졌다[115]. Tin(Ⅳ) oxide의 산화환원 촉매 성질들은 구리, 팔라듐, 크롬, 그리고 안티몬(*CO*와 탄화수소들의 산화를 위한), 인과 비스므스(산화적 커플링과 산화적 탈수소화를 위한) 그리고 Fe, Cr 그리고 Mn(메탄의 심도산화를 위한)과 같은 헤테로원소들의 혼합에 의해서[66] 사실상 대체로 변형된다[190, 192, 193]. Sn−Cr oxides는 CH_4[164], 탄화수소들[43]에 대해 그리고 CH_3Cl 분해[164]에 대해 현저하게 향상된 활성도를 나타낸다. 같은 촉매들은 SO_2와 물에 의한 비활성화에 대한 저항성이 입증되었다. 촉매의 성능에 미치는 제조기술의 영향에 관한 좋은 예는 상업적인(상용의) Pt/Al_2O_3 촉매에 대비하여 프로판의 산화에 대하여 현저하게 더 좋은 활성도를 나타내는 0, 15의 Cr:Sn 비율에서 chromium(Ⅳ) oxide 수용액들을 사용한 tin(Ⅳ) oxide gel의 흡습에 의해 생산된 가장 효과적인 촉매인 Cr/SnO_2이다[68]. Chromium oxides와 copper−promoted tin oxide의 성능들은 Pt/Al_2O_3와 비슷하기 때문에 이들은 배출제어용 YWCs로서 효과가 있는 것으로 생각된다[67]. Tin (Ⅳ) oxide 구조에 La, Pr, Nd, Sm, Gd와 같은 희토류 원소의 양이온들의 혼합은 프로판 산화에서 SnO_2의 촉매 활성도의 현저한 향상을 나타내지 않았다고 보고되었다[68].

Silver oxide를 Mn oxide(Ag−Mn(4:1)/Al_2O_3)와 그리고 cobalt oxide(Ag−Co(4:1)/Al_2O_3)와 혼합시킴으로써 혹은 그것 위에 소량의 cerium oxide의 첨가에 의해서 CO, 아세톤 그리고 피리딘의 산화에 대해 개개 산화물들의 활성도보다도 더 높은 활성도를 갖는 촉매들을 얻게 된다[108].

CoO_x는 총 산화반응들에 대한 효과적인 촉매이다[108, 82]. Cobalt의 oxides는 황성분을 흡수할 수 있으며 $CoAlO_4$는 SO_2에 대해서 안정하다.

Uranium oxide는 효과적이고 안정한 촉매인 것으로 알려졌다[75].

Niobium oxide는 담지체로서의 역할 이외에도 promoter일 수 있다[108]. 그것은 메칠−치환된 방향족 자일렌에서 V_2O_5에 의한 알켄들의 산화를 위한 그리고 O−xylene의 산화를 위한 Mo 촉매의 활성도를 향상시켰다[76].

Ceria의 다른 역할들과 적용들에 관해서는 여러 문헌들에서 고찰되어졌다[97, 179]. 그것의 비화학양론적 구조[67]는 ceria의 촉진시키는 역할을 설명해 준다. 그것이 귀금속 촉매들에 그리고 금속 산화물 촉매들에 첨가될 때 ceria가 어떻게 작용하는지에 관해서는 Ferrandon[47]에 의해 고찰되었다. Ceria는 TWCs에[54, 97], 디젤연료 산화촉매들에[44] 그리고 연소촉매들에[63] 이미 사용되고 있다.

흥미로운 산화물의 부류는 ***perovskites***로써 이루어진다. 이들은 일반적인 분자식이 $ABO_{3\pm\delta}$의 혼합된 산화물들이며 여기서 A는 lanthanide 그리고/혹은 알칼리토금속 이온이며 B는 전이금속 이온이다[49]. 많은 금속들은 ABO_3 perovskite 구조에서 안정하다[165]. A와 B의 부분적 치환에 의해 폭넓고 다양한 일반적인 분자식, $A_{1-x}A_xB_{1-y}O_{3\pm\delta}$의 혼합된 산화물들이 제조될 수 있었다. 분자식에서 아래쪽에 쓴 δ에 의해 지적되는 바와 같이 그들의 비화학양론 때문에 마지막 산화물들은 구조적 결함과 전자결손에 의해서 특징지워진다. 양이온들인 A와 B는 다른 방법들로 촉매 활성도에 대한 핵심요소이다[79, 104, 201].

이온 전도도, 격자 내에서의 산소 이동도[79], 산소 흡착 성질들, 고온에서의 큰 안정도(그들은 폭넓은 온도 범위에서, 25~120℃, 안정적이다) 그리고 구조에서 색다른 양이온 산화 상태들의 안정화[173]와 같은 그들의 물리화학적 성질들과 촉매적 성질들 때문에 perovskites는 매우 활성적인 귀금속 산화촉매들에 대한 매력적인 대체제로서 제안되었다[49].

<표 4-4>는 perovskites에 의한 VOCs 산화에 관해 이루어진 연구들을 요약해 놓은 것이다.

〈표 4-4〉 Overview of some studies made on VOCs oxidation with perovskites like catalysts

	VOCs	CATALYSTS/REFERENCES			
		$LaCoO_3$ $La(Ce)CoO_{3+\delta}$*; $La(Sr)CoO_3$/supports**	$LaMnO_{3\pm\delta}$ $LaMnO_3/ZrO_2$*	$La(Sr)B(Mn, Fe, Co)O_3$	$LaBO_3$ B: Ni, Co, Fe, Mn, Cr, $LaCo(Fe)O_3$
Hydrocarbons	methane	Formi and Rossetti, 2002.*	Cimino et al., 2002.*	Seiyama, 1993; Yamazoe and Teraoka, 1990.	
	Propane	Fuji et al., 1987**			Spinicci et al., 2001. Szabo et al., 2002.*
	n-hexane				
	saturated and unsaturated C_3 hydrocarbons	Lago et al., 1996; Taylor et al., 2000; Poplawski et al., 2000; Sinquin et al., 2000a; Sinquin et al., 2001.	References of $LaCoO_3$	References of $LaCoO_3$	
Chlorinated compounds	chlorinated methanes	References of $LaCoO_3$; Sinquin et al., 1998; Kiebling et al., 1998; Sinquin et al., 2000b.	References of $LaCoO_3$; Sinquin et al., 1998; Kiebling et al., 1998; Stephan et al., 1999; Sinquin et al., 2000b.	References of $LaCoO_3$; Kiebling et al., 1998.	Sinquin et al., 1998.
	chlorinated C_2 hydrocarbons	Kiebling et al., 1998.	Stephan et al., 1999; Sinquin et al., 2001.	Lago et al., 1996; Kiebling et al., 1998.	Kiessling et al., 1998; Stephan et al., 1999.
	Chlorobenzene	References of $LaCoO_3$.	References of $LaCoO_3$.	References of $LaCoO_3$.	
	other chlorinated compounds	Kiebling et al., 1998; Weber et al., 2001.			
O-VOCs	oxygenated compounds			Yamazoe and Teraoka, 1990; Seiyama, 1993	

Perovskites는 탄화수소들[48, 173] 그리고 다른 VOCs의[106] 산화에서 커다란 관심을 끌었다. 세 가지의 perovskites($LaFeO_3$, $LaCoO_3$ 그리고 $LaMnO_3$)는 PdO/Al_2O_3보다도 헥산의 C-H 결합의 붕괴를 더 잘 활성화시키며[165] 메탄의 연소에서 활성적이라는 사실이 밝혀졌다[31, 173]. Pt/Al_2O_3 촉매들의 그것에 필적하는 촉매 활성도는 메탄의[210] 그리고 염소화된 화합물들은 perovskites에 의해 전체적으로 산화될 수 있었으며 형성된 부산물의 양은 현저하게 더 낮지만[194] 이 과정은 비활성화와 관계된다[90].

Perovskites의 제조방법은 고온 가열단계를 수반하기 때문에 perovskites는 낮은 specific surface area(<20m²/g)를 갖는다. 그것을 증가시키기 위하여 그리고 또한 기계적 강도와 수명을 증가시키기 위하여 이 활성적인 물질들을 반응하지 않

는 담지체들(예를 들면, $\gamma-Al_2O_3$, MgO)에 걸쳐서 분산시킨다[209, 33]. Zirconia 위에서의 분산은 perovskites의 현저하게 향상된 specific activity를 제공하는 반면[52, 32] 모든 다른 산화물 담지체들 위에서 특히 Al_2O_3와 SiO_2의 경우에[52] perovskite의 단위질량당 specific activity의 현저한 감소를 제공한다. Zirconia는 고온들에서 소결에 대비해서 다양한 dopants에 의해서 안정화될 수 있다[50].

최근에 perovskites의 이러한 주된 문제점은(낮은 specific surface area) Kaliaguine 등[85]에 의해 해결되었다. 수반되는 새로운 제조기술은 "mechanosynthesis"라 불리워지며 필수적으로 실온에서 실행된다. 얻어진 시료들은 $100m^2/g$보다 높은 표면적을 가지며 또한 특별한 관심을 끄는 표면화학적 성질들을 갖는다. 이러한 문제에 대한 또다른 해결방안은 "flame-hydrolysis 기술"에 의해 얻어질 수 있는 매우 분산된 나노미터 크기의 파우더들의 합성이다[49].

4.2.4 금속 산화물들 vs. 귀금속들. 산화를 위한 촉매로서 이들의 결합

일반적으로 금속 산화물들은 귀금속들보다도 황성분에 대하여 더 민감하지만[10] 약간의 금속 산화물들은 좋은 황성분에 대한 저항성을 나타내었다. 사실상 귀금속 촉매들의 그것보다도 더 큰 양의 수많은 활성자리들을 의미하는 촉매들에서의 금속 산화물들의 더 높은 로딩은 귀금속들보다도 그들의 오염에 대하여 더 내성을 갖도록 만든다[71]. 금속 산화물들의 더 높은 열 안정도[166] 그리고 귀금속들의 더 높은 specific activity와의 결합은 다른 좋은 성질들을 갖는 촉매들로서 고려된다. 좋은 예는 Cr_2O_3, V_2O_5, Pt 그리고 Pd에 의한 TCE(트리클로로에틸렌)의 산화에 관해 이루어진 연구이다[95]; TiO_2-SiO_2에 담지된 산화물들은 귀금속들보다도 더 높은 활성도를(무게당) 나타내었지만 귀금속들은 더 안정하며 더 가혹한 조건들(더 높은 온도와 더 높은 염소의 농도) 하에서 사용될 수 있다. 연구자들은 이들 물질들을 혼합하고 VOCs의 산화에 그 혼합물들을 사용코져 하였다.

귀금속들과 전이금속 산화물들은 서로 공동으로 활성도를 향상시킨다고(시너지효과) 보고되었다. Ferrandon[47]은 이들 상호작용들에 관한 짧은 리뷰를 발표하였다. 시너지 효과의 약간의 예들은 다음과 같다: Co 혹은 Cr의 산화물들로써 Pd를 도핑함으로써 황성분에 의한 오염효과(영향)를 억제시킬 수 있다[89].; 금속 산화물들에 Pt 그리고 Pd의 혼합에 의해 CO_2쪽으로의 선택성이 증가된다[114]; CH_4의 산화에서의 Pd의 활성도는 금속 산화물들의, 특히 Ni의 산화물들의 첨가에 의해 증가된다[195].

5. 결론

독성 오염물질인 VOCs의 파괴를 위해 수반되는 새로 개발된 촉매들에 의한 더 낮은 온도와 촉매 오염의 저감과 내성에 의해 매력적인 절약된 에너지, 더 긴 촉매 및 장치의 수명 그리고 CO_2와 H_2O로의 더 높은 선택성과 같은 여러 가지의 유리한 점들이 제공된다. 더 높은 열 안정도와 더 낮은 비용(가격) 그리고 오염물질에 대한 내성 등을 위한 새로운 촉매 포뮬레이션들의 개발을 위해 촉매 활성물질들과 담지체들에 대한 면밀하고 체계적이며 포괄적인 스크린 연구가 추후 지속적으로 요구된다. 특정 VOCs의 파괴를 위한 촉매 선택의 최적화 또한 중요하다.

참고문헌

[1] Agarwal S.K., Spivey J.J., Butt J.B., (1992), Appl. A, 82, 259.

[2] Ahlström A.F., Odenbrand C.U.I., (1990), Appl. Catal., A 60, 157-172

[3] Anderson J.R., Dong Q.-N., Chang Y.-F., Western R.J., (1991), J. Catal., 127, 113.

[4] Anderson S.L.T., (1986), J. Catal., 98, 138.

[5] Anguil Environmental Systems Inc., On line at: http://www.anguil.com.

[6] Antunes A.P., Ribeiro M.F., Ribeiro F.R., Magnoux P., Guisnet M., (2001), Appl. Catal. B: Environ., 33, 149-164.

[7] Antunes A.P., Silva J.M., Ribeiro F.R., Ribeiro M.F., (1999), Book of Abstracts, 4th European Congres son Catalysis, 712.

[8] Auckland Regional Council, (2000), Performance Criteria for Air Pollution Control Equipment - Final, W100180, On line at:

[9] Avila P., Bahamonde A., Blanco J., Sánchez B., Cardona A.I., Romero M., (1998), Appl. Catal. B: Environ., 17, 75-88.

[10] Ball D.J., Stack R.G., (1991), Catalysis for diesel powered vehicles, in Catalysis and Automotive Pollution Control Ⅱ, Crucq A. (Ed.), Vol. 71. Elsevier, Amsterdam, 1991, p. 337.

[11] Barresi A.A., Baldi G., (1993), Chem. Eng. Commin 123, 31.

[12] Bartholomew C.H., (1984), Chem. Ing., November 12, 96.

[13] Beck D.D., Sommers J.W., (1995), Appl. Catal. B, 6, 185-200.

[14] Becker L., Hatie U., Förster H., (1995), Stud. Surf. Sci. Catal., 94, 627.

[15] Biloen P., Helle N., Verbeek H., Dautzenberg F.M., Sachtler W.M.H., (1977), J. Catal., 50, 77.

[16] Bond G.C., Thompson D.T., (1999), Catal. Rev. Sci. Eng., 41, 319.

[17] Botavina M.A., Nekrasov N.V., Kiperman S.L., (2001), Stud. Surf. Sci. Catal., 135.

[18] Bozo C., Garbowski E., Guilhaume N., Primet M., (2000), Stud. Surf. Sci. Catal., 130, 581-586.

[19] Burch R., Halpin E., Hayes M., Ruth K., Sullivan J.A., (1998), Appl. Catal. B: Environmental, 19, 199-207.

[20] Burch R., Hayes M.J., (1995), J. Mol. Cat., A 100, 13-33.

[21] Burck R., Urbano F.I., Loader P.K., (1995), Appl. Catal. A: General, 123, 173.

[22] Burgos N., Paulis M., Antxustegi M.M., Montes M., (2002), Appl. Catal. B: Environ. 38, 251-258.

[23] Burtin P., Brunelle J.P., Pijolat M., Soustelle M., (1987), Appl. Catal., 34, 225-238.

[24] Busca G., Baldi M., Pistarino C., Finocchio E., Berti F., Toledo G.P., (1998), Armor J.N., Extended Abstracts of 2nd World Congress on Environmental Catalysis, AICHE, Miami, 37.

[25] Centeno M.A., Paulis M., Montes M., Odriozola J.A., (2002), Appl. Catal. A: Gen., 234, 65-78.
[26] Chatterjee S., Greene H.I., (1991), Catal., 130, 76.
[27] Chatterjee S., Greene H.I., Park Y.J., (1992), J. Catal., 138, 179.
[28] Chen B., Bai C., Cook R., Wright J., Wang C., (1996), Catal. Today, 30, 15.
[29] Chin Y.-H., Resasco D.E., (1999), Catalytic oxidation of methane on supported palladium under lean conditions: Kinetics, structure and properties, in Catalysis Bond G.C., Webb G. (Eds.), Vol. 14. The Royal Society of Chemistry, Cambridge.
[30] Chintawar P.S., Greene H.I., (1997), J. Catal., 165, 12
[31] Ciambelli P., Cimino S., Lisi L., De Rosi S., Faticanti M., Minelli G., Porta P., (2001), Appl. Catal. B: Environ., 29(4), 239.
[32] Cimino S., Pirone R., Lisi L., (2002), Appl. Catal. B: Environ., 35, 243-254.
[33] Cimino S., Pirone R., Russo G., (2001), Ind. Eng. Chem. Res., 54.
[34] Clean Air Counts, (2003), Low-VOC Paints, On line at:
http://www.cleanaircounts.org/defaut.cfm?page=strategies.
[35] Cloud R.A., (1999), Choosing VOC control equipment, On line at:
http://www.pfonline.com/articles/109903a.html.
[36] Cofer C.G., Evon J., (1995), Carbon, 33(4), 389-395.
[37] Cooley R., (2002), Burning Questions - Catalytic Oxidation Q and A, Environmental Protection, On line at:
www.alzeta.com/CATALYTIC_OXIDATION_COOLET.pdf.
[38] Cotton F.A., Wilkinson G. (Eds.), (1989), Advanced Inorganic Chemistry, 5th ed. Wiley Interscience, New York, p. 88.
[39] Daturi M., Busca G., Groppi G., Forzatti P., (1997), Appl. Catal. B: Environ., 12, 325.
[40] Derouane E.G., (1985), Stud. Surf. Sci. Catal., 20, 221.
[41] Dong Q.-N., Anderson J.R., Mole T., (1991), Appl. Catal., 72, 99.
[42] Dumitriu E., Hulea V., (1997), Metode catalities eterogene aplicate in protectia aerului, Edit, BIT, laşi.
[43] Fabritchnyl P.B., Sudakova N.R., Berentsveig V.V., Demaze며 G., Afanasov M.I., Etourneau J., (1992), J. Mater. Chem., 2, 763.
[44] Farrauto R.J., Voss K.E., (1996), Appl. Catal. B, 10, 29-51.
[45] Feijen-Jeurissen M.M.R., Jorna J.J., Nieuwenhuys B.E., Sinquin G., Petit C., Hindermann J.P., (1999), Catal. Today, 54, 65-79.
[46] Fernández López E., Sánchez Sscribano V., Resini C., Gallardo-Amores J.S., Busca G., (2001), Appl. Catal. B: Environ., 29, 251-261.
[47] Ferrandon M., (2001), Mixed metal oxide-noble metal catalysts for total oxidation of volatile organic compounds and carbon monoxide, Department of Chemical Engineering and Technology, Chemical Reaction Engineering, Royal Institute of Technology, Stockholm.
[48] Fierro J.L.G., (1993), Properties and Applications of Perovskite-type Oxides, Marcel Dekker, New York.
[49] Forni L., Rossetti I., (2002), Appl. Catal. B: Environ., 38, 29-37.

[50] Franklin R., Goulding P., Haviland J., Joyner R., McAlpine I., Moles P., Norman C., Nowell T., (1991), Catal Today, 10, 405.
[51] Froeze K.L., Hutzinger O., (1996), Environm Sci. Technol., 30, 1009.
[52] Fuji H., Mizuno N., Misono M., (1987), Chem. Lett., 2147.
[53] Galardo-Amores J.M., Armaroli T., Ramis G., Finocchio E., Busca G., (1999), Appl. Catal. B, 22, 249.
[54] Gandhi H.S., Shelef M., (1987), The role of research in the development of new generation automotive catalysis, in Catalysis and automotive Pollution Control, Crucq A., Frennet A.(EDs.), Vol. 30., Elsevier, Amsterdam p. 199.
[55] Gandia L.M., Gil A., Korili S.A., (2001), Appl. Cata. B: Environm., 33, 1-8.
[56] Garetto T.F., Apesteguia C.R., (2000), Catal. Today, 62, 189-199.
[57] Gil A., del Castillo H.L., Masson J., Court J., Grange P., (1996), J. Mol. Catal. A, 107, 185.
[58] Gil A., Vicente M.A., Lambert J.F., Gandia L.M., (2001), Catal. Today, 68, 41.
[59] Gil A., Vicente M.A., Toranzo R., Banares M.A., Gandia L.M., (1998), J. Chem. Technol. Buotechnol., 72, 131.
[60] GlobalSpec Inc., (2003), Instrumentation and equipment used to control the properties and degree of purity of air, On line at: http: process-equipment. globalspec.com/productFinder/Manufacturing_Process_Equipment/Air_Quality
[61] Greene H.I., Prakash D.S., Athota K.V., (1996), Appl. Catal. B, 7, 213.
[62] Griesbaum K., Hönicke D., Haas A., Schweerdtner F., Khemili A., (1997), Proceedings of the 213th National Meeting, An Chem. Soc., San Francisco, 175.
[63] Groppi G., Cristiani C., Lietti L., Ramelle C., Valentuni M., Gorzatti P., (1999), Catal. Today, 50, 399-412.
[64] Guenther A., Hewitt C.N., Erickson C.D., Fall R., Geron C., Graedel T., Harley P., Klinger L., Lerdau M., McKay W.A., Pierce T., Scholes B., Steinbrecker R., Tallamraju R., Taylor J., Zimmerman R., (1995), J. Geophs. Res., 100, 8873.
[65] Guisnet M., Dégé P., Magnoux P., (1999), Appl. Catal. B, 20, 1.
[66] Harrison P.G., (1989), Chemistry of Tin, Harrison P.G., (Ed.), Chap. 12, Blackie, Glasgow.
[67] Harrison P.G., Azelle W., Mubarak A.T., Bailey C., Daniell W., Lloyd N.C., (1998), Kruse N., Frennet A., Bastin J.-M., Catalysis and Automotive Pollution Control. Ⅳ. Studies in Surface Science and Catalysis, vol. 116, Elsevier, Amsterdam.
[68] Harrison P.G., Bailey C., Azelee W., (1999), Catal. 186, 147-159.
[69] Haslego C.M.A., (2002), Report on Air Pollution Control, On line at: http://www.cheresources.com/pollcontrolzz.xhtml.
[70] Heck R.M., Farratuto R.J., (1995), Catalytic Air Pollution Control, van Nostrand Reinhold, New York.
[71] Hegedus L.L., Summers J.C., Schlatter J.C., Baron K., (1979), J. Catal., 56, 321-335.
[72] Hermia J., Vigneron S., (1993), Catal. Today, 17, 349.
[73] Hicks R.F., Lee R.G., Han W.J., Hook A.B., (1991), Structure-activity and Selectivity Relationship in Heterogeneous Catalysis, Graselli R.K., Sleight W. (EDs.), Elsevier, Amsterdam, p. 127.

[74] Horsley J.A., (1993), Catalytica Environmental Report No E4, Catalytica Studies Division, Mountain View, CA, USA.

[75] Hutchings G.J., Heneghan C.S〉, Hudson I.D., Taylor S.H., (1996), Nature, 384, 341.

[76] Huuhtanen J., Anderson S.L.T., (1993), Appl. Catal. A: Gen., 98, 159-171.

[77] Imamura S., Fukuda K., Nishida T., Inui T., (1985), J. Catal., 93, 186.

[78] Ishikawa A., Komai S., Satsuma A., Hattori T., Murakami Y., (1994), Appl. Catal. A, 110, 61-66.

[79] Islam M.S., Cherry M., Catlow C.R.A., (1996), J. Solid State Chem., 124, 230.

[80] Ismagilov Z., Shkrabina R., Shikina N., Chistyachnko T., Ushakov V., Rudina N., (1998), Stud. Surf. Sci. Catal., 119, 83.

[81] Iwamoto M., (1994), Stud. Surf. Sci. Catal., 84, 1395.

[82] Ji L., Lin J., Zeng H.C., (2000), J. Phys. Chem. B, 104, 1783-1790.

[83] John Zink Company, (1991), Innovations of catalytic combustion, International Symposium on environmental control of combustion processes, Honolulu.

[84] Kalantar Neyestanaki A., Lindfors L.E., Ollonqvist T., Väyrynen J., (2000), Appl. Catal. Gen. A., 196, 233-246.

[85] Kaliaguine S., Van Neste A., Szabo V., Gallot J.E., Bassir M., Muzychuk R., (2001), Appl. Catal. A: Gen., 209, 345-358.

[86] Kang S.K., Moon S.H., You I.S., Ha Y.O., (1994), The study of the Characteristics of low temperature catalytic combustion and sulfur poisoning of noble metals. in proceedings of International Workshop on Catalytic Combustion. Tokyo, 1994, (Arai H. Ed.), Catalysis Society of Japan, Tokyo, p.10.

[87] Kang Y.-M., Wan B.-Z., (1994), Appl. Catal. A, 114, 35.

[88] Kera Y., Kawashima T., (1988), Bull. Chem. Soc. Jpn., 61, 1491.

[89] Khairulin S., Béguin B., Garbowski E., Primet M., (1997), J. Chem. Soc. Faraday Trans., 93(12), 2217-2223.

[90] Kiebling D., Schneider R., Kraak P., Haftendorn M., Wendt G., (1998), Appl. Catal. B: Environ., 19, 143-151.

[91] Kiessling D., Schneider R., Kraak P., Haftendorn M., Wendt G., (1998), Appl. Catal. B: Environ., 19, 143.

[92] Kiessling D., Uzunova E., Yankova K., (1993), Appl. Catal., A 95, 103-115.

[93] Kucherrov A.V., Slinkin A.A., Goryashenko S.S., Slovetskaya K.I., (1998), J. Catal., 118, 459.

[94] Kühl G.H., (1999), Catalysis and Zeolites. Fundamentals and Applications, Weitkamp J. and Puppe L. (Eds.), 81, Springer-Verlag, Berlin.

[95] Kulażyński M., Van Ommen J.G., Trwezynski J., Walendziewski J., (2002), Appl. Catal. B: Environ., 36, 239-247.

[96] Kullavanijaya E., Trimm D.L., Cant N.W., (2000), Stud. Surf. Sci. catal., 130A, 569- 574.

[97] Kummer J.T., (1986), J. Phys. Chem., 90, 4747-4752.

[98] Labalme V., Garbowski E., Ghilhaume N., Primet M., (1996), Appl. Catal. A, 138, 93.

[99] Lago R.M., Green M.L.H., Tsang S.C., Odlyha M., (1996), Appl. Catal. B, 8, 107.

[100] Lahousse C., Bernier A., Gaigneaux A., Ruiz P., Grange P., Delmon B., (1997), in Proceedings of the Third World Congres son Oxidation Catalysis, Grasselli R.K. et al.(Eds.), Elsevier, Amsterdam, p.777.

[101] Lahousse C., Bernier A., Grange P., Delmon B., (1998a), J. Catal., 178, 214.

[102] Lahousse C., Bernier A., Grange P., Delmon B., Papaefthimiou P., Iommides T., Verykios X., (1998b), J. Catal., 178, 214.

[103] Larsson P.-O., Andersson A., Wallenberg L.R., Svensson B., (1996), J. Catal., 163, 279-293.

[104] Leanza R., Rossetti I., Fabbrini L., Oliva C., Forn L., (2000), Appl. Catal. B: Environ., 28, 55.

[105] Lester G.R., (1999). Catal. Today, 53, 407, and references there.

[106] Lintz H.G., Wittstock K., (1996), Catal. Today, 29, 457.

[107] Lintz H.-G., Wittstock K., (2001), Appl. Catal. A: Gen., 216, 217.

[108] Luo M.-F., Yuan X.-X., Zheng X.-M., (1998), Appl. Catal. A: Gen., 175, 121-129.

[109] Luo M.-F., Zhu B., Yuan X.-X., (1993), Chem World(Chinese), 34, 278.

[110] Marecot P., EI Idrissi D. EI Azami Pirault L., Mabilon G. Prigent M., Barbier J., (1994a) Modification by sulfur of automotive exhaust catalysts: effects of the preparation procedure of the catalysts, in Catalyst Deactivation, Bartholomew C.H., Butt J.B. (Eds.), Vol. 88., Elsevier, Amsterdam, p. 343.

[111] Marécot P., Fakche A., Kellali B., Mabilon G., Prigent M., Barbier J., (1994b), Appl. Catal. B, 3, 283-294.

[112] Mehandjiev D., Georgescu V., Cheshkova K., Ivanov, G., (2000), Catalytic activity of mixed alumina-supported Cu-Mn oxides during complete oxidation of toxic organic compounds, in Heterogeneous Catalysis, Petrov L., Bonev Ch., Kadinov G. (Eds), Proceedings of thr 9th International Symposium, Varna, Bulgaria, Institute of Catalysis, Bulgarian Academy of Sciences, Sofia, p 743.

[113] Mehandjiev D., Zhecheva E., Ivanov, G., Ioncheva R., (1998), Appl. Catal., A 167, 277-282.

[114] Ménézo J.C., Rivière J., Barbier J., (1993), React. Kinet. Catal. Lett., 49(2), 293-298.

[115] Meons L., Ruiz P., Delmon B., Devilers M., (1997), Catal. Lett., 46, 93.

[116] Millela F., Gallardo-Amores J.M., Baldi M., Busca G., (1998), J. Mater. Chem., 8, 2525.

[117] Minicò S., Scirè S., Crisafulli C., Galvagno S., (2001), Appl. Catal. B: Environ., 34, 277-285.

[118] Minicò S., Scirè S., Crisafulli C., Maggiore R., Galvagno S., (2000), Appl. Catal. B, 28, 245.

[119] Minnesota Department of Health, (2003), Volatile Organic Compounds (VOCs) in your home, On line at: http://www.health.state.mn.us/divs/eh/indoorair/voc/.

[120] Miyoshi N., Matsumoto S., Ozawa M., KimuraM., (1989), Development of thermal resistant three-way catalysts, SAE Paper, 891970.

[121] Mochida I., Jitsumatsu T., Kato A., Seyiama T., (1975), J. Catal., 36, 361.

[122] Moles P., (2001), Technical Report MEL Chemicals, On line at: http://zrchem.com.

[123] Müller H., Deller K., Despeyroux B., Peldszus E., Kammerhofer P., Kuhn W., Spielmannleitner R., Stronger M., (1993), Catal. Today, 17, 383.

[124] Murakami Y., Inomata M., Mori K., Uli T., Suzuki K., (1998), Preparation of Catalysts, Poncelet G., Grange P., Jacobs P.A. (Eds.), vol. Ⅲ, Elsevier, Amsterdam, 531.

[125] Musialik-Piotrowska A., Syezewska K., (1989), Environ. Protect. Eng., 15, 117.

[126] Nakajima F., (1991), Catal. Today, 10, 1.

[127] Neyestanaki A.K., Kumar N., Linfors L.-E., (1995), Appl. Catal. B, 7, 95.

[128] Neyestanaki A.K., Linfors L.-E., Ollonqvist T., Väyryneb J., (2000), Appl. Catal., A: Gen., 196, 233-246.

[129] Nice K., (2003), How catalytic converters work, On line at: http://howstuffworks.com/catalytic-converter.htm.

[130] Niedenzu K., Dawson J.W., (1965), Boron Nitride, Boron-Nitrogen Compounds, Springer, Merlin (Chapter 6).

[131] O'Malley A., Hodnett B.K., (1999), Catal. Today, 54, 31-38.

[132] Ordóñez S., Bello L., Sastre H., Rosal R., Diez V.F., (2002), Appl. Catal. B: Environ., 38, 139-149.

[133] a Ozawa M., Toda H., Kato O., Suzuki S., (1996), Appl. Catal. B, 8, 123-140.

[134] b Ozawa M., Toda H., Kato O., Suzuki S., (1996), Appl. Catal. B, 8, 141-155.

[135] Ozkan U.S., Kueller R.F., Moctezuma E., (1990), Ind. Eng. Chem. Res., 29, 1136.

[136] Papaefthimiou P., Ioanides T., Verykios X.E., (1997), Appl. Catal., 13, 175-184.

[137] Papaefthimiou P., Ioanides T., Verykios X.E., (1997), Appl. Catal., B, 15, 75.

[138] Park P.W., Ledford J.S., (1998), Appl. Catal. B, 15, 221-231.

[139] Parkinson G., (1991), Chem. Eng. 37, 253.

[140] Paulis M., Gandia L.M., Gil A., Sambeth J., Odriozola J.A., Montes M., (2000), Appl. Catal. B: Environ., 26, 37-46.

[141] Peiyan L., Min W., Shaochun S., Minmin H., Jingfang R., Shomin Y., Hengxiang Y., Oiwu W., (1987), Development of non-noble metal catalysts for the purification of automotive exhaust gas, in Catalysis and Automotive Pollution Control, Crucq A., Frennet A. (Eds.), Elsevier, Amsterdam, p. 395.

[142] Peiyan L., Weidong C., Shouming Y., (1995), J. Mol. Catal. (China), 9(3), 179-185.

[143] Petrosius S.C., Drago R.S., Toung V., Grunewald G.C., (1993), J. Am. Chem. Soc., 115, 6131.

[144] Pliangos C., Yentekakis I.V., Papadakis V.G., Vayenas C.G., Verykios X.E., (1997), Appl. Catal. B: Environ., 14, 161-173.

[145] Poplawski K., Lichtenberger J., Keil F.J., Schnitzlein K., Amiridis M.D., (2000), Catal. Today, 62, 329.

[146] Pradier C.M., Rodriguez F., Marcus P., Landau M.V., Kaliya M.L., Gutman A., Herskowitz M., (2000), Appl. Catal. B: Environ., 27, 73-85.

[147] Prasad R., Kennedy L.A., Ruckenstein E., (1984), Catal. Rev. Sci. Eng., 26, 1.

[148] Ramachandran B., Greene H.L., Chatterjee S., (1996), Appl. Catal. B, 8, 157.

[149] Regional Environmental Assessments, Inc., (2002), VOCs - Answers To Your Indoor Air Quality Concerns, On line at: http://reainc.us/voc.htm.

[150] Reidies A.H., (1986), in Ullmann's Encyclopedia of Industrial Chemistry, Elvers B., Hawkins S., Schulz G., (Eds.), 5th ed., Vol. A 16. VCH, New York, p. 123.

[151] Ron Joseph & Associates, (2000), VOC definition in: Regulations, Violations, Permits, VOC, HAP and Such, On line at: http://ronjoseph.com/Q&A/permits_q20.htm.

[152] Sakurai H., Haruta M., (1995), Appl. Catal. A, 127, 93.

[153] Sawyer J.E., Abraham M.A., (1994), Ind. Eng. Chem. Res., 33, 2084.

[154] Schwank J., (1983), Gold. Bull., 16, 103.

[155] Scirè S., Minicò S., Crisafulli C., Galvagno S., (2001), Catal. Communic., 2, 229-232.

[156] Seiyama T., (1993), in: Tejuca L.G., Fierro J.L.G. (Eds.), Properties and Application of Perovskite-Type Oxides, Marcel Dekker, New York.

[157] Sharipov A.K., Kirichenko Y.V., Masagutov R.M., Shabalin I.I., Maslennikova G.P., Sharipov B.G., (1972), Zhur. Prikl. Khim., 6, 1389.

[158] Shkrabina R.A., Koryabkina N.A., Kirichenko O.A., Ushakov V.A., Kapteijn F., Ismagilov Z.R., (1995), Thermostability of copper-chromium oxide catalysts on alumina support promoted by lanthanum and cerium, in Preparation of Catalysts, Poncelet G. et al. (Eds.), Ⅵ, Elsevier, Amsterdam, p. 1145.

[159] a Sinquin G., Hindermann J.P., Petit C., Kiennemann A., (2000), Catal. Today, 54, 107.

[160] b Sinquin G., Petit C., Libs S., Hindermann J.P., Kiennemann A., (2000), Appl. Catal. B: Environ., 27, 105-115.

[161] Sinquin G., Petit C., Hindermann J.P., Kiennemann A., (1997), Proceedings of the Europcat-3, Krakow, 462.

[162] Sinquin G., Petit C., Hindermann J.P., Kiennemann A., (1998), in: Chemistry, Energy and the Environment, Sequeira C.A.C., Moffat J.B. (Eds.), The Royal Society of Chemistry, p. 153.

[163] Sinquin G., Petit C., Libs S., Hindermann J.P., Kiennemann A., (2001), Appl. Catal. B: Environ., 32, 37-47.

[164] Solymosi F., Rasko J., Papp E., Oszoko A., Bansagi T., (1995), Appl. Catal. 131, 55.

[165] Spinicci R., Tofanari A., Faticanti M., Pettiti I., Porta P., (2001), J. Molec. Catal. A: Chemocal, 176, 247-252.

[166] Spivey J., Butt J., (1992), Catal. Today, 11(4), 465-500.

[167] Stephan K., Hackenberger M., Kiessling D., Wendt G., (1999), Catal Today, 54, 23.

[168] Storaro L., Ganzerla R., Lenarda M., Zanoni R., (1995), J. Mol. Catal. A, 97, 139.

[169] Strohmeier B.R., Hercules D.M., (1984), J. Phys. Chem., 88, 4922-4929.

[170] Süd-Chemie Prototech, PRO*HHC Halogenated Hydrocarbon Catalysts, On line at: http://prototech.sud-chemieinc.com/brochure_pro_hhc.shtml.

[171] Szabo V., Bassir M., Van Neste A., Kailiaguine S., (2002), Appl. Catal. B: Environ., 37, 175-180.

[172] Taylor S.H., Henegham C.S., Hutchings G.J., Hudson I.D., (2000), Catal. Today, 59, 249.

[173] Tejuca L.G., Fierro J.L.G.(1992), Properties and Application of Perovskite- Type Oxides, Marcel Dekker, New York.
[174] Terribile D., Trovarelli A., de leitenburg C., Primavera A., Dolcetti G., (1999), Catal Today, 47, 133.
[175] Thomas J.M., Thomas W.J., (1967), Introduction to the principle of heterogeneous catalysis, Academic Press, New York.
[176] Thorsteinnson E.M., Wilson T.P., Young F.G., Kasai P.H., (1978), J. Catal., 52, 116.
[177] Tichenor B.A., Palazzolo M.A., (1987), Environ. Prog., 6, 172.
[178] Trimm D.L., (1991), Thermal stability of supports, in Catalyst Deactivation, Bartholomew C.H., Butt J.B., (Eds.), Elsevier, Amsterdam, 1991, p. 29.
[179] Trovarelli A., (1996), Catal. Rev. Sci. Eng., 38, 439.
[180] Tsyrulnikov P.G., Kovalenko O.N., Gogin L.L., Starostina T.G., Noskov A.S., Kalinkin A.V., Krukkova G.N., Tsybulya S.V., Kudrya E.N., Bubnov A.V., (1998), Appl. Catal., S 167, 31-37.
[181] Tucci E.R., (1982), Hydrocarbon Processing, 159-166.
[182] U.S. Environmental Protection Agency, (2003), Sources of Indoor Air Pollution - Organic Gases, On line at: http://www.epa.gov/iaq/voc.html.
[183] Uberoi M., (2000), Choosing the Right VOC Emission Control Technology, MEGTEC Systems, On line at: www.pfonline.com/articles/030002.html.
[184] Van de Kleut D., (1994), On the preparation and Properties of manganese oxide based combustion catalysts, PhD Thesis, University of Utrecht, Netherlands.
[185] Van de Brink R.W., Louw R., Mulder P., (1998), Appl. Catal. B: Environ., 16, 219.
[186] Vass M.I., Georgescu V., (1996), Catal. Today, 29, 463-470.
[187] Vehicle Certification Agency, (2002), Exhaust Emissions Testing, On line at: http://www.vcacarfueldata.org.uk/e_emissions.htm.
[188] Vigneron S., Deprelle P., Hermia J., (1996), Catal. Today, 27, 229.
[189] Völter J., Lietz G., Spindler H., Lieske H., (1987), J. Catal., 104, 375-380.
[190] a Wang X., Xie Y.-C., (2001), React. Kinet. Catal Lett., 72(2), 229-237.
[191] b Wang X., Xie Y.-C., (2001), React. Kinet. Catal Lett., 72, 115-123.
[192] c Wang X., Xie Y.-C., (2001), Catal Lett., 75(1-2), 229-237.
[193] d Wang X., Xie Y.-C., (2001), Appl. Catal. B: Environ., 35, 85-94.
[194] Weber R., Plinke M., Xu Z., Wilken M., (2001), Appl. Catal. B: Environ., 31, 95.
[195] Widjaja H., Sekizawa K., Eguchi K., Arai H., (1999), Catal. Today, 47, 95-101.
[196] Wilde M., Anders K., (1994), Chem. Technik, 46, 316.
[197] Wilde M., Anders K., (1994), Chem. Technol, 46, 316.
[198] Windawi H., Wyyatt M., (1993), Platinum Metals Rev., 37, 186.
[199] Wu J.C.-S., Lin Z.-A., Pan J.-W., Rei M.-H., (2001), Appl. Catal. A: Gen., 219, 117-124.
[200] Wu J.C.-S., Lin Z.-A., Tsai F.M., Pan J.-W., (2000), Catal. Today, 63, 419-426.
[201] Yamazoe N.Y., Teraoka Y., (1990), Catal. Today, 8, 175.

[202] Yao H.C., Sieg M., Plummer Jr. H.K., (1979), 59, 365-375.
[203] Yao Y.F.Y., (1973), J. Catal., 28, 139.
[204] Yao Y.F.Y., Kummer J.T., (1973), Catal., 28, 124.
[205] Yoon C., Cocke D., (1988), J. Catal., 113, 267.
[206] Zaki M.I., Hasan M.A., Pasupulety L., Fouad N.E., Knözinger H., (1999), New J. Chem., 23, 1197-1201.
[207] Zener C., (1951), Phys. Rev., 81(4), 440-444.
[208] Zhang H.M., Teraoka Y., Yamazoe N., (1989), Catal. Today, 6, 155.
[209] Zwinkels M., Haussner O., Jaras S.G., Menon P.G., (1999), Catal. Today, 47, 11.
[210] Zwinkels M.F.M., Järås S.G., Menon P.G., Griffin T.A., (1993), Catal. Rev.-Sci. Eng., 35, 319.

V
황, 질소 그리고 산소 헤테로고리 화합물들의 미생물에 의한 분해

개요

황(S), 질소(N), 그리고 산소(O) 헤테로고리 화합물들은 가장 유력한 독성 환경 오염물질들에 속한다. 이 오염물질들의 미생물에 의한 분해는 그러한 생물공정들이 환경친화적이기 때문에 점점 더 관심을 끌고 있다. 마그네타이트 나노입자들을 갖는 고정된 바이오 촉매들에 의한 혹은 용매 내성 박테리아에 의한 더 좋은 황의 제거를 달성하기 위해서 그리고 이들 헤테로고리 화합물들로부터 가치 있는 중간체들을 얻기 위해 이들 처리공정 과정들의 생물공학적 잠재 가능성에 관해서 고찰키로 한다. 다른 최근의 발전된 사항들은 미생물들에 의한 질소 헤테고리 화합물들의 까다로운 탈산소화의 메커니즘들을 증명하고 설명하였다. 그러나 이 기술들은 대규모 적용들을 위해 아직 실행가능하지 못하여서 향후 연구에서는 이 공정들의 산업적 적용을 위한 적절한 변형들에 관하여 조사해야 한다. 이 장에서는 미생물들이 S, N 그리고 O 헤테로고리 화합물들을 어떻게 분해시키는 지에 관해서 이해함에 있어서의 최근의 발전된 사항들에 초점을 맞추어 고찰하였다.

1. 환경에서의 위험한 헤테로고리 화합물들

황(S), 질소(N), 그리고 산소(O) 헤테로고리 화합물들은 다섯 혹은 여섯 원자 고리들에서 하나 이상의 S, N 그리고/혹은 O 원자들을 포함하는 다환 방향족 화합물들이다[그림 1]. S, N 그리고 O 헤테로고리 화합물들 그리고 그들의 분해 생성물들은 지하수, 바닷물, 퇴적물, 토양 그리고 대기 시료들에서 검출되어졌다. 그들의 보통이 아닌 색다른 독성과 돌연변이 유발력은 그러한 화학물질들을 연구함에서 많은 관심과 주의를 필요로 하게 된다[1]. 특히 DBT(dibenzothiophene)와 그것의 유도체들과 같은 S 헤테로고리 화합물들은 환경에서 3년 동안까지 지속적으로 존속할 수 있다[2]. 카바졸 그리고 그것의 유도체들과 같은 N 헤테로고리 화합물들은 염료, 의약품 그리고 플라스틱의 생산에 사용되며[3] 그리고 이들은 용이하게 라디칼에 의한 화학적 변화를 겪어서 더 유독한 hydroxynitrocarbazoles을 발생시킨다[4]. DBT와 카바졸은 각각 다환 방향족 S, 그리고 N을 포함하는 탄화수소들의 생분해의 연구를 위한 모델 화합물들로서 폭넓게 사용된다.

[그림 5-1] Examples of sulfur, nitrogen and oxygen heterocycles that are found in environmental pollutants.

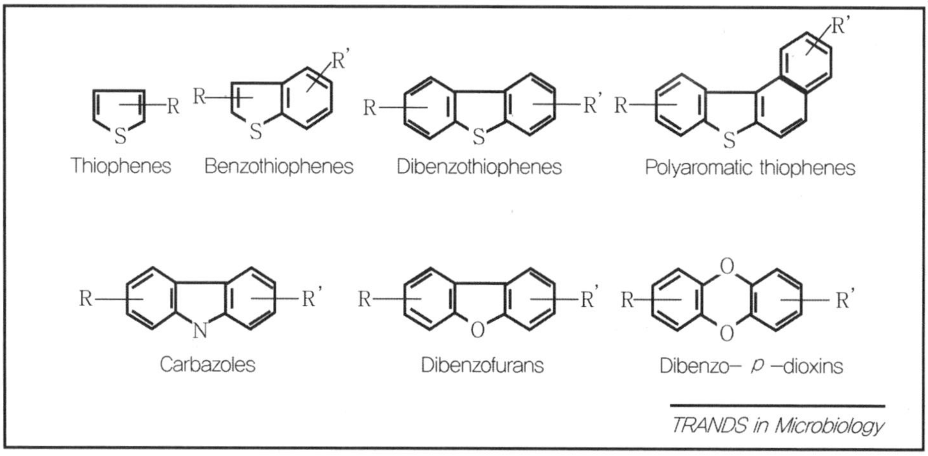

O 헤테로고리 화합물들인 DBF(Dibenzofuran)은 살충제로서 사용되었으며 염소화된 biphenyl ethers의 광분해로부터 형성된다[5]. DBF는 큰 환경적 관심을 끌고 있는 염소화된 DBFs와 Biaryl ethers의 생분해를 위한 모델이다. 생물학적인 자정과정들 때문에 환경은 이들 오염물질들을 어느 정도 처리할 수 있다. 그러한 과정들 중에서 미생물에 의한 분해는 이들 PTSs(persistent toxic substances) 혹은 POPs(persistent organic pollutants)의 미네랄화(오염물질들의 바이오매스 혹은 무기화합물들로의 완전환 변환)를 위한 핵심적인 방법이다[6]. 그러므로 미생물에 의해 물질대사 되는 헤테로고리 화합물들의 운명에 관해서 조사하는 것이 필요하다. 이 장에서는 DBT, 카바졸 그리고 DBF의 미생물에 의한 물질대사에 대한 최근의 방전된 이해와 이들 변환의 생물공학적 잠재 가능성에 관한 개론적인 고찰에 관해서 다루기로 한다.

2. 헤테로고리 화합물들의 생분해의 메커니즘들

2.1 S 헤테로고리 화합물들: DBT(dibenzothiophene)

DBT와 그것의 유도체들은 연료들 속에서의 주요한 황을 포함하는 방향족 화합물들이며 황 함유량의 70%까지를 차지한다[7]. ***Rhodococcus***[8], ***Mycobacterium***[9] 그리고 ***Pseudomonas*** species[10]와 같은 많은 미생물들은 DBT를 분해시킬 수 있으며 반응들은 3가지의 독립적인 범주들로 분류될 수 있다: 황의 산화, 탄소-탄소 결합의 붕괴 그리고 황성분의 붕괴, 마지막 범주는 황원자는 DBT로부터 방출되며 본래대로의 탄소 골격구조를 남기게 되며 이것은 석유의 바이오탈황에서 유용하기 때문에 가장 광범위하게 연구된다[11]. 황산화에 의한 DBT의 바이오 변환은 white rot fungi[12]로부터의 laccase에 의해서 그리고 박테리아로부터의 고리 dioxygenases에 의해서 촉매작용되며 이들은 DBT를 dibenzothiophene sulfone 그리고/혹은 하이드록실화된 유도체들로 변환시킨다[13, 14]. DBT의 탄소 골격구조가 Kodama 경로에 따라서 파괴되는 탄소-탄소 붕괴[그림 5-2]에 관해서는 이전에 리뷰되었다[10]. 탄소원자에서의 이러한 효소적 공격은 석유속의 다른 방향족 성분들을 산화시킴 없이 선택적으로 유기황화합물들을 제거시키기 위해 디자인된 공정에 대해서 바람직스럽지 못하다. DBT의 sulfur-specific cleavage에서 2-HBP(2-hydroxy biphenyl)는 sulfite의 결손과 함께 형성된다. 최근까지 DBT-탈황 미생물들은 2-HBP를 더 이상 분해시키는 것으로는 알려지지는 않았다. 4S 경로를 통한 선택적인 황의 제거 특히 유전공학적 그리고 효소적 메커니즘들에서의 많은 문헌들이 있기 때문에[10, 11] 이 장에서는 단지 새롭게 보고된 경로에 초점을 맞추기로 한다: sulfur-specific cleavage 범주에서 확장된 4S 경로.

[그림 5-2] Proposed Kodama pathway of DBT degradation through carbon-carbon cleavage by Pseudomonas strains.

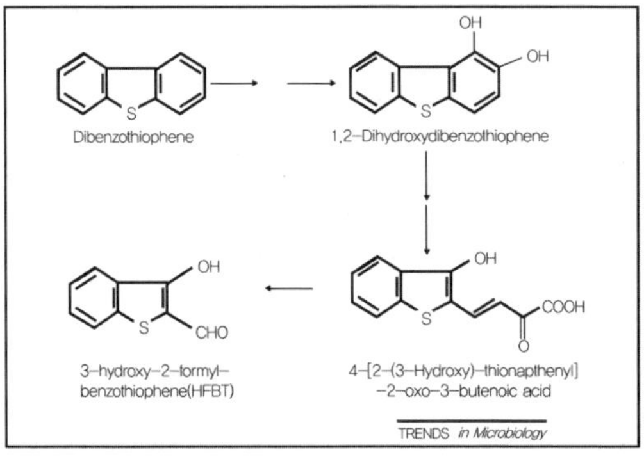

Li 등[15]은 DBT를 2-HBP로 탈황시킬 수 있었던 새로운 thermophilic 박테리아를 분리시켰다. 분리된 박테리아는 ***Mycobacterium goodii*** X7B[15]로서 확인되었으며 4S 경로의 최종 생성물인 2-HBP를 2-MBP(2-methoxybiphenyl)로 더 이상 변환시킬 수 있었다. 이 확장된 4S 경로[9]는 [그림 5-3]에 나타내었다. ***Mycobacterium*** sp. G3에 의한 메톡실화된 생성물 2-MBP의 형성은 또한 검출되었다. 비록 메톡실화 반응에서의 기질이 2-HBP이었다 할지라도 메톡실화 활성도의 식과 탈황 활성도의 그것 사이의 상관관계는 없었다[16]. DBT의 알킬화된 유도체들은 또한 이 경로에 의해서 그들의 메톡시 형태들로 물질대사 되었으며 이들 생성물들은 ***Mycobacterium goodii*** X7B로부터 얻어진 그것들과 일치하였다[9].

[그림 5-3] Proposed extended 4S pathway DBT metabolism by Mycobacterium goodii X7B. DBT is converted to 2-hydroxybiphenyl by the traditional sulfur-specific pathway in the initial steps. A new product, 2-methoxybiphenyl, appeared in the M. goodii X7B desulfurizing process and was confirmed as the end product of this pathway.

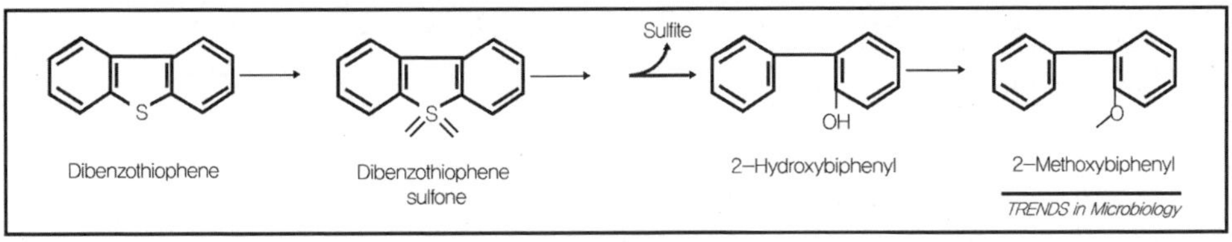

S-adenosyl-L-methionine이 메틸기 주게로서 작용하는 메틸-이전 반응들에 수반되는 많은 O-methyltransferases에 관해서 또한 보고되어졌다[17, 18]. 예를 들면, abietic acid(농약)의 methyl abietate로의 변환은 ***Mycobacterium*** sp. MB3683의 O-methyltransferase에 의해서 실행된다[18]. Okada 등[16]은 ***Mycobacterium*** sp. G3에서의 메톡실화 과정에서 비슷한 반응시스템을 수반할 수 있었다고 예상하였지만 그 메커니즘은 아직 분명치 않다. 최근에 DBT를 분해시킬 수 있는 비슷한 strain-***Mycrobacterium*** sp. ZD-M2를 분리시켰다[19]. 2-HBP 그리고 소량의 2-MBP 외에도 흔적양의 biphenyl도 역시 관찰되었다. 2-HBP를 2-MBP로 변환시킬 수 있는 다른 DBT를 분해하는 strains는 보고되지 않았다.

비록 선택적인 황 제거의 메커니즘을 15년 이상 동안 연구하였다 할지라도 이들 분리된 strain의 어느 것도 바이오탈황의 산업적 요구조건들을 충족시키지 못하였는데 이들은 중질유들로부터 광범위한 황 제거, 높은 황 제거율 그리고 감소된 가동 비용들을 요구한다. 그러므로 대사 메커니즘에 관한 더 이상의 자세한 이해가 요구되며 이것은 대다수의 연구의 촛점이 된다.

2.2 *N* 헤테로고리 화합물들

2.2.1 카바졸 1,9a-dioxygenase에 의한 카바졸의 분해

카바졸 그리고 그것의 유도체들과 같은 *N* 헤테로고리 화합물들은 석탄 가스화 플랜트들로부터의 폐기물들로써 오염되었던 지역들에서의 잘 알려진 환경오염물질들이다. 카바졸을 분해시키는 대부분의 분리된 species는 헤테로고리 화합물이 고리붕괴를 겪게 되어 이후 완전하게 미네랄화되게 되는 중간체로서 anthranilic acid를 생성시키게 되는 비슷한 대사경로를 따른다[20-23]. 이 경로에서 카바졸은 카바졸 1,9a- dioxygenase (CARDO)에 의해서 2'-aminobiphenyl-2,3-diol로 첫째로 분해된다[24]. CARDO의 새로운 촉매 메커니즘은 최근에 명료하게 되었다[25]. CARDO는 다성분 효소이며 작용분석에서는 ***Pseudomonas resinovorans*** CA10의 CARDO는 4가지 부분들로써 구성된다는 사실을 나타내었다: 두 개의 terminal oxygenases(CarAa), ferredoxin(CarAc) 그리고 ferredoxin reductase (CarAd)[그림 5-4].

[그림 5-4] The genetic arrangement and enzymatic mechanism of CARDO from Pseudomonas resinovorans CA10[24]. CARDO is a multicomponent enzyme that catalyzes the angular dioxygenation of carbazole to yield an unstable dihydroxylated intermediate, which is thought to bo spontaneously converted to 2'-aminobiphrnyl-2,3-diol. Functional analysis revealed that CARDO consists of terminal oxygenase (CarAa), ferredoxin (CarAc) and ferredoxin reductase (CarAd) components (green arrows). Figure reproduced, with permission, from Ref.[24].

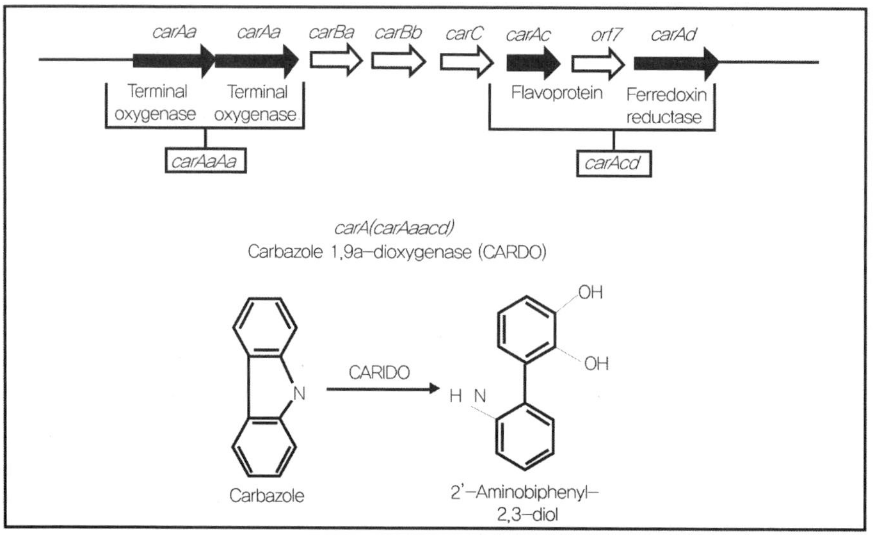

많은 보고된 방향족 화합물 dioxygenases 중에서 CARDO는 다양한 방향족 화합

물들에서 cis-dihydroxylation, monooxygenation 그리고 까다로운 dioxygenation에 촉매작용할 수 있는 유일한 dioxygenase이다[13]. CARDO의 촉매성분인 CarAa는 정제되고 결정화되었으며 그것의 3D 구조가 결정되었다[25]. ***Janthinobacterium*** sp. J3로부터의 CarAa는 CARDO의 substrate specificity를 지배하는 homotrimeric 구조를 갖는다. CarAa 분자의 전반적인 α_3 trimeric 구조는 $\alpha_3\beta_3$ 배치를 갖는 Rieske non-haem iron-oxygenase systems(ROSs)의 다른 말단 oxygenase 성분들의 부분적인 α_3 구조에 대략 대응한다. CarAa의 기질-바인딩 포켓의 모양은 나프탈렌 그리고 biphenyl의 분해에 수반되는 다른 oxygenase 성분들의 그것들과 현저하게 다르다. 결과들은 카바졸은 까다로운 dioxygenation 촉매(작용)에 대해 적당한 방법으로 기질-바인딩 포켓에 바인딩한다는 것을 지적한다[25-27].

비록 카바졸의 완전한 미네랄화가 미생물에 의한 정화에서 환영받는다고 할지라도 그것은 탄소 가치가 질소의 제거공정과정 동안 감소하기 때문에 화석연료들의 바이오처리에 대해 적당하지 않다. 그러나 퀴놀린에서 $C-N$ 결합들을 선택적으로 붕괴시킬 수 있으며 그리고 석유로부터 질소를 제거할 수 있는 미생물이 분리되어졌고 특정지워졌으며[28] 그리고 여러 ***Pseudomonas*** 배양물들은 유일한 질소 소스로서 카바졸을 사용하는 것으로 잘 알려진다. 그럼에도 불구하고 이들 박테리아는 카바졸에서의 $C-N$ 결합들을 선택적으로 붕괴시킬 수 없으며 동시에 분자의 나머지 부분은 그대로 둔다: CARDO에 의해 촉매작용되는 첫 번째 단계는 카바졸은 2'-aminobiphenyl-2,3-diol로 변환시키며 이것은 첫 번째 $C-N$ 결합을 붕괴시키지만 최종 $C-N$ 결합의 붕괴를 이루기 위한 2'-aminobiphenyl-2,3 -diol을 물질대사시킬 수 있는 알려진 deaminases는 없다. 그러나 최근에 카바졸의 $C-N$ 결합들의 선택적인 붕괴를 위한 방법이 제안되었다. CARDO를 암호화하는 유전자들은 amidase를 암호화하는 유전적으로 조작된 유전자와 결합되었으며 이것은 2'-aminobiphenyl-2,3-diol에서의 $C-N$ 결합의 선택적인 붕괴를 위해 적당하다. 이 접근방법은 operon을 형성하였으며 이것은 카바졸의 $C-N$ 결합들의 붕괴를 촉매작용하는 효소들을 암호화한다[29]. 카바졸의 이러한 변환은 속유로부터 다루기 어려운 유기 질소 화합물들의 선택적인 제거를 위한 유용한 방법일 수 있었다.

하나의 바이오촉매에서 두 가지의 특정-헤테로원자 분해 경로들을 결합하기 위한 새로운 시도는 S 그리고 N 헤테로고리 화합물들의 미생물에 의한 정화에 관련된 가동비용들을 감소시킬 수 있었다. 4S 경로를 거친 DBT의 잘 알려진 탈황은 *Yu* 등[30]에 의해 카바졸 변환과 결합되었으며 이들은 DBT-분해제인 ***Rhodococcus erythropolis*** XP에 CARDO를 도입하였다. 재조합을 나타내는 개체는 원유 속의 DBT와 카바졸을 동시에 분해시킬 수 있었다[30]. 이 연구는 바이오정제 공정들의 개발 쪽으로 새로운 단계를 나타낸다. 향후 연구는 석유로부터 황과 질소를 동시에 그리고 선택적으로 제거할 수 있는 바이오촉매들의 개발에 진력하게 될 것이며 이를 가능케 할 것이다.

2.2.2 다른 dioxygenases에 의한 카바졸의 분해

카바졸은 하이드록실화 반응에 의해 또한, 물질대사될 수 있어서 모노하이드록실화된 생성물들을 형성한다. 3-Hydroxycarbazoles는 주된 바이오 변환생성물로서 검출되는 반면 1-hydroxy-그리고 2-hydroxycarbazoles는 보다 적은 생성물들로서 관찰된다[31]. 박테리아에 의한 dioxygeneses는 방향족 탄화수소들 그리고 카바졸을 포함하는 관련된 헤테로고리 화합물들의 초기 산화를 촉매작용한다. ***Pseudomonas*** sp. NCIB 9816-4로부터의 나프탈렌 1,2-dioxygenase 그리고 ***Beijerinckia*** sp. B/8/36로부터의 biphenyl dioxygenase는 또한 카바졸을 3-hydroxycarbazole로 산화시키지만 ***Pseudomonas putida*** F39/D로부터의 톨루엔 dioxygenase는 산화시키지 못한다[32]. 카바졸의 3-Hydroxycarbazoles로의 바이오 변환은 하이드록실화된 카바졸 유도체들은 강한 산성방지에로서의 활성을 가지며 그리고 폭넓은 적용분야들을 나타내는 제약산업에서 고부가 가치 물질이디 때문에 매우 흥미롭고 많은 관심을 끈다[31].

2.2.3 제약의 전구체들로서 분해된 *N* 헤테로고리 화합물들

니코틴은 또한 *N*-헤테로고리 오염물질이며 일반적으로 담배 제조과정 동안 발생되는 많은 고체, 액체 그리고 공중 폐기물들에서 발견된다. 니코틴 분해의 중간체들인 6-hydroxy-nicotine과 HSP(6-hydroxy-succinoly-pyridine)는 상충제들 그리고 의약품들의 합성에서 유용한 전구체들이다[33]. 담배 폐기물 속의 니코틴으로부터 HSP 생산의 환경친화적 방법이 개발되었으며[34] 그리고 이 바이오 변환은 독성 폐기물들이 어떻게 가치 있는 화합물들로 변환될 수 있는지에 관한 하나의 좋은 예이다.

2.3 *O* 헤테로고리 화합물들

2.3.1 DBF(Dibenzofuran)의 박테리아에 의한 분해

DBF를 분해시키는 미생물들은 매우 독성적인 PCDDS(polychlorinated dibenzo -p-dioxins)와 PCDBFs(polychlorinated dibenzofuran)를 공통 물질대사할 수 있는 그들의 잠재적인

능력 때문에 관심이 증가하고 있다[35]. 이 장에서는 DBF 대사경로에 관한 간략한 소개만을 고찰키로 하겠다(미생물에 의한 다이옥신 유사 화합물의 물질대사에 관한 포괄적인 리뷰는 참고문헌[5]에서 입수가능하다).

DBF의 생분해에서의 초기 단계들은 [그림 5-5] 3가지 경로들로 분류된다: 모서리 2중 산소화, 측면 2중 산소화 그리고 측면 산소화. 모서리 공격[그림 5-5a]은 DBF의 4 그리고 4a 탄소원자들에서 일어난다. 분자 산소는 DBF의 모서리 위치에서 편입되며 이것은 자발적으로 파괴되어 2,3,2'-trihydroxybiphenyl(THBP)를 생성시키게 되는 불안정한 헤미아세탈들을 만들어낸다. THBP의 이후의 고리의 붕괴는 extradiol dioxygenase에 의해서 촉매작용되어 2-hydroxy-6-(2-hydrophenyl)-6-oxo-2,4-hexadienoic acid를 생성시키게 되며 이후 이것은 3-(chroman-4-on-2-yl)-pyruvate와 salicylic acid로 가수분해된다. Salicylic acid는 이후 catechol 혹은 gentisic acid로 변환된다. 이 화합물들은 더 이상 전개되는 것은 ***P. resinovorans*** CA10에 의해서 실행되는 카바졸 분해 과정과 비슷하며 DBF는 완전하게 미네랄화된다[3]. 초기 angular dioxygenase는 DBF의 산소원자에 인접한 모서리 위치에서 반응할 수 있으며 dibenzo-p-dioxins와 다른 DBFs를 포함하는 방향족 화합물들의 분해에서 기질 범위의 핵심 결정 인자이다[13]. 나프탈렌 dioxygenases, biphenyl dioxygenases, 그리고 톨루엔 dioxygenases와 같은 다른 초기 dioxygenases와 비교하였을 때 angular dioxygenases에 관하여는 알려진 정보가 부족하다[36].

이와 대조적으로 나프탈렌 혹은 biphenyl을 이용하는 박테리아에 의해 주로 실행되는 lateral dioxygenation은 1,2-, 2,3-, 그리고 3,4- 위치들에서 일어나서 DBF-dihydrodiols를 생산한다[그림 5b][37, 38]. 1,2-dihydroxybenzofuran의 고리분열은 2-hydroxy-4-(3'-oxo-3'H-benzofuran-2'-ylidene)but-2-enoic acid의 생산을 초래하며 이것은 살리실산으로 분해된다. 살리실산은 이후에 catechol 혹은 gentisic acid로 대사되며 TCA cycle로의 편입을 수반하게 되는데 이것은 angular dioxygenation 경로와 비슷하다. Lateral dioxygenation 경로는 또한 biphenyl을 이용하는 박테리아에 의해 DBF의 co-metabolic 분해에 사용된다. Angular 그리고 lateral dioxygenation에 의한 DBF의 변환을 이끄는 박테리아에 관한 정보는 매우 적다[38-40].

[그림 5-5] Three pathway of DBF degradation by microorganisms. The pathways are categorized according to initial steps in the biodegradation of DBF and are summarized as angular dioxygenation, lateral dioxygenation and lateral oxygenation, respectively. (a) The angular attack occurs at the 4 and 4a carbon atoms of DBF. (b) Lateral dioxygenation, mainly by naphthalene-or biphenyl-utilizing bacteria, occurs at the 1,2 the 2,3 and the 3,4 positions to produce DBF-dihydrodiols. (c) in lateral oxygenation, monooxygenase catalysis during the initial degradation steps contributes to the accumulation of a high level of monohydroxylated DBF and the formation of dihydroxylated derivatives from both 2-hydroxydibenzofuran and 3-hydroxydibenzofuran.

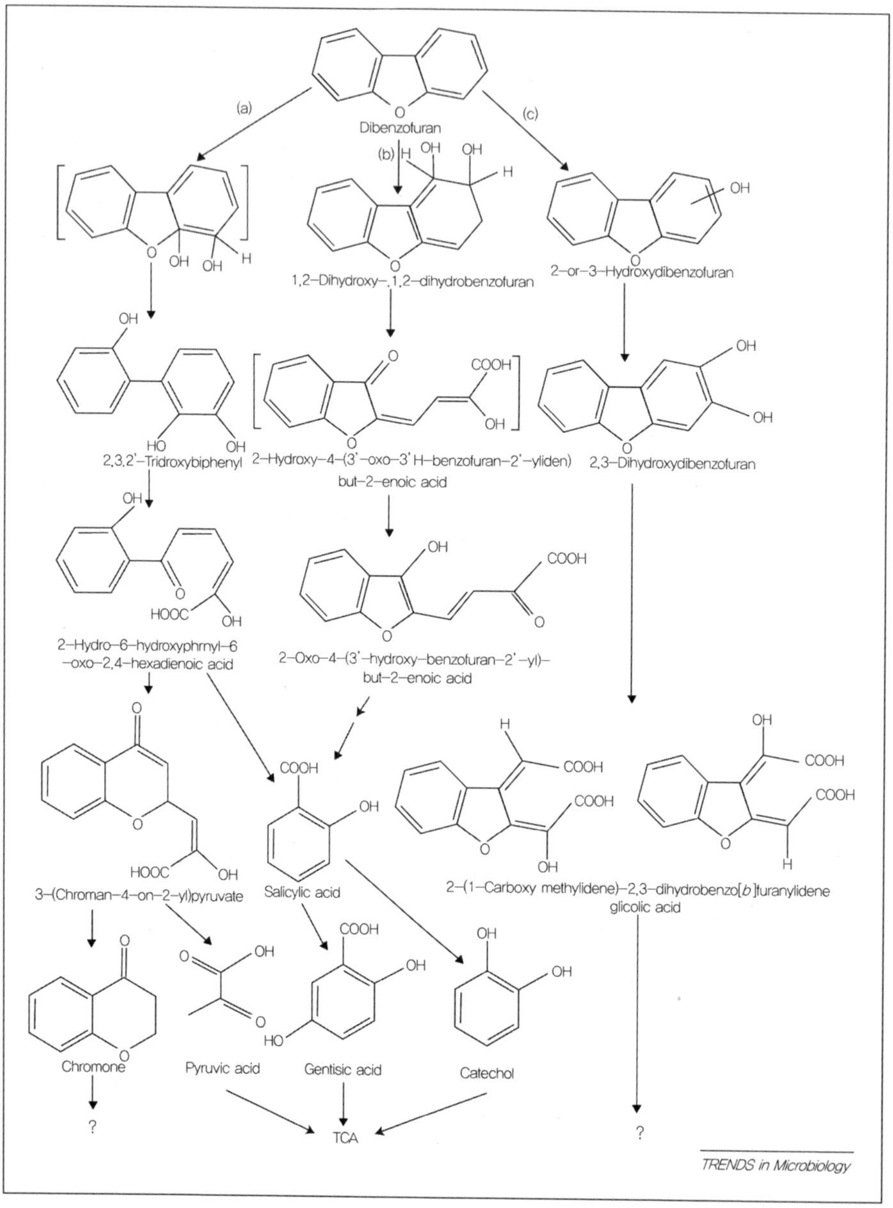

2.3.2 DBF의 fungi에 의한 분해

비록 fungi가 토양 속의 미생물 바이오매스의 대다수를 구성한다 할지라도 biaryl ether 화합물들의 fungi에 의한 catabolism에 관한 데이터는 제한되어 있으며 하이드록실화 과정들로 제한된다. DBF를 물질대사 시킬 수 있는[그림 5-5c] fungus는 ***Trichosporon mucoides*** SBUG 801로서 확인되었다[41]. Monohydroxylated DBF의 높은 수준의 축적과 2-hydroxydibenzofuran 그리고 3-hydroxydibenzofuran으로부터의 dihydroxylated 유도체들의 형성은 초기 분해단계들 동안 monooxygenase의 작용을 가리킨다. ***T. mucoides*** SBUG 801은 DBF를 2,3-dihydroxydibenzofuran으로 분해시키며 이후의 고리붕괴는 2-(1-carboxymethylidene)-2,3-dihydrobenzo-[b]-furanylidene glycolic acid의 형성을 초래한다. 아마도 dihydroxylated 고리의 붕괴는 ***Trichosporon*** sp. SBUG 752에 의한 biphenyl ether의 분해에 대해 기술된 것과 비슷한 메커니즘을 사용한다. 두 가지의 화학종들에서 방향족 고리의 ***ortho*** 위치의 붕괴가 일어날 수 있기 전에 세 번째 하이드록실기는 dihydroxylated 중간체들에 도입되어져야 한다[41].

미생물에 의한 정화는 환경적으로 위험한 화합물들의 분해를 위한 매력적인 옵션이다. 여기에서 기술된 O 헤테로고리 화합물들의 생분해에 관한 연구들은 그들이 POP 기질들의 호기적인 바이오 변환의 가능성을 증명해 주기 때문에 이 분야에서 중요한 이정표를 나타낸다. 야생형 스트레인들 혹은 유전적으로 변형된 박테리아의 생분해 메커니즘에 관한 더 뚜렷한 이해는 향후 미생물에 의한 정화에 관한 연구들에 유익할 것이다.

3. 헤테로고리 화합물 생분해의 환경적 유효성

환경오염물질과 다루기 어려운 생체 이물질들을 제거하기 위한 미생물의 생분해 활동의 개발은 상대적으로 낮은 비용과 환경에 미치는 최소의 영향 때문에 물리적인 그리고 화학적인 방법들에 대한 대체 방법으로서 인기가 높아지고 있다. 많은 연구원들은 그들의 연구들을 특종 미생물들의 분리와 확인에 초점을 맞추었으며 특히 토양의 정화와 같은 약간의 예비적용들은 박테리아를 사용하여 실행되어졌다[42]. 석유로부터 황 오염물질들을 제거하기 위한 특정 박테리아의 사용은 방출되는 황산화물들의 양을 감소시킬 것이며 그러므로 심각한 환경오염을 감소시킨다[11]. 그러나 미생물들의 황의 제거효율들을 향상시키기 위한 유전자 변형은 석유로부터 황 화합물들의 제거를 위한 실제적인 바이오정제 공정이 개발될 수 있기 전에 필요하다. 더 복잡한 구조들을 갖는 '더 중질의' 황화합물들을 수용 가능한 수준으로 제거시키기 위해 유전자 조작 변형된 미생물들이 요구된다. 석유에 존재하는 화학물질들의 복잡한 혼합물을 역점을 두어 다루기 위해 향상된 기질 범위들을 갖는 배양물들이 또한 필요하다.

미생물에 의한 탈황과는 달리 석유로부터 질소의 생물학적 제거(미생물에 의한 탈질)는 많은 관심을 끌지 못하였다. 지금까지는 단지 적은 수의 보고서들만이 발표되었으며 보고된 질소 저감은 만족스럽지 못하다[20, 28]. 이것은 석유 속에 존재하는 매우 복잡한 질소 화합물들 그리고 다양한 화합물 구조들의 결과 때문이며 이들은 한가지 타입의 *N* 헤테로고리 화합물을 분해하는 스트레인 단독에 의해서 분해될 수 없다. 최근에 질소를 선택적으로 제거할 수 있는 바이오촉매는 입수가능하지 못하며 이러한 사항은 또한 미생물 탈질공정들의 개발을 현저하게 제한한다.

흥미롭게는 보고된 카바졸 분해 미생물인 ***P. resinovorans*** CA10은 독성 산소 화합물들 그리고 PCDDs와 같은 그들의 염소 유도체들을 또한, 해독시킬 수 있다[35, 43, 44]. DBF-분해 미생물인 ***Sphingomonas wittichii*** RW1과 비슷하게 카바졸-분해 미생물들은 이들 PTSs 혹은 POPs를 미네랄하기 위해 사용되었으며 이들은 심각한 환경적 문제들을 초래한다. 토양의 미생물에 의한 전화에서의 약간의 초기 실험들이 실행되어졌으며 좋은 저감들이 얻어졌다[4]. 그러므로 환경으로부터 이들 지속적인 존속 가능 오염물질들의 근절은 대학, 산업체 그리고 정부 당국으로부터 많은 관심을 끌었다, 이들 헤테로고리 화합물-분해 미생물들에 의한 생물정화는 가까운 장래에 상업적 가동전망을 나타내게 될 것 같다[45].

4. 헤테로고리 화합물들의 생분해를 위한 용매-내성 박테리아

현재 석유의 미생물처리들(특히 디젤연료 그리고 가솔린과 같은 석유로부터 유도된 유분들의 미생물탈황)은 석유에서 높은 비율의 물/오일의 문제에 직면하게 되며 이러한 문제는 반응부피를 증가시키며 그리고 미생물처리의 실제적인 가동들을 어렵게 만든다. 유전에서 원유의 회수를 증가시키기 위해서 사용되는 water- flooding 기술들은 원유들에서 높은 비율의 물을 초래하는데 이와 대조적으로 이러한 것은 박테리아 스트레인의 생종과 석유의 미생물탈황을 위해 더 적당하고 알맞다. 그러므로 물을 제거하기 전에 이 물-오일 시스템에서 미생물들을 배양하는 것은 실제적으로 더 가치가 있다 [8, 30].

지금까지 원유의 미생물탈황에 관한 적은 수의 보고서들이 있다. *R. erythropolis* XP가 원유와 가솔린 시료들을 처리하기 위해 최근에 사용되었으며 높은 수준의 황의 제거가 이루어졌다[8, 46]. 그러나 bacterium은 오일들의 높은 농도들하에서 좋은 탈황활성도를 유지하지 못하였다.

이와 대조적으로 물-섞이지 않는 유기 용매들을 포함하는 2개의 상으로 된 시스템이 바이오촉매작용을 위해 개발되어졌는데 그 시스템이 단일 반응기에서 미생물에 의한 변환과 생성물의 회수를 통합해서 완전하게 할 수 있으며, 좋지 못한 기질 용해도에 의해 초래되는 전통적인 미디어에서의 낮은 생산성의 문제점을 극복할 수 있으며 그리고 또한 화학평형을 수율과 선택성을 향상시키는 방향으로 이동시킬 수 있기 때문이다[33, 47]. 그러나 많은 유기 용매들은 매우 유독하며 낮은 농도들에서 (예, 0.1%v/v) 조차도 대부분의 미생물들을 죽일 수 있는데[48] 이러한 사실은 요구되는 물리화학적 성질을 갖는 미생물에 혼화될 수 있는 용매들의 선택을 어려운 일로 만든다. 미생물 변환은 항상 값비싼 다단계 과정이다. 세포 보전과 생존능력은 이러한 타입의 반응에 대해서 필수적이다[49]. 2개의 상으로 된 시스템에서 높은 활성도를 유지하는 세포들은 독성 유기용매들의 존재하에 생존할 것으로 기대하는 것은 타당하다. 그래서 유기용매들에 대하여 높은 내성을 갖는 미생물들은 특히 중요하며 바이오촉매와 같은 많은 생물공학 분해들에서 유용하다[24, 47]. 용매에 대한 내성과 요구되는 촉매 활성도를 갖는 스트레인들을 환경으로부터 분리시키는 어려움을 고려할 때 유전공학을 사용하여 용매에 대한 내성과 독특한 촉매 특성들을 결합시키는 것이 바람직스럽다. 최근에 Tao 등[50]은 용매에 대한 내성을 갖는 박테리아에 미생물탈황 유전자 클러스터들의 도입에 관하여 보고하였다. 결과로써 생기는 재조합형의 ***Pseudomonas putida*** A4는 50% p-xylene에서 조차도 작용할 수 있었다. 이 연구는 2개의 상에서의 반응들에서의 효과적인 생물공정들을 개발하기 위해 새롭고 참신한 바이오촉매들을 개발하기 위한 중요한 단계이다.

5. Magnetite 나노입자들에 의한 고정

바이오변환에서 자유세포들보다도 오히려 고정된 미생물들의 사용은 바이오촉매의 안정도를 향상시키기 위해 그리고 그것의 회수와 재사용을 촉진시키기 위해 유리할 수 있다. 이들 유리한 점들은 오일의 바이오탈황을 포함하는 바이오변환 그리고 바이오합성 공정들에서 고정된 세포들의 사용을 연구원들이 조사하는 것을 자극하였다[15, 51]. 그러나 전통적인 함정수사 방법들을 사용한 세포들의 고정화는 주된 결점을 갖는다. 제한된 확산과 입체장애[47]의 질량-이전 문제점들은 기질에서의 세포접근을 감소시키고 바이오변환 활성도에서의 감소를 초래한다. 결과적으로 흡착에 의한 고정화는 그것이 함정수사 방법들과 관련된 이들 질량-이전 문제점들을 감소시키기(그리고 어떤 약간의 경우들에서는 제거하기) 때문에 최근 상당한 중요성을 얻고 있다.

나노입자들 위에서 미생물들을 고정시키는 기술들은 세포 고정화의 산업화의 새로운 영상으로서 나타났는데 그것은 그러한 입자들이 큰 specific 표면적과 높은 표면에너지를 가졌기 때문이다. 최근에 Shan 등[52, 53]은 바이오탈황에서 magnetite (Fe_3O_4) 나노입자들로써 코팅된 고정된 세포들의 사용을 보고하였다. 나노입자들은 ammonium oleate를 사용하여 표면이 변형되었으며 수용액에 단이 분산시켜졌다. 주목할 사항으로서 magnetite 나노입자들로써 코팅된 세포들은 자유 세포들과 같은 바이오촉매 활성도를 가졌으며 전통적인 고정화 과정들의 질량-이전 저항성을 극복할 수 있었다. 그러므로 나노입자로써 코팅된 세포들은 전통적인 고정화 방법들과 비교되는 더 큰 탈황 활성도를 가졌다. 고정된 세포들을 사용한 효과적인 바이오촉매들을 개발하기 위한 이러한 시도는 바이오변환, 바이오촉매작용, 그리고 생분해와 같은 많은 다른 분야들에서의 사용을 위한 바이오촉매들을 향상시키기 위한 한 단계이다[54].

6. 결론과 향후 전망

대사경로의 모든 측면들에 대한 더 자세한 이해가 필요하다 할지라도 미생물들이 어떻게 헤테로고리 화합물들을 대사하는지에 관한 이해는 빠르게 향상되고 있다. 미생물들의 단지 0.1−1%만이 최근의 기술들을 사용하여 배양될 수 있기 때문에 다루기 어려운 그리고 xenobiotic 분자들의 생분해를 위한 새로운 유전(인)자들과 대사경로들을 개발키 위해 metagenomic 방법들을 포함하는 새로운 기술들이 개발되어졌다[55]. 앞서 기술된 배양물들에 의한 환경오염물질들의 미생물에 의한 분해에 관한 초기 파일럿 규모의 테스트가 진행 중이며 이것은 바이오촉매 제조를 위한 더 낮은 비용들[56] 그리고 위험한 화합물들의 더 효과적인 박테리아에 의한 분해를 이끌어야 한다. 최근의 예는 다이옥신을 분해하는 strain ***Sphingomonas wittichii*** RW1에 'superchannel' 전문 멤브레인 구조의 편입인데 이것은 재조합형 세포에 고분자들의 직접 편입을 가능하게 하였으며 따라서 미생물에 의한 정화능력을 증가시켰다[57].

만약 바이오촉매들이 환경정화, 석유처리 혹은 바이오계 화합물들의 생산을 위해 사용된다고 하면 2개의 상에서의 반응들에서 더 넓은 기질 범위와 더 높은 기질 친화력을 갖는 미생물들이 교묘히 처리될 수 있었다. 이들 가능성들은 미생물 학자들과 환경공학자들에 대한 향후 도전 분야로서 부각될 것이다.

참고문헌

[1] Jensen, A.M. *et al.* (2003) Degradation of carbazole, dibenzothiophene, and dibenzofuran at low temperature by Pseudomonas sp. strain C3211. *Environ. Toxicol.* Chem. 22, 730–735.

[2] Gundlach, E.R. *et al.* (1983) The fate of *Amoco Cadiz oil. Science* 221, 122–129.

[3] Benedik, M.J. *et al.* (1998) Microbial denitrogenation of fossil fuels. *Trends Biotechnol.* 16, 390–395.

[4] Jha, A.M. and Bharti, M.K. (2002) Mutagenic profiles of carbazole in the male germ cells of Swiss albino mice. *Mutat. Res.* 500, 97–101.

[5] Wittich, R.M. (1998) Degradation of dioxin–like compounds by microorganisms. *Appl. Microbiol. Biotechnol.* 49, 489–499.

[6] Nam, I. *et al.* (2006) Biotransformation of 1,2,3–tri–and 1,2,3,4,5,6,7,8–hexa–chlorodibenzo–*p*–dioxin by *Sphingomonas wittichii* strain RW1. *Appl. Environ. Microbiol.* 72, 112–116.

[7] Kertesz, M.A. and Wirtek, C. (20010 Desulfurization and desulfonation: application of sulfur–controlled gene ewpression in bacteria. *Appl. Microbiol. Biotechnol.* 57, 460–466.

[8] Yu, B. *et al.* (2006) Deep desulfurization of diesel oil and crude oils by a newly isolated *Rhodococcus erythropolis* strain. *Appl. Environ. Bicrobiol.* 72, 54–58.

[9] Li, F.L. *et al.* (2003) Deep desulfurization of hydrodesulfurization–treated diesel oil by a facultative thermophilic bacterium *Mycrobacterium* sp. X7B. *FEMS Microbiol. Lett.* 223, 301–307.

[10] Gupta, N. *et al.* (2005) Biotechnology of desulfurization of diesel–prospects and challenges. *Appl. Microbiol. Biotechnol.* 66, 356–366.

[11] Monticello, D.J. (2000) Biodesulfurization and the upgrading of petroleum distillates. Curr. Opin. Biotechnol. 11, 540–546.

[12] Villasenor, F. *et al.* (2004) Oxidation of dibenzothiophene by laccase or hydrogen peroxide and deep desulfurization of diesel fuel by the latter. *Fuel Process. Technol.* 86, 49–59

[13] Nojiri, H. *et al.* (1999) Diverse oxygenation catalyzed carbazole 1,9a–dioxygenase from *Pseudomonas* sp. strain CA10. *J. Bacteriol.* 181, 3105–3113.

[14] van Herwijnen, R. *et al.* (2003) Elucidation of the metabolic pathway of fluorene and cometabolic pathway of phenenthrene, fluoranthene, anthracene and dibenzothiophene by Sphingomonas sp. LB126. *Res. Microbiol.* 154. 199–206

[15] Li, F. *et al.* (2005) Microbial desulfurization of gasoline in a *Mycobacterium goodii* X7B immobilized–cell system. *Appl. Environ. Microbiol.* 71, 276–281

[16] Okada, H. *et al.* (2002) Analysis of dibenzothiophene metabolic pathway in *Mycobacterium* strain G3. *J. Biosci. Bioeng.* 93, 491–497

[17] Dhar, K. and Rosazza, J.P.N. (2000) Purification and characterization of *Steptomyces griseus* catechol O–methyltransferase. *Appl. Environ. Microbiol.* 66, 4877–4882

[18] Orpiszewski, J *et al.* (1991) Multiple forms of O-methyltransferase involved in the microbial conversion of abietic acid into methyl abietate by *Mycobacterium* sp. *FEMS Microbiol. Lett.* 66, 233-236

[19] Li, W. *et al.* (2005) Biodesulfurization of dibenzothiophene and other organic sulfur compounds by a newly isolated Microbacterium strain ZD-M2. FEMS Microbiol. Lett. 247, 45-50

[20] Kibane, J.J., Ⅱ *et al.* (2002) Isolation and characterization of *Sphingomonas* sp. GTIN11 capable of carbazole metabolism in petroleum. *Biochem. Biophys. Res. Commun.* 297, 242-248

[21] Schneider, J. *et al.* (2000) Biodegradation of carbazole by *Ralstonia* sp. RJGⅡ. 123 isolated from a hydrocarbon contaminated soil. *Can. J. Microbiol.* 46, 269-277

[22] Riddle, R.R. *et al.* (2003) Purification and properties of 2-hydroxy-6-oxo-6(2' -aminophenyl)hexa-2,4-dienoic acid hydrolase invoved in microbial degradation of carbazole. Protein Expr. Purif. 28, 182-189

[23] Li, L. *et al.* (2004) Degradation of carbazole in the presence of nonaqueous phase liquids by *Pseudomonas* sp. *Biotechnol. Lett.* 26, 581-584

[24] Riddle, R.R. *et al.* (2003) Recombinant carbazole-degrading strains for enhanced petroleum proceeding. *J. Ind. Microbiol. Biotechnol.* 30, 6-12

[25] Nojiri, H. *et al.* (2005) Structure of the terminal oxygenase component of angular dioxygenase, carbazole 1,9a-dioxygenase. *J. Mol. Biol.* 351, 355-370

[26] Nam, J.W. *et al.* (2002) Crystallization and preliminary crystallographic analysis of the terminal oxygenase component of carbazole 1,9a-dioxygenase of *Pseudomonas of resinovorans* strain CA10. *Acta Crystallogr. D Biol. Crystallogr.* 58, 1350-1352

[27] Nam, J.W. *et al.* (2002) Purification and characterization of carbazole 1,9a-dioxygenase, a three-component dioxygenase system of Pseudomonas resinovorans strain CA10. *Appl. Environ. Microbiol.* 68, 5882-5890

[28] Kilbane, J.J., Ⅱ *et al.* (2000) Selective removal of nitrogen from quinoline and petroleum by Pseudomonas ayucida IGTN9m. *Appl. Environ. Microbiol.* 66, 688-693

[29] Kayserm K.J. and Kilbane, J.J., Ⅱ Gas Technology Institute. Method for metabolizing carbazole in petroleum, US Patent No. 6,943,006 B2

[30] Yu, B. *et al.* (2006) Selective biodegradation of S and N heterocycles by a recombinant *Rhodococcus erythropolis* strain containing carbazole dioxygenase. *Appl. Environ. Microbiol.* 72, 2235-2238

[31] Lobastova, T.G. *et al.* (2004) Hydroxylation of carbazoles by *Aspergillus flavus* VKM F-1024. *FEMS Microbiol. Lett.* 235, 51-56

[32] Resnick, S.M. *et al.* (1993) Oxidation of carbazole to 3-hydroxycarbazole by naphthalene 1,2-dioxygenase and biphenyl 2,3-dioxygenase. *FEMS Microbiol Lett.* 113, 297-302

[33] Schmid, A *et al.* (2001) Industrial biocatalysis today and tomorrow. Nature 409, 258-268

[34] Wang, S.N. *et al.* (2005) 'Green' route to 6-hydroxy-3-succinoyl-pyridine from (S)-nicotine of tobacco waste by shole cells of a *Pseudomonas* sp. *Environ. Sci. Technol.* 39, 6877-6880

[35] Habe, H. *et al.* (2001) Preliminary examinations for applying a carbazole-degrader, *Pseudomonas* sp. strain CA10, to dioxin-contaminated soil remediation. *Appl. Microbiol. Biotechnol.* 56, 788-795

[36] Kasuga, K. *et al.* (2001) Isolation and characterization of the gene encoding a novel oxygenase component of angular dioxygenase from the Gram-positive dibenzofuran- degrader *Terrabacter* sp. strain DBF63. *Biochem. Biophys. Res Commun.* 283, 195-204

[37] Becher, D. *et al.* (2000) Cometabolic degradation of dibenzofuran by biphenyl-cultivated *Ralstonia* sp. strain SBUG 290. *Appl. Environ. Bicrobiol.* 66, 4528-4531

[38] Yamazoe, A. *et al.* (2004) Degradation of polycyclic aromatic hydrocarbons by a newly isolated dibenzofuran-utilizing *Janibacter* sp. strain YY-1. *Appl. Microbiol. Biotechnol.* 65, 211-218

[39] Stope, *et al.* (2002) Cometabolic ring fission of dibenzofuran by Gram-negative and Gram-positive biphenyl-utilizing bacteria. *Appl. Microbiol. Biotechnol.* 59, 62-67

[40] Fuse, H. *et al.* (2003) Degradation of chlorinated biphenyl, dibenzofuran, and dibenzo-p-dioxin by marine bacteria that degrade bihprnyl, carbazole, or dibenzofuran. *Biosci. Biotechnol. Biochem.* 67, 1121-1125

[41] Hammer, E. *et al.* (1998) Isolation and characterization of a dibenzofuran-degrading yeast: identification of oxidation and ring cleavage products. *Appl. Environ. Microbiol.* 64, 2215-2219

[42] Sayler, G.S. and Ripp, S. (2000) Dield application of genetically engineered microorganisms for bioremediation processes. *Curr. Opin. Biotechnol.* 11, 286-289

[43] Widada, J. *et al.* (2002) Enhanced degradation of carbazole and 2,3-dichlorodibenzo-p-dioxin in soils by *Pseudomonas resinovorans* strain CA10. *Chemosphere* 49, 485-491

[44] Saiki, Y. *et al.* (2003) Rhizoremedation of dioxin-like compounds by a recombinant *Rhizobium tropici* strain expressing carbazole 1,9a-dioxygenase constitutivery. *Biosci. Biotechnol. Biochem.* 67, 1144-1148

[45] Furukawa, K. (2003) 'Super bugs' for bioremediation. *Trends Biotechnol.* 21, 187-190

[46] Yu, B. *et al.* (2006) Microbial desulfulization of gasoline by free whole-cells of *Rhodococcus erythropolis* XP. *FEMS Microbiol. Lett.* 258, 284-289

[47] León, R. *et al.* (1998) Whole-cell biocatalysis in organic media. *Enzyme Microb. Tech.* 23, 483-500

[48] Inoue, A. and Horikoshi, K. (1989) A Pseudomonas thrives in high concentrations of toluene. *Nature* 338, 264-266

[49] Ishige, T. *et al.* (2005) Whole organism biocatalysis. *Curr. Opin. Chem. Biol.* 9, 174-180

[50] Tao, F *et al.* (2006) Biodesulfurization in biphasic systems containing organic solvents. *Appl. Environ. Microbiol.* 72, 4604-4609

[51] Naito, M. *et al.* (2001) Long-term repeated biodesulfurization by immobilized *Rhodococcus erythropolis* KA2-5-1 cells. *Appl. Microbiol. Biotechnol.* 55, 374-378

[52] Guobin, S. *et al.* (2005) Improvement of biosulfurization rate by assembling nanosorbents

on the surfaces of microbial cells. *Biophys. J.* 89, L58–L60

[53] Shan, G. *et al.* (2005) Biodesulfurization of dibenzothiophene by microbial cells coated with magnetite nanoparticles. *Appl. Environ. Microbiol.* 71, 4497–4502

[54] Parales, R.E. *et al.* (2002) Biodegradation, biotransformation, and biocatalysis(B3). *Appl. Environ. Microbiol.* 68, 4699–4709

[55] Galvão, T.C. *et al.* (2005) Exploring the microbial biodegradation and biotransformation gene pool. *Trends Biotechnol.* 23, 497–506

[56] Ma, C.Q. *et al.* Methods for the preparation of a biodesulfurization biocatalysts using *Rhodococcus* sp. *Chemosphere* (in press) DOI: 10.1016/j.chmosphere.2006.03.010 (http://www.sciencedirect.com)

[57] Aso. Y. *et al.* (2006) Engineered membrane superchannel improves bioremediation potential of dioxin-degrading bacteria. *Nat. Biotechnol.* 24, 188–189

VI
독성 금속들과 방사성 핵종들의 미생물에 의한 해독

개요

미생물들은 독성 금속들과 방사성 핵종들의 생물지구화학적 사이클링에서 중요한 역할을 한다. 금속-미생물 상호작용들에 관한 이해에서 최근 발전이 이루어졌으며 금속 그리고 방사성 핵종에 의한 오염의 해독에 이 공정들의 새로운 응용들이 개발되어졌다.

1. 서론

산업활동들은 독성 중금속들과 방사성 핵종들에 의한 환경의 대규모 오염을 초래하였다. 화학적 접근방법은 독성 중금속의 정화를 위해 입수가능하지만 종종 적용하기에 비용이 많이 들며 경쟁하는 이온들의 배경에 대해서 표적 금속들을 처리하기 위해 요구되는 특이성이 부족하다. 그러한 접근방법들은 정위치에서 대규모의 표면 밑 오염의 비용 효과적인 정화에 적용될 수 없다. 한편 생물학적 접근방법들은 상당한 가동 상의 유연성과 결합된 독성 금속들의 매우 선택적인 제거에 대한 잠재 가능성을 제공한다; 그들은 생물반응기에서 in situ 혹은 ex situ에서 사용될 수 있다. 많은 그러한 공정들은 독성 금속들과 방사성 핵종들의 생물지구화학적 사이클링에서 핵심 역할을 하는 미생물들을 이용한다. 분자생물학의 도구들을 사용하여 그들의 활동을 미조정할 수 있는 능력과 함께 그러한 공정들에서 미생물들의 역할을 이해함에서의 진전은 새로운 혹은 향상된 독성 금속들 정화공정의 개발을 초래하였다. 이 장의 목표는 미생물들이 중금속 그리고 방사성 핵종들과 상호작용하는 과정에서의 메커니즘의 개관을 제공하고 독성 금속에 의한 오염의 해독에 이 공정들의 적용에서 최근의 진전들을 강조하는 것이다.

2. 독성 금속-저항적 미생물들의 생물공학적 적용들

미생물들은 여러 메커니즘을 사용하여 독성 금속들을 다루는 것으로 발전하였다[1]. 가장 잘 연구된 금속-저항 시스템은 ***mer***(혹은 mercury resistance) operon의 유전자들에 의해 암호화된다. 이 시스템에서 Hg(Ⅱ)는 Mer T transporter 단백질을 통해서 세포내로 운반되며 세포내의 mercuric reductase(Mer A)에 의해서 상대적으로 비독성인 휘발성 수은 원소로 환원에 의해 해독된다. 이 시스템은 2개의 추가적인 transporter protein인 Mer F 그리고 Mer C[3]를 포함하기 위해 모델을 확장하는 새로운 연구들과 함께 최근의 리뷰[2]에서 자세하게 기술되어 있다. 호욜성 ***streptomyces*** 종들에 의한 수은의 환원은 ***Thiobacillus ferroxidans***의 membrane fraction에서의 수은의 환원(cytochrome □ oxidase[5])에 대한 새로운 Fe^{2+}-의존 메커니즘과 함께 또한 보고되어졌다[4]. ***Mer*** promoter region(***Mer R***)과 박테리아의 발광(***lux***) 유전자들을 융합시켜 제조된 바이오센서는 토양 속 수은의 생물학적 이용가능 농도들을 모니터링하기 위해 사용되어졌다[6].

수은-저항 박테리아는 실험실적 규모와 파일럿 플랜트 규모로 수은으로써 오염된 물을 해독시키기 위해 또한 사용되어졌다. 예를 들면, 첨가된 Hg^{2+}를 포함하는 바닷물과 강물을 처리하기 위해 500mL 반응기에서 재조합형 ***Pseudomonas putida*** strain을 사용하였다[5]. 환원된 수은원소는 가스스트림에 의해 계속적으로 스트립시켰으며 이후 $KMnO_4$ 용액에서 회수되었다. Wagner-Dobler와 공동연구원들은 [7] 수은-저항 ***P. putida*** species가 주입된 그리고 뒤이어 다른 수은-저항 strains가 이식된 20mL의 고정된-세포 생물반응기에서 환원된 수은원소를 포획하는 대체 접근방법을 사용하였다. 동반연구에서는 이 기술을 사용한 Hg^{2+} 제거를 위한 파일럿 플랜트의 개발 전에[9] 실험실적 규모로 chloralkali 전기분해물로부터 Hg^{2+}의 성공적인 제거를 증명하였다[8]. 전자의 연구에서 700L 반응기에는 4-6mm 입자 크기의 경석 그래뉼들을 충진시키고 7가지의 수은-저항 ***Pseudomonas*** species를 주입시켰다. Chloralkali 공장으로부터의 산성폐수는 생물반응기에 투입시키기 전에 슈크로스와 이스트 추출물로써 중화시켰다. 비록 이 농도 위에서의 폐수가 반응기의 성능에 해로운 영향을 미쳤다 할지라도 10mg/L 이하로의 수은의 더 이상의 제거가 보고되었다. 보수적으로 700L 반응기에 대해서 31.5kg의 수은이 존속하였다.

Pseudomonas에 더하여 수은-저항 유전자들이 많은 다른 박테리아에서도 발견된다[2]. 예를 들면, 그램-음성 토양 박테리움 Ralstonia eutropha(공식적인 명명은 Alcaligenes eutrophus CH34)는 *Hg*(Ⅱ)와 다른 독성 금속들에 대하여 저항적이다. 이 미생

물은 독성 유기화합물들과 중금속들의 정화를 위해 계속 상당한 관심을 끌고 있다[10]. 이가의 금속이온들에 대한 저항성은 여러 유출 메커니즘들에 의해서 제공된다(예, CZC 그리고 cnr 유전자들에 의해 암호화된 메커니즘들)[10. 11-13]. 환경 생물공학에서의 *R. eutropha*의 매력은 불용성 금속 탄산염들의 세포밖 coat 내에서 독성 금속 양이온들을 침전시킬 수 있는 그것의 능력에 있다. 이것은 대사적으로 활성적인 세포들에 의한 protons의 흡수에 의해 초래되는 높은 local pH의 지대내에서의 세포 표면에서 금속이온들의 높은 농도들의 발생에 의해 형성된다[10]. *R. eutropha*의 금속-저항 시스템들의 유전자 단백질 합성과정을 규제하는 유전인자들은 reporter genes에 융합되어졌으며 바이오센서들에 사용되어졌다[10]. 대체 '단백질계' 센서들은 다른 박테리아로부터의 금속-저항 결정인자들을 사용하여 또한, 개발되어졌다. 이 바이오센서들은 전극표면에 결합되어졌던 단백질에 금속이 바인딩할 때 용량에 있어서의 변화를 검출판다[14].

3. 오염된 토양과 퇴적물로부터 금속들의 추출

As(Ⅴ)의 As(Ⅲ)로의 환원은 또한 자세히 연구되어졌던 다른 미생물의 저항 메커니즘의 기초를 형성한다[예, 15, 16]. As(Ⅲ)이 As(Ⅴ)보다도 더 독성이며 용해가 잘되기 때문에 이 과정이 미생물에 의한 정화를 위해 유용한 것으로 입증되지는 못하였다. 그러나 As-저항 유전인자들은 As(Ⅲ)에 대한 바이오센서들에서의 사용이 밝혀졌다[17]. As(Ⅴ)가 호흡에서 말단 전자받게로서 작용하는 dissimilatory As(Ⅴ) 환원은 오염된 토양으로부터 불용성 As(Ⅴ)를 추출하기 위해 또한, 사용될 수 있었다. 예를 들면, dissimilatory As(Ⅴ)-환원 미생물인 ***Sulfurospirillum barnesii***는 As(Ⅴ)를 환원시켰다[18]. 다른 연구들은 미생물들의 As의 사이클링에 있어서의 중요한 역할을 확인하였다. As(Ⅴ)는 어떤 환경에서 탄소 산화를 위한 유력한 전자받게이며[19] As(Ⅲ)를 호기성 성장을 위한 전자 주게로서 사용할 수 있는 그래서 생물학적 비소 사이클을 닫게 하는 새로운 미생물을 최근 분리하였다[20].

금속의 환원에 더하여 금속추출을 위해 사용될 수 있는 다른 생물학적 메커니즘들은 heterotrophic 미생물에 의한 유기산들의 생산 그리고 황의 생물산화를 통한 황산의 발생을 포함한다(예, ***Thiobacillus*** spp.에 의한)[21]. 최근의 개발은 토양을 더 이상 산성화시키기 위해 그리고 cathode에서 이동한 금속을 포집하기 위해 DC current를 사용한 동전기적 처리를 수반하면서 황을 산화시키는 박테리아에 의한 오염된 토양으로부터 구리의 연속적인 일련의 순차적 추출이었다[22]. 황을 산화시키는 박테리아에 의한 사전 산성화는 동전기적 단계에 대해 요구되는 파워를 66%까지 감소시켰다. 유기산의 생산을 통해 금속들을 이동시키는 것에 더하여[23] 최근의 연구들은 또한, fungi에 의한 수산염(oxalate)의 생산이 금속들의 불용성 금속 수산염들로서의 침전화를 초래할 수 있다는 사실을 나타내었다[24].

4. 바이오미네랄화: 불용성 금속 황화물들과 인산염들의 형성

금속 탄산염들의 형성을 촉진시키는 것에 더하여 미생물들은 매우 불용성인 금속 황화물과 인산염들의 침전화를 위한 중심으로서 또한, 작용할 수 있다. 이것은 용액으로부터 독성 금속들의 제거를 초래할 수 있지만, 그 자체로서 본질적으로 독성 금속들에 대한 미생물들의 저항을 증가시키는 것으로는 결정적으로 나타내지는 못하였다. 황화물은 여러 메커니즘들에 의해 생물학적으로 생산될 수 있다. 예를 들면, ***Salmonella enteritica***로부터 티오황산염 reductase 유전자 이종구조의 유전자 단백질 합성과정에 의한 황화물을 생산하기 위해 ***Escherichia coli***를 교묘하게 처리하였다[25]. 재조합형 단백질 합성의 유도는 혐기성 조건들하에서 티오황산염으로부터 향상된 황화물 생산을 초래하였으며 카드뮴 황화물의 침전화를 초래하게 된다[25]. 황화물 생산에 대한 호기적 경로의 대사공학에 관해서도 보고되었다[26]. 그러나 재조합형 미생물의 면제와 관련된 관심은 그러한 기술들의 실제적인 적용을 제한한다. ***Klebsiella planticola***의 스트레인과 같은 비조작처리된 미생물들은 티오설페이트로부터 황화물의 형성에 의해 카드뮴을 침전시키는 것으로 또한, 보고되었으며 더 매력적인 옵션을 제공한다[27]. 많은 관심을 계속 끌고 있는 대체접근방법은 혐기성 조건들하에서 황산염을 황화물로 변환시키기 위해 SRB(sulphate-reducing bacteria)의 사용에 의존한다[28, 21]. 이 접근방법은 네덜란드의 Budelco Zinc Refinery에서 가동되는 적은 수의 상업적인 금속 바이오처리 공정들의 하나의 기초를 형성한다.

인산염은 핵산, ATP 그리고 다른 중요한 분자들의 합성을 위해 요구되는 필수적인 자양분이며 일반적으로 살아있는 생물체에 의해 다량으로 많이 배출되지는 않는다. 그러나 생물학적으로 유리된 인산염을 금속 인산염 바이오미네랄들의 형성에 결부시켜 생각하는 두 가지의 접근방법들이 연구되었다. 첫 번째 접근방법은 glycerol 2-phosphate로부터 쪼개진 인산염과 함께 ***Citrobacter*** species의 세포표면에서 높은 농도의 인산염 축적에 의존한다. 이 과정을 촉매작용하는 acid-phosphatase는 외각 멤브레인과 LPS(exocellular lipopolysaccharide)와 관련된다[29]. 미네랄 형성은 효소적으로 형성된 인산염에 의해 추진된 결정성장과 함께 LPS의 인산염기들에서의 핵형성에 의해 개시되었다. 세포들은 많은 양의 우라늄 그리고 카드뮴 인산염들을 침전시켰으며 'tethered' 결정들의 축적은 세포표면의 오염을 방지하였다. 유기 인산염 주게의 공급에 의존하지 않는 대체 접근방법은 금속의 제거를 위해 ***Acinetobacter johnsonii***에 의한 인산염의 사이클링을 이용한다[30]. Polyphosphate는 호기성 조건들하에서 에너지 소스로서 합성된다; 혐기성 조건들하에서 그것은 분해되어 ATP를 생성시키고 그리고 금속 인산염들의 침전화를 촉진시킨다.

5. 엔지니어린 바이오 흡착

바이오매스에서 중금속들과 방사성 핵종들의 물질대사-독립 흡착인 바이오흡착은 10년 이상 동안 자세히 연구되었다. 이 연구토픽은 최근에 자세히 리뷰되었으며, 이 장에서는 기술하지 않겠다[21, 31]. 이것은 부분적으로 문헌에서의 상당한 중복과 피상적임 그리고 이러한 타입의 기술 상업화에 대한 감소된 흥미 때문이다[21]. 약간의 새로운 연구들은 분자생물학의 도구들을 독성 금속의 흡착을 향상시키기 위해 적용하였다. 교묘하게 처리된 스트레인은 그것의 와일드-타입 카운터파트보다도 더 많은 Cd^{2+}를 축적하였으며 오염된 토양 속에 주입하였을 때 Cd^{2+}로부터 식물들을 보호하였다. 그램 양성 박테리아(*Staphylococci*)는 Hg^{2+}와 Cd^{2+}를 바인드할 수 있는 표면-노출된 펩타이드들을 생산하기 위해 또한 교묘히 처리되었다. 향후 연구들에서는 그러한 처리된 시스템들의 성능과 다른 더 전통적인 바이오흡착제들과 비교해야 한다.

6. 관련된 유기화합물들의 생분해를 통한 독성 금속의 정화

구연산염은 매우 저항적이고 다루기 어려우며 이동성인 금속-구연산염 착물들을 형성함으로써 정화가동들에서 킬레이트제로서 사용되는 것으로 밝혀졌다. 그러나 ***Pseudomonas aeruginosa***와 ***P. putida***의 배양물들은 무기 인산염의 첨가에 의해 촉진되는 금속의 침전화와 함께 탄소 소스로서 금속-구연산염 착물들을 사용하여 성장할 수 있었다[35]. 이 연구의 독특한 측면은 니켈을 제거하기 위해 앞서 사용된 생물무기 이온교환 칼럼을 세정함으로써 발생되는 *Ni*-구연산염 폐기물을 처리하기 위한 ***P. putida***의 사용이었다. 다른 산업적 킬레이팅제인 EDTA(ethylene diaminetetraacetate)는 또한 박테리아 스트레인 DSM 9103에 의해 분해되는 2가와 3가 금속이온들과 매우 강한 착물들을 형성한다[36]. Biocides와 antifouling agents로서 사용되는 독성 유기주석 화합물들의 생분해는 또한 최근 관심을 끌었다(예, tributyl tin의 dibutyl과 monobutyl tin으로의 분해)[37]. 형광성의 ***Pseudomonad***에 의해 분비되는 작은 용해성 extracellular 화합물에 의한 triphenyl tin의 분해에 관해서도 또한 보고되었다[38].

7. 금속들의 dissimilatory 환원

DIRB(dissimilatory iron-reducing bacteria)는 표면 밑에서 유기오염물질들(예를 들면, 방향족 탄화수소들)을 산화시키는데 중요한 역할을 하며 걸 용해성인 형태들로의 환원에 의해 오염물질인 독성 금속들을 또한 고정시킬 수 있다[31, 39]. ***Geobacter*** spp.는 *Fe*(Ⅲ)-환원이 여러 전자주게들 그리고/혹은 전자-왕복 화합물들의 첨가에 의해 표면 밑에서 활발하게 될 때 선택되는 유력한 미생물들이다[40]. *Fe*(Ⅲ)-환원을 통해서 에너지를 보존하는 것으로 최근 나타낸 다른 미생물에는 hyper-thermophilic 박테리아 그리고 archaea가 포함된다. ***Geobacter*** species와 같은 하나의 그러한 미생물인 ***Pyrobaculum islandicum***은 또한 *U*(Ⅵ), *Tc*(Ⅶ), *Cr*(Ⅵ) 그리고 *Co*(Ⅲ)를 포함하는 독성 금속들을 환원시켰다[41].

오염 독성 금속들의 직접적인 효소적 환원에 더하여 *Fe*(Ⅲ)를 환원시키는 박테리아는 또한 간접적인 메커니즘들을 거쳐서 독성 금속들의 용해도에 영향을 미칠 수 있다. 예를 들면, *Tc*(Ⅶ)는 생물 기원의 magnetite(DIRB에 의해 형성된 혼합된 *Fe*(Ⅲ)/(Ⅱ) oxide)의 나노결정들에 의해 비생물적으로 환원되어서 미네랄의 표면 위에서 TcO_2의 침전화를 초래하였다[42]. 한 최근의 연구에서 나타내어진 효소적으로 환원된 *Tc*(Ⅳ)의 용해도가 주어지면 *Fe*(Ⅱ)-중재된 메커니즘은 표면 밑에서 *Tc*를 고정시키기 위해 더 유용하다. Biogenic magnetite에 아연의 혼합에 관해서도 또한 보고되었다[44]. 금속 고정화를 촉진시키는데 더하여 *Fe*(Ⅲ) 환원은 또한 불용성 *Fe*(Ⅲ) oxides와 관련된 독성 금속들의 유리를 초래한다[21]. 그리고 과정은 수용액 flux에 의해서 가속된다[45]. 현장적용들에서의 사용을 위해 없어서는 안 될 필수적인 *Fe*(Ⅲ) 환원을 정확하게 모델화하기 위하여 *Fe*(Ⅲ) 환원의 메커니즘들에 관한 자세한 이해를 득하는 것이 중요하다. *Fe*(Ⅲ)-환원 박테리아와 불용성 *Fe*(Ⅲ) oxides 사이의 직접접촉에 대한 요구와 일치되게 membrane-bound NADPH- dependent *Fe*(Ⅲ) reductase는 *Fe*(Ⅲ)-환원 bacterium ***Geobacter sulfurreducens***로부터 제거되었다[46, 47, 48].

독성 *Cr*(Ⅵ)을 *Cr*(Ⅲ)으로 환원시킬 수 있는 능력은(이것은 불용성 수산화물들을 형성할 수 있다) *Fe*(Ⅲ)-환원 박테리아로 제한되지는 않는다. SRB의 바이오필름들은 또한 *Cr*(Ⅵ)를 환원시키고 침전시켰다. *Cr*(Ⅵ) 환원은 효소적인 것으로 생각되었다; 황산염 환원은 크롬산염의 존재하에서 극적으로 억제되었기 때문에 황화물에 의한 환원은 효과가 감소되었다[51]. 미생물 컨소시움은 페놀의 산화를 *Cr*(Ⅵ) 환원에 또한 결합시킬 수 있었다. 그리하여 독성 유기오염물질들과 금속들을 포함하는 혼합된 폐기물들의 처리를 위한 방법을 열었다[52]. ***P. putida***로부터 새로운 크롬산염 reductase

의 제거에 관해서도 보고되었다.

U(Ⅵ)은 계통발생적으로 독특한 박테리아에 의해 환원되는 또 다른 우선적인 오염물질이다. *U*(Ⅵ)의 불용성 *U*(Ⅵ)로의 생물학적 환원은 오염된 지하수에 에탄올과 tri-metaphosphate의 첨가에 의해서 활발하게 되었다[54]. SRB는 *U*(Ⅵ) 환원에 대한 원인인 것으로 생각되었지만 수반되는 미생물들에 관한 자세한 분석에 관해서는 발표되지 않았다. SRB를 포함하는 미생물 매트는 실리카 입자들 위에 고정시켜졌으며 *U*(Ⅵ)로써 오염된 지하수를 정화시키기 위해 사용되었다[55]. 생물학적 *U*(Ⅵ) 환원에 대한 속도론적 데이터는 SRB를 포함하는 다른 혼합된 미생물 배양물에 대해서도 얻어졌다[56].

U(Ⅵ) 환원은 황산염의 첨가에 의해 향상되었지만 황화물에 의한 비생물학적 *U*(Ⅵ) 환원은 효과가 감소되었다. *Fe*(Ⅲ)-환원 박테리아에 의한 *U*(Ⅵ) 환원의 메커니즘에 관해서도 조사되었다. *U*(Ⅵ)을 환원시킬 수 없는 ***Shewanella putrefaciens***의 돌연변이체를 확인하기 위해 새로운 스크리닝 방법을 사용하였다[57]. *U*(Ⅵ) 환원의 메커니즘은 *Fe*(Ⅲ) 그리고 *Mn*(Ⅳ) 환원의 그것들과 달랐다는 것을 제안하는 증거가 발표되었지만 아질산염-환원 경로의 구성요소들을 공유한다. 우라늄은 DIRB ***Geobacter metallireducens***의 순수한 배양물들에서 *Fe*(Ⅲ) oxides로 전자들을 왕복시키는 것으로 또한 나타났다[58]. 이러한 사실은 ***Shewanella alga*** *BrY*의 배양물들에 첨가된 *Fe*(Ⅲ) 수산화물들에 의한 *U*(Ⅵ) 환원의 억제를 부분적으로 설명한다[55]. 그러나 우라늄은 퇴적물 시료들에서 효과적인 전자 셔틀은 아니었고 표면 밑에서 이 역할을 실행하지 않는다[58]. 관심을 끌고 있는 또 다른 actinide는 저준위 핵폐기물들에 존재하는 이동성이 있으며 긴 수명의 α-방사체 ^{237}Np이다. 제거는 화학적 방법에 기초한 기술들을 사용해서는 비효과적이지만 ^{237}Np의 바이오처리는 ***Citrobacter*** sp.에 의한 *Np*(Ⅳ) 인산염의 침전화를 수반하면서 ***S. putrefaciens***에 의한 *Np*(Ⅴ)의 생물학적 환원을 사용하여 가능하였다[59].

높은 활성도의 방사성핵종들(예를 들면, ^{235}U, ^{99}Tc 그리고 ^{241}Pu)을 포함하는 폐수들의 방사성 독성은 바이오프로세스의 미생물 성분에 해로운 영향을 미친다[31]. 이온화하는 복사선에 대하여 예외적으로 대단히 저항적인 미생물인 ***Deinococcus radiodurans***는 금속들과 유기오염물질들의 처리를 위한 유전공학적 접근방법들을 사용하여 개발되고 있다[60]. 최근의 연구들에서는 ***D. Radiodurans***는 직접적으로 *Cr*(Ⅵ)를 환원시킬 수 있으며 electron shuttle anthraquinone-2,6-disulfonate를 사용하여 *U*(Ⅵ)와 *Tc*(Ⅶ)를 환원시킬 수 있다는 사실을 또한 나타내었다[61]. 비록 이 미생물이 ***ex situ*** 처리를 위해 유용하다 할지라도 그것은 ***in situ*** 적용 분야들에 적용될 수 없는데 그것은 이 미생물이 표면 밑에서 고유한 토착의 생물체 들과 성공적으로 경쟁하지 못하기 때문이다.

8. 결론과 향후 방향

미네랄 사이클링에서 미생물들의 역할을 이해함에서 현저한 향상과 발전들이 이루어졌으며 금속들과 방사성 핵종들의 미생물에 의한 정화에 이들 공정(과정)들의 적용에 대한 많은 발전이 이루어졌다. 새로운 기술들의 사용에 따른 추가적인 진전이 기대된다. 예를 들면, 유전공학적 접근방법은 환경 생물공학계에 의심의 여지없이 많은 영향을 미치게 될 것이다.

참고문헌

* of special interest
** of outstanding interest

[1]* Bruins MR, Kapil S, Oehme FW: **Microbial resistance to metals in the environment.** *Ecotoxicol Environ Safety* 2000, **45**: 198-207.

This review describes metal-resistance strategies adopted by microorganisms, including exclusion by permeability barrier, interacellular and extracellular sequestration, efflux mechanisms, enzymatic transformations and reduction of cellular targets to metal ions.

[2]* Hobman JL, Wilson JW, Brown NL: **Microbial mercury reduction.** in *Environmental Microbe-Metal Interactions.* Edited by Lovley DR. ASM Press; **2000**; 177-197.

This book chapter gives an excellent overview of one the most intensively studied microbial metal-resistance mechanisms. Emphasis is placed on the biochemistry and genetics of mercury reduction, with useful information in mercury reduction in the environment and alternative mechanisms of mercury resistance.

[3] Wilson JR, Leang C, Morby AP, Hobman JL, Brown NL: **MerF is a mercury transport protein: different structures but a common mechanism for mercuric ion transporters?** *FEBS Lett* 2000, **472**; 78-82.

[4] Dey S, Patke DS: **Mercury biotransformation and its potential for remediation of mercury contaminated water.** *J Environ Biol* 2000, **21**: 47-54.

[5] Iwahori K, Takeuchi F, Kamimura K, Sugio T: **Ferrous iron-dependent volarilization of mercury by the plasma membrane of *Thiobacillus ferroxidans*,** *Appl Environ Microbiol* 2000, **66**:3823-3827.

[6] Rasmussen LD, Sorenson SJ, Turner RR, Barkay T: **Application of a mer-lux biosensor for estimating bioavailable mercury in soil.** *Soil Biol Biochem* 2000, **32**:639-646.

[7] Wagner-Dobler I, Lunsdorf H, Lubbehusen T, von Canstein HF, Li Y: **Structure and species composition of mercury-reducing biofilms.** *Appl Environ Microbiol* 2000, **66**:4559-4563.

[8] von Canstein H, Li Y, Timmis KN, Deckwer WD, Wagner-Dobler I: **Removal of mercury from chloralkali electrolysis wastewater by a mercury-resistent *Pseodomonas putida* strain,** *Appl Environ Microbiol* 1999, **65**:5279-5284.

[9]** Wagner-Dobler I, von Canstein H, Li Y, Timmis KN, Deckwer WD: Removal of mercury from chemical wastewater by microorganisms in technical scale. Environ Sci Technol 2000, **34**:4628-4634.

This paper describes the successful operation of a 700L pilot plant to treat Hg^{2+} contaminated wastewater from a chloralkali electrolysis plant. The bioprocess, which used mercury- resistant bacteria, tolerated fluctuations in a range of process variables and removed mercury to below concentrations of 10$\mu g/L$(i.e. below stadards set for discharge waters).

[10]* Nies DH: **Heavy metal-resistant bacteria as extremophiles: molecular physiology**

and biotechnological ude of ***Ralstonia*** **sp. CH34.** *Extremophiles* 2000, **4**:77–82.

This review describes recent developments in the study of *R. eutropha*, a highly metal– resistant bacterium isolated from metal–contaminated soil. Biotechnological applications discussed include the treatment of metal and organic contamination, and the development of biosensors for the detection of metals.

[11] Anton A, Grosse C, Reissmann J, Pribyl T, Nies DH: **CzcD is a heavy metal ion transporter involved in regulation of heavy metal resistance in** ***Ralstonia*** **sp. strain CH34.** *J. Bacteriol* 1999, **181**:6876–6881.

[12] Grass G, Grosse C, Nies DH: **Regulation of the cnr cobalt and nickel resistance determinant from** ***Ralstonia*** **sp. strain CH34.** *J. Bacteriol* 2000, **182**:1390–1398.

[13] Tibazarwa C, Wuertz S, Mergeay M, Wyns L, van Der Lelie D: **Regulation of the cnr cobalt and nickel resistance determinant of Rastonia eutropha (Alcaligenes eutrophus) CH34.** *J. Bacteriol* 2000, **182**:1399–1409.

[14] Bontidean I, Lloyd JR, Hobman JL, Wilson JR, Csoregi E, Mattiasson B, Brown NL: **Bacterial metal–resistance proteins and their use in biosensors for the detection of bioavailable heavy metals.** *J Inorg Biochem* 2000, **78**:225–229.

[15] Shi J, Vlamis–Gardikas A, Aslund F, Holmgreen A, Rosen BP: **Reactivity of glutaredoxins 1,2 and 3 from Escherichia coli shows that glutaredoxin 2 is the primary hydrogen donor to ArsC–catalyzed arsenate reduction.** *J Biol Chem* 1999. **51**:36039–36042.

[16] Zhou T, Radaev S, Rosen BP, Gatti DL: **Structure of the ArsA ATPase; the catalytic subunit of a heavy metal resistance pump.** *EMBO J* 2000, **19**: 4838–4845.

[17][*] Daunert S, Barrett G, Feliciano JS, Shetty RS, Shrestha S, Smith Spencer W: **Genetically engineered whole–cell sensing systems: coupling biological recognition with reporter genes.** *Chem Rev* 2000, **100**:2705–2738.

This very detailed review describes the development of whole–cell biosensors for a range of environmental contaminants including toxic metals.

[18] Zobrist J, Dowdle PR, Davis JA, Oremland RS, **Mobilization of arsenite by dissimilatory reduction of adsorbed arsenate,** *Environ Sci Technol* 2000, **34**:4747–4753.

[19][**] Oremland RS, Dowdle PR, Hoeft S, Sharp JO, Schaefer JK, Miller LG, Switzerblum J, Smith RL, Bloom NS, Wallschlaeger D: **Bacterial dissimilatory reduction of arsenate and sulfate in meromictic Mono Lake, California,** *Geochim Cosmochim Acta,* 2000, **64**:3073–3084.

In this study a radioassay was used to measure the potential of samples from a stratified water colomn in a hypersaline lake to reduce ^{73}As(V) to ^{73}As(Ⅲ). Significant rates of As(Ⅴ) reduction were noted only in samples from the anoxic bottom waters, where As(Ⅴ) was considered to be an important electron acceptor for anaerobic respiration.

[20][*] Santini JM, Skly LI, Schnagll RD, Macy JM: **A new chemolithoautotrophic arsenite–oxidizing bacterium isolated from a gold mine: phylogenetic, physiological, and preliminary biochemical studies,** *Appl Environ Microbiol* 2000, **66**:92–97.

This paper describes the isolation and characterisation of a novel chemolithotrophic bacterium able to respire using As(Ⅲ) as an electron donor under aerobic conditions. The closest known relatives were in the *Agrobacterium–Rhizobium* branch of the *α−proteobacteria*. As(Ⅲ) was oxidised by a periplasmic enzyme.

[21]** Gadd GM: **Bioremedial potential of microbial mechanisms of metal mobilization and immobilization.** *Curr Opin Biotechnol* 2000, **11**:271−279.

This review discusses the roles of microorganisms in the biogeochemical cycling of metals, and highlights potential roles in bioremediation. The reader is referred to detailed sections on bioleaching and biosorption not covered in depth in this article.

[22] Maini G, Sharman AK, Sunderland G, Knowles CJ, Jackman SA: **An integrated method incorporating sulfur−oxidizing bacteria and electrokinetics to enhance removal of copper from contaminated soil.** *Environ Sci Technol* 2000, **34**:1081−1087.

[23]* Gadd GM: **Fungal production of citric and oxalic acid: importance in metal speciation, physiology and biogeochemical process.** *Adv Microbial Physiol* 1999, **41**:47−92.

This review focuses on the physiology of citric acid oxalic acid production by fungi and highlights their involvement in metal speciation and mobility.

[24] Talt K, Sayer JA, Gaharieb MM, Gadd GM: **Fungal production of calcium oxalate in leaf litter microcosms.** *Soil Biol Biochem* 1999. **31**: 1189−1192.

[25] Bang SW, Clark DS, Keasling JD: **Engineering hydrogen sulfide production and cadmium removal by expression of the thiosulfate reductase gene *(phsABC)* from *Salmonella enterica serovar typhimurium in Escherichia coli*.** *Appl Environ Microbiol* 2000, **66**: 3939−3944.

[26] Wang CL, Maratukulam PD, Lum AM, Clark DS, Keasling JD: **Metabolic engineering of an aerobic sulfate reduction pathway and its application to precipitation of cadmium on the cell surface.** *Appl Environ Microbiol* 2000, **66**:4497−4502.

[27] Sharma PK, Balkwill DL, Frenkel A, Vairavamuthy MA: **A new Klebsiella planticola strain (Cd−1) grows anaerobically at high cadmium concentrations and precipitates cadmium sulfide.** *Appl Environ Microbiol* 2000, **66**:3083−3087.

[28] White C, Gadd GM: **Copper accumulation by sulfate−reducing bacterial biofilms.** *FEMS Microbiol Lett* 2000, **183**:313−318.

[29]* Macaskie LE, Bonthrone KM, Yong P, Goddard DT: **Enzymically mediated bioprecipitation of uranium by a Citrobacter sp.: a concerted role for exocellular lipopolysaccharide and associated phosphatase in biomineral formation.** *Microbiology* 2000, **146**:1855−1867.

A range of advanced microscopy techniques in combination with ^{31}P NMR and immunolocalisation studies were used to characterise the biological and chemical factors underlying precipitation of uranyl phosphate on the surface of a bacterium.

[30] Boswell CD, Dick RE, Macaskie LE: **The effect of heavy metals and other environmental conditions on the anaerobic phosphate metabolism of *Acinetobacter johnsonil*.** *Microbiology* 1999, **145**:1711−1720.

[31] Lloyd JR, Macaskie LE: **Bioremediation of radioactive metals.** In *Environmental Microbe−Metal Interactions*. Edited by Lovley DR. ASM Press: **2000**:277−327.

[32]** Valls M, Atrian S, de Lorenzo V, Fernandez LA: **Engineering a mouse metallothionein**

on the cell surface of ***Ralstonia eutropha*** **CH34 for immobilization of heavy metals in soil.** *Nat Biotechnol* 2000, **18**:661–665.

In this study the metal–binding characteristics of the soil bacterium Ralstonia eutropha were enhanced by targeting a metallothionein to the outer memdrane by fision with the autotransporter B–domain of the IgA protease of Neisseria gonorrhoeae. The engineered strain offered tobacco plants some protection from Cd^{2+} when inoculated into contaminated soil.

[33] Kjaergaard K, Sorensen JK, Schembri MA, Klemm P: **Sequestration of zinc ocide by fimbrial designer chelators.** *Appl Environ Mictobiol* 2000, **66**:10–14.

[34] Samuelson P, Wernerus H, Svedberg M, Staht S: **Staphylococcal surface display of metal–binding polyhistidyl peptides.** *Appl Environ Mictobiol* 2000, **66**:1243–1248.

[35]* Thomas RAP, Beswick AJ, Basnakova G, Moller R, Macaskie LE: **Growth of naturally–occurring microbial isolates in metal–citrate medium and bioremediation of metal–*citrate wastes*.** *J Chem Technol Biotechnol* 2000, **75**:187–195.

This study showed that Pseudomonas species are able to grow using citrate complexed to metals (Cd, Zn, Cu, Fe, Co or Ni), with metal precipitation promoted in the presence of inorganic phosphate. P. putida was also used in a fill–and–draw reactor to treat nickel–citrate–contaminated wastewater.

[36] Satroutdinov AD, Dedyukhina EG, Chistyakova TI, Witschel M, Minkevich IG, Eroshin VK, Egli T: **Degradation of metal–EDTA complexes by resting cells of the bacterial strain DSM 9103.** *Environ Sci Technol* 2000, **34**:1715–1720.

[37] Gadd GM: **Microbial interactions with tributyltin compounds: detoxification, accumulation, and environmental fate.** *Sci Total Environ* 2000, **258**:119–127.

[38] Inoue H, Takimura O, Fuse H, Murakami K, Kamimura K, Yamaoka Y: **Degradation of triphenyltin by a fluorescent pseudomonad.** *Appl Environ Microbiol* 2000, 66:3492–3498.

[39] Lovley DR, Anderson RT: **Influence of dissimilatory metal reduction on fate of organic and metal contaminants in the subsurface.** *Hydrogeol J* 2000, **8**:77–88.

[40]** Snoeyenbos–West O, Nevin KP, Anderson RT, Lovley DR: **Enrichment of *Geobacter species* in response to stimulation of Fe(Ⅲ) rediction in sandy aquifer sediments.** *Microbial Ecol* 2000, **39**:153–167.

Laboratory and field experiments were conducted to determine which microbial populations responded to stimulation of Fe(Ⅲ) reduction in aquifer sediments. Molecular studies showed that the addition of electron donors or electron–shuttle compounds resulted in an increase in 16S rDNA sequences assigned to Geobacter species, proportional to the degree of stimulation of Fe (Ⅲ) reduction.

[41] Kashefi K, Lovley DR: **Reduction of Fe(Ⅲ), Mn(Ⅳ), and toxic metals at 100℃ by *Pyrobaculum islandicum*.** *Appl Environ Microbiol* 2000, **66**:1050–1056.

[42] Lloyd JR, Sole VA, Van Praagh CV, Lovley DR: **Direct and Fe(Ⅱ) mediated reduction of technetium by Fe(Ⅲ)–reducing bacteria.** *Appl Environ Microbiol* 2000, 66:3743–3749.

Inthis study, Tc(Ⅶ) reduction and precipitation by magnetite, formed during the reduction of Fe(Ⅲ) oxides by Geobacter sulfurreducens, was far more efficient than direct enzymatic reduction of the radionuclide. Studies with enrichment cultures of Fe(Ⅲ)–reducing bacteria and sediment samples in which Fe(Ⅲ) reduction had been stimulated, confirmed environmental relevance of Fe

(Ⅱ)-mediated reduction of Tc(Ⅶ).

[43] Wildung RE, Gorby YA, Krupka KM, Hess NJ, Li SW, Plymale AE, McLinley JP, Fredrickson JK: Effect of electron donor and solution chemistry on products of dissimilatory reduction of technetium by ***Shewanella putrefaciens***, *Appl Environ Microbiol* 2000, 66:2451-2460.

[44] Cooper DC, Picardal F, Rivera J, Talbot C: Zinc Immobilization and magnetite formation via ferric oxide reduction by ***Shewanella putrefaciens*** 200, *Environ Sci Technol* 2000, 34: 100-106

[45] Roden EE, Urrutia MM, Mann CJ: Bacterial reductive disolution of crystalline Fe (Ⅲ) oxide in continuous-flow column reactors. *Appl Environ Microbiol* 2000, 66:1062-1065.

[46] Magnuson TS, Hodges-Myerson AL, Lovley DR: Characterization of a membrane-bound NADH-dependent Fe^{3+}-reducing bacterium ***Geobacter sulfurreducens***, *FEMS Microbiol Lett* 2000, 185:205-211.

[47] Nevin KP, Lovley DR: Lack of production of electron-shutting compounds or solubilization of Fe(Ⅲ) during reduction of insoluble Fe(Ⅲ) oxide by ***Geobacter metallireducens***, *Appl Environ Microbiol* 2000, 66:2248-2251.

[48] Lloyd JR, Blunt-Heeis EL, Lovley DR: The periplasmic 906 kDa c-type cytochrome of Geobacter sulfurreducens is not an electron shuttle to Fe(Ⅲ). *J Bacteriol 1999*, 181: 7647-7649.

[49] Badar U, Ahmed N, Beswick AJ, Pattanapiptpaisai P, Macaskie LE: Reduction of chromate by microorganisms isolated from metal contaminated sites of Karachi, Pakistan, *Biotechnol Letts* 2000, 22:829-836.

[50] Shakoori AR, Makhdoom M, Haq RU: Hexavalent chromium reduction by a dichromate- resistant Gram-positive bacterium isolated from effluents of tanneries. *Appl Microbiol Biotechnol* 2000, 53:348-351.

[51] Smith WL, Gadd GM: Reduction and precipitation of chromate by mixed culture sulphate- reducing bacterial biofilms, *J Appl Microbiol* 2000, 88:983-991.

[52] Chirwa ES, Wang Y-T: Simultaneous chromium(Ⅳ) reduction and phenol degradation in an anaerobic consortium of bacteria. *Wat Res* 2000, 34:2376-2384.

[53] Park CH, Keyhan M, Wielinga B, Fendorf S, Matin A: Purification to homogeneity and characterization of a novel ***Pseudomonas putida*** chromate reductase. *Appl Environ Microbiol* 2000, 66:1788-1795.

[54] Abdelouas A, Lutze W, Gong W, Nuttall EH, Strietelmeler BA, Travis BJ: Biological reduction of uranium in groundwater and subsurface soil. *Sci Tot Environ* 2000, 250:21-35.

[55] Bender J, Duff MC, Phillips P, Hill M: Bioremediation and bioreduction of dissolved U(Ⅵ) by microbial mat consortium supported on silica gel particles. *Environ Sci Technol* 2000, 34: 3235-3241.

[56] Spear JR, Figueroa LA, Honeyman BD: Modeling reduction of uranium U(Ⅵ) under variable sulfate concentrations by sulfate-reducing bacteria. *Appl Environ Microbiol* 2000, 66: 3711-3721.

[57] Wade R Jr, Dichristina TJ: Isolation of U(Ⅵ) reduction-deficient mutants of ***Shewanella putrefaciens***. *FEMS Microbiol Letts* 2000, 184:143-148.

Chemical mutagenesis was combined with a novel screening technique to identify a U(Ⅵ) reduction–deficient (Urr) mutant that was unable to grow anaerobically using U(Ⅵ) or NO^{2-} as an electron acceptor. This is the first reported isolation of a respiratory mutant unable to grow using U(Ⅵ) as an electron acceptor.

[58] Nevin KP, Lovley DR: **Potential for nonenzymatic reduction of Fe(Ⅲ) during microbial oxidation of organic matter coupled to Fe(Ⅲ) reduction.** *Environ Sci Technol* 2000, **34**: 2472–2478.

[59]* Lloyd JR, Yong P, Macaskie LE: **Biological reduction and removal of Np(Ⅴ) by two microorganisms.** *Environ Sci Technol* 2000, **34**:1297–1301.

^{237}Np, a problematic component of nuclear waste streams was removed from solution using a combination of biological processes. Biological reduction of Np(Ⅴ) by *Shewanella putrefaciens* preceded precipitation of Np(Ⅳ) as an insoluble phosphate biomineral by a *Citrobacter* sp.

[60] Daly MJ: **Engineering radiation–resistant bacteria for environmental biotechnology.** *Curr Opin Biotechnol* 2000, **11**:280–285.

[61]* Fredrickson JK, Kostandarithes HM, Li SW, Plymale AE, Daly MJ: **Reduction of Fe(Ⅲ), Cr(Ⅵ), U(Ⅵ), and Tc(Ⅶ) by *Deinococcus radiodurans* R1.** *Appl Environ Microbiol* 2000, **66**: 6006–2011.

This study showed that the radiation–resistant bacterium *D.* radiodurans is able to reduce toxic and radioactive metals directly (e.g. Cr(Ⅵ)) or indirectly in the presence of an electron shuttle anthraquinone–2,6–disulfonate (e.g. U(Ⅵ) and Tc(Ⅶ)). Possible applications in the bioremediation of radioactive waste are highlighted.

[62]** Brocklehurst KR, Morby AP: **Metal–ion tolerance in Escherichia coli analysis of transcriptional profiles by gene–array technology.** *Microbiol* 2000, **146**:2277–2282.

E. coli were grown in high concentrations of Zn^{2+}, Cd^{2+}, Co^{2+} or Ni^{2+} and whole genome transcription profiles analysed for alterations in transcript analysis using gene–array technologies. An increase in transcript levels of genes involved in transposition of insertion sequence elements (e.g. *insA*) was noted, and expression of *insA–7* in E. coli confirmed that the corresponding protein was able to confer tolerance Zn^{2+}, possibly by binding of the metal to two paired cysteine motifs.

Ⅶ
기술적 규모(파일럿 플랜트 규모)에서 미생물에 의한 화학 폐수로부터 수은의 제거

개요

수은-저항 박테리아에 의한 Hg(Ⅱ)의 물에 불용성인 Hg(O)로의 효소적 환원은 기술적 규모에서 폐수로부터 수은의 제거를 위해 사용되어졌다. ***Pseudomonas***의 7가지의 수은-저항 스트레인들의 순수한 배양물들은 700L 충진층 생물반응기 내부에서 캐리어 재료(물질) 위에 고정시켜졌다. 3-10mg/L의 수은농도를 갖는 중화된 chloralkali 전기분해 폐수를 생물반응기에 연속적으로 투입시켰다(0.7m^3/h~1.2m^3/h), 생물반응기의 박테리아 주입 10h 내에 97%의 수은 retention efficiency를 얻었다. 최적성능에서 생물반응기 유출농도들은 50μg Hg/L 이하였으며 이것은 산업폐수에 대한 배출 제한값을 충족시킨다. 활성탄 필터와 결합하여 사용시 10μg Hg/L 이하의 유출농도들이 항상 얻어졌다. 생물반응기의 retention efficiency는 유입 전도성(20~105mS/cm), pH(6.5~7.5) 혹은 수은농도(3~10mg/L)에서의 변동들에 의해서 영향을 받지 않았으며 그리고 95%와 99% 사이의 값이었다. 47℃까지의 온도증가들은 생물반응기 성능을 손상시키지 않았다. 6h까지의 대기(예비)기간 활성도에서의 결손 없이 관대히 다루어질 수 있었다. 수은으로써 오염된 폐수의 정화를 위한 간단하고 효과적이며 그리고 확고한 생물공학 기술은 그래서 입증되고 설명된다.

1. 서론

채광 활동과 산업폐수에 의한 환경의 수은 오염은 많은 면적의 토양과 최적물들의 전 세계적 오염을 초래하였으며[1-4] 상승된 대기 중의 수은 수준을 초래하였다[5]. 적절한 정화기술의 결여 때문에 오염된 장소들을 처리하기 위한 노력은 오염된 물질의 기계적 제거 쪽으로 향하며 그 밖의 곳에서는 그것의 누적이 있게 된다[6, 7]. 그러한 공정들은 비용이 많이 들며 종종 준설 과정 동안 독성 수은 화합물들의 재이동을 초래한다[8].

수은은 가장 독성적인 원소들 중의 하나이다. 수은은 효소와 단백질의 sulfhydryl group에 결합하여서 지극히 중요한 생명 유지에 필요한 세포의 작용들을 비활성화시키게 된다[9]. 환경으로 배출된 후 수은은 그것이 수십년 동안 존속하게 되는 퇴적물로 들어간다. 그것은 매우 유독한 메틸수은의 형태로 수중 생물체들에 의해 흡수되며 이후에 먹이사슬을 거쳐서 생물학적 독물 농축된다. 최상위 포식자들, 예를 들면, 조류(새), 어류, 그리고 사람의 건강은 그로 인해서 위협받게 된다[10, 11]. 수은중독은 심각한 만성병 혹은 죽음을 초래한다[12]. 그러므로 환경 속으로 수은의 유출은 수은을 배출하는 산업들에 대한 효율적이고 비용효과적인 end-of-pipe 처리기술들에 의해 방지될 필요가 있다.

화학산업의 핵심 생성물 중에서 하나는 1998년 유럽에서 9.2백만 톤의 생산을 나타낸 염소가스이다. 오늘날 유럽 염소생산의 60%는 소위 아말감 공정에 의한 chloralkali 전기분해로부터 생기게 되는데[13] 이 공정은 전기분해 셀의 cathode로서 수은에 의한 진한 염화나트륨 혹은 염화칼륨 용액들의 전기분해 해리에 기초한다. 이 공정으로부터의 폐수들은 높은 수은 그리고 염의 농도들에 의해 특정지워진다. 최근의 처리 과정들은 예를 들면, 황화수소에 의한 침전화는 많은 양의 수은으로써 오염된 슬러지를 초래하거나 예를 들면, 이온교환 칼럼들은 값이 비싸며 비용이 많이 든다.

수은-저항 박테리아는 사실상 널리 보급되어 있다. 그러한 박테리아는 ***merA*** gene에 의해 암화화된 세포질 효소 수은 reductase에 의해 용해성 Hg(Ⅱ)를 불용성 금속 Hg(0)로 환원시킨다[14, 15]. 높은 수준의 수은을 포함하는 환경은 오랜 옛날 이래 존재한다[16]. 그러므로 이 미생물에 의한 해독 메커니즘은 매우 오래된 것인 것으로 생각된다[17]. 박테리아에 의해 환원된 수은은 미생물의 바이오필름 내에 금속 수은의 작은 방울들의 형태로 축적되며[18] 그것으로부터 그것을 추출할 수 있으며 공정으로 되돌려 리사이클 시킬 수 있다.

실험실적 규모의 반응기들에서 chloralkali 공장폐수로부터 수은의 90~97%를 제거할 수 있으며 그러한 폐수에서 일반적으로 직면하게 되는 수은 그리고 염의 농도들은 미생물에 의한 수은의 제거를 억제하지는 않는다[19]. 중요한 파라미터들은 실험실(적 규모)에서 조심스럽게 조절되며 변동들은 보편적으로 피하게 되기 때문에 실험실에서의 좋은 성능은 대규모에서 공정조건들 하에서 비슷한 효율을 보장하지는 않는다. 산업적 정화문제에 적용할 수 있기 위하여 미생물학적 공정은 효율에서의 손실 없이 확고하게 신뢰성 있게 규모 확장되어져야 한다. 또한, 공장 현장에서 전형적으로 직면하게 되는 폐수 파라미터들에 있어서의 변동에 관해서 확고해야 될 필요가 있다. 이 장에서는 실험실적 칼럼들에 기초하여 개발된 파일럿 플랜트의 가동에 관해서 고찰하겠다[19]. 파일럿 플랜트는 chloralkali 공장에서 생산되는 폐수의 최대 양의 약 50%를 처리할 수 있었다. 이 장에서는 미생물에 의한 수은의 제거에 미치는 수은의 농도, 염의 농도, 온도, 그리고 pH에 있어서의 큰 변동들의 영향에 관해서 나타내고 기술적 규모에서 수은으로써 오염된 폐수의 정화를 위한 새로운 미생물학적 처리기술의 이용에 관해서 증명하고 설명키로 한다.

2. 미생물에 의한 화학 폐수로부터 수은의 제거를 위한 기술적 규모에서의 실험

2.1 파일럿 플랜트의 디자인과 가동

chloralkali 전기분해 폐수로부터 연속적인 미생물에 의한 수은의 제거를 위한 파일럿 플랜트에 관해서는 [그림 7-1]에 개략적으로 나타내었다. 유입 폐수의 pH는 NaOH의 첨가에 의해서(20% w/w) pH 7.0±0.5로 중화시켰다. 이것은 2개의 단계들로 행해졌으며 적합한 컨트롤러에 의해서 조절되었다. $1m^3$의 폐수에 대하여 대략 1L의 NaOH가 필요하였다. 뒤이어 이후 medium을 50mg/L 슈크로스와 10mg/L 이스트 추출물의 최종 농도로 첨가되었다(폐수 $1m^3$당 167g/L 슈크로스와 33g/L 이스트 추출물을 포함하는 300mL의 medium 용액). 중화되고 medium으로써 수정된 폐수를 생물반응기에 투입시킨다. 충진층의 부피는 $0.7m^3$이었다. 캐리어 재료로서 경석 그래뉼을 사용하였다. 경석은 주로 SiO_2(>70% w/w)와 Al_2O_3(>10% w/w)로써 구성된다. 4~6mm의 입자크기, $2.4g/cm^3$의 specific density, $0.27g/cm^3$의 effective density, pore volum 80%의 그래뉼을 사용하였다. 생물반응기는 $0.7 \sim 1.2m^3/h$에서 upflow mode로 가동되었다. 생물반응기의 outflow는 활성탄 필터를 거쳐서 가동되었다($1.0m^3$). 수은농도들은 폐수 inflow, 생물반응기 outflow, 그리고 활성탄 필터 outflow에서 측정되었다. 생물반응기는 10mg/L 이상에서의 유입(inflow) 수은농도들, 7.0±0.5의 허용되는 범위 밖에서의 pH값, 47℃ 이상에서의 폐수 온도, 그리고 >0.5mg/L의 Cl_2 농도에서 자동적으로 열렸던 바이패스에 의해서 불리한 폐수 inflow 조건들로부터 보호되었다. 공장폐수는 연속적으로 파일럿 플랜트로 들어갔으며 정화된 혹은 바이패스된 폐수는 공장폐수처리시스템으로 다시 들어갔다. 전기전도도, redox potential, 염소농도 그리고 산소 함유량은 생물반응기 inflow에서 전극측정에 의해서 측정되었으며 redox potential과 산소 함유량은 또한, 생물반응기 outflow에서 측정되었다. 염화물 농도들은 여러 폐수 batches에서 측정되었다.

[그림 7-1] Scheme of pilot plant for microbial mercury remediation. Numbers refer to tanks or valves, yellow octagons to monitors. 1 neutralization tank; 2 bioreactor; 3 activated carbon filter; 4 bioreactor inflow valve; 5 control of bioreactor inflow valve; 6 bypass; 7 sodium hydroxide tank; 8 medium tank; Hg automated continuous mercury measurement; O_2 oxugen probe; c conductivity prove; Cl_2 chlorine probe; pH Ph-probe; r redox potential probe; T temperature measurement.

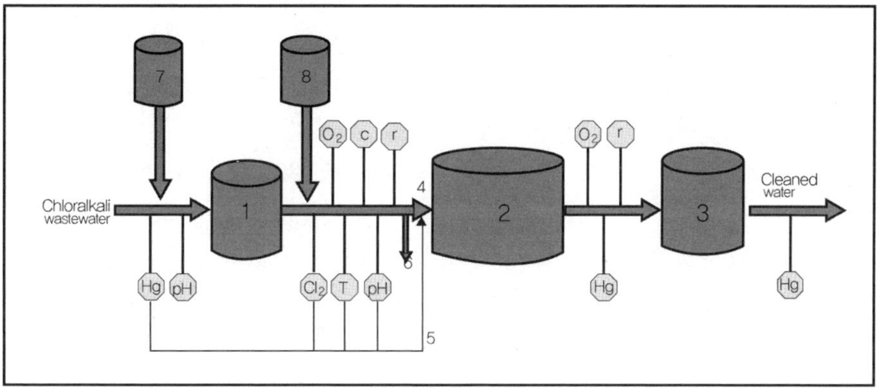

2.2 접종원의 배양

7개의 접종물 종들은 ***Pseudomonas putida***의 4가지 아종(Spi3, Spi4, Konl2, Elb2), ***Pseudomonas stutzeri***의 2가지 아종(IBü3, IBü8), 그리고 ***Pseudomonas fulva***의 1가지 아종(Spi11)이었다. Precultures(500mL)를 진한 액체 미디움(sucrose 10g/L, yeast extract 10g/L, NaCl 30g/L, Hg(Ⅱ) 5.0mg/L, 인산나트륨 buffer 0.25M, pH 7.0)에 주입하여 30℃에서 48h 동안 배양하였다. Precultures는 3L의 액체 미디움(sucrose 15g/L, yeast extract 15g/L, NaCl 30g/L, Hg(Ⅱ) 1.0mg/L, pH 7.0으로 중화된)과 antifoaming agent(1mL/L)를 갖는 7개의 15L 발효용기들로 옮겨졌다. Fed-batch 발효는 35℃에서 4일 동안 실행되었다(aeration 0.25vvm, 교반 속도는 초기에는 100rpm이었으며 20%의 산소 포화를 얻기 위해 이후에 조절됨). 여기서 만약 생물반응기 폐가스에서의 산소농도가 20%이었다면 7L의 feed(sucrose 200g/L, pH 7.0으로 중화된)를 계속적으로 첨가시켰다. H_3PO_4의 연속적인 pH-조절된 공급은 배양 동안 알칼리성 조건들로의 배양의 pH의 표류를 방지하였다. 배양은 5L의 사전 냉각된 산소 포화된 NaCl 용액(30g/L)의 첨가에 의해서 4일 후 중단되었다. 10시간 후 생물반응기에의 주입 때까지 4℃로 접종물을 저장하게 된다.

2.3 파일럿 플랜트에 접종물(미생물)의 주입

생물반응기는 캐리어 재료로써 채워졌으며 활성탄 필터는 활성탄(1~3mm)으로써 채워졌다. 중화된 폐수는 여러 날 동안 파일럿 플랜트를 거쳐서 연속적으로 흘려보내었다. 주입을 위해서 폐수 inflow는 중단하였으며 생물반응기는 비워두었다. 접종 배양물들을 생물반응기에 채웠다(7×15L). 캐리어 재료를 커버할 때까지 중화된 폐수(750L)와 1875mL의 진한 미디움(sucrose 167g/L, yeast extract 33g/L)을 생물반응기로 펌프질해서 투입시켰다. 접종물과 미디움을 40분 동안 고정층을 거쳐서 순환시켰다. 0.5m^3/h의 유속과 0.4g/L sucrose와 0.08g/L yeast extract의 최종 미디움 농도(폐수 m^3당 2500mL의 미디움에 대응하는 농도)에서 중화된 폐수 inflow가 시작되었다. 첫 번째 1m^3 생물반응기 outflow는 분리된 폐수탱크에 모아졌으며 처리 전에 살균되었다. 이후에 생물반응기는 활성탄 필터를 거쳐서 통과하였다. 1일 후 미디움 첨가는 50mg/L sucrose 그리고 10mg/L yeast extract의 최종농도로 감소되었다(폐수 m^3당 300mL의 미디움에 대응하는).

2.4 수은농도의 측정

수은농도는 AAS에 의해서 측정되었다. 시료의 산화는 $KMnO_4$(90℃에서 0.5g/L)에 의해 이루어졌으며 이후의 Hg(Ⅱ)의 Hg(0)로의 환원은 $SnCl_2$(20g/L)의 첨가에 의해서 이루어졌다. 금속수은 공기에 의해서 휘발되었으며(80L/h 분석기 1, 20L/h 분석기2) 그리고 253.7nm에서 AAS 분광학에 의해서 정량되었다.

3. 파일럿 플랜트에서의 실험결과

3.1 파일럿 플랜트 디자인

수은의 정화를 위한 생물반응기를 포함하는 자동화된 파일럿 플랜트는 [그림 7-1]에 나타내었다. pH 2-3에서의 incoming 폐수는 pH 7.0±0.5로 중화시켰으며 박테리아에 에너지를 제공하기 위해서 소량의 자양분들을 공급하였으며 캐리어 재료 위에 바이오 필름으로서의 수은 저항 박테리아 촉매들을 포함하는 충진층 생물반응기를 거쳐서 통과시켰다. 생물반응기로부터의 방출물은 잔존하는 흔적양의 수은을 제거하기 위하여 활성탄 필터를 거쳐서 통과시켰다. 생물반응기 inflow valve는 자동적으로 닫혔으며 그리고 만약 폐수 inflow 파라미터들이 preset 범위의 밖으로 놓인다면(즉, 다시 말해서 7.5 이상이거나 혹은 6.5 이하인 pH값, 10mg/L 이상의 수은 inflow 농도들, 47℃ 이상의 온도, 혹은 0.5mg/L 이상의 염소농도들) 바이패스는 열렸다. 처리된 혹은 바이패스된 폐수는 공장폐수 처리 시스템으로 다시 들어갔다. 폐수 inflow, 생물반응기 outflow 그리고 활성탄 필터 outflow에서의 전기전도도, redox potential, 그리고 산소농도뿐만 아니라 수은농도들은 계속적으로 측정하였다.

3.2 파일럿 플랜트의 조업개시

수은-저항 박테리아는 생물반응기에 첨가되었으며 40분 동안 캐리어 재료에 부착되도록 허용되었다. 이후 폐수는 처음으로 생물반응기로 들어갔다. 초기 수은 outflow 농도는 900μg/L이었다. 이것은 5mg/L의 수은 inflow 농도에서 82%의 retention efficiency를 나타내는 것이다[그림 7-2]. 10간 후에 9.5mg/L의 inflow 수은 peak가 약 3시간 동안 관찰되었다. 이들과 다음 3시간 동안 평균적인 수은 outflow 농도는 306μg/L이었으며 이것은 97%의 retention efficiency를 나타낸다. 그래서 완전한 수은 제거효율은 미생물 주입 후 즉시 얻어졌으며 현장 폐수 조건들에 대한 생물반응기의 적응 기간은 필요하지 않았다.

[그림 7-2] mercury removal of the bioreactor after inoculation. Original process data recorded every minute are shown. Wastewater inflow rate 0.5 m^3/h. The allowed pH range is indicated by solid black lines. Bypass operation occurred at 496 min for 12 min, from 570 to 685 min, and from 765 to 900 min.

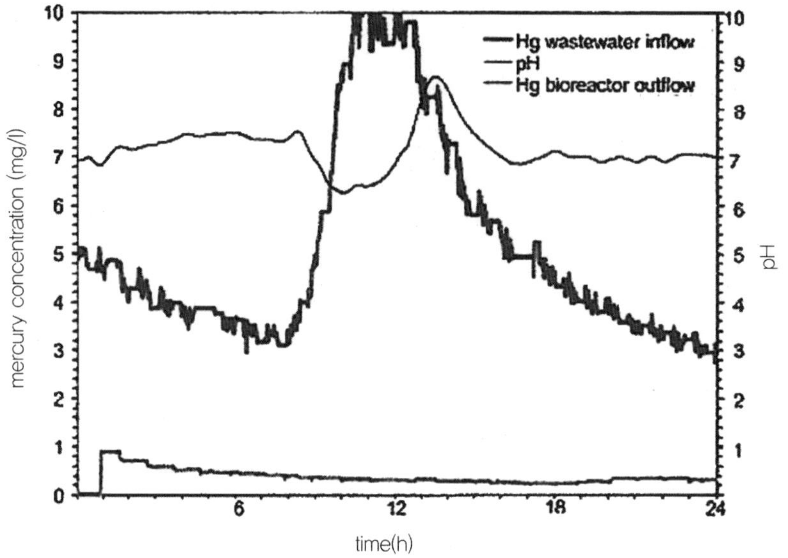

3.3 Inflow 수은농도, 전기전도도, pH 그리고 온도에서의 변동들

[그림 7-3]은 5일의 기간에 걸쳐서 파일럿 플랜트의 성능에 미치는 공장 생산공정에 고유한 폐수 inflow 파라미터들에 있어서 변동들의 영향에 관하여 나타낸다. Inflow 수은농도들은 3mg/L와 10mg/L 사이에서 변동하였다. 108~112시간 동안 10mgHg/L 이상의 peak값들에 도달되었으며 이것은 바이패스 가동에의 스위치를 야기시켰다. 피이크들 사이의 시산 간격들은 불규칙하였다. 여기서 나타내어진 시간 동안 그것은 23시간과 35시간 사이였다. Peak inflow 수은농도들은 일반적으로 4시간 이하로 지속되었다.

[그림 7-3] Wastewater fluctuations on site a chloralkali factory and their effect on the mercury retention efficiency and oxygen consumption of the bioreactor and the mercury outflow concentration after the activated carbon filter during a period of 5 days. Data are hourly mean values calculated from process data recorded every minute. Volumetric load 1.2 m3/h. (A) Concentration of mercury in the wastewater (left axis), in the bioreactor effluent (right axis), and in the activated carbon filter effluent (right axis). Effluent concentrations are shown on a 10-fold larger scale to make fluctuations more visible. The pH of the wastewater after neutralization is shown, and the allowed pH range is indicated by a dotted line. Bypass operation occurred at 18 h, 22 h, 49 h, 75–76 h, 81 h, and from 107 to 112 h. (B) Conductivity and temperature in the bioreactor inflow (right axis) and oxygen concentration in the bioreactor outflow (left axis).

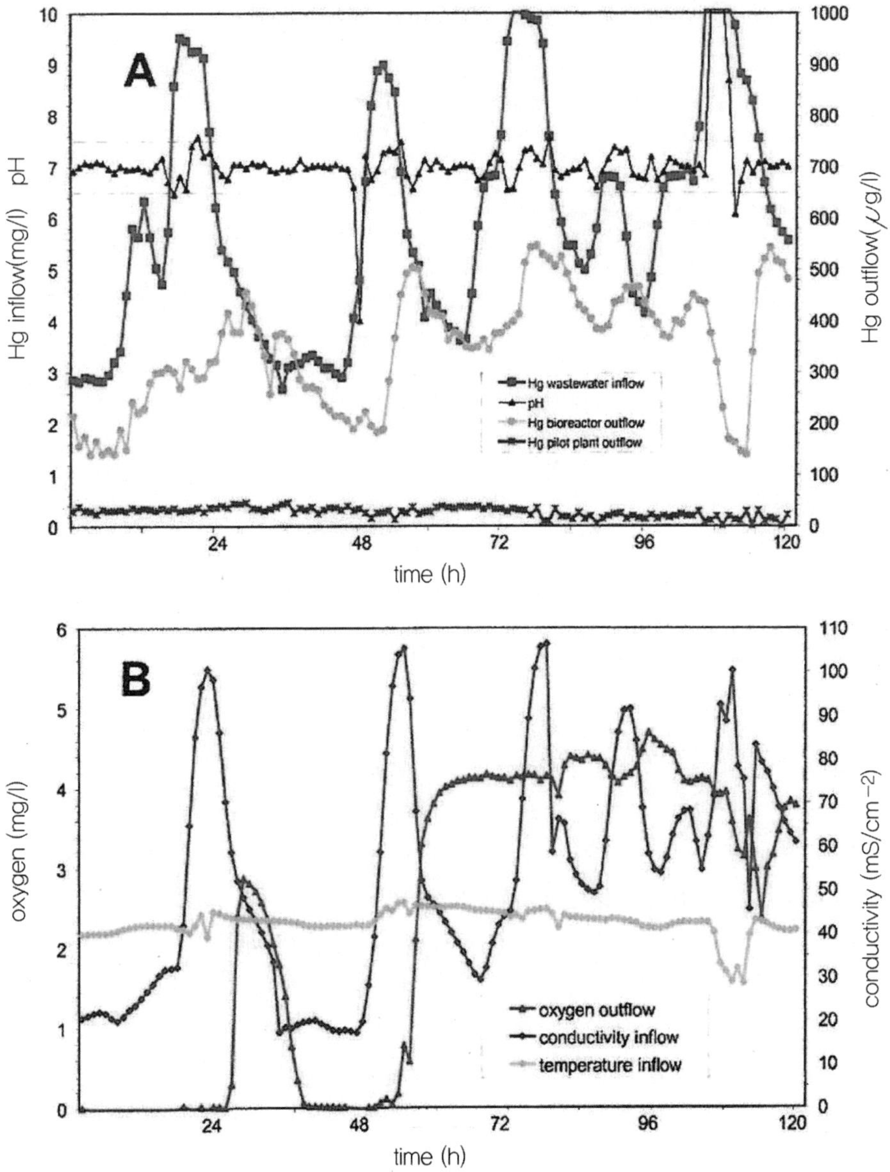

동시에 폐수의 전기전도도에 있어서의 변동들이 기록되었으며 이들은 대략적으로 수은 inflow 농도와 상호 관련되었다. 다른 batches의 공장폐수의 염화물 함량과 전기전도도의 분석에서는 이들 두 가지 파라미터들 사이에서 엄밀한 상관관계를 나타내었다[그림 7-4]. 그래서 peak 전기전도도들은 높은 염화물 농도를 지적해 주는 것이었다. 관찰된 최대 전기전도도값은 105mS/cm였으며 이것은 대략 50g/L 염화물에 대응하는 것이다.

[그림 7-4] Correlation between conductivity and chloride content in chloralkali electrolysis wastewater.

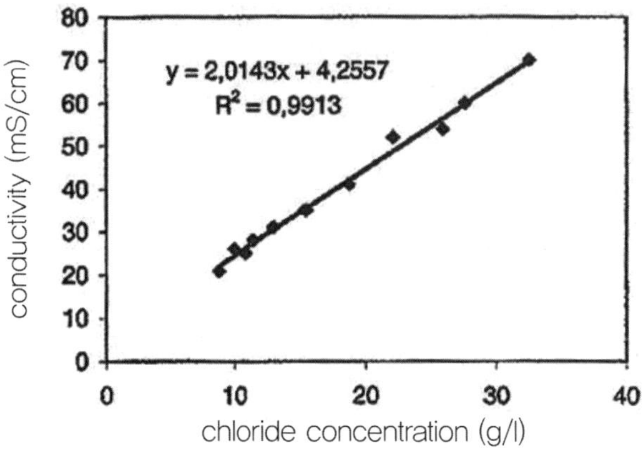

중화된 폐수의 pH는 일반적으로 pH 7.0±0.5의 범위 내에서 불규칙하게 변동하였다. 바이패스는 18, 22, 49, 81시간 그리고 pH 조절의 실패에 기인한 108시간으로부터 112시간까지 가동하였다.

중화 후 폐수의 평균온도는 56시간에서 관찰된 46.9℃의 최대값과 함께 42.4℃였다. 사전중화 온도에 대응하는 28.6℃의 최소값은 중화의 연장된 붕괴 때문에 112시간에서 일어났다.

3.4 생물반응기 수은 outflow 농도에서의 변동들

생물반응기 후 수은의 농도는 약 3시간의 시간 지체와 함께 공고하게 축여지는 것을 제외하고서 수은 inflow 농도의 변동들과 비슷한 변동들을 나타내었다[그림 7-3A]. 이것은 중화탱크의 부피(1.2m^3)와 생물반응기 충진층 내부에서 액체상의 부피(0.7m^3)에 의해서 초래되어졌으며 이들은 0.7m^3/h의 유속에서 각각 대략 2시간 그리고 1시간의 머무름 시간을 초래하였다. [그림 7-3]에 나타내어진 시간기간 동안 관찰된 생물반응기 수은 outflow 농도에 대한 최소값은 3mgHg/L의 inflow 농도에서 139 μg/L이었으며 이것은 95.4%의 retention efficiency를 나타낸다. Outflow 수은농도의 peaks는 454μg/L, 503μg/L, 그리고 9.76μg/L의 inflow peak 수은농도들에 대한 것들이었으며 각각 95.2%, 94.4%, 94.5%의 retention efficiency를 나타내었다. 그래서 파일럿 플랜트의 retention efficiency는 10mg/L까지 inflow 수은농도들에서의 변동들에 의해서 영향을 받지 않았다. 전기전도도에서의 그래서 염화물 농도에서의 증가는(동시에 발생되었던) 또한, 수은 retention에 부정적으로 영향을 미치지 않았다.

미생물에 의한 수은의 retention은 42℃의 평균적인 폐수 온도에서 매우 효과적이었으며 또한, 47℃의 peak 온도들에 의해서 억제되지는 않았다.

3.5 생물반응기 성능에 미치는 예비 대기기간의 영향

바이패스 가동의 6시간 동안([그림 3]에서 107~112시간) 생물반응기의 top phase에서의 수은농도는 계속된 미생물의 활동 때문에 감소하였다. 정상적인 생물반응기의 가동이 회복되었을 때 미생물에 의한 수은 retention은 전과 같은 수준으로 계속되었다. 적응 기간은 필요하지 않았으며 생물반응기로부터 수은의 용융은 이 6시간의 대기기간 후 일어나지 않았다.

3.6 산소소비

생물반응기에서 수은 retention에 대한 원인이 되는 메커니즘이었던 수은이온의 수은금속으로의 환원은 대사에너지를 요구하는 호기성 과정이다. 그러므로 첨가된 영양분들과 입수가능한 산소는 생물반응기 내에서 소비되었다. 폐수 inflow에서의 산소농도는 [그림 7-3]에서 보고된 시간기간의 시작에서 4.6mg/L이었으며 4일과 5일 동안 4.9mg/L로 점차적으로 증가하였다. 낮은 수은 inflow 농도들은 미생물 바이오필름의 감소된 산소 소비를 초래하였다(예를 들면, [그림 7-3]에서 27~35시간 그리고 57~121시간). 여기서 평균적인 outflow 산소농도는 3.9mg/L이었다. 그래서 폐수 inflow에 존재하는 산소의 단지 20%만이 이 시간기간 동안 미생물의 바이오필름에 의해서 소비되었다. 호흡활동에서의 관찰된 감소는 생물반응기의 퍼센트 수은 제거효율에서의 감소에 의해서가 아니라 수은 outflow 농도들에서의 증가에 의해서 동반되었다.

높은 수은 loads(inflow)의 기간들 후 낮은 산소 그리고 수은 outflow 농도들의 회복은 추가적인 측정들에 대한 필요 없이 자발적으로 발생하였다([그림 7-3]에서 36~56시간). 53시간과 112시간 사이의 계속되는 잇따른 inflow 수은 peaks 사이의 시간기간은 너무 짧아서 생물반응기의 완전한 회복을 허용할 수 없었는데 즉, 다시 말해서 200μg/L 이하의 outflow 수은농도들에 도달할 수 없었으며 그리고 미생물 바이오필름의 완전한 호흡활동을 회복할 수 없었다.

3.7 생물반응기의 최대 성능

[그림 7-5]는 미생물과 미디움의 주입 후 2개월에서 1.2m³/h의 폐수 inflow 속도와 6.99±0.13의 평균 pH에서 중요한 inflow 파라미터들(즉, pH와 수은농도)의 안정화 기간 후 생물반응기의 성능을 나타낸다. 56시간의 기간에 걸친 평균적인 outflow 수은농도는 3.8±1.8mg/L의 평균 inflow 수은농도에서 35.7±5.0μg/L이었다. 8.7mg/L의 pwak inflow 수은농도는 수은 outflow 농도들에 알아차릴 수 있을 정도의 영향을 미치지 않았다. 이들 56시간 동안 99.0%의 평균적인 수은 retention efficiency에 도달하였다.

3.8 활성탄 필터의 효과

생물반응기의 outflow가 활성탄 필터를 거쳐서 통과한 후 수은농도들은 10μg/L 이하였다. 예를 들면, [그림 7-5]에 나타내어진 3일 동안 활성탄 필터를 통과시킨 후 평균적인 수은농도는 6.3±2.9μg/L였다. 그것은 활성탄 필터에서의 inflow(즉, 다시 말해서 생물반응기의 outflow에서의 수은농도들)에 있어서의 변동들에 의해서 영향을 받지 않았다.

[그림 7-5] Disturbance free optimal performance of the bioreactor. Bioreactor mercury outflow concentration is shown on a 10-fold larger scale (right axis) than the mercury inflow concentration. Volumetric poad 1.2m³/h. Process data recorded every minute are shown, and the allowed pH range is indicated by solid lines. Bypass operation occurred at 35.8 h for 67 min. The mercury concentration after the activated carbon filter was 6.3±2.9 μg/L during this period.

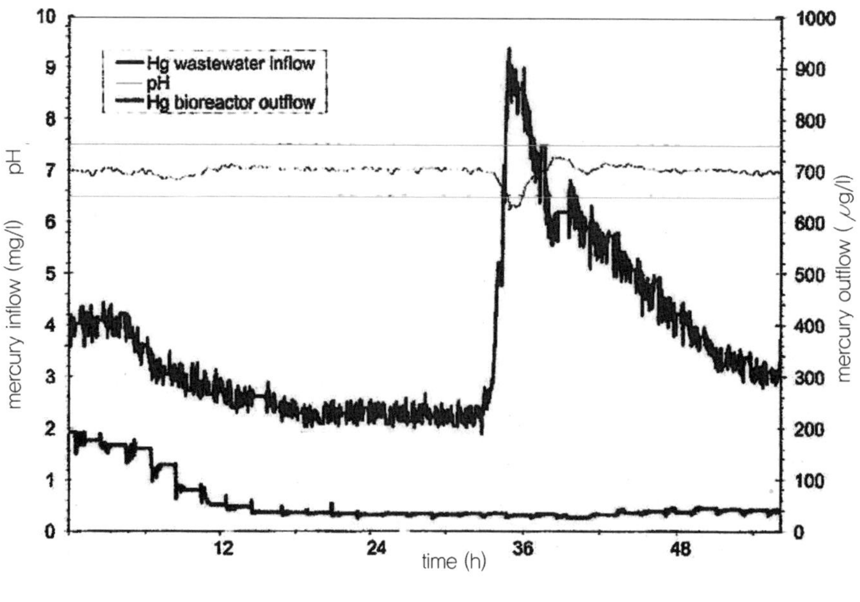

4. 파일럿 플랜트 가동실험 결과에 대한 고찰

미생물들은 오염된 물 혹은 폐기물 스트림들로부터 중금속들을 제거함으로써, 중금속들을 토양 혹은 퇴적물 속에 격리시킴으로써, 혹은 중금속들을 그들의 추출에서 보조물에 용해시킴으로써 중금속오염을 정화시키기 위해 사용된다. 이것을 이루게 되는 메커니즘들은 미생물에 의한 흡착(biosorption) 혹은 금속 산화환원 상태에서의 효소적으로 촉매화된 변화들이다. 오염문제의 중대성에도 불구하고 중금속들의 미생물정화(bioremediation)는 이 기술의 적은 대규모 적용과 함께 아직 주로 연구단계의 문제이다[20, 21]. 이 장에서는 수은이온의 물에 불용성인 금속수은으로의 환원을 사용하였으며 이것은 수은-저항 박테리아에 의해 촉매작용되며 그 메커니즘에 의해 용액으로부터 수은을 제거하게 된다. Batch 미생물 배양물로부터의 환원된 Hg^0의 휘발화는 다른 연구그룹들에 의해서 사용되었으며[22, 23] 반면 이 장에서는 생물반응기 내에서 금속수은으로서 그것을 획득하였다. 그것(금속수은)은 전통적인 흡수장치들 혹은 이온교환 수지들에 의해서 포화상태로 되지 않기 때문에 그래서 제작된 활성적인 "수은트랩"은 부피당 매우 높은 효율의 유리한 점을 갖는다. 한편 그것은 바이오필름에서 박테리아의 촉매활성에 의존한다. 박테리아는 공급되어져야 하며 그들은 또한, 치사조건들로부터(예를 들면, 독성 수은농도들, 불리한 pH와 온도, 그리고 높은 염소농도들) 보호되어져야 하는데 이를 위해 엔지니어링 차원의 적절한 해결방안들을 필요로 한다. 폐수정화를 위한 이러한 타입의 기술 효용을 결정하기 위하여 변동하는 inflow 조건들하에서 그리고 공장에서의 여러 가지 타입의 장애들에의 노출하에서 기술적 규모의 생물반응기의 확고함에 관하여 조사하였다.

파일럿 플랜트 생물반응기는(700L) 작은 실험적 모델 반응기(80mL)보다도 비슷하거나 혹은 한층 더 좋은 수은에 대한 retention efficiency를 나타내었다. 예를 들면, 실험실적 규모의 칼럼들에 대한 200-300μg/L의 outflow 농도들과 90~97%의 retention efficiency와 비교되는 파일럿 플랜트 생물반응기에서 36μg/L의 outflow 수은농도들과 99%의 retention efficiency에 도달하는 것이 가능하였다[19].

높은 수은농도들의 독성은 미생물 바이오필름의 일부를 죽였다. 파일럿 플랜트는 10mg/L까지의 수은 inflow 농도들을 처리할 수 있었으며 그때의 retention efficiency는 95%였다. 그러나 이들 높은 수은농도들의 독성은 미생물군의 감소된 호흡활동과 증가된 수은 outflow 농도들을 초래하였다. 연속적인 기술적 규모의 가동에 대해 높은 수은 inflow 농도들을 갖는 폐수를 바이패싱함에 대한 필요성은 생물반응기 outflow로부터의 정화된 폐수로써 inflow의 자동화된 희석에 의해 대체될 수 있다.

일정한 조건들하에서 유지되는 실험실적 모델 반응기들과 비교하였을 때 기술적 규모의 생물반응기의 수은을 환원하는 미생물 바이오필름은 여러 방법들로(즉, 다시 말해서 변동하는 높은 수은 그리고 염의 농도들, 높은 유속, 그리고 42℃의 평균온도에 노출됨으로써) 스트레스를 받았다. ***Pseudomonas***의 최적 성장은 30℃에서이며 이 장에서의 접종물 strain의 약간 만이 40℃에서 느린 성장을 나타내었다. 완전한 수은 retention efficiency는 주입을 한 날부터 얻어졌기 때문에, 존재하는 미생물군은 큰 활동도를 가졌으며 파일럿 플랜트에서 직면하게 되는 최적조건들하에서 조차도 거의 완전한 수은의 해독에 이르렀다.

산업폐수에 대한 수은에 대한 배출제한값(50μg/L)은, 심지어 약간의 지역적 수질 감독 당국에 의해 요구되는 10μg/L의 제한값 조차도 생물반응기와 활성탄 필터의 복합적 사용 때문에 파일럿 플랜트에 의해 확실히 도달될 수 있었다. 이것은 미생물에 의한 수은 정화기술의 가능한 잠재적인 산업적 적용에 대한 결정적인 중요성이다. 생물반응기의 전체적인 수은포획은 inflow 수은의 95%(나머지 5%는 활성탄 필터에 의해서 처리됨)이었다. 생물반응기로부터의 배출물 속의 박테리아는 활성탄 필터로 이식되어서 그것은 비활성적인 흡수장치로서 그리고 두 번째 생물반응기로서 작용하였다. 활성탄 단독은 $138 mg \cdot g^{-1}$의 Hg에 대한 loading capacity를 갖는다[24].

여기에 기술된 ***수은 환원계 기술에 대한 최근의 대처방법들은 황화물 침전화(화학적으로 그리고 생물공학적으로), 미생물흡착(biosorption)(바이오패스 혹은 이온교환 칼럼들을 사용), 그리고 수은의 bioaccumulation이다.*** 황화물 침전화는 chloralkali 전기분해 폐수를 전화하기 위해 기술적 규모로 사용되며 수은 outflow 농도들을 별다른 문제점 없이 50 혹은 심지어 10μg/L 이하로 달성하고 있다. 그러나 매우 독성적인 H_2S의 취급의 광범위한 안정성 조처들을 요구하며 특별한 폐기물 버리는 곳들에서의 집적을 필요로 하는 상대적으로 많은 양의 이차적인 수은으로써 오염된 슬러지들, 액체 그리고 고체들이 생산된다. 침전화된 수은의 리사이클링은 이 기술에 의해 가능하지 않다. White 등[25]에 의해 제안된 것처럼 만약 H_2S의 소스가 미생물에 의한 황산염 환원이라면 이들 주요한 결점들이 남게 된다. 혐기성 조건들하에서 수은은 극히 독성적이며 휘발성인 메틸수은으로 변환되며 프로세스는 황산염 환원의 속도에 엄밀히 결합된다[26]. 그러므로 미생물에 의한 황산염 환원은 수은을 포함하는 폐기물 스트림들을 정화시키기 위해 안전하게 적용될 수 없다.

미생물흡착(Biosorption)은 중금속을 포함하는 폐수의 정화를 위해 값싼 과량의 바이오매스(예를 들면, 산업적 발효로부터의 ***Bacillus*** 바이오매스)를 재사용할 수 있는 가능성 때문에 잠재적으로 매우 매력적이다. 그것은 금속이온들에 대한 바이오매스의 흡착(흡수) 그리고 이온교환 능력에 기초한다[27, 28]. 산업적 규모로 가동되는 약간의 공정들에 관해서 기술되어졌다: 그러나 이것은 수동적 공정이기 때문에 포화는 건조무게의 대략 10%의 금속 loading에서 일어나며 이후 금속들은 추출될(용리될) 필요가 있으며 바이오매스는 재생하였다[27]. 수은에 대해서 이 기술은 경쟁적이지 못하다. 배출물 농도들이 10μg/L 이하로 확실히 도달하기 위한 기술은 이온교환 수지이다. 그들의 초기 용량은 150g Hg(Ⅲ)/L이다. 대부분의 입수가능한 수지들은 재생될 수 없다. 어떤 수지들은 재생될 수 있으며 추출된 수은은 리사이클될 수 있다. 그러나 수지들에 대한 그리고 재생에 대한 높은 비용들이 발생한다.

Bioaccumulation(즉, 세포에서 금속들의 활성적인 흡수 그리고 metallothionein 분자들 혹은 킬레이트제에서의 바인딩에 의해서 그들을 격리시킴)은 수은에 대해서 관찰되지 못하였다[17]. 수은 bioaccumulator strain을 구성하기 위해 Chen 등[29, 30]은 Hg(Ⅱ) 수송시스템과 metallothionein을 동시에 발형시키기 위해 *E. coli*를 조작하였다. 이 strain은 Hg(Ⅱ)의 낮은 농도들에서(0.2~4mg/L) 효과적으로 작용하였지만, 획기적인 약진은 폐수의 33 생물반응기 volumes 후 발생하였다. 이들 박테리아는 세포 내에 수은을 축적하기 때문에 그들의 용량은 존재하는 metallothionein 분자들의 수에 의해서 제한된다. 그러므로 그들은 생물흡수장치(bioabsorbers)로서 작용한다. 향상된 표면 접착성질들을 갖는 조작된 strain[31−33]는 매우 묽은 수은을 포함하는 폐수를 처리하기 위한(예를 들면, 파일럿 플랜트의 활성탄 필터를 대신하기 위한) 대체방안이 된다.

위에서의 접근방법들과는 현저히 다르게 이 장에 기술된 효소에 의한 환원계 정화 기술에서 미생물들은 촉매로서 작용한다. 그들의 용량은 이론적으로 제한되지 않는다. 성장은 죽은 바이오매스를 대체하기 위해서 단지 요구된다. 생물반응기의 용량은 여러 수단에 의해서 회피될 수 있는 기계적 막힘에 의해서 아마도 결정된다. 그러므로 활성적인 효소 반응에 기초한 공정의 효율은 바이오매스의 loading efficiency에 의해서 적절하게 기술될 수 없다[34]. 파일럿 플랜트 생물반응기에 보유된(유지된) 수은의 양의 첫 번째 추정은 그것의 retention efficiency에 기초하여 주어질 수 있다. 첫 8개월 동안 10080m^3의 폐수가 정화되었다. 90%의 생물반응기의 평균 retention efficiency 그리고 5mg/L의 평균 수은 inflow 농도에서 이것은 1m^3의 생물반응기 부피 내에 보유된(유지된) 45kg의 수은의 양(즉, 다시 말해서 생물반응기 부피 1리터당 45g의 수은의 loading efficiency)을 나타낸다. 접종물의 바이오매스는 7kg wet weight, appr. 700g dry weight이었다. 가동 동안 약 40%의 바이오매스에서의 증가를 가정할 때 45kg의 수은은 1kg의 바이오매스(dry weight)에 의해서 추출되어졌으며 이것은 450%의 loading efficiency를 나타낸다고 추정될 수 있다. 파일럿 플랜트 생물반응기의 용량은 8개월 후 고갈되지 않았기 때문에 이것은 보수적인 추정이다. 충진층에서의 수은 함유량의 측정은 파일럿 플랜트 가동의 완료 후 실행될 것이다.

미생물의 ***mer*** operon은 작으며 잘 연구되어지기 때문에 그것은 바이오촉매의 성능을 향상시키기 위한 혹은 더 최적의 생물공학적 공정들을 개발하기 위한 유전공학 접근방법들에 대해 특히 적합하다. 변형된 ***merA*** gene은 용해된 수은이온을 흡수할 수 있엇고, 그것을 Hg(0)로 환원할 수 있었으며, 그리고 수은증기로서 대기 중으로 그것을 방출할 수 있었던 ***Arabidopsis thaliana*** 그리고 yellow poplar 식물들에서 발견되었다[35, 36]. 최근에 organomercurials를 해독시키는 organomercurial lyase 효소에 대해 암호화하는 ***merB***도 식물들에서 발형되었다[37]. 그러한 접근방법들은 수은으로써 오염된 토양의 식물에 의한 정화(phytoremediation)를 가속화시켰다는 사실이 제안되었다[38, 39].

그러나 많은 양의 수은으로 오염된 폐수의 처리를 위해 end-of-pipe 기술이 더 적절한데 그것은 이 기술이 수은을 추출하고 리사이클시키는 것을 허용하기 때문이다.

여기서 기술된 수은 정화기술은 오염된 폐수로부터 수은을 추출하기 위한 매우 효과적인 방법을 제공한다. 그것은 주변 대기온도에서 가동되고, 적은 전기에너지를 요구하며 그리고 여분의 화학물질을 요구하지 않기 때문에 환경친화적이다. 가동비용은 매우 낮다. 정화된 $100m^3$의 폐수에 대해 박테리아에 자양분을 투입시키기 위해 약 17Euro가 요구된다. 기술적 규모로 효과적으로 가동되며 그리고 공장의 테스트 장소에서 발생하는 다양한 스트레스들에 대해 강하다는 사실이 입증되었다. 기술은 chloralkali 전기분해 공장으로부터의 폐수에 그리고 다른 타입들의 수은으로써 오염된 폐수에(예, 지하수, 토양 세척수, 그리고 광업 폐수) 적용될 수 있다.

참고문헌

[1] Miller, J.R.; Rowland, J.; Lechler, P.J.; Desilets M.; Hsu, L.C., *Water, Air, Soil Pollut.* 1996, *86*, 373-388.

[2] Degetto, S.; Schiniu, M.; Contu,A.; Sbrignadello, G., *Sci. Total Environ.* 1997, *204*, 49-56.

[3] Suchanek, T.H. et al. *Water, Air, Soil Pollut.* 1998, *104*, 77-102.

[4] Horvat, M. et al. *Sci. Total Environ.* 1999, *237/238*, 43-56.

[5] Ebinghaus, R.; Slemr, F. *Atmos. Environ.* 2000, 34.

[6] Hosokawa, Y. *Water Sci. Technol.* 1993, *28*, 339-349.

[7] Miserocchi, S.; Langone, L.; Guerzoni, S. *Water Sci. Technol.* 1993, *28*, 349-358.

[8] Skej, J.M. *Hydrobiologia* 1992, *235*, 629-638.

[9] Quig, D. *Altern Med Rev* 1998, *3*, 262-270.

[10] Braune, B. et al. *Total Environ.* 1999, *230*, 145-207.

[11] Muir, D. et al. *Sci. Total Environ.* 1999, *230*, 83-144.

[12] Langford, N.; Ferner, R. *J. Hum. Hypertens.* 1999, *13*, 651-656.

[13] Chlorine Industry Review 1998-1999. http://www.eurochlor.ogr/.

[14] Summers, A.O. *Annu. Rev. Microb.* 1986, *40*, 607-634.

[15] Ji, G.; Silver, S. *J. Ind. Microb.* 1995, *14*, 61-75.

[16] Stoffers, P.; Hannington, M.; Wright, I.; Herzig, P.; Ronde, C. De *Geology* 1999, *27*, 931-934.

[17] Osborn, M; Bruce, K.D.; Strike, p.; Ritchie, D.A. *FEMS Microb. Rev.* 1997, *19*, 239-262.

[18] Brunke, M. et al. *FEMS Microb. Rev.* 1993, *11*, 145-152.

[19] Canstein H. von; Li, Y.; Timmis, K.N.; Deckwer, W.-D.; Wagner-Döbler, I. *Appl. Environ. Microb.* 1999, *65*, 5279-5284.

[20] Lovley, D. *J. Ind. Microb.* 1995, *14*, 85-93.

[21] Lovley, D.; Coates J.D. *Curr. Op. Biotech.* 1997, *8*, 285-289.

[22] Baldi, F.; Parati, F.; Semplici F.; Tandoi V. *World J. Microb. Biotech.* 1993, *9*, 275-279.

[23] Chang J.S.; Law, W.S. *Biotech. Bioeng.* 1998, *57*, 462-470.

[24] McKay, G.; Bino, M.J.; Altamemi, A.R. *Water Res.* 1985, *19*, 491-495.

[25] White, C.; Sharman, A.K.; Gadd, G.M. *Nat. Biotech.* 1997, *16*, 572-575.

[26] King, J.K.; Saunders: F.M.; Lee, R.F.; Jahnke, R.A. *Environ. Toxicol. Chem.* 1999, *18*, 1362-1369.

[27] Gadd, G.M.; White, C. *Trends Biotech.* 1993, *11*, 353-359.

[28] Volesky, B.; Halan, Z.R. *Biotech. Prog.* 1995, *11*, 235-250.

[29] Chen, S.L.; Wilson D.B. *Appl. Environ. Microb.* 1997, *63*, 2442-2445.

[30] Chen, S.L.; Kim, E.K.; Shuler, M.L.; Wilson, D.B. *Biotech. Prog.* 1998, *14*,

667–671.

[31] Schembri, M.A.; Kjægaard, K., Klemm, P. ***FEMS Microb.*** *Lett.* 1999, *170*, 363–371.

[32] Sousa, C.; Cebollla, A.; Lorenzo, V. de *Nat. Biotech.* 1996, *14*, 1017–1020.

[33] Valls, M.; Atrian, S.; Lorenzo, V. de;Ferenzo, V, L.A. *Nat. Biotech.* 2000, *18*, 661–665.

[34] Macaskie, L. J. *Chem. Technol. Biotechnol.* 1990, *49*, 357–379.

[35] Rugh, C.L.; Wilde, H.D.; Stack, N.M.; Thompson, D.M.; Summers, A.O.; Meagher, R.B. *Proc. Natl. Acad. Sci. U.S.A.* 1996, *93*, 3182–3197.

[36] Rugh, C.L.; Senecoff, J.F.; Meagher, R.B.; Merkle, S.A. *Nat. Biotech.* 1998, *16*, 925–928.

[37] Bizily, S.P.; Rugh C.L.; Summers A.O.; Meagher R.B. *Proc. Natl. Acad Sci. U.S.A.* 1999, *96*, 6808–6813.

[38] Heaton, A.C.P.; Rugh C.L.; Wang N.J.; Meagher R.B. *J. Soil Contam.* 1998, *7*, 497–509.

[39] Rugh, C.L.; Gragson G.M.; Meagher R.B.; Merkle S.A. *Hortscience* 1998, *33*, 618–621.

Received for review March 23, 2000. Revised manuscript received July 12, 2000. Accepted August 4, 2000.

Ⅷ
규조토를 사용한 중금속을 포함하는 폐수의 정화

개요

폐수로부터 중금속의 제거를 위해 규조토와 Mn−규조토(산화망간으로써 변형시킨 규조토)를 사용하여 테스트하였다. 규조토 표면에 산화망간을 $0.38gg^{-1}$ 주입시킴으로써 흡착제 표면적에서의 2.4배의 증가를 주었다. 평형연구들에서는 Mn−규조토는 처리되지 않은 규조토보다고 물로부터 Pb^{2+}, Cu^{2+}, 그리고 Cd^{2+}에 대해 더 높은 제거용량을 갖는다는 사실이 밝혀졌다. 게다가 Mn−규조토의 흡착용량은 표면에 퇴적되는 산화망간의 양을 감소시킴으로써 증가하였다. 흡착에 미치는 이성분, 변형, 그리고 규조토 frustule 타입의 영향을 연구하기 위해 전자현미경 측정을 실시하였다. Centric 그리고 pennate 타입의 규조토가 존재하였다. 스캐닝 현미경 사진에서는 또한, 산화망간들의 birnessite 구조를 지적하였으며 이 구조는 판상과 같은 결정구조에 의해 특정지워진다. 흡착에 관한 동역학적 연구에서는 망간에 의한 화학적 처리의 효과를 확인하였으며 이러한 처리는 규조토의 여과성질들을 또한 현저하게 향상시켰다.

1. 서론

도금, 세라믹, 유리, 광업, 그리고 배터리 제조와 같은 산업들은 지역적인 물 스트림들에서 중금속들(예를 들면, 납)의 주된 소스인 것으로 생각된다. 지역적인 물 스티림들에서의 납과 다른 중금속들(예를 들면, 카드뮴, 크롬 그리고 수은)의 상승된 수준은 공공의 건강에 대하여 주된 관심의 대상이 되고 있다.

그동안 많은 문헌들에서 중금속들의 제거를 위해 많은 처리 공정들이 제안되었다. 화학적 침전화, 멤브레인 여과, 이온교환, 백반 응집, 그리고 활성탄 흡착은 중금속을 포함하는 폐수의 처리를 위해 가장 일반적으로 사용되는 방법들이다[1, 2]. 흡착은 흔적양의 중금속들의 제거를 위한 특히 경쟁력 있고 효과적인 공정인 것으로 생각된다[3]. 원칙적으로 미세 다공성 구조를 갖는 어떤 고체재료는 흡착제로서(예를 들면, 석탄 char, 백토, 산화철, 합성 그리고 천연 제올라이트, 분자체, 그리고 활성탄) 사용될 수 있다. 어떤 흡착제의 가장 중요한 성질은 표면적과 구조이다. 흡착제 표면의 화학적 성질과 극성도는 흡착제와 흡착되는 물질(adsorbate) 사이의 인력에 영향을 미칠 수 있다. 활성탄의 매우 발전된 구조는 흔적농도의 중금속들을 포함하는 수많은 유기 및 무기 물질들에 대한 흡착 미디어로서의 폭넓은 사용을 가능케 한다. 그러나 활성탄은 생산 그리고 재생과 관련된 높은 비용 때문에 개발도상국들에서는 적당하지 않다[4]. 중금속의 제거를 위한 저렴한 대체재료의 사용이 요구된다. 활성토탄 그리고 활성백토[5, 6], 키틴과 키토산[7, 8]과 같은 재료들이 중금속의 제거를 위한 가능한 흡착제들로서 테스트되었다. 포괄적인 리뷰는 Bailey 등[9]에 의해서 발표되었다.

중금속들에 대한 저렴한 천연 흡착제들의 흡착효율의 증가에 대해서 또한 조사되었다. V(Ⅴ) 그리고 U(Ⅵ)에 대한 키토산의 흡착효율은 oxo-2-glutaric에 의한 변형 후 증가되었다[10]. Karthikeyan 그리고 Chaudhuri[11]는 석탄에 의한 Hg[Ⅱ]의 제거에 관해서 연구하였다. 질산 산화, H_2O_2 산화, CS_2 황화, 그리고 산화망간에 의한 주입에 의한 화학적 처리 후 처리된 석탄의 효율은 활성탄의 그것을 상회하였다고 보고하였다. EDTA로써 변형시킨 옥수수 껍질은 Cd(Ⅱ) 그리고 Pb(Ⅱ)의 제거에 대해 높은 효율을 또한 나타내었다[12]. Moore와 Reid[13]는 망간 주입 아크릴 섬유들은 광천수로부터 라듐을 제거하기 위해 효과적이었다는 사실을 나타내었다. Brandao와 Galembeck[14]은 또한 이산화망간을 포함하는 셀룰로스 아세테이트들의 주입은 수용액으로부터 Cu(Ⅱ), Pb(Ⅱ) 그리고 Zn(Ⅱ)의 높은 제거효율을 초래하였다고 보고하였다. Sagara 등[15]은 셀룰로스 겔 비드들 내에서 MnO_2를 분산시킴으로써 Li(Ⅰ) 그리고 Na(Ⅰ)에 대한 선택적인 이온교환 재료를 제조하였다.

규조토(SiO_2-nH_2O)는 전세계에 걸쳐서 큰 퇴적광산에서 입수가능한 부드럽고 가벼운 암석이다. 이 엷은 색상의 퇴적암석은 규조류의 모양과 크기에서 변화하는 수중의 단세포 조류의 실리카 미화석으로써 주로 구성된다[16]. 규조토는 매우 다공성이며 80~90%까지의 빈공간들을 포함하는 구조를 갖는다. 규조토는 수많은 산업적 적용 분야들에서 사용된다(예를 들면, 여러 가지 음료수들 그리고 무기 및 유기 화학 제품들에 대한 여과미디어로서 그리고 오일 유출에 대한 흡착제로서)[16]. 비록 규조토가 물리적 성질과 화학적 성질의 독특한 결합을 갖는다 할지라도 폐수처리에서 흡착제로서의 그것의 사용은 광범위하게 조사되지 못하였다[17-19].

이 장에서는 폐수로부터 Pb^{2+}, Cu^{2+} 그리고 Cd^{2+} 이온들의 제거를 위한 규조토(72% SiO_2)의 효과에 관해 고찰키로 하겠다. 흡착제 구조와 흡착용량에 미치는 산화망간이 주입된 표면의 영향에 관해서 조사되었다.

2. 흡착실험

2.1 흡착제

규조토 시료들은 미세물질과 접착된 불순물들을 제거하기 위해 증류수로써 세척하여 100℃에서 건조시켜서 밀봉된 유리병에 보관하였다. 표면 변형은 염화망간과 수산화나트륨으로써 규조토를 처리함으로써 이루어졌다[13]. 규조토 시료들을(15g) 2시간 동안 90℃에서 6M 수산화나트륨에 담궜다. 이후 혼합물을 10간 동안 실온에서 2.5M 염화망간 100ml에(염산으로써 pH 1~2로 조절된) 두었다. 망간이 스며든 규조토는 여과시키고 상청액(supernatant)으로부터 분리시켰다. 이후 고체는 수산화망간을 침전시키기 위하여 10시간 동안 실온에서 6M 수산화나트륨 용액 속에 담궜다. 과량의 용액을 가만히 따루어 내고 남아 있는 규조토를 공기 중에 노출시켰다(수화된 산화망간의 혼합물을 형성하기 위하여 수산화망간의 산화를 촉진시키기 위하여). 이후 시료는 물로써 세척하여 100℃에서 건조시킨 후 잘 밀봉된 유리병에 보관하였다. 변형된 규조토는 Mn-규조토로 부르기로 한다. 시료들의 망간의 함유량은 원자흡수 분광법(AAS)에 의해서 정량되었다. 분석 전에 퇴적된 산화물들을 용해시키기 위하여 시료들을 40℃에서 4M 염산용액에 담가 두었다. 앞서 언급한 과정을 사용하여 0.20M로부터 3.50M까지의 염화망간 농도를 갖는 산화망간 규조토를 제조하였다.

흡착제에 미치는 화학적 변형의 영향은 Sears'방법[20], 아연이온 흡착방법[21], 그리고 적외선 흡수 스펙트라를 사용하여 표면적을 기초로 하여 특정지워졌다. 규조토의 표면적은 Sear 방법에 따라서 규조토 1.5g의 무게를 재고 묽은 염산으로써 pH 3~3.5로 산성화시킴으로써 추정되었다. 이후 염화나트륨(30g)을 첨가하였으며 증류수로써 부피를 150ml까지 만들었다. 용액은 0.10M 수산화나트륨으로써 적정하였으며 처음부터 끝까지 pH를 측정하였다. 4로부터 9까지 pH를 증가시키기 위해 요구되는 부피(V)를 기록하였다. 표면적(S)는 식(1)로부터 추정되었다[22]:

$$S(m^2g^{-1})=32V-25 \qquad (1)$$

Mn-규조토에 대한 표면적은 Zn^{2+} 흡착방법에 따라서 추정되었다. 2g의 시료를 25ml의 Zn^{2+}용액(2M NH_4Cl, 0.1073M $ZnCl_2$)과 혼합하여 24시간 동안 교반시킨 후 밤새 세워 두었다. 상청액(supernatant) 용액을 AAS를 사용하여 Zn^{2+} 함유량에 대하여 분석하였다.

처리의 안정성과 비가역성을 테스트하기 위하여 탈착실험을 실시하였다. 0.6g의 Mn-규조토(2.5M $MnCl_2$ 용액을 사용하여 제조된)를 400ml의 증류수에 첨가한 후 계속해서 저어주었다. 1.5, 2.5, 7 그리고 22시간 후 피펫을 사용하여 5ml의 시료를 채취하였다. 원심분리 후 시료들은 AAS를 사용하여 Mn^{2+} 함유량에 대하여 분석하였다.

2.2 흡착되는 물질(adsorbate)

표준 Pb^{2+}, Cu^{2+}, 그리고 Cd^{2+}(1000mgdm^{-3}) 용액들은 $Pb(NO_3)$, $CuCl_2{\cdot}2H_2O$ 그리고 $CdCl_2$ 파우더를 각각 증류수에 녹여서 제조하였다. 희석된 용액들은 stock solutions로부터 제조되었다.

2.3 SEM(Scanning electron microscope) 연구

규조토와 그리고 Mn-규조토 시료들은 SEM 샘플링 플러그에 부착시켜서 60℃에서 오븐에서 밤새 건조시켰다. Silpaint의 얇은 막을 시료와 플러그 사이에 electrical ground를 제공키 위해 첨가한 후 시료를 30nm의 금으로써 코팅시켰다.

2.4 등온흡착

규조토와 Mn-규조토에 대한 흡착용량은 변화하는 농도의 용액 50cm^{3}에(Pb^{2+}에 대해 0-300mgdm^{-3}, Cu^{2+}에 대해 0-200mgdm^{-3}, 그리고 Cd^{2+}에 대해 0-90mgdm^{-3}) 300-500μm의 입자크기 범위의 흡착제 0.05g을 첨가함으로써 결정되었다. Pb^{2+} 등온흡착은 이온에 대한 규조토 그리고 Mn-규조토의 높은 용량 때문에 증가된 농도들에서 연구되어졌다. 흡착되는 물질(adsorbate) 용액은 수산화나트륨을 사용하여 pH 4로 조절되었다. 흡착제와 용액의 서스펜젼들은 밀봉시켰으며 3일 동안 23±1℃에서 쉐이커에서 평형을 유지시켰다. 10cm^{3}의 용액시료를 제거하여 원심분리시킨 후 금속농도를 분석하였다. 단지 흡착되는 물질의 용액을 포함하는 컨트롤 시료들도 제조하였다. Pb^{2+}와 Cd^{2+} 이온들은 differential pulse polarography를 사용하여 분석하였다. Cu^{2+} 이온은 AAS를 사용하여 분석하였다. 다른 양의 산화망간을 포함하는 규조토 시료들의 흡착용량은 0.05g의 흡착제를 3일 동안 50cm^{3}의 200mgdm^{-3} Pb^{2+} 용액으로써 평형에 이르게 함으로써 추정되었다. 흡착된 Pb^{2+}의 양은 평형농도와 초기농도 사이의 차이로부터 추정되었다.

2.5 여과율

규조토와 Mn-규조토의 여과율은 석션 여과방법을 사용하여 측정되었다. 3g 시료를 증류수 50ml와 혼합시키고 여과시켰다. 초기 물을 시료로부터 여과시킨 후 더 이상의 100ml를 첨가시키고 여과시간을 기록하였다. 여과율은 규조토에 대해 Bazhal에 의해 제안된 방법[23]에 따라서 결정하였다.

$$V_F = W_F/Ft \qquad (2)$$

여기서 V_F는 여과율($m/m^{-2} \cdot S^{-1}$)이며; W_F는 여과액의 부피(ml)이며; F는 유효 여과지 표면적(m^2)이며 그리고 t는 여과시간(s)이다.

3. 흡착실험 결과 및 실험결과에 대한 고찰

3.1 천연 규조토의 특성짓기

규조토 frustules는 주로 두 가지 범주들로 나뉜다; centric(원반 모양의; discoid) 그리고 pennate(가늘고 긴 실모양). [그림 8-1]은 규조토의 전자현미경 사진을 나타낸다. 플레이트는 규조류의 centric 그리고 pennate 타입을 가리킨다. 원반 모양의(centric) 규조류는 대략 10μm의 반경을 갖는 반면 가는 실 모양의 길이는 20μm보다도 더 크다. SEM 사진으로부터 규조토는 그것의 매우 다공성인 구조에 더하여 큰 빈공간 부피를 갖는다는 사실을 추론할 수 있다. 이 재료의 높은 다공성은 중금속들에 대한 가능한 흡착제로서 그것을 채택하는 데 대한 주된 이유들 중에서 하나였다.

[그림 8-1] Scanning electron micrograph of diatomite (magnification1960×)

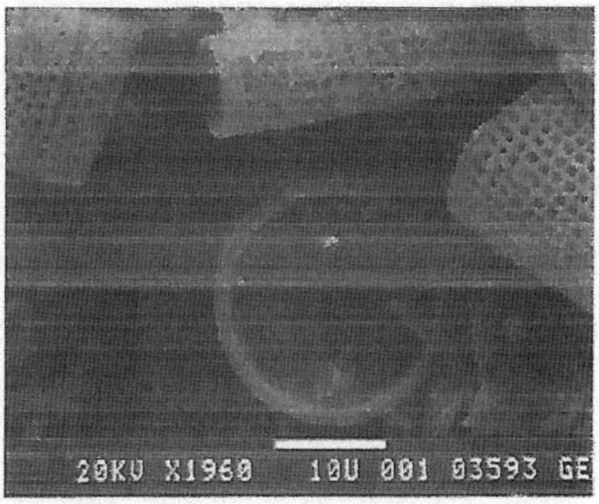

<표 8-1>은 천연 규조토의 화학적 조성을 주된 산화물로써 요약해 놓은 것이다. 분석에서는 SiO_2는 주된 성분이며(72.5%) 금속 산화물들(Al_2O_3, Na_2O 그리고 Fe_2O_3)은 주된 마이너 성분들 임을 나타내었다. 규조토 정제과정들은 금속 산화물들(Al_2O_3와 Fe_2O_3)을 제거하고 실리카 함유량을 농축시킴으로써 주로 실행된다[24]. 규조토는 높은 표면적을 갖는다. 이 장에서의 연구에서 사용되는 천연 규조토의 표면적은 대략 33mgg^{-1}이다.

〈표 8-1〉 Chemical composition of natural diatomite

Oxide	Composition[a](%)
SiO_2	72.50
TiO_2	-
Al_2O_3	11.42
Fe_2O_3	5.81
MnO	-
MgO	0.25
CaO	1.48
Na_2O	7.21
K_2O	0.69
P_2O_5	-
LOI[b]	-

[a] XRF analysis.

[b] Loss on ignition.

3.2 Mn-규조토의 특성 짓기

규조토 표면 위에 포함된 산화망간의 양은 표면의 성질, 용액의 산성도 그리고 처리의 지속기간에 의존한다. 이 장에서 규조토의 표면 위에 함유하는 양은 대략 $0.38 gg^{-1}$인 것으로 추정되었다. Zn^{2+} 흡착방법에 의해 계산된 Mn-규조토의 표면적은 대략 $20 m^2g^{-1}$인 것으로 추정되었다. 이 방법은 산화망간의 표면들에 대해 개발되었으며 표면적을 추정하기 위해 표면의 하이드록실기(OH^-)의 존재에 의존한다.

변형된 그리고 고체 산화물 표면에서의 중금속 이온 흡착의 메커니즘에 대한 이해는 산업폐수로부터 중금속 이온들의 제거에 관한 완전한 이해를 위해 필수적이다. FT-IR이 수반되는 메커니즘을 평가하기 위해 사용되었다. FT-IR은 규조토의 표면에 걸쳐서 펼쳐진 silanol groups와 반응할 수 있는 중금속들의 능력에 관한 징후를 제공해준다. [그림 8-2]는 규조토, Mn-규조토, Pb가 흡착된 규조토, 그리고 Pb가 흡착된 Mn-규조토의 FT-IR 스펙트라를 나타낸다. Si-OH 결합의 진동은 대략 $800 cm^{-1}$에서 O-H 변형에 기인한 이중선(doublet)과 함께 $3700 cm^{-1}$에서 하나의 밴드를 초래한다.

[그림 8-2] FT-IR spectra of: diatomite, Mn-diatomite, adsorbed diatomite with and Mn-diatomite with lead. Experimental conditions: 0.05g diatomite; 50ppm metal ion concentration; temperature=23℃, particle size=300-500μm and pH=4.

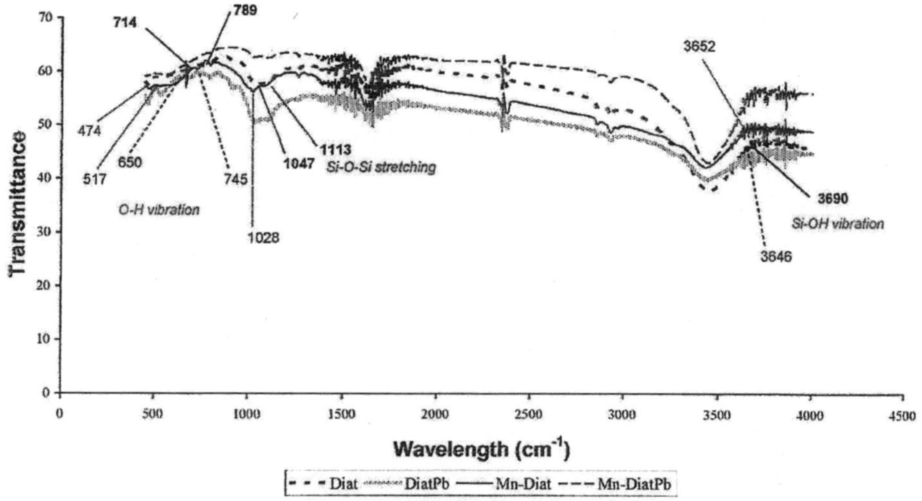

규조토의 주된 흡수밴드들은 3690, 1047, 1113, 910, 789 그리고 714 cm^{-1}에서 나타난다. 산화망간에 의한 변형 후 앞서 언급한 밴드들은 완전히 사라졌는데 이것은 규조토 표면 위에서의 산화물들과 silanol groups 사이의 화학적 상호작용들에 기인될 수 있다. 변형된 규조토 스펙트럼에서 3652cm^{-1}에서의 폭넓은 밴드는 층간 분자들과 주된 뼈대가 되는 하이드록실기들의 OH stretch를 나타낸다. 1028cm^{-1}에서의 밴드는 Mn^{3+}-OH 결합들의 변형에 기인된다. 변형된 규조토의 IR 스펙트럼에 나타난 가장 중요한 피이크들은 517 그리고 474cm^{-1}이며 이들은 birnessite 구조에서 팔면체 층들의 Mn-O stretching 모우드들에 대응하는 것들이다.

[그림 8-3] Scanning electron micrograph for Mn-diatomite(magnification 2000×)

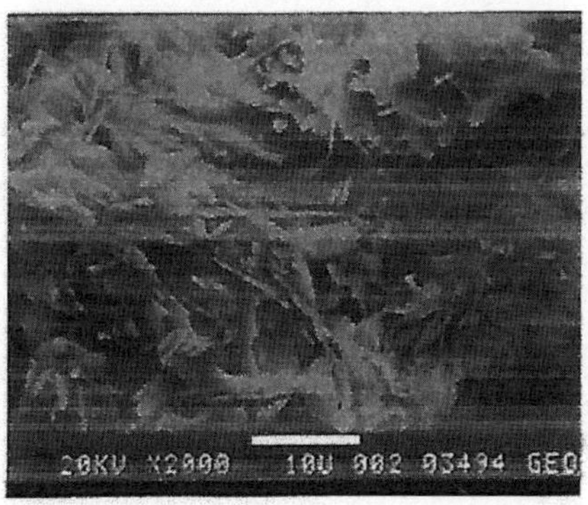

[그림 8-3]은 산화망간 처리에 의해 완전히 변형된 규조토 frustules를 나타낸다. 변형된 규조토 실리카 구조는 'birnessite' 타입이며 판상의 결정들로써 특징지워진다[26].

3.3 변형된 흡착제(Mn-규조토)의 안정성

중금속들의 흡착이 이루어지는 동안 Mn^{2+}이 표면으로부터 탈착될 수 있다는 사실이 보고되었다[27, 28]. 그러므로 규조토 표면에 퇴적된 산화망간의 안정성에 관하여 시험하였다. 표면으로부터 용액으로 Mn^{2+} 이온들의 탈착에 대한 결과들을 <표 8-2>에 요약해 놓았다. 결과들은 소량의 Mn^{2+}(0.02~0.04ppm)가 22시간 동안 교반 후 표면을 벗어날 수 있다(즉, 탈착할 수 있다)는 사실을 나타낸다. 표면으로부터 Mn^{2+}의 낮은 탈착은 규조토와 산화망간 사이의 강한 상호작용을 반영하는 것이어서 변형된 흡착제에 더 많은 안정성과 가치를 더하게 해준다.

〈표 8-2〉 Desorption of Mn^{2+} from Mn-diatomite surface

Time(h)	Mn^{2+}(ppm)
1.5	0.02
2.5	0.03
7.0	0.04
22.0	0.04

3.4 중금속들에 대한 흡착용량: adsorption isotherms

두 가지의 주된 이유들 때문에 약간 산성인 조건들(pH 4)하에서 batch isotherm 연구들을 실시하였다. 첫째로 중금속들은 정상적으로 알칼리성 조건들하에서 침전되기 시작한다(금속 산화물들과 금속 수산화물들을 형성함으로써). 연구된 농도범위에서 중금속들은 pH≧8에서 침전되는 것으로 기대되므로 약간 산성인 용액은 규조토에서의 그리고 Mn-규조토에서의 흡착은 매우 흡수되기 쉬운 금속 수산화물 화학종들에 대해서보다는 오히려 2가 금속이온들로 제한된다는 사실을 확실하게 해준다. 중금속들은 일반적으로 폐수에서 양이온 형태로 발견된다. 둘째로 규조토 파우더는 더 높은 pH 조건들에서 약간 불안정하다. 알칼리성 용액에 노출되었을 때 실리카를 포함하는 재료는 침전되는(용해되거나 분해되는) 것으로 알려져 있다. 알칼리성 조건들하에서 겔 특징을 나타내는 물질에 대한 여과품질은 산성 pH(pH<4)에서 향상된다는 사실이 밝혀졌다. 그래서 pH 4에서 실험들을 실행함은 이온들의 2가 형태의 존재를 확실히 하고 규조토의 화학 안정도를 유지시켜준다. 산화망간에 의한 코팅은 규조토의 화학적 강

도(세기)를 향상시키며 겔 형성의 문제점을 피하게 해준다. 이러한 사실은 화학적 코팅 혹은 변형의 유리한 점들 중에서 하나로서 생각될 수 있다.

흡착데이터의 수학적 모델링의 사용은 잠재적인 새로운 흡착제에 대한 어떤 실행 가능성 연구의 기초를 형성한다. 흡착되는 물질의 농도와 양에 관한 가장 일반적인 표현은 등온흡착(adsorption isotherm)이다; 일정한 특정온도에서 평형농도에 대한 흡착된 양의 그래프. 흡착되는 물질과 흡착제 사이의 상호작용의 성질은(즉, 바람직스러운 혹은 바람직스럽지 못한) 등온관계 그래프 모양으로부터 결정될 수 있다. Langmuir isotherm은 유기[29] 그리고 무기 흡착되는 물질들[18]을 포함하는 많은 흡착시스템들에 적용되어졌다. 모델은 흡착제 표면에서 흡착되는 물질의 단지 하나의 분자층만이 형성되는 경우들에 적용될 수 있다. 단일층 흡착은 흡착되는 양이 적당한 농도에서 최대값에 도달한다는 사실에 의해 구별된다; 이것은 흡착되는 물질의 단일분자층에 의한 흡착제 표면의 완전한 덮어가림에 상응한다. 그리고 이것은 더 높은 흡착되는 물질의 농도들에서 조차도 일정하게 남게 된다.

Langmuir 식은 다음과 같은 잘 알려진 식으로써 표현될 수 있다[30]:

$$\frac{c_e}{q_e}=\frac{1}{K_L}+\frac{a}{K_L}C_e \quad (3)$$

여기서 C_e와 q_e는 각각 흡착되는 물질에 대한 용액농도(mgg^{-1})와 표면농도($mgdm^{-3}$)이며 K_L과 a는 특별한 용질-용매 결합에 대한 등온 상수들이다. K_L은 C_e/q_e vs C_e의 도시의 인터셉션으로부터 얻어질 수 있다. 상수 a는 흡착에너지와 관련된다. Langmuir 식의 본질적인 특성은 또한, R_1에 의해서 표현될 수 있다[29]:

$$R_1=\frac{1}{1+K_LC_0} \quad (4)$$

여기서 C_0는 가장 높은 초기 염료 농도($mgdm^{-3}$)이다. 인자(R_1)의 양은 상호작용의 성질과 등온타입을 나타낸다; 바람직스럽지 못한($R_1>1$), 선형($R_1=1$), 바람직스러운($0<R_1<1$) 혹은 비가역적인($R_1=0$).

규조토와 Mn-규조토에서의 Pb^{2+}, Cu^{2+} 그리고 Cd^{2+}의 흡착등온관계들에 대해서는 [그림 8-4, 5, 6]에 나타내었다. 나타낸 바와 같이 흡착되는 중금속의 양은 최대흡착(Q)이 확립될 때까지 증가하는 중금속의 농도에 따라서 증가한다. 규조토의 흡착용량은 산화망간에 의한 변형에 의해서 크게 향상된다. Mn-규조토에서 중금속들의 흡착은 다음과 같은 순서로 감소한다: $Pb^{2+}>Cu^{2+}>Cd^{2+}$. 산화망간들에서의 비슷한 흡착행동은 Gadde와 Laitinen[33] 그리고 Murray[34]에 의해서 보고되었다. 규조토, Mn-규조토 그리고 산화망간들에서의 Pb^{2+} 이온들의 우선적인 흡착은 중금속 이온들의 전기음성도에 기인될 수 있었다[30]. 더 높은 전기음성도의 금속들은 더 높은 친화력을 갖는 것으로 기대된다; Pb^{2+} 이온들은 Cu^{2+} 그리고 Cd^{2+} 이온과 비교하였을 때 더 높은 전기음성도를 갖는다[35].

[그림 8-4] Adsorption isotherm Pb^{2+} on diatomite and Mn-diatomite. Experimental conditions: mass-0.050g; volume of solution=50ml; T=23℃; equilibrium time=21h; pH(initial)=4.

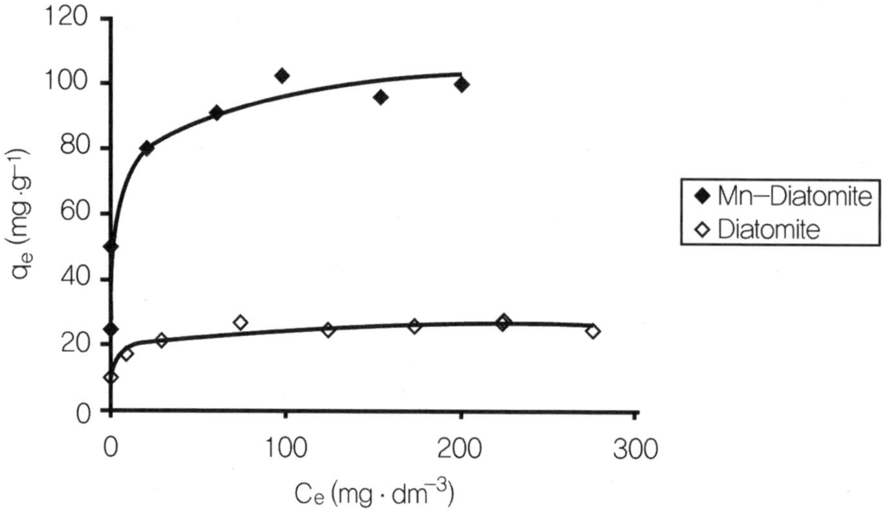

[그림 8-5] Adsorption isotherm Cu^{2+} on diatomite and Mn-diatomite. Experimental conditions: mass-0.050g; volume of solution=50ml; T=23℃; equilibrium time=21h; pH(initial)=4.

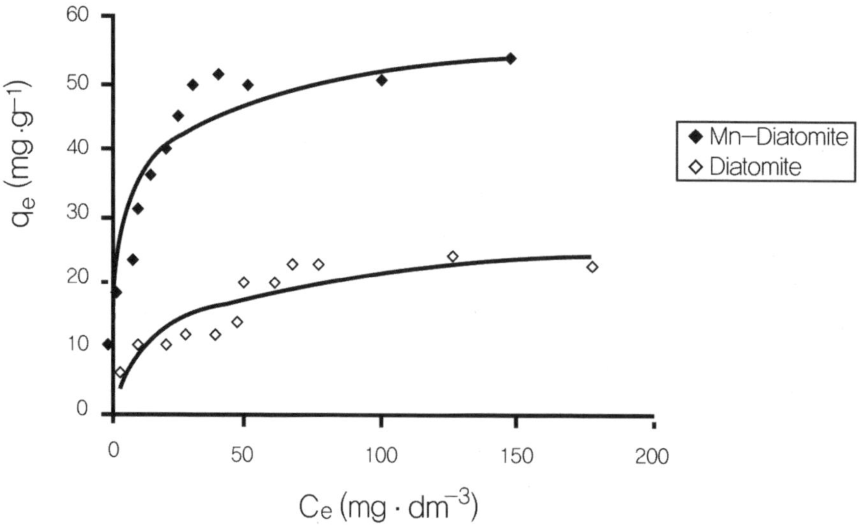

[그림 8-6] Adsorption isotherm Cd^{2+} on diatomite and Mn–diatomite. Experimental conditions: mass–0.050g; volume of solution=50cm^3; T=23℃; equilibrium time=21h; pH(initial)=4.

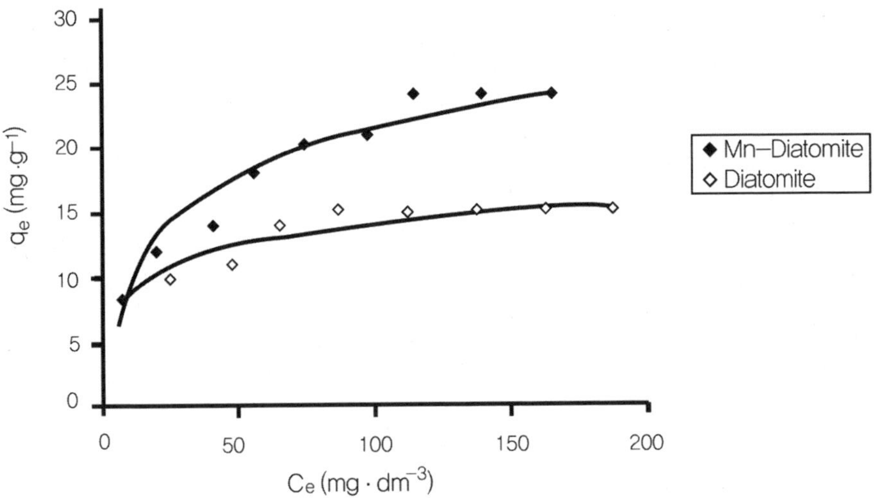

<표 8-3>에 보고된 최대 흡착용량(Q)은 처리되지 않은 규조토와 비교하였을 때 Pb^{2+}, Cu^{2+} 그리고 Cd^{2+}의 제거에 대해 Mn-규조토의 더 높은 용량을 증명하고 설명해 준다. 규조토에 대한 흡착용량들은 Pb^{2+}, Cu^{2+}, 그리고 Cd^{2+} 각각에 대해 24.9, 27.6 그리고 16.1mg·g^{-1}인 반면 Mn-규조토에 대해서는 99.0, 57.6 그리고 27.9mg·g^{-1}이 얻어진다.

〈표 8-3〉 Langmuir isotherm constants for adsorption of Pb^{2+}, Cu^{2+} and Cd^{2+} onto diatomite and Mn–diatomite

Metal	Q (mg·g^{-1})	a (dm^{3}mg^{-1})	K_L (dm^{3}mg^{-1})	R1 (×10^{-3})	r^2
Diatomite					
Pb^{2+}	24.94	1.04	25.91	0.13	0.997
Cu^{2+}	27.55	0.04	1.03	4.8	0.940
Cd^{2+}	16.08	0.22	3.56	2.8	0.993
Mn-diatomite					
Pb^{2+}	99.00	0.52	51.28	0.065	0.998
Cu^{2+}	55.56	0.18	9.88	0.51	0.996
Cd^{2+}	27.86	0.10	2.64	4.2	0.979

<표 8-3>은 금속 흡수 데이터는 Langmuir 모델과 강하게 일치한다는 사실을 나타낸다. 모델은 연구된 모든 시스템들에 대해 0.99보다도 더 큰 상관관계 계수를 나타낸다. 이러한 사실은 규조토 표면 위에서의 흡착자리들의 수는 제한되며 중금속들은 최대용량에서 표면 위에서 단일분자층을 형성한다는 이론을 뒷받침한다. 이 사실

은 또한 수용액으로부터의 흡착은 일반적으로 흡착제 표면 위에서 하나의 층을 형성한다는 관찰과 일치한다[36]. 금속 흡착에 따라서 다층형성은 정상적으로 일어나지 않는다. <표 8-3>에 자세히 나타낸 R_1값들에 따라서 3가지 금속들의 흡착행동은 대단히 바람직스러우며($R_1 \ll 1$) 약하게 비가역적 흡착($R_1=0$)을 나타내는 경향을 보인다. Mn-규조토에서의 흡착은 더 낮은 Mn-규조토에 대한 R_1값들에 의해서 지적되는 바와 같이 규조토와 비교하였을 때 더 유리하고 바람직스럽다. Cu^{2+} 그리고 Cd^{2+}와 비교하였을 때 Pb^{2+}에 대한 더 높은 'a'값은 Pb^{2+} 이온이 더 높은 흡착에너지를 가지며 결과적으로 흡착제의 최종적인 용량과 비교되는 흡착용량들에 도달한다는 사실을 지적해 준다.

변형에 의해 수반되는 규조토 성능에 있어서의 향상은 표면적에서의 증가뿐만 아니라 규조토 표면 위에서의 산화망간들의 형성에 의한 결과로서 생기는 표면전하에 기인될 수 있었다. 용액에서의 산화망간 표면전하는 산화망간 표면의 큰 산성도 상수 때문에 다른 산화물들(예를 들면, SiO_2, TiO_2 그리고 Al_2O_3)보다도 일반적으로 더 높다. 이것은 표면은 낮은 pH에서 이온화 하며 다른 산화물들의 그것보다도 더 큰 순 음전화를 가진다는 사실을 의미한다[37]. 만약 SiO_2가 규조토에서의 흡착에 대한 주된 활성적인 센터임을 가정한다면 pH 4에서 규조토 그리고 Mn-규조토에 대한 표면전하는 각각 0 그리고 $-40\mu Ccm^{-2}$이다[34]. Mn-규조토의 높은 네거티브 표면전하는 과정을 '화학흡착(chemisorption)'으로 만든다.

흡착능력에 미치는 표면에 퇴적된 산화망간 농도의 영향에 관하여 조사하였다. [그림 8-7]에 나타내어진 바와 같이 변형은 중금속 제거에 대한 규조토의 성능을 향상시킨다. 규조토의 성능은 산화망간의 더 낮은 로딩($<0.4 g \cdot g^{-1}$규조토)에서 더 좋다. 가장 높은 제거는 규조토 1g당 0.06g의 산화망간이 로딩된 규조토를 사용하여 이루어진다. 더 높은 로딩에서 규조토의 효율은 안정상태로 된다. 이것은 규조토의 모든 영역범위에서 산화망간의 분포에 기인될 수 있다; 거대동공 그리고 미세동공, 더 낮은 로딩으로써(거대동공과 미세동공을 포함하는 표면에서) 큰 변형된 표면적이 유지되지만 더 높은 양의 코팅은 미세공동의 완전한 봉쇄를 초래한다. 이와 같은 사실은 더 낮은 표면적과 그로 인한 활성적인 흡착자리들의 감소된 수를 초래한다. 다른 연구원들은 변형된 흡착제들에서의 중금속 흡착은 표면 로딩을 감소시킴으로써 증가한다고 보고하였다[39, 40].

[그림 8-7] Effect of manganese oxides loading on Pb^{2+} adsorption onto Mn-diatomite. Experimental conditions: adsorbent mass=0.050g; pH(initial)=4; equilibrium time=20h; initial concentration=200mg dm^{-3}.

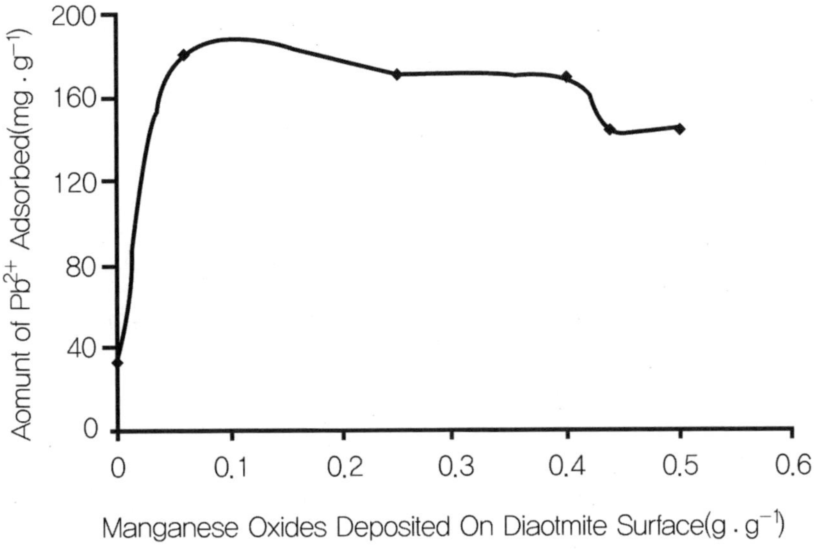

3.5 중금속들을 제거할 수 있는 규조토의 능력과 다른 흡착제들과의 비교

중금속들을 제거할 수 있는 그들의 능력에 대해 수많은 타입의 흡착제들을 테스트하였다. 연구된 흡착제들은 토탄과 키토산과 같은 유기재료 그리고 제올라이트와 백토와 같은 무기재료를 포함한다[9]. 중금속들에 대한 잠재적인 저렴한 흡착제들로서 규조토와 Mn-규조토의 성능을 평가하기 위해서 다른 보고된 결과들과의 비교를 실시하여야 한다. 규조토는 주로 무기 산화물의 혼합물이기 때문에 흡착제 성능은 비슷한 오리진의 흡착제들과 비교되어져야 한다. 중금속들에 대한 천연 규조토의 흡착용량에 관하여 발표된 데이터는 없다. Pb^{2+} 그리고 Cd^{2+}에 대한 제올라이트와 백토의 흡착용량은 규조토와 Mn-규조토의 그것과 비교된다. <표 8-4>에는 유기-오리진 흡착제인 키토산의 흡착효율에 대한 데이터와 함께 그 결과들을 자세히 나타내었다. Cu^{2+}에 대한 흡착용량에 관해 보고된 연구논문은 적다. Gupta와 Torres[43] 그리고 Kadirvelu[44] 등은 각각 Cu^{2+}에 대한 부유회분 그리고 활성탄의 친화력에 관해서 보고하였다. 두 가지 경우들에서 퍼센트 제거율이 주어졌으며 등온흡착에 관해서는 실시되지 않았다. 그러므로 그 결과들은 <표 8-4>에 포함될 수 없었다.

〈표 8-4〉 Adsorption capacities ($mg\cdot g^{-12}$) of natural adsorbents for Pb^{2+}, Cu^{2+} and Cd^{2+}

Adsorbent	Pb^{2+}	Cd^{2+}	Cu^{2+}
Diatomite	24.94	16.08	–[a]
Mn-diatomite	99.00	27.86	–
Zeolite[9]	155.4	84.3	–
Zeolite[42]	–	–	6.74
Clay[41]	58	16.5	–
Chitosan[10]	796	558	–
Activated carbon(author, unpublished work)	22	13	–

[a] No results reported in literature.

그러나 중금속들에 대한 흡착용량은 실험조건들(예를 들면, pH, 용액의 온도, 금속농도, 경쟁하는 이온들, 그리고 흡착제 입자크기)에 매우 의존한다는 사실을 지적하여야 한다. 흡착실험들의 조건들은 항상 자세히 보고되지 않으므로 <표 8-4>에 보고된 흡착용량들은 특정 실험조건들하에서 흡착제 효과의 한 예로서 고려되어져야 한다.

<표 8-4>에 나타난 바와 같이 규조토는 천연 실리케이트 흡착제들(즉, 백토)에 필적하는 용량을 갖지만 흡착용량은 제올라이트보다도 훨씬 더 낮다. 표면 변형 후 규조토는 백토보다도 더 높은 효율을 나타낸다.

유기-오리진의 흡착제들은 중금속들에 대해 대단한 용량을 갖는다. Pb^{2+}에 대한 키토산의 흡착용량은 규조토보다도 30배 더 높으며 제올라이트 그것의 5배이다. 흡착용량은 천연 흡착제들의 성능을 평가하기 위한 유일한 인자는 아니다. 여과품질은 또 다른 중요한 인자이다. 사실상, 무기 흡착제들은 다른 유기-오리진 흡착제들보다도 더 좋은 여과특성을 갖는다. 그래서 제올라이트와 규조토는 더 작은 기계적 강도를 갖는 키토산보다도 여과시스템들에서 더 좋은 성능을 나타낸다. 중금속들에 대한 규조토 그리고 Mn-규조토의 흡착용량은 활성탄의 그것을 상회한다. 이것은 활성탄은 흡착과정 동안 F-400은 순 포지티브 표면전하를 갖는다는 사실을 강하게 지적하는 7.2에서 pH_{zpc}를 주었다는 사실(평형 $pH<pH_{zpc}$) 때문이다. 그 결과로서 중금속 양이온들을 표면으로부터 되쫓아버리게 된다. 중금속들에 대한 Mn-규조토의 높은 흡착용량뿐만 아니라 그것의 좋은 여과특성은 Mn-규조토를 칼럼가동들에서의 사용을 위한 유리한 선택으로 만든다. 여기서 여과는 중요한 인자이다.

3.6 여과성질들에 미치는 표면변형의 영향

대부분의 흡착 정화공정들이 여과를 사용하기 때문에 여과품질은 수처리에서 사용되는 흡착제들의 중요한 성질이다. 식 (2)를 사용하여 추정되는 규조토와 Mn-규조토의 여과속도(율)는 각각 1.53 그리고 $68.57 m/m^{-2}s^{-1}$이다. 여과속도에서의 증가는 주로 표면 위에서의 산화망간들의 형성 때문이다. Bazhal 등[23]은 양이온들은 높은 응집용량을 가지며 이 높은 응집용량은 입자들의 현저한 집성을 주기 때문에 Ca(Ⅱ), Al(Ⅲ), 그리고 Sn(Ⅳ) 이온들에 의한 규조토의 표면변형은 증가된 여과율을 초래하였다는 사실을 발표하였다. 그래서 산화망간에 의한 변형은 규조토의 콜로이드-화학적 성질들을 변화시켰으며 입자들의 집성을 증가시켜서 더 높은 여과율을 초래한다. Moore와 Reid[13]는 산화망간들에 의한 변형 후 아크릴 섬유에 대한 여과율에서의 증가에 관해서 보고하였다.

4. 결론

- 규조토 그리고 Mn-규조토는 pH 4에서 용액으로부터 Pb^{2+}, Cu^{2+} 그리고 Cd^{2+} 이온들의 제거를 위한 효과적인 흡착제들이다.
- 규조토의 중금속 흡착용량은 변형 후 상당히 향상된다. 규조토 성능에서의 이러한 향상은 코팅 후 표면적에서의 증가뿐만 아니라 규조토 표면 위에서의 산화망간의 형성에 기인한 결과로서 생기는 표면전하에 기인한다.
- 규조토의 흡착용량은 퇴적되는 산화망간의 감소하는 양에 따라서 증가한다. 성능은 규조토 1g당 0.06g의 산화망간의 로딩에서 가장 높으며 이후에는 흡착용량은 일정한 값으로 감소한다.
- 규조토의 여과품질은 산화망간에 의한 변형 후 현저하게 증가하였다. 여과품질에서의 향상은 여과시스템들에서 규조토의 적응성과 응용가능성을 넓혀준다.

참고문헌

[1] Y. Orhan, H. Buyukgungor, Water Sci. Technol. 28 (1993) 247.

[2] K.P. Yadava, B.S. Tyagi, V.N. Singh, J. Chem. Tech. Biotechnol. 51 (1991) 47.

[3] C.P. Huang, D.W. Blankenship, Water Res. 18 (1984) 37.

[4] K.K. Panday, G. Prasad, V.N. Singh, Water Res. 19 (1985) 869.

[5] P.A. Brown, S.A. Gill, S.J. Allen, Water Res. 34 (2000) 3907.

[6] K. Fischer, Water Air Soil Pollut. 137 (2002) 267.

[7] I.B. Rae, S.W. Gibb, Water Sci. Technol. 47 (2003) 189.

[8] R. Bassi, S.O. Prasher, B.K. Simpson, Sep. Sci. Technol. 35 (2000) 395.

[9] S.E. Bailey, T.J. Olin, R.M. Bricka, D.D. Adrian, Water Res. 33 (1999) 2469.

[10] E. Guibal, I. Saucedo, J. Roussy, C. Roulph, P. Lecloirec, Water Sci. Technol. 19 (1993) 119.

[11] J. Karthikeyan, M. Chaudhuri, Water Res. 20 (1986) 449.

[12] F.E. Okieimen, E.U. Okundia, D.E. Ogbeifun, J. Chem. Tech. Biotechnol. 51 (1991) 97.

[13] W.S. Moore, D. Reid, J. Geophys. Res. 78 (1973) 8880.

[14] M.S.B. Brandao, F. Galembeck, Coll. Surf. 48 (1990) 351.

[15] F. Sagara, W.R. Ning, I. Yoshida, K. Ueno, Sep. Sci. Technol. 24 (1989) 1227.

[16] J.F. Lemonas, Am. Ceram Soc. Bull. 6 (1997) 92.

[17] Y.S. Al-Fegs, M.F. Tutunji, R.A. Shaeabkeh, Sep. Sci. Technol. 35 (2000) 14.

[18] S. Aytas, S. Akyil, M.A.A. Aslani, U. Aytekin, J. Radioanal. Nucl. Chem. 240 (1999) 973.

[19] P.B. Michell, K. Atkinson, Miner. Eng. 4 (1991) 1091.

[20] G. Sears, Anal. Chem. 28 (1956) 1981.

[21] A. Kozawa, J. Electrochem. Soc. 106 (1959) 552.

[22] S. Lowell, J.E. Shields, Powder Surface Area and Porosity, 2nd ed., Chapman & Hall, New York, 1984.

[23] L.G. Bazhal, C.G. Vorona, A.V. Leshchenko, I.N. Pereverzeva, Sov. Prog. Chem. 41 (1975) 91.

[24] A.M. Semushin, B.A. Belov, I.V. Stepchenko, J. Appl. Chem. USSR 57 (1984) 2411.

[25] B. Colthup, H. Daly, E. Waibereley, Introduction to Infrared and Raman Spectroscopy, Academic Press, New York, 1990.

[26] D.C. Golden, J.B. Dixoan, C.C. Chen, Clays Clay Miner. 34 (1986) 511.

[27] R.M. McKenzie, Geochim. Cosmochim. Acta 43 (1979) 1855.

[28] P. Loganathan, R.G. Burau, D.W. Fuerstenau, Soil. Sci. Soc. Am. J. 41 (1977) 57.

[29] Y.S. Al-Degs, M.A.M. Khraisheh, S.J. Allen, M.N. Ahmad, Water Res. 34 (2000) 927.

[30] S.J. Allen, P.A. Brown, J. Chem. Tech. Biotechnol. 62 (1995) 17.

[31] J. Avon, J.K. Mbadcam, C. Noubactep, P. Germain, Carbon 35 (1997) 365.
[32] C. Moreno-Castilla, J. Rivera-Utrilla, M.V. Lopez-Ramon, F. Carrasco-Marin, Carbon 33 (1995) 845.
[33] R.R. Gadde, H.A. Laitinen, Anal. Chem. 46 (13) (1974) 2022.
[34] J.W. Murray, J. Coll. Interface Sci. 46 (1974) 357.
[35] J. Emsley, The Elements, Clarendon Press, Oxford, 1989.
[36] J.S. Mattson, H.B. Mark, Activated Carbon: Surface Chemistry and Adsorption from Solution, Marcel Dekker, New York, 197.
[37] H. Allen, G. Fu, C.E. Cowan, Soil Sci. 152 (1991) 72.
[38] B.R. James, R.S. Stahl, Soil Sci. Soc. Am. J. 55 (1991) 1291.
[39] C. Fernando, R. Rais, P. Robert, Hazard. Ind. Wastes 22 (1990) 77.
[40] Y. Isa, K. Takafumi, S. Yuji, M. Akira, Nippon Kagaku Kaishi 14 (1981) 379.
[41] A.G. Sanchez, E.A. Ayuso, O.J. De Blas, Clay Miner. 34 (1999) 469.
[42] L. Monser, A. Nafaa, Sep. Purif. technol. 26 (2002) 137.
[43] G. Gupta, N. Torres, J. Hazard. Mater. 57 (1998) 243.
[44] K. kadirvelu, K. Thamaraiselvi, C. Namasivayam, Bioresour. Technol. 76 (2001) 63.

Ⅸ
부유회분을 사용한 폐수로부터 PCBs의 제거

개요

PCBs(polychlorinated biphenyls)를 포함하는 액체들과 슬러지들은 고체 잔류물로 PCBs를 농축시키기 위해 처리될 수 있다. 후자는 PCBs를 파괴하기 위해 처리될 수 있다. 부유회분에서의 PCBs의 흡착 반응속도론에 관한 연구는 조절된 batch 시스템들에서 실시되었다. TCB(2,3,4-trichlorobiphenyl)와 HeCB(2,2',3,3',4,5,6-heptachlorobiphenyl)는 5g/l의 흡착재 투여량으로써 pH 7에서 그리고 25℃에서 부유회분에서의 흡착에 의해서 97%까지 제거된다. 열역학적 파라미터들의 시험에서는 부유회분에 의한 TCB와 HeCB의 흡착은 주변 대기조건들에서 자발적으로 일어나는 과정이라는 사실을 나타낸다. 흡착과정에 대한 활성화 에너지는 5.6과 49.1kJ/mol 사이의 범위이었다. TCB와 HeCB의 흡수속도는 증가하는 초기농도에 따라서 증가하며 점차적으로 일정한 값으로 되는 경향이 있다. 간섭하는 이온들과 다른 PCB 동종의 물질들이 존재하였을 때 TCB와 HeCB의 흡착에서의 감소가 관찰되었다. 2로부터 10으로까지 수용액에서의 pH를 변화시킴은 흡착과정에 영향을 미치지 않았다. 부유회분은 여러 수용액들로부터 PCBs의 효과적인 제거를 위해 사용될 수 있다.

1. 서론

PCBs는 대비되는 환경적 행동과 독성을 갖는 많은 동족류들을 포함하는 가장 잘 분해되지 않으며 안정된 영속적인 환경오염물질들의 한 그룹인 것으로 폭넓게 인정된다. PCBs는 그들의 안정한 성질들과 도처에 존재하는 분포 때문에 야생생물에, 농업 에코시스템들에, 그리고 그 결과로서 인간의 먹이사슬에 높은 독성적인 위험들을 제기한다[28]. 이 고려사항들은 결국 상업적인 생산과 사용으로부터 그들의 회수를 초래하였지만 30년 후 오염된 지역과 지정된 폐기물 처리지대로부터 더 넓은 환경으로 PCBs의 계속된 분산에 대한 많은 관심이 아직도 여전히 있다. 이 물질들은 매우 집중된 그리고 다가가기 쉬운 장소들에 축적되었으며 멀리 떨어진 장소들에서 오염된 물질의 소각은 그들의 파괴를 위해 지금까지 사용되는 주된 그리고 유일한 기술이다[25].

활성탄 흡착은 폐수로부터 비극성 오염물질들을 제거하기 위해 종종 사용된다. 그래서 이 흡착제는 매우 비극성인 PCBs의 효과적인 제거제로서 사용될 수 있다[22]. 이 장에서는 PCBs의 제거를 위해 활성탄을 대신할 수 있는 저렴한 흡착제로서 석탄 연소 부산물인 부유회분의 사용에 관하여 고찰하였다.

문헌고찰에서는 부유회분은 도로, 댐 그리고 교량의 건설에 사용되는 콘크리트와 혼합물(첨가제)에 대한 원료성분들 중의 하나로서 사용되어졌다는 사실이 밝혀지고 있다[19]. 부유회분은 영속적인 분해되기 힘든 안정된 화합물들의 형성 혹은 분해과정 동안 촉매로서 작용할 수 있다. 폐기물 소각장치의 연소 후 지대에서의 부유회분 입자들 표면에서의 200~350℃ 범위내에서의 촉매반응들은 PCBs 그리고 PCDD/F (polychlorinated dibenzo-p-dioxins와 dibenzofurans)와 같은 영속적인 유기 오염물질들을 포함하는 매우 유독한 할로겐의 형성에 중요한 역할을 한다. 산소가 불충분한 대기 중에서 흔적양의 PCDD/F(8~2116ng/g)와 함께 부유회분의 열적인 처리는 더 낮은 온도들에서조차도 이 오염물질들의 해독을 위한 효과적인 방법이다[23, 24].

여러 연구원들은[9, 17, 11, 14, 26, 4, 5, 1, 6, 2, 7, 10, 21, 8, 18, 15] 다양한 유기화합물들과 색깔을 제거하기 위해 폐수의 처리를 위한 흡착제로서 부유회분의 사용에 관하여 조사하였다. 그들은 부유회분은 수용액들로부터 유기화합물들의 제거를 위한 현저한 흡착용량을 갖는다고 주장하였다.

그러나 부유회분을 사용한 흡착과정의 반응속도에 관한 측정연구는 적게 이루어졌다. 이 장에서의 목적은 저렴한 흡착제의 개발, 흡착과정의 반응속도론에 관한 이해, 그리고 흡착의 속도를 제어하는 인자들의 결정이다.

2. 실험재료와 실험방법

2.1 부유회분

발전소로부터의 부유회분이 흡착실험들에 사용되었다. 부유회분은 그것의 미세함, 그것의 큰 표면적(1~6m^2/g)[12] 그리고 그것의 폭넓은 입자크기 분포에 의해서 특징지워진다.

부유회분의 입자크기를 측정하였다. 분석 전에 다중 산란을 방지하기 위하여 시료들을 희석시켰다. 이 물질의 입자크기 범위는 7로부터 120μm까지 이었다. 부유회분의 성분들은 알루미나, 실리카, 산화철, 산화칼슘 그리고 잔류탄소이다. 그러나 부유회분의 성분들은 사용되는 석탄의 타입 그리고 연소 정도에 따라서 변한다. 실험에 사용된 부유회분의 주된 화학성분들은 다음과 같았다(μg/g 부유회분 단위로써): K(497±218), Na(216±469), Ca(6035±841), Mg(5227±1053), Zn(11±0.13), Cu(7.72±0.91), Pb(3.79±0.14), Fe(1248±134), Cr(24.1±0.4), Cd(0.258±0.019), Mn(120±0.9), Co(4.95±0.32), Ag(0.1±0.025) 그리고 Ni(5.81±0.17). 부유회분은 20시간 동안 5g의 비율들로 아세톤/헥산(1:1)으로써 soxhlet 추출시켰다. 진한 추출물들에서는 PCBs가 검출되지 않았다.

2.2 흡착 batch 실험

TCB와 HeCB에 대한 부유회분의 반응속도와 흡착용량은 Batch 시스템에서의 조절된 실험들에 의해서 측정되었다. 흡착의 최적화는 변화하는 다른 파라미터들(pH, 초기농도, 흡착제의 투여량, 평형시간, 흡착제 입자의 크기 그리고 작업온도와 같은)에 의해서 이루어졌다.

2.3 흡착연구

이 장에서 사용된 부유회분은 먼지와 미세입자를 제거하기 위해서 24시간 동안 증류수로써 세척되었다. 시료들은 사용 전 105℃에서 밤새 동안 건조시켰다. PCBs의 stock solutions는 메탄올에서 만들었다; TCB와 HeCB의 농도는 각각 500 그리고 250mg/l이었다.

흡착실험들은 폐쇄된 batch 시스템들에서 실시되었다.

등온흡착 시험은 요구되는 온도와 pH에서 TCB(250, 500, 750, 1000, 2000μg/l) 그리고

HeCB(125, 250, 375, 500, 1000μg/l)의 다른 농도들을 취하여 실행하였다.

어떤 주어진 시간 간격에서 시스템의 개방 없이 시린지로써 2ml의 수용액을 회수하였다. 원심분리 후 GC를 사용하여 TCB와 HeCB의 농도들을 정량하였다.

2.4 반응속도 연구

Batch 시스템에서의 조절된 실험들의 사용을 통해서 부유회분에서의 TCB와 HeCB 흡착의 반응속도를 평가하였다. 알려진 농도들의 TCB와 HeCB의 정해진 부피의 용액들을 포함하는 일련의 120ml의 병들을 교반기 위의 일정 온도조절 수조에 넣었다. 요구되는 온도에 도달 후 알려진 양의 흡착제를 4개의 플라스크들 중에서 3개에 첨가한 후 기계적으로 저어주었다. 2.3절에서 기술된 바와 같이 시료를 채취하여 GC에 의해서 TCB와 HeCB에 대하여 정량분석하였다.

2.5 분석기술

PCBs는 SPE(solid phase extraction)를 사용하여 추출되었다. 추출 후 PCBs는 GC로써 분석하였다. 추출된 시료(1μl)는 1/10의 분리비율로써 인젝션하였다. 온도는 170℃에서 1분 동안 유지시킨 후 10분 내에 270℃까지로 증가시켰다. 최종적으로 온도는 2.5분 동안 270℃에서 유지시켰다. 칼럼에서의 압력은 20psi로 유지시켰다. 표준 곡선에 기초하여 피이크 면적들을 정량하였다.

2.6 반응속도론(이론)

흡착의 반응속도는 완전한 흡착을 위해 요구되는 머무름시간을 결정하는 용질 흡수속도에 의해서 기술된다. 흡착 반응속도는 결국 궁극적으로 과정의 효율성을 조절한다. 액체상으로부터 고체상으로까지 유기화합물의 흡착은 두 가지 상들 사이에서 확립되고 있는 평형에 의한 가역적 과정인 것으로 생각될 수 있다. 반응속도들을 기술하기 위해 연구에서 사용되었던 동역학적 모델은 부유회분에서의 TCB와 HeCB의 흡착은 조절되어진 확산이며 1차 가역과정이라는 가정에 기초하였다. 그것은 다음과 같이 표현될 수 있다:

$$A \rightleftharpoons B \qquad (1)$$

반응에 대한 속도식은 다음과 같다:

$$\frac{dC_B}{dt} = -\frac{dC_A}{dt}$$

$$= k_1(C_{AO} - C_{AO}X_{A,t}) - k_2(C_{BO} + C_{AO}X_{A,t}) \quad (2)$$

여기서 C_{AO}=시간 $t=0$에서 용액에서의 용질의 초기농도; C_{BO}=시간 $t=0$에서 흡착제에서 용질의 초기농도; C_A=반응 동안 어떤 시간에서 용액 속의 용질의 농도; C_B=반응 동안 어떤 시간에서 흡착제 위에서의 용질의 농도; $X_{A,t}$=시간 t에서 흡착제 위에 흡착된 분율; k_1=1차 흡착 속도상수; k_2=1차 탈착 속도상수.

평형조건에서:

$$\frac{dC_B}{dt} = -\frac{dC_A}{dt} = 0 \quad (3)$$

그리고

$$X_{Ae} = \frac{k_c - (C_{BO}/C_{AO})}{1+k_c} \quad (4)$$

여기서 X_{Ae} =평형조건에서 흡착된 용질의 분율, 그리고 k_c= 다음과 같이 정의된 평형상수:

$$k_c = \frac{k_1}{k_2} = \frac{C_{BO} + C_{AO}X_{Ae}}{C_{AO} - C_{AO}X_{Ae}} \quad (5)$$

평형변환에 의하여 속도식의 미분형태는 다음과 같다:

$$\frac{dX_{A,t}}{dt} = (k_1 + k_2)(X_{Ae} - X_{A,t}) \quad (6)$$

k_2에 대해 k_1/k_c를 치환한 후 식(6)을 적분하면 다음과 같다:

$$-ln\left(1 - \frac{X_{A,t}}{X_{Ae}}\right) = \left(k_1 + \frac{k_1}{k_c}\right)t$$

$$ln\left(1 - \frac{X_{A,t}}{X_{Ae}}\right) = -k^1 t \quad (7)$$

여기서 k^1 =전체 속도상수$= k_1 + \frac{k_1}{k_c} = k_1 + k_2$ (8)

2.6.1 입자 확산조절 과정

반응속도가 intraparticle diffusion process에 의해 조절될 때 용액에 대한 흡수곡선은 다음과 같은 잘 알려진 식에 의해서 나타내어진다[20]:

$$\frac{X_{A,t}}{X_{Ae}} = 1 - \frac{b}{\pi^2}\sum_{n=1}^{x}\frac{1}{n^2}exp\left(-\frac{n^2\pi^2 D_c t}{r^2}\right) \quad (9)$$

여기서 $X_{A,t}/X_{Ae}$ = 평형에서의 용질(흡착된)의 분율의 비율, D_c =intracrystalline diffusivity, r =입자의 반경, 그리고 t =반응시간.

식(9)는 다음과 같은 단순화된 형태로 다시 표현할 수 있다:

$$1-\frac{X_{A,t}}{X_{Ae}}=\frac{6}{\pi^2}exp\left(-\frac{\pi^2 D_c}{r^2}t\right) \tag{10}$$

t에 대한 $ln(1-X_{A,t}/X_{Ae})$의 도시는 $-(\pi^2 D_c)(l/r^2)$의 기울기로써 선형이어야 하며 보편적으로 반응속도 상수 혹은 확산시간 상수로서 알려지고 있다. 기울기는 다음과 같이 표현될 수 있다.

$$k^1=(\pi^2 D_c)/r^2 \tag{11}$$

여기서 k^1 =전체적인 속도상수

그러므로 intraparticle diffusion controlled process에서 상대적인 속도는 입자 반경의 제곱에 반비례한다.

2.6.2 열역학적 파라미터들의 추정

과정에 대한 자유에너지 변화(ΔG^o), 엔탈피 변화(ΔH^o), 그리고 엔트로피 변화(ΔS^o)와 같은 열역학적 파라미터들은 다음과 같은 식들을 사용하여 추정되었다:

$$\Delta G^o=-RT/nk_c \tag{12}$$

$$\Delta G^o=\Delta H^o-T\Delta S^o \tag{13}$$

여기서 ΔG^o=자유에너지 변화, kJ/mol; ΔH^o=엔탈피 변화, kJ/mol; ΔS^o= 엔트로피의 변화, kJ/mol·K; T=절대온도, K; R=기체상수=8.314 j/mol·K; k_c= 평형상수.

식(12)와 (13)으로부터 다음과 같이 표현할 수 있다:

$$lnk_c=\frac{\Delta S^o}{R}-\frac{\Delta H^o}{R}\times\frac{1}{T} \tag{14}$$

식(14)는 k_c는 $1/T$ 사이의 수학적 관계를 나타낸다. lnk_c vs $1/T$의 그래프는 직선을 생성시킨다. ΔH^o와 ΔS^o는 그 선의 기울기와 intercept로부터 추정될 수 있다.

3. 흡착실험 결과

3.1 평형화 시간

[그림 9-1]과 [그림 9-2]는 시간함수에 대하여 도시한 다른 초기농도들에 대한 부유회분에서의 TCB와 HeCB의 흡착으로부터의 데이터를 나타낸다. 용액 속에서의 TCB와 HeCB의 감소하는 농도는 TCB와 HeCB가 부유회분에 의해 흡착되었다는 것을 나타낸다. 초기에 TCB와 HeCB는 용액으로부터 빠르게 흡착되어졌으며 이후에 감소하는 흡착속도들이 관찰되었으며 일정한 시간이 지난 후 검출되는 TCB와 HeCB의 남게 되는 농도는 일정하게 남았다.

[그림 9-1] Adsorption of TCB on fly ash (5g/l) at 25℃ for different initial concentrations of TCB (-■-) 250μg/l; (—■—) 500μg/l; (--▲--) 750μg/l; (—▲—) 1000μg/l; (--●--) 1500μg/l; (—●—) 2000μg/l)

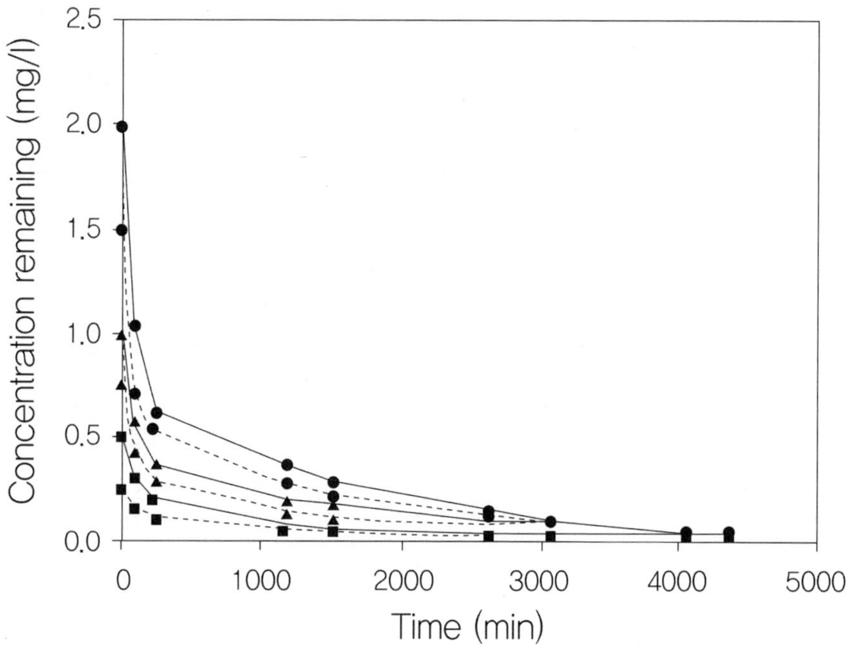

[그림 9-2] Adsorption of HeCB on fly ash (5g/l) at 25℃ for different initial concentrations of HeCB (--■--) 125μg/l; (—■—) 250μg/l; (--▲--) 375 μg/l; (—▲—) 500μg/l;(--●--) 750μg/l; (—●—) 1000μg/l)

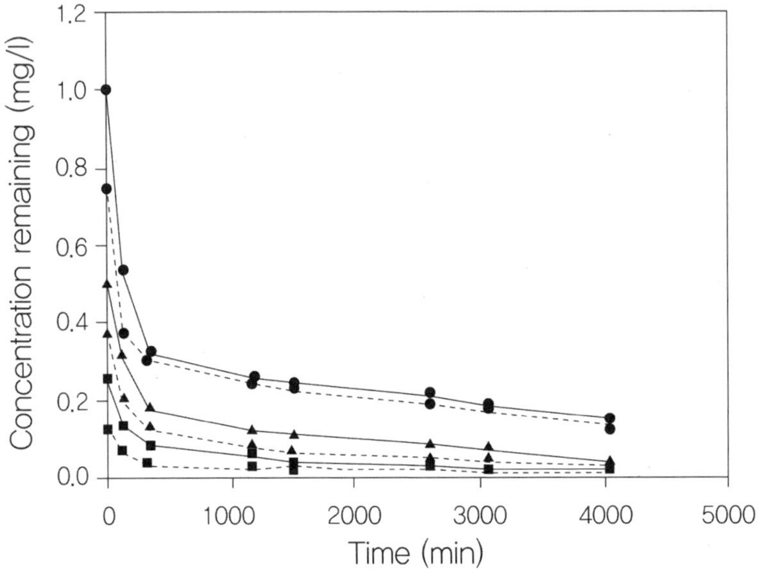

흡착실험들은 고정된 흡착제 투여량(5g/l), pH(7.0) 그리고 온도(25℃)로써 TCB와 HeCB의 다른 농도들에 대해서 실시되었다. 결과들은([그림 9-1]과 [그림 9-2]) 약 3000분(±50시간)의 접촉시간 후 용기들 속에서의 TCB와 HeCB에 대한 일정한 농도가 관찰되었다는 사실을 지적한다. 초기농도에 의존하여 TCB와 HeCB의 80~97%의 제거가 첫 번째 24시간의 접촉시간 동안 이루어졌으며 단지 2~5%의 추가적인 제거가 수반되는 24시간의 접촉시간에서 일어났다.

3.2 흡착제 투여량의 영향

TCB와 HeCB에 대한 흡착제의 최대 흡착용량 그래서 TCB와 HeCB의 최대 제거를 이루기 위하여 흡착제의 투여량을 1g/l로부터 10g/l으로까지 변화시켰다. 5g/l 이상을 첨가함은 검출되는 TCB와 HeCB의 남게 되는 농도를 감소시킬 수 없었다. 이 실험결과들은 [그림 9-3]에 나타내었다. 흡착되는 양은 TCB에 대해 dose 1g/l에서의 0.83mg/g으로부터 dose 6g/l에서의 0.16mg/g까지 그리고 HeCB에 대해 dose 1g/l에서의 0.45mg/g으로부터 dese 4g/l에서의 0.12mg/g까지로 감소하며 이후에는 두 가지의 흡착되는 물질들에 대해서 안정화되었다.

[그림 9-3] The effect of adsorbent dose on the remaining concentrations in the waterphase ((—▲—) TCB and (-■-) HeCB) and the amount adsorbed of TCB and HeCB((--▲--) TCB and (··■··) HeCB).

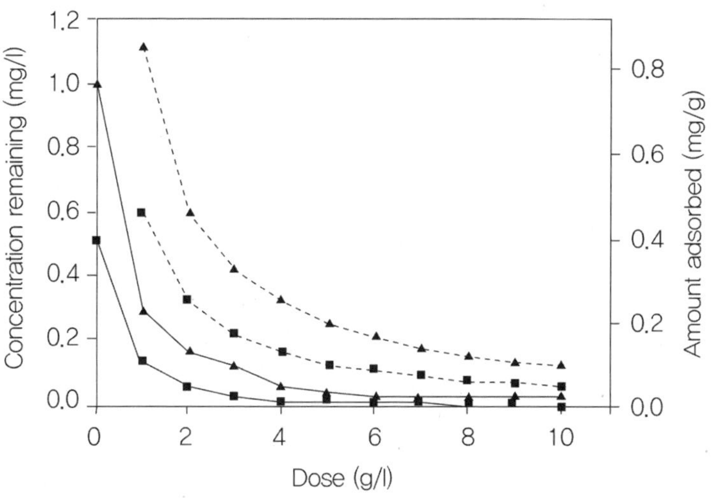

3.3 전체적 속도상수

식(10)은 $ln(1-X_{A,t}/X_{Ae})$ vs. 반응시간의 도시로부터 전체적 속도상수(k^1)를 계산하는 것을 가능케 한다. 그래서 24시간 후 용액 속에 남게 되는 TCB와 HeCB의 몰분율의 로그값들($ln(1-X_{A,t}/X_{Ae})$)을 TCB와 HeCB의 다른 초기농도들에 대해 반응시간에 대해서 도시하였다[그림 9-4]. 이 선형성 테스트는 흡착 메커니즘의 성질을 체크하기 위해 사용된다. 전체 농도 범위에서 TCB와 HeCB에 대한 $ln(1-X_{A,t}/X_{Ae})$ vs. t의 도시는 선형이었다. 흡착은 입자 확산에 의해서 제한된다. 이들 데이터로부터 흡착반응은 1차 가역 반응속도로 어림할 수 있는 것으로 주장될 수 있다. k^1 그리고 정반응 속도, k_1(부유회분에서 용액으로부터 TCB와 HeCB의 흡착) 그리고 역반응 속도, k_2(부유회분으로부터 TCB와 HeCB의 용액으로의 탈착)와 같은 다른 상수들의 값들은 식(5)와 (8)을 사용하여 계산되었으며 이들은 <표 9-1>에 요약해 놓았다.

[그림 9-4] First-order reversible kinetic fit for TCB and HeCB ((--▲--) 500μg TCB/l; (—▲—) 1500μg TCB/l; (··■··) 250μg HeCB/l;(—■—) 1000 μg HeCB/l).

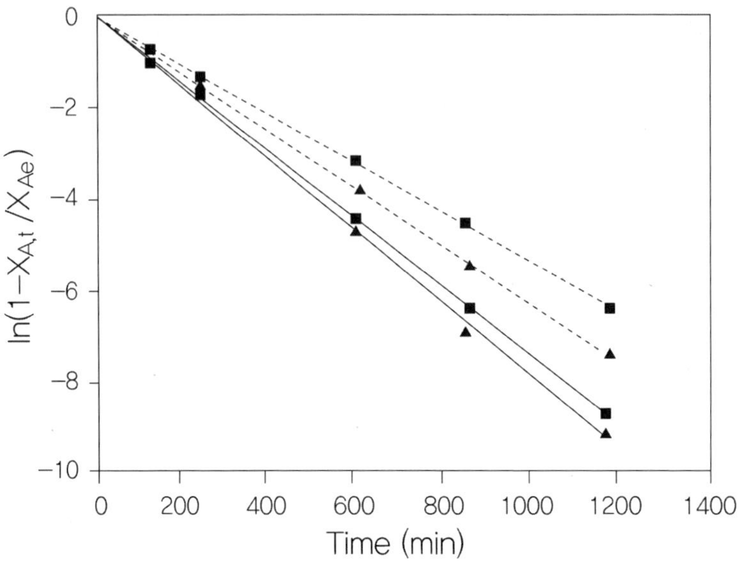

〈표 9-1〉 Values of rate constant(min^{-1}) at different initial concentrations, derived from the kinetic study at 55℃

	Initial concentration of solute(μg/l)	$k'(\times 10^{-3})$	$k_1'(\times 10^{-3})$	$k_2'(\times 10^{-3})$
TCB	250	5.78±0.21	5.42±0.03	0.354±0.006
	500	6.20±0.17	5.86±0.02	0.338±0.005
	750	6.62±0.24	6.36±0.04	0.241±0.007
	1000	6.86±0.31	6.62±0.07	0.242±0.011
	1500	7.54±0.27	7.35±0.06	0.189±0.008
	2000	8.02±0.16	7.77±0.02	0.255±0.005
HeCB	125	5.15±0.19	5.13±0.03	0.0243±0.006
	250	5.39±0.23	5.38±0.04	0.0148±0.007
	375	5.79±0.14	5.78±0.02	0.0093±0.006
	500	6.18±0.17	6.17±0.02	0.0092±0.005
	750	6.56±0.26	6.55±0.05	0.0053±0.008
	1000	7.18±0.20	7.11±0.03	0.065±0.006

3.4 용질농도의 영향

흡착실험들은 용액의 리터당 부유회분 5g의 투여량, 고정된 pH(7.0), 온도(25℃),

그리고 접촉시간(24시간)에 대해 각각 250~2500 그리고 125~1000μg/l의 범위에서 TCB와 HeCB의 다른 농도들을 사용하여 실행하였다. [그림 9-5]에 주어진 결과들은 24시간 후 흡착된 양은 TCB와 HeCB의 증가하는 농도들에 따라서 거의 선형적으로 증가하며 HeCB에 대해 흡착된 양은 TCB에 대해서보다도 더 높다는 사실을 나타낸다.

[그림 9-5] The relation between the initial concentration of TCB and HeCB and the amount adsorbed of TCB (—▲—) and HeCB (-■-) for 5g fly ash/l added.

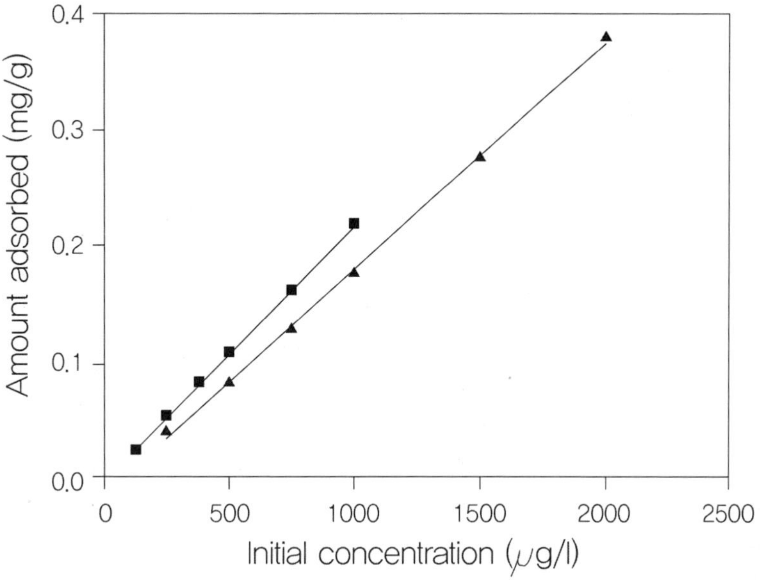

<표 9-1>은 전체적 속도상수 값들(k')은 TCB와 HeCB의 증가하는 초기농도에 따라서 약간 증가하였다는 사실을 나타내었다. [그림 9-6]과 [그림 9-7]에서 전체 속도상수 값들을 초기농도 함수로써 도시해 놓았다. 이 그래프는 TCB와 HeCB의 흡수속도는 증가하는 초기농도에 따라서 현저하게 증가하지 않으며 거의 일정하게 머무른다는 사실을 지적해 준다. 증가하는 초기농도에 따른 흡수속도에 있어서의 증가는 55℃에서 실행된 실험들에 대해서 단지 관찰되었다.

[그림 9-6] Effect of initial concentration of TCB on overall rate constant ((-■-) 5℃; (-▲-) 25℃; (-●-) 55℃).

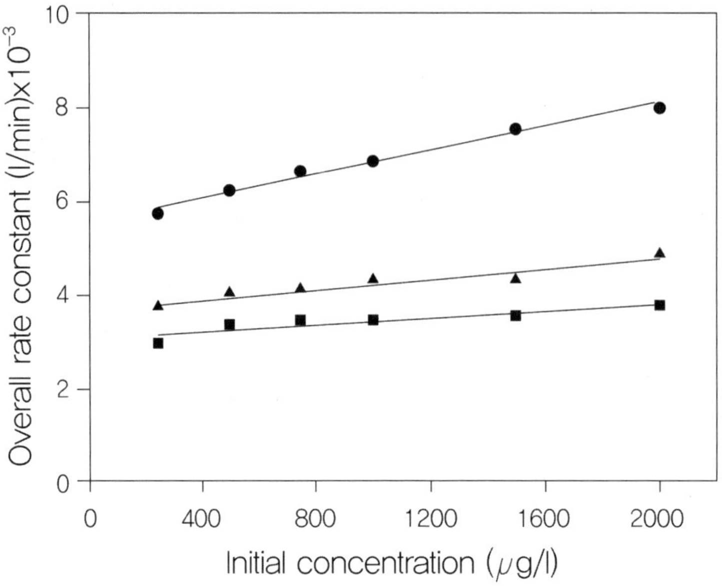

[그림 9-7] Effect of initial concentration of HeCB on overall rate constant ((-■-) 5℃; (-▲-) 25℃; (-●-) 55℃).

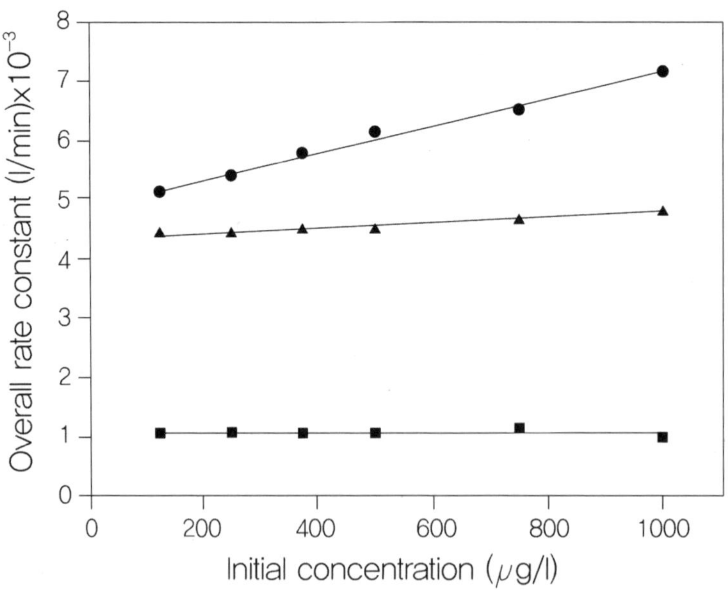

3.5 pH의 영향

TCB와 HeCB의 흡착은 2~10의 pH 범위에 걸쳐서 연구되었다. 여러 pH에 대한 TCB와 HeCB의 흡착에 대한 현저한 차이는 관찰될 수 없었다(이에 관한 데이터는 발표되지 않았다).

3.6 간섭이온들과 다른 PCB 동족류들의 영향

천연적인 자연수들은 나트륨, 칼륨, 칼슘, 마그네슘, 염소, 황산염, 질산염 그리고 인산염과 같은 여러 가지 이온들을 포함할 수 있다. 여러 수준들(함유량들)에서 부유회분에서의 TCB와 HeCB의 흡착에 미치는 이들 이온들의 영향에 관하여 연구되었다. 부유회분에서의 TCB와 HeCB의 제거에서의 관찰된 감소에 관해서 <표 9-2>에 나타내었다.

〈표 9-2〉 Effect of interfering ions on the decrease of PCB adsorption.

	TCB(%)	HeCB(%)
NaCl(10−2000mg/l)	23.6	6.4
NH_4Cl(10−2000mg/l)	25.8	11.6
$CaCl_2 \cdot 2H_2O$(10−500mg/l)	20.5	3.6
$CuCl_2 \cdot 2H_2O$(10−500mg/l)	18.2	4.5
Na_2SO_4(10−500mg/l)	8.5	0
$Na_2CO_3 \cdot 10H_2O$(10−500mg/l)	31.9	11.2
$NaH_2PO_4 \cdot 2H_2O$(10−500mg/l)	41.3	23.5

PCBs는 일반적으로 60~80개의 다른 염소화된 동족류들의 혼합물들로서 사용된다. 그래서 PCBs가 환경에서 검출될 때 하나의 PCB 동족류뿐만 아니라 다양한 PCB 동족류들이 발견될 것이다. 그러므로 하나의 특별한 PCB의 흡착에 미치는 다른 PCBs의 영향에 관하여 조사하기 위한 실험이 실시되었다. 두 가지 화합물들이 함께 존재할 때 부유회분에서의 TCB와 HeCB의 흡착에서의 관찰되는 감소는 첨가된 2~6g/l의 부유회분에 대해 각각 20.8~11.8%와 4.8~0.6%이었다.

3.7 흡착 등온관계

TCB와 HeCB의 흡착 데이터는 Freundlich 모델과 Langmuir 모델에 맞추어졌다.

3.7.1 Freundlich isotherm

Freundlich model의 로그함수 형태는 다음과 같은 식으로 주어진다:

$$\log X = \log k_f + 1/n log C_e \quad (15)$$

여기서 X는 흡착된 양(mg/g)이며; C_e는 흡착되는 물질의 평형농도이며(mg/l); 그리고 k_f와 n은 각각 흡착용량 그리고 흡착되는 물질에 대한 흡착제의 친화력과 관련된 Freundlich 상수들이다[27]. $\log X$를 $\log C_e$에 대해서 도시할 때 $1/n$의 기울기를 갖는 직선이 얻어지는데 이것은 TCB와 HeCB의 흡착이 Freundlich isotherm을 따른다(R^2>0.99)는 사실을 나타낸다. Freundlich 상수들인 k_f와 n은 계산되었으며 그들의 온도 의존성은 <표 9-3>에 나타내었다.

〈표 9-3〉 Freundich and Langmuir constants for TCB and HeCB

Adsorbates	Langmuir constants						Freundlich constants					
	a(l/mg)			X_m(mg/g)			n			k_f(mg/g)		
	5℃	25℃	55℃	5℃	25℃	55℃	5℃	25℃	55℃	5℃	25℃	55℃
TCB	–	–	–	–	–	–	1.21	1.03	0.76	0.93	1.06	4.06
HeCB	71.52	21.79	–	0.118	0.149	–	1.32	1.37	0.72	0.41	0.38	1.52

3.7.2 Langmuir isotherm

모델은 표면에서의 균일한 흡착에너지들 그리고 표면에서 흡착되는 물질의 이동이 없음을 가정한다. Langmuir isotherm의 선형 형태는 식(16)에 의해서 주어진다:

$$1/X = 1/X_m + 1/(aX_m C_e) \quad (16)$$

여기서 X는 흡착되는 양(mg/g)이며; C_e는 흡착되는 물질의 평형농도(mg/l); 그리고 X_m과 a는 각각 흡착용량 그리고 흡착에너지와 관련된 Langmuir 상수들이다. $1/X$을 $1/C_e$에 대해서 도시하였을 때 직선이 데이터에 맞추어졌으며 그러나 R^2 (regression coefficient)값들은 TCB에 대한 0.5보다도 더 낮았던 반면 HeCB에 대해서는 더 좋은 fits(R^2>0.99)를 나타내었다. 이 결과들은 부유회분에 의한 TCB의 흡착은 Langmuir adsorption isotherm을 따르지 않았던 반면 HeCB는 이를 따랐다는 사실을 지적해준다.

3.8 흡착의 속도에 미치는 온도의 영향

반응속도론적 실험들은 5, 25 그리고 55℃에서 실시되었다. 이 실험들은 부유회분에 의한 TCB와 HeCB의 흡착의 속도의 열역학적 특성을 조사하기 위해 행해졌다. 그 결과들은 [그림 9-6]과 [그림 9-7]에 요약해 놓았다. 이들은 흡착속도는 증가하는 온도에 따라서 증가한다는 사실을 나타낸다. 흡착속도에 있어서의 증가는 Arrhenius 식에 의해서 기술된다.

$$lnk' = lnA - \frac{E_a}{RT} \tag{17}$$

여기서 A는 pre-exponential factor 혹은 frequency factor이며, k'는 specific 속도상수이며, 그리고 E_a는 반응이 진행하기 위해 반응물들이 가져야 하는 최소 에너지를 나타내는 활성화 에너지라고 불리워진다.

실험적인 활성화 에너지는 다음과 같은 Van't Hoff-Arrhenius식으로부터 그들의 대응하는 온도값들과 함께 k'의 다른 값들을 사용하여 결정되었다:

$$ln\frac{k_1'}{k_2'} = \frac{E(T_1 - T_2)}{RT_1T_2} \tag{18}$$

위의 식에서 R은 기체상수이며 8.31J/mol·K이며, T_1과 T_2는 조건 1과 2에서의 온도(K)이며, 그리고 k_1' 과 k_2'는 조건 1과 2에서의 반응속도상수 값들이다.

활성화 에너지(E_a) 값들을 <표 9-4>에 요약해 놓았다.

〈표 9-4〉 Activation energy values

	Activation energy E (kJ/mol)	
	TCB	HeCB
5-25℃	6.724	49.08
25-55℃	14.03	5.573

자유에너지 변화(ΔG^o), 엔탈피 변화(ΔH^o), 그리고 엔트로피 변화(ΔS^o)와 같은 열역학적 파라미터들은 식(13)과 (14)를 사용하여 결정되었다. 다른 온도들에서 평형상수(k_c)의 값들은 식(5)를 사용하여 계산되었다. 식(14)로부터 lnk_c vs. $1/T$의 도시로부터 얻어졌던 기울기와 인터셉트 ΔH^o와 ΔS^o의 값들을 나타내었다. 열역학적 파라미터들의 값들은 <표 9-5>에 요약해 놓았다.

〈표 9-5〉 Thermodynamic parameters

	TCB	HeCB
ΔH^o	-15.697	40.468
ΔS^o	-0.0195	0.163
ΔG^o	-9.847	-8.432

4. 흡착실험 결과들에 대한 고찰

4.1 흡착평형

위에서 고찰된 결과들로부터 부유회분은 수용액으로부터 PCBs를 제거하기 위해 사용될 수 있다는 사실은 분명하다. 초기에 부유회분에서 TCB와 HeCB의 흡착속도는 매우 높았다[그림 9-1과 2]. 이후 이것은 더 느린 속도를 수반하였으며 점차적으로 안정수준에 접근하였다. 50시간의 한층 긴 접촉시간 후 평형에 도달하였다. Sotelo 등[22]은 이 장에서 고찰된 결과들에 부합하는 그래뉼 타입의 활성탄에서 각각 25시간과 75시간의 2-monochlorobiphenyl과 2,2',5,5'-tetrachlorobiphenyl에 대한 흡착평형을 관찰하였다.

반응속도들을 기술하기 위해 연구에 사용되었던 반응속도론 모델은 부유회분에서의 TCB와 HeCB의 흡착은 확산 조절된 1차 가역과정이라는 가정에 기초하였다. 그 모델은 부유회분에 의한 o-xylene의 흡착을 기술하기 위해 Banerjee 등[5]에 의해서 또한 사용되었다.

각각 250-2000 그리고125-1000μg/l 사이의 다른 초기농도들에 대해 TCB와 HeCB의 남게 되는 농도들을 $t^{0.5}$에 대해서도 도시하였을 때 흡착반응의 초기단계에서 직선이 얻어졌다. 모든 경우들에서 R^2값들($R^2 > 0.98$)은 TCB와 HeCB의 흡수는 $\sqrt{t}$에 따라서 거의 선형적으로 변한다는 사실을 제안해준다. 이 함수적 관계는 intraparticle 확산의 특성에 부합한다[20].

[그림 9-3]으로부터 부유회분의 투여량이 증가되었을 때 부유회분의 흡착된 양은 감소하지만 첨가되는 부유회분의 더 높은 투여량에 따라서 물상에 남게 되는 농도는 감소하여 5g/l의 투여량에서 안정하게 된다는 사실은 여기서 매우 중요하다는 것은 분명하다. 산업에서 흡착제로서 부유회분을 적용하기 위해서 두 가지 조건들이 충족되어져야 한다. 첫째로 가동비용이 가능한 한 낮아야 하여서 부유회분의 투여량은 최적이어야 한다. 둘째로 제거효율들은 충분해야 한다. 5g/l의 투여량은 이 두 가지 조건들을 충족시킨다. 그러므로 이 장에서 고찰된 모든 실험들 동안 리터당 5g의 부유회분의 투여량이 적용되었다.

물에 대한 용해도 데이터에 의해 나타내어진 바와 같이 PCBs의 극성도와 수용액상에 대한 그들의 친화력은 증가하는 염소치환에 따라서 감소한다. 어떤 주어진 평형농도에 대해 물로부터 흡착된 양은 TCB<HeCB의 순서로 증가하여야 한다. 이러한 사실은 이 장에서의 실험들에서 확인되었다[그림 9-5]. 이것은 다른 곳에서 관찰된 결과들[16, 22]과 정반대이지만 Traube's rule에 따라서 명확하다. Traube's rule은 Polanyi 흡착 퍼텐셜 이론의 확인으로서 생각될 수 있으며 이것은 단지 물리적 흡착에 적용가능하다[13]. 이 결과들은 매우 낮은 용해도를 갖는 PCBs는 흡착제의 표면 위에 화학적으로 흡착되는 경향을 나타낸다는 사실을 지적해 준다. 용질-용매 상호작용이 매우 약하기 때문에 낮은 용해도는 비가역적 흡착을 뒷받침한다.

분배계수로부터 우리들이 주장할 수 있는 바와 같이 부유회분 함유량 그리고 화합물들의 lipophilic 특성이 증가할 때 흡착은 증가한다.

목적들 중에서 하나는 각각 250과 2000μg/l 그리고 125와 1000μg/l 사이의 TCB와 HeCB의 초기농도들의 범위를 나타내는 일련의 실험들에서 흡착속도에 미치는 용질농도의 영향들에 관하여 조사하기 위함이었다. 전체 속도상수 값들(k')은 거의 일정하게 남았거나 혹은 초기농도에서의 증가에 따라서 더 높은 온도(55℃)에서 약간 증가하였다[그림 9-6과 7]. 대부분의 경우들에서 흡수속도는 용질의 더 높은 초기농도에 따라서 증가하며 점차적으로 안정수준에 접근한다[5]. 최대 흡착용량에 도달되어졌던 흡착제의 투여량에 대해 이 결과들이 관찰되어졌다. 이 장에서 실행된 실험들에서 흡착제는 항상 과량으로 존재하며 최대 흡착영량에는 도달되지 못할 것이다. 부유회분의 흡착용량[그림 9-5]은 TCB와 HeCB의 증가하는 농도들에 따라서 증가하지만 테스트된 농도범위내에서 안정수준에는 도달되지 못하였다. 용액으로부터 용질의 흡수에 대한 저항성은 증가하는 흡착제의 농도에 따라서 감소한다. 그래서 흡착제 투여량은 결코 억제인자는 아니다. 부유회분과 비교하였을 때 GAC(granule type activated carbon)의 관찰되는 흡착용량은 TCB와 HeCB의 같은 농도범위 내에서 TCB에 대해 1.3배 더 높았으며 HeCB에 대해 1.1배 더 낮았다. [그림 9-6과 7]에 나타내어진 결과들을 흡착속도는 증가하는 온도에 따라서 증가한다는 사실을 가리킨다.

밀접하게 관련된 분자들의 약간의 성질들은 공간에서의 원자들 배열에 있어서의 차이들에 의존한다. 약간의 경우들에서 분자조각들의 치환은 분자들의 평면성(planarity)에 영향을 미칠 수 있다; 예를 들면, PCBs의 경우에서 그것은 ortho 위치들에서의 치환도에 의해서 주로 결정된다. Ortho 치환의 부재에서 두 개의 페닐고리들은 얼마간 다소 같은 (평)면에 있다. Ortho 위치에서의 증가하는 치환은 증가된 밀집을 초래하며 고리들의 뒤틀림을 초래한다. 평면표면이 점점 더 클수록 흡착은 점점 더 커지기 때문에 비 ortho 치환된 PCB 이성질체들은 더 큰 흡착성을 나타낸다; 예를 들면, 2,2'-dichlorobiphenyl의 K_{oc}값은 2,4-dichlorobiphenyl에 대한 K_{oc}값보다도 5배 더 작다. TCB는 하나의 ortho 치환체를 갖는 반면 HeCB는 두 개의 ortho

치환체들을 갖지만 흡착과정 동안 염소들 수의 영향(lipophilic 특성)은 ortho 치환체들의 수보다도 아마도 더 중요하다. 이러한 사실은 두 가지 화합물들이 함께 존재하였을 때 TCB와 HeCB의 흡착을 연구하였던 실험에 의해서 확인되었다. 첨가되는 부유회분의 다른 농도들에 대해 TCB의 흡착은 HeCB가 존재하였을 때 11.8~20.8% 감소하였다. HeCB의 흡착에 미치는 TCB의 영향은 덜 현저하였으며 0.6~4.8%의 약간의 감소가 관찰되었다. 그 결과들은 하나의 특별한 PCB의 흡착에 미치는 존재하는 다른 PCBs의 간섭(방해)의 영향은 첨가되는 부유회분의 증가하는 농도들에 따라서 감소한다는 사실을 지적해준다.

간섭이온들의 영향을 조사하기 위해서 실시된 실험들에서 TCB와 HeCB의 흡착에서의 관찰되는 감소는 0~31.9%의 범위이다<표 9-2>. 이 연구결과들은 여러 이온들의 존재에서 이들 두 가지 PCBs의 흡수 동안 흡착제의 비선택적인 성질을 시사한다.

폭넓은 pH 범위에 걸쳐서 부유회분에서 TCB와 HeCB의 흡착에서의 현저한 차이들은 관찰되지 않았다. 이것은 아마도 첨가되는 부유회분의 상대적으로 높은 투여량 때문이었다. 그러나 여러 연구원들은[6, 8, 18] 5로부터 7까지 범위에서의 pH에서 흡착된 물질에서 연구된 화합물들의 최적제거를 관찰하였다.

4.2 흡착 반응속도론

위에서 제안된 반응속도 모델의 파라미터들은 curve fitting에 의해서 각 화합물에 대해 추정되었다. 한 세트의 반응속도 실험들이 실시되었다. 연구된 흡착단계에서 용질 휘발이 중요하지 않았다는 사실을 확실하게 하기 위해서 부유회분 없는 실험들도 또한 실시하였다. 물상(waterphase)에서의 TCB와 HeCB 농도에서의 현저한 변화는 검출되지 않았다.

부유회분에 의한 TCB와 HeCB의 흡착 반응속도는 1차 가역 반응속도에 가까울 수 있다. k'의 값들은 TCB에 대해 5.78×10^{-3}/분 사이의 범위이었으며 HeCB에 대해서는 5.15×10^{-3}와 7.18×10^{-3}/분 사이의 범위였다. 정반응 속도상수값들은 25℃에서 역반응 속도상수값들보다도 TCB에 대해 7.5×48.1배 더 컸으며 HeCB에 대해 3.1~61.8배 더 크다. k'의 값들은 GAC에서 TCB(24.23×10^{-3}~26.22×10^{-3} per min)와 HeCB(19.12×10^{-3}~24.12×10^{-3} per min)에 대해서 관찰된 값들보다도 5배 더 낮으며 그리고 o-xylene에 대해 Banerjee 등[5]에 의해서 기술된 것들보다도 10배 더 낮다(아마도 커브의 평탄한 기울기를 초래하는 더 긴 평형시간에 기인하는). 후자의 연구에서 o-xylene에 대한 정반응 속도상수 값들은 역반응 속도상수 값들보다도 3~4배 더 높았다. 용질-용매 상호작용이 매우 약하기 때문에 o-xylene과 비교되는 PCBs의 더 낮은 용해도는 비가역적 흡착을 선호한다.

TCB와 HeCB에 대한 흡착평형의 결과들은 <표 9-3>에 나타내었다. 실험 데이터들은 Langmuir 그리고 Freundlich isotherm과 fitting 시켰다. Langmuir 식은 TCB에 대해 만족스럽게 평형 데이터를 재생시키지 못하였다. 이것은 (i) 사용되는 부유회분의 강력한 효과적인 이질성에 혹은 (ii) Langmuir 모델에 기인될 수 있다.

더 좋은 재현은 HeCB에 대해 얻어졌으며 이러한 사실은 이 화합물에 대한 흡착에너지의 범위는 TCB에 대한 그것보다도 더 작다는 것을 나타낸다. 비슷한 결과들은 GAC에서 물로부터 4가지의 염소화된 유기화합물들의 흡착 반응속도에 관한 그들의 연구에서 Sotelo 등[22]에 의해서 얻어졌다. 그들은 Langmuir 식은 monochlorobiphenyl에 대한 평형데이터를 잘 나타내지 못한 반면 tetrachlorobiphenyl에 대해 더 좋은 표현을 발견할 수 있었다는 사실을 밝혔다.

Freundlich isotherm은 TCB와 HeCB에 대해 잘 fitting 시켰다. 그러나 Freundlich 식의 경험적 성질 때문에 파라미터들의 추정값들을 고찰하는 것은 어렵다. 밝혀진 k_f값들은 Sotelo 등[22]에 의해 보고된 값들과 비교하였을 때 한층 낮으며, 2-monochlorobiphenyl과 2,2',5,5-tetrachlorobiphenyl 각각에 대해 387과 10mg/g이며 한편 n값들은 각각 0.386과 0.181 더 높다. HeCB에 대한 Langmuir 식과 Freundlich 식의 유효성은 연구된 농도 범위에서 apparent monolayer 적용 범위는 도달되지 않는다는 사실을 지적한다.

두 가지의 다른 온도 범위들에 대하여 <표 9-4>에 요약해 놓은 에너지(E_a) 값들은 이 값들이 5~25℃와 25~55℃의 온도 범위에서 각각 TCB와 HeCB에 대해서 작지만 5~25℃의 온도 범위에서 HeCB에 대해서 높다는 사실을 지적해 준다. 이들 낮은 활성화 에너지들은 확산제어과정에 대해서 특징적이다[5]. 낮은 활성화 에너지들(5~40kJ/mol)은 물리흡착에 대해서 특징적인 반면 더 높은 활성화 에너지들(40~800kJ/mol)은 화학흡착에 대해서 특징적이다.

자유에너지 변화(ΔG^o), 엔탈피 변화(ΔH^o) 그리고 엔트로피 변화(ΔS^o)와 같은 열역학적 파라미터들은 식(13)과 (14)를 사용하여 결정되었다. 흡착열(ΔH^o)의 네거티브 값은 부유회분에서의 TCB의 흡착은 발열과정이라는 사실을 지적해 준다. 자유에너지 변화(ΔG^o)의 네거티브 값들은 흡착과정의 자발적 성질을 나타낸다. 그러나 네거티브 ΔG^o값은 온도에서의 증가에 따라서 감소하였는데 이러한 사실은 흡착의 자발적 성질은 온도에 역비례한다는 사실을 지적해 주는 것이다. 반면 HeCB에 대한 전체 이야기는 이와 반대이다. TCB에 대한 ΔH^o와 ΔS^o의 네거티브 값들은 반응이 낮은 온도에서 자발적이라는 사실을 뒷받침하는 반면 HeCB에 대한 ΔH^o와

ΔS^o의 포지티브 값들은 높은 온도들에서 자발적 반응임을 지적해 주는데 여기서 발열성은 상대적으로 중요하지 않다[29].

시스템의 흡착 반응속도론을 모델화하기 위하여 각 PCB 동종류의 흡착 메커니즘을 고려해야 한다.

산업분야에서는 매년 막대한 양의 미네랄 부산물들을 생성시킨다. 이 부산물들은 빠르게 누적되며 자원회수 프로그램들을 통해서 이 부산물들을 이용할 수 있는 방법을 찾을 수 없다면 심각한 처리문제점들을 초래한다. 현재 이 부산물 스트림들을 제한하기 위한 혹은 리사이클시키기 위한 많은 노력들이 기울여지고 있다. 부유회분은 매년 전세계적으로 약 6억 톤이 발생되고 있다. 이 장에서 고찰된 결과들에서는 부유회분은 폐수로부터 PCBs의 성공적이고 효과적인 제거를 위해 사용될 수 있다는 사실을 지적해 주고 있다. ***소수성(hydrophobic) 화합물들의 제거를 위한 흡착제로서 부유회분을 사용함에 따른 주된 결점은 수용액 미디움에서 사용될 때 부유회분 입자들로부터 중금속들의 방출이다.*** 부유회분의 혼합물들로부터 금속들의 석출 테스트들은 Albanis 등[3]에 의해서 실시되었다. 부유회분 함유량과 pH 값들이 증가하였을 때 Mg, Mn 그리고 Fe의 농도들은 금속 침전화에 의해서 수용액들에서 감소하였다. Ni, Cu 그리고 Zn의 농도들은 부유회분 함유량에 따라서 현저한 변화들 없이 0.01~0.07mg/l의 낮은 수준들로 남았다. 이와 대조적으로 삼출액들에서의 Cr 농도들은 높은 pH 값들에서 더 용해성의 금속종류의 형성 때문에 부유회분 함유량에 따라서 감소하였다. 비록 중금속들이 부유회분 입자들로부터 방출된다 할지라도 방출되는 농도들은 낮게 남게 된다. ***알칼리성 조건들에서의 부유회분의 사전세척은 Cr 그리고 Cu와 같은 금속들을 쉽게 배출(방출)시키게 한다.***

결론적으로 흡착제로서 부유회분의 사용은 그것의 낮은 가격과 좋은 효율성 때문에 상업적으로 입수 가능한 활성탄에 대한 대처방법이 될 수 있었다.

5. 결론

이 장에서의 연구결과들에 기초하여 다음과 같은 결론을 도출할 수 있다:

- 부유회분은 수용액으로부터 PCBs의 제거를 위해 효과적인 것으로 밝혀졌다.
- 부유회분에 의한 TCB와 HeCB의 흡착 반응속도론은 1차 가역 반응속도에 가까울 수 있다.
- 반응속도에 미치는 용질의 초기농도의 영향은 상당히 현저한 것으로 밝혀졌다. TCB와 HeCB의 흡수 속도상수는 증가하는 초기농도에 따라서 비선형적으로 증가하며 점차적으로 안정수준에 접근한다.
- 더 높게 염소화된 PCB인 HeCB에 대한 흡착용량은 TCB에 대한 흡착용량보다도 더 높다. 그 결과들은 TCB와 HeCB에 대한 물리흡착 다음으로 화학흡착은 HeCB에 대한 흡착과정에서 중요한 역할을 한다는 사실을 지적해 준다.
- TCB에 대한 ΔH^o와 ΔS^o의 네거티브 값들이 관찰되었다. 이것은 반응이 저온에서 자발적이며 반면 HeCB에 대한 포지티브한 ΔH^o와 ΔS^o 값들은 반응이 고온들에서 자발적이라는 사실을 지적하는 것이다.

참고문헌

[1] Akgerman, A., Zardkoohi., 1996. Adsorption of phenolic compounds on fly ash. J. Chem. Eng. Data 41, 185–187.

[2] Aksu, Z., Yener, J., 1999. The usage of dried activated sludge and fly ash wastes in phenol biosorption/adsorption: Comparison with granular actvated carbon. J. Environ. Sci. Health, Part A 34, 1777–1796.

[3] selected chlorophenols and herbicides and metal release in soil mixtures with fly ash. Environ. Technol. 19, 25–34.

[4] Banerjee, K., Cheremisimoff, P.N., Cheeng, S.L., 1995. Sorption of organic contaminants by flyash in a single solute system. Environ. Sci. Technol. 29, 2243–2251.

[5] Banerjee, K., Cheremisimoff, P.N., Cheeng, S.L., 1997. Adsorption kinetics of *o*–xylene by flyash. Water Res. 31, 249–261.

[6] Gupta, V.K., 1998. Equilibrium uptake, sorption dynamics, process development, and column operations for the removal of copper and nickel from aqueous solution and wastewater using activated slag, a low–cost adsorbent. Ind. Eng. Chem. Res. 37, 192–202.

[7] Gupta, V.K., Mohan, D., Sharma, S., Sharma, M., 2000. Removal of basic dyes (rhodamine B and methylene blue) from aqueous solutions using bagasse fly ash. Separ. Sci. Technol. 35, 2097–2113.

[8] Gupta, V.K., Ali, I., 2001. Removal of DDD and DDE from wastewater using bagasse fly ash, a sugar industry waste. Water Res. 35, 33–40.

[9] Johnson, G.E., Kunka, L.M., Field, J.E., 1965. Use of coal and flyash as adsorbents for removing organic contaminants from secondary municipal effluents. I & EC Process Des. Develop. 4, 323–327.

[10] Kao, P.C., Tzeng, J.H., Huang, T.L., 2000. Removal of chlorophenols from aqueous solution by fly ash. J. Hazard. Mater. 79, 237–249.

[12] Kumar, S., Upadhyay, S.N., Upadhya, Y.D., 1987. Removal of phenols by adsorption on fly ash. J. Chem. Technol. Biotechnol. 37, 281–290.

[12] Mancy, K.H., Gates, W.E., Eye, J.D., Deb, P.K., 1964. The adsorption kinetics of ABS on flyash. In: Blood–good, D.E. (Ed.), Proceedings 19th Industrial Waste Conference. Purdue University, W. Lafayette, IN, pp. 146–160.

[13] Manes, M., Hofer, L.J.E., 1969. Application of the Polanyi adsorption potential theory to adsorption from solution on activated carbon. J. Phys. Chem. 73, 584–590.

[14] Mott, H.V., Weber, W.J., 1992. Sorption of low molecular weight organic contaminants by flyash: consideration of enhancement of cut–off barrier performance. Environ. Sci. Technol. 26, 1234–1242.

[15] Nollet, H., Lutgen, P., Verstraete, W., 2002. Chemical removal of PCBs from water samples under ambient conditions. J. Chem. Technol. Biotechnol. 77, 517–524.

[16] Pirbazari, M., Waber, W.J., 1981. In: Cooper, N.J. (Ed.), Chemistry Water Reuse, vol. 2 Ann Arbor Science, USA, pp. 309–339.

[17] Peloso, A. Rovatti, M., Ferraiolo, G., 1983. Fly-ash as adsorbent material for toluene vapors. Resour. COnserv. 10, 211–220.

[18] Ricou-Hoeffer, P., Lecuyer, I., Le Cloirec, P., 2001. Experimental design methodology applied to adsorption of metallic ions onto fly ash. Water Res. 35, 965–976.

[19] Roy, W.R., Thiery, R.G., Schuller, R.M., Suloway, J.J., 1981. Coal flyash: a review of the literature and proposed classification system with emphasis on environmental impact. Environ. Geol. Notes 16, 1–43.

[20] Ruthven, D.M., 1984. Principles of Adsorption and Adsorption Process. John Wiley and Sons, New York.

[21] Sakellarides, T.M., Albanis, T.A., 2000. A new organophosphorus insecticides removal process using fly ash. Int. J. Environ. Anal. Chem. 78, 249–262.

[22] Sotelo, J.L., Ovejero, G., Delgado, J.A., Martinez, I., 2002. Comparison of adsorption equilibrium and kinetics of four chlorinated organics from water onto GAC. Water Res. 36, 599–608.

[23] Stach, J., Pekarek, V., Endrst, R., Hetflejs, V., 1999. Dechlorination of hexachlorobenzene on MWI fly ash. Chemosphere 39, 2391–2399.

[24] Stach, J., Pekarek, V., Grabic, R., Lojkasek, M., Pacakova, V., 2000. Dechlorination of polychlorinated biphenyls, dibenzo-*p*-dioxins and dibenzofurans on fly ash. Chemosphere 41, 1881–1887.

[25] Van Agteren, M.H., Keuning, S., Janssen, D.B., 1998. Handbook on Biodegradation and Biological Treatment of Hazardous Organic Compounds. Kluwer Academic Publishers.

[26] Virraghavan, T., Alfaro, F., 1994. Removal of phenol from wastewater by adsorption on peat, flyash and bentonite. In: Huang, C.P. (Ed.), Proceedings 26th Mid Atlantic Industrial Waste Conference, Newark, Delaware, Technomic Publishing Co., Lancaster, PA, pp. 311–317.

[27] Weber, W.J., 1972. Physicochemical Processes for Water Quality Control. John Wiley and Sons, New York.

[28] World Health Organization, 1993. Polychlorinated biphenyls and terphenyls. Environmental Health Criteria 140, second ed. World Health Organization, Geneva, Switzerland.

[29] Zumdahl, S.S., 1992. Energy, enthalpy and thermochemistry. In: Chemical Principles. D.C. Health and Company, Lexington, MA, Toronto, pp. 325–424.

X
물과 폐수로부터 유기 오염물질들의 제거를 위한 흡착기술

1. 서론

유기오염이란 많은 양의 유기화합물들에 의한 환경오염이 초래될 때 사용된다. 그것은 가정하수, 도시 방출수, 산업폐수(식품처리, 펄프 제조 및 제지), 농업 그리고 양식을 포함하는 산업으로부터의 폐수, 농업폐수, 그리고 하수처리 플랜트들로부터 유래된다. 유기 오염물질들의 분해과정 동안 유입되는 수용수에서의 용존산소는 그것이 다시 채워져 보충될 수 있는 것보다도 더 큰 비율로 소비되어 산소고갈을 초래하며 스트림 생물군에 대해서 심각한 결과를 초래한다. 유기 오염물질들을 포함하는 폐수는 광합성 생물체들에서 입수 가능한 빛을 감소시키며 그리고 가라앉아서 강 바닥층의 특징을 변화시켜서 많은 무척추동물들에 대해 부적당한 서식지를 제공하게 되는 많은 양의 서스펜션된 고체들을 포함한다. 유기 오염물질들은 농약, 비료, 탄화수소, 페놀, 가소제, 비페닐, 세제, 오일, 그리스, 의약품, 단백질 그리고 탄수화물을 포함한다[1-3].

독성 유기 오염물질들은 우리들의 주변 환경에 여러 가지 환경적 문제들을 초래한다. 가장 보편적이고 일반적인 유기 오염물질들을 분해가 잘 안 되는 안정된 유기 오염물질들(persistent organic pollutant: POPs)이라 명명되었다. POPs는 그들의 독성, 지속성, 동물들에서의 긴 범위의 운반능력[4]과 생체축적[5], 생물체에서의 긴 거리로의 이동과 잔류 때문에 큰 관심을 끄는 화합물들이다. POPs는 PCBs(polychlorinated biphenyls), PCDD/Fs(polychlorinated dibenzo-*p*- dioxins and dibenzofurans)와 같은 산업적 화학물질들 그리고 HCB(hexachlorobenzene) 혹은 DDT(dichloro-diphenyl-trichloroethane), dibenzo-p-dioxins(dioxins) 그리고 dibenzo-p-furans(furans)[6]와 같은 약간의 OCPs(organochlorine pesticides)를 포

함하는 탄소계 소각 혹은 금속생산과 같은 여 공정들의 부산물들로서 환경으로 배출된다[7]. 이 화합물들은 많은 양으로 계속 사용되어오고 있으며 그들의 환경적 지속성 때문에 생체축적과 생물학적 농축을 할 수 있는 능력을 갖는다[8].

물로부터 매우 독성적인 유기화합물들의 제거를 위한 효과적인 기술들은 현저한 관심과 흥미를 끌었다. 응집, 응집에 의한 여과, 침전화, 오존처리, 흡착, 이온교환, 역삼투 그리고 진보한 산화 공정들과 같은 수많은 방법들이 오염된 물과 폐수로부터 유기 오염물질들의 제거를 위해 사용되어졌다. 이 방법들은 높은 자본비용과 가동비용을 수반하기 때문에 사용이 제한적인 것으로 밝혀졌다. 한편 이온교환과 역삼투는 오염물질 가치들이 폐수로부터 그들의 제거와 함께 회복(회수)될 수 있기 때문에 더 매력적인 공정들이다. 역삼투, 이온교환 그리고 발전된 산화공정들은 그들의 상대적으로 높은 투자비용과 가동비용 때문에 경제적으로 실행가능한 것 같지는 않다.

수처리를 위해 가능한 기술들 중에서 고체 흡착제들에 의한 흡착공정은 폐수처리에서 유기 오염물질 처리와 제거를 위한 가장 효과적인 방법들 중 하나로서 잠재적 가능성을 나타낸다. 흡착은 간단한 디자인 때문에 그리고 초기비용과 요구되는 부지에 관하여 낮은 투자를 수반할 수 있고 필요로 하기 때문에 다른 방법들에 비해서 유리한 점들을 갖는다. 흡착공정은 산업폐수로부터 유기 및 무기 오염물질들의 처리를 위해 폭넓게 사용되며 연구자들로부터의 큰 고려를 충족시킨다. 최근에 오염물질-결합 능력들을 갖는 저렴한 흡착제들에 대한 연구가 활발히 이루어지고 있다. 천연재료, 농업폐기물 그리고 산업폐기물과 같은 지역적으로 입수 가능한 재료들은 저렴한 흡착제로 활용될 수 있다. 이들 재료로부터 생산되는 활성탄은 수처리와 폐수처리를 위한 흡착제로 사용될 수 있다[9].

2. 흡착현상

흡착은 유기 및 무기 오염물질들의 제거를 위한 일반적인 메커니즘을 갖는 표면현상이다. 흡수 기능한 용질을 포함하는 용액이 매우 다공성의 표면구조를 갖는 고체와의 접촉에 참가할 때 액체-고체 분자간 인력들은 용액으로부터 약간의 용질분자들이 고체 표면에서 응집되거나 혹은 퇴적되도록 한다. 흡착공정들에서 유지되는 (고체표면 위에) 용질은 "흡착되는 물질(adsorbate)"이라 불리워지는 반면 그것을 위에서 유지시키는 고체는 "흡착제(adsorbent)"라 불리워진다. 흡착제 위에서 흡착되는 물질의 이러한 표면축적을 "흡착(adsorption)"이라 부른다. 대량의 대부분 유체상의 조성과 다른 조성을 갖는 흡착된 상의 이러한 창조는 흡착기술에 의한 분리의 기초(기본원리)를 형성한다.

대량의 재료에서 재료의 구성하는 원자들의 모든 결합요구들은(그들은 이온결합, 공유결합 혹은 금속결합이다) 재료에서의 다른 원자들에 의해 채워진다. 그러나 흡착제의 표면 위에 있는 원자들은 다른 흡착제 원자들에 의해 전적으로 둘러싸이지 않으므로 흡착되는 물질들을 끌어당길 수 있다. 결합의 정확한 성질은 관련된 수반된 화학종의 자세한 성질들에 의존하지만 흡착공정은 일반적으로 물리흡착(physicsorption)(약한 van der Waals 인력) 혹은 화학흡착(chemisorption)(공유결합의 특징)으로서 분류된다. 또한, 그것은 정전기적 인력 때문에 일어날지도 모른다.

흡착이 진행될 때 용액과 흡착제 사이에서 용질 흡착의 평형에 도달하게 된다(여기서 흡착제에서 벌크로부터 용질의 흡착은 최소이다). 평형 단계에서 분자들의 흡착량(qe, $mmolg^{-1}$)은 다음과 같은 식에 따라서 결정되었다:

$$qe = V(Co - Ce)/M \qquad (1)$$

여기서 V는 용액의 부피(L)이며; M은 monolithic 흡착제의 질량(g)이며; 그리고 Co와 Ce는 각각 초기 그리고 평형 흡착된 물질 농도들이다.

흡착의 다른 정의는 물질이 액체상으로부터 고체의 표면까지로 이전되는 그리고 물리적인 그리고/혹은 화학적인 상호작용들에 의해 결합되게 되는 질량 이전 과정이다. 큰 표면적은 높은 흡착용량(능력)과 표면 반응성을 초래한다[10].

2.1 흡착 등온식과 모델

흡착 등온은 일정한 온도에서 벌크 용액에서의 평형 농도의 함수로서 흡착제의 단위무게당 흡착되는 용질량의 표현이다. Langmuir 그리고 Freundlich 흡착 등온식들은 일반적으로 흡착 데이터의 기술을 위해 사용된다.

Langmuir 식은 다음과 같이 표현된다:

$$Ce/qe = 1/bXm = Ce/Xm \qquad (2)$$

여기서 Ce는 용질의 평형농도(mmolL^{-1})이며 qe는 흡착제의 단위무게당 흡착되는 용질의 양(mmolg^{-1} of clay)이며, Xm은 흡착용량(mmolg^{-1}) 혹은 monolayer 용량이며 그리고 b는 상수(Lmmol^{-1})이다.

Freundlich 등온은 불균일한 표면흡착을 기술한다. 흡착자리들에 대한 에너지 분포는 (Feundlich isotherm에서) 실제 상황에 가까운 exponential type 함수를 따른다. 흡착/탈착의 비율은 흡착자리들에서 에너지의 세기에 따라서 변한다. Freundlich 식은 다음과 같이 표현된다:

$$\log qe = \log k + 1/n \log Ce \qquad (3)$$

여기서 k(mmolg^{-1})와 $1/n$은 시스템의 상수들이다[11].

3. 흡착제들의 타입

흡착제들의 다른 타입들은 천연 흡착제들과 합성 흡착제들로 분류된다. 천연 흡착제들은 charcoal, clays, clay minerals, zeolites 그리고 ores를 포함한다. 이 천연재료들은 많은 경우들에서 상대적으로 값싸며, 공급이 풍부하며 그리고 변형과 궁극적으로 그들의 흡착용량(능력)의 향상에 대한 현저한 잠재 가능성을 갖는다. 합성 흡착제들은 농산물과 그 폐기물, 가정 폐기물, 산업폐기물, 하수 슬러지 그리고 고분자 흡착제들로부터 제조된 흡착제들이다. 각 흡착제는 다공성, 동공구조와 그것의 흡착 표면 성질과 같은 그것의 자체적인 자신의 특징들을 갖는다. 사용되는 많은 폐재료들에는 과일 폐기물, 코코넛 껍질, 스크랩 타이어, 나무껍질과 다른 탄닌이 풍부한 재료, 톱밥, 벼껍질, 석유 폐기물, 비료 폐기물, 부유회분, 용광로 슬래그, 키토산과 수산식품 처리 폐기물, 해초와 조류, 초탄, 백토, 레드 머드, 제올라이트, 침전물과 토양, 광석 미네랄 등이 포함된다.

유기 오염물질들에 대한 흡착제로서의 활성탄들은 그들의 흡착이 복잡한 과정이며 아직 상당한 어려움이 존재한다. 이 어려움의 주된 원인은 수반되는 수많은 변수들로부터 유래한다. 이들은 예를 들면, 정전기적인, 분산적인 그리고 화학적인 상호작용들, 용질의 본질적인 고유의 성질들(예를 들면, 용해도 그리고 이온화 상수), 흡착제의 본질적인 성질들(동공 크기 분포), 용액의 성질들(특히 pH), 그리고 시스템의 온도를 포함한다 [12].

활성탄(AC)(그래뉼 타입 활성탄(GAC)과 파우더 타입 활성탄(PAC))은 그들의 큰 표면적, 미세 다공성 구조의 비극성 특성 때문에 그리고 그것의 경제적인 실행 가능성 때문에 도시 및 산업폐수로부터 바람직스럽지 못한 냄새, 색깔, 맛, 그리고 다른 유기 및 무기 불순물들의 제거를 위해 사용되는 일반적인 흡착제들이다. 활성탄의 주된 성분은 무게의 95%까지를 차지하는 탄소이다. 활성적인 탄소들은 수소, 질소, 황 그리고 산소와 같은 다른 헤테로 원자들을 포함한다. 이들은 소스 원료로부터 유래되거나 혹은 활성화 과정과 다른 제조과정들 동안 탄소와 결합된다[13-14]. Putra 등[15]은 흡착제들로서 벤토나이트와 활성탄을 사용하여 제약폐수로부터 Amoxicillin(항생제)의 제거에 관해서 조사하였다. 연구는 여러 pH값들에서 실행되었다. Langmuir 그리고 Freundlich 모델들은 평형 데이터를 서로 관련시키기 위해 사용되었으며 두 가지 모델들에 데이터는 동등하게 잘 적합하였다. 벤토나이트에서는 화학흡착이 지배적인 우세한 흡착 메커니즘인 반면 활성탄에서의 흡착에 대해서는 물리흡착과 화학흡착이 중요한 역할을 하였다.

그래뉼 타입 활성탄(GAC)에서의 메탄의 흡착에 관하여 연구되었다. 결과들은 감소하는 온도에 따라서 혹은 GAC에 의한 메탄 흡수를 증가시킴에 따라서 흡착 효력은 감소하였다는 사실을 나타내었다. 메탄분자들과 탄소의 표면 사이의 상호작용들은 압축된 가스의 밀도에 관해서는 흡착된 메탄의 밀도를 증가시킨다. 활성탄의 다공성과 표면화학이 낮은 농도(200ppm)에서 두 가지의 VOC(벤젠과 톨루엔)의 흡착에 미치는 영향에 관해서도 또한 연구되었다. 연구결과들은 좁은 미세동공들(크기가<0.7nm)의 부피는 특히 벤젠 흡착에 대해 낮은 농도에서 VOC의 흡착을 지배하는 것 같다는 사실을 나타낸다. 산소 surface group에서 낮은 함유량을 갖는 AC는 가장 좋은 흡착용량들을 갖는다. 테스트된 AC들 중에서 수산화물들로써 화학적 활성화시켜서 제조된 것들이 VOC에 대해 더 높은 흡착용량들을 나타낸다. 달성된 흡착용량들은 특히 톨루엔에 대해 이 조건들에 대해 문헌에 앞서 나타내어진 것들보다도 더 높다. 34g 벤젠/100g AC 혹은 64g 톨루엔/100g AC처럼 높은 흡착용량들이 달성되었다[16].

4. 염료의 흡착

흡착기술들은 산업폐수로부터 염료와 같은 용해된 유기 오염물질들의 제거를 위한 고품질의 처리공정들로서 사용된다. 염료들은 유기 오염물질들의 타입으로 생각한다. 섬유산업과 펄프 및 제지산업에서는 많은 양의 수많은 염료들을 사용하는 것으로 보고되고 있으며 이 오염물질들은 수중 생물체들에게 심각한 위험을 제기하는 착색된 유색의 독성적이며 발암성인 폐수들을 상당량을 발생시키는 많은 산업들에서의 폐수들에서 발견된다. 염료들은 문제가 되는 그룹들 중에서 하나이다; 그들은 주로 염료제조와 직물 마무리 과정으로부터 또한 식품 채색, 화장품, 제지 그리고 카펫트 산업으로부터 여러 산업 분야들로부터 폐수로 배출된다. 물감(색소)제조 산업과 섬유산업으로부터의 염료 폐수들은 미생물군들에 독성적 영향을 나타내며 포유동물에게 유독하며 그리고/혹은 발암성 적일 수 있다는 사실은 잘 알려져 있다. 섬유산업에서 사용되는 대부분의 염료들은 빛에 안정적이며 생물학적으로 분해가 되지 않는다. 게다가 그들은 호기성 침지에서 저항적이다[17].

경제적인 그리고 입수 가능한 출발물질(재료)에 대한 조사 탐색에서 염료들의 제거를 위해 다른 저렴한 흡착제들이 사용되었다. 활성 벼 껍질은 폐수로부터 색깔 제거를 위한 값싼 흡착제로서 사용되었다[18]. Hamdaoui[19]는 삼목 톱밥과 분쇄된 벽돌에서 염기성 염료인 메틸렌블루의 최대흡착은 각각 60 그리고 40mgl^{-1}이었다. WBA(Wood-shaving bottom ash)는 RR141(Red Reactive 141)과 azo reactive dyes의 제거를 위해 사용되었다. WBA/H_2O와 WBA/H_2SO_4 흡착제들은 흡착용량을 증가시키기 위하여 WBA를 각각 물과 0.1M H_2SO_4로써 처리하여 만들었다. 흡착에 미치는 다른 파라미터들의 영향들(접촉시간, 용액의 초기 pH, 용존 금속들 그리고 용리의 영향)에 관하여 연구되었다. 30℃에서 Langmuir 모델로부터 얻어진 WBA/H_2O와 WBA/H_2SO_4의 최대 염료 흡착용량들은 각각 24.3(WBA에 대한 흡착용량), 29.9 그리고 41.5mgl^{-1}이었다. WBA/ H_2O와 WBA/ H_2SO_4는 실제 섬유산업 폐수의 색깔과 높은 COD를 감소시킬 수 있었다[20]. 맥주양조장 폐기물은 수용액으로부터 메틸렌 블루 염료의 제거를 위한 저렴한 흡착제임이 나타났다. 예비 흡착 반응속도의 결과들은 규조토 폐기물은 그것의 흡착-미생물흡착(biosorption) 메커니즘들을 기초로 하여 메틸렌 블루의 제거를 위한 잠재 가능한 흡착제로서 직접적으로 사용될 수 있었다는 사실을 나타내었다[21].

하수 슬러지는 활성탄 흡착제의 제조를 위해 적용되었다. 하수 슬러지로부터 제조된 활성탄 흡착제는 폐수에 대한 잠재적으로 매력적인 재료로서 확인되었다. 폐수와 오염된 물로부터 염료들의 제거를 위한 처리된 하수 슬러지의 사용을 증명하기 위한 연구들이 이루어졌다[22-27]. Otero 등[27]은 하수 슬러지의 열분해와 화학적인 활성화에 의해 활성탄을 생산하였다. 이 타입의 재료 성질들은 흡착되는 물질들로서 crystal violet, indigo carmine 그리고 패놀을 사용한 액체상 흡착에 의해서 연구되었다. 다음과 같이 다른 입자크기들을 갖는 3가지의 제조된 활성탄이 사용되었다: ASS-g1(입자 직경<0.12mm), ASS-g2(0.12<입자 직경<0.5mm) 그리고 PSS-g2(0.12<입자 직경<0.5mm). Crystal violet 염료의 흡착은 indigo carmine(AAS를 사용하여 Q_{max}=60.04mg/g, ASS를 사용하여 54.8mg/g 그리고 PPS를 사용하여 30.8mg/g)보다도 더 높았다(AAS를 사용하여 Q_{max}x=263.2mg/g, ASS를 사용하여 270mg/g 그리고 PPS를 사용하여 184mg/g). 그들은 하수 슬러지로부터 만들어진 활성탄은 수용액 스트림들로부터 유기 오염물질들의 제거를 위한 기대를 나타낸다고 제안하였다.

섬유산업 폐수로부터 염료들을 제거함에서 부유회분의 사용에 관해서 조사되었다. 칼슘이 풍부한 부유회분은 다른 조건들하에서 Congo red 염료의 제거를 위한 흡착제로서 사용되어졌다. 얻어진 최대 흡착은 연구된 조건들하에서 93%와 98% 사이였다는 사실이 관찰되었다[28]. Wang 등[29]은 폐수용액으로부터 메틸렌 블루와 염기성 염료의 제거를 위한 처리된 그리고 미처리된 부유회분의 사용에 관하여 보고하였다. 산 처리된 부유회분에 대한 흡착용량은 2.4×10^{-5}mol/g인 것으로 밝혀진 반면 미처리된 부유 회분은 1.4×10^{-5}mol/g의 흡착용량을 나타내었다. 또 다른 조사에서 Wang 등[30]은 부유 회분에서의 다공성의 불연소된 탄소가 염료의 흡착에 대한 원인이었으며 부유회분 자체는 그 원인이 아니었다는 사실을 또한 밝혔다. <표 10-1>은 오염된 물로부터 염료의 제거를 위해 사용되는 선택된 흡착제들을 나타내었다.

〈표 10-1〉 Selected adsorbents used for dyes removal from polluted water

Dye	Adsorbent	Adsorption capacity	Reference
Reactive Blue 2	activated carbon	0.27mmol/g	[31]
Reactive Red 4	activated carbon	0.24mmol/g	[31]
Reactive Yellow 2	activated carbon	0.11mmol/g	[31]
Everzol Black B	Sepiolite	120.5g/kg	[32]
Everzol Red 3BS	Sepiolite	108.8g/kg	[33]
Everzol Red 3BS	Zeolite	111.1g/kg	[32]
Everzol Black B	Zeolite	60.6g/kg	[32]
Orange-G	bagasse fly ash	1.245g/kg	[33]
Methyl Violet	bagasse fly ash	3.712g/kg	[33]
Acid Blue 113	amino-functionalized nanoporous-silica SBA-3	769g/kg	[34]
Acid red 114	amino-functionalized nanoporous-silica SBA-3	1000g/kg	[34]
Acid Green 28	amino-functionalized nanoporous-silica SBA-3	333g/kg	[34]

Acid Yellow 127	amino-functionalized nanoporous-silica SBA-3	1250g/kg	[34]
Acid Orange 67	amino-functionalized nanoporous-silica SBA-3	2500g/kg	[34]
Acid Blue 25	waste tea activated carbon	203.34mg/g	[35]
Methylene Blue	bituminous coal-based activated carbon	580mg/g	[36]
Methylene Blue	coal-based activated carbon coal-based activated carbon(KOH washed)	252mg/g 234.0mg/g	[37]
Methylene Blue	activated carbon from Cotton stalk-based	180.0mg/g	[38]
Methylene Blue	activated carbon from Posidonia aceanica (L) dead leaves	285.7mg/g	[39]
Methylene Blue	Salix Psammophila activated carbon	225.89mg/g	[40]
Methylene Blue	activated carbon from flamboyant pods (Delonix regia)	890mg/g	[41]
Methylene Blue	activated carbon from Oil palm wood-based	90.9mg/g	[42]
Methylene Blue	activated carbon from Oil palm wood-based	243.9mg/g	[43]

5. 페놀의 흡착

1860년 이래 페놀은 방부제로서 그것의 근본적인 사용과 함께 지금까지 생산되어 오고 있다. 과거 19세기 동안 그리고 그 이후 페놀의 사용은 여러 가지 물질들(염료, 아스피린, 플라스틱, 의약품 등)의 합성과 석유화학 산업 등으로 더 이상 확대되었다. 사실상 2001년까지 전세계 페놀생산은 7.8백만 톤에 달하였다[44].

폐수에서의 다른 유기 오염물질들 중에서 페놀류들은 그들이 심지어 낮은 농도들에서 조차도 식물들, 동물들 그리고 인간에게 유해하기 때문에 우선적인 특급 오염물질들로서 생각된다. 페놀계 화합물 오염물질들의 주된 배출원들은 제철소, 정유공장, 제약, 석유화학 산업, 코크스 오븐 플랜트, 페인트, 석탄가스, 합성수지, 합판산업 그리고 광산 방출물이다. 가장 높은 농도의 페놀(>1000mg/L)을 갖는 폐수는 전형적으로 코크스 처리로부터 발생된다. 페놀계 화합물들은 또한, 12~300mg/L의 농도범위로써 수지 플랜트들로부터 유출된다. EPA(Environmental Protection Agency)는 폐수 속의 페놀함량에 대하여 0.1mg/L의 제한값을 규정하였다. WHO는 페놀의 규제에서 더 엄격하다. WHO는 음용수에서의 페놀농도의 제한값으로서 0.001mg/L을 규정하고 있다.

활성탄에 의한 수용액으로부터의 페놀계 화합물들의 흡착은 탄소 흡착제들의 모든 액체상 적용 분야들 중에서 하나이다[45]. 폐수의 처리와 페놀류들의 제거를 위해 여러 가지 흡착제들이 사용되었다. 목질계 탄소와 석탄계(갈탄계) 활성탄에서 수용액들로부터 mono-, di- 그리고 trichlorophenols에 대한 흡착 등온에 관해서 조사되었다. 2,4-DCP에 대한 흡착용량은 502mg/g인 것으로 밝혀졌으며 Freundlich 모델은 실험 데이터에 대해서 가장 좋은 fitting을 주었다[46]. Zogorski 등[47]은 GAC에서의 페놀류들 흡착 속도론에 관해서 연구하였다. 그들은 흡착의 60%~80%는 접촉의 첫 시간 내에 일어나며 최종 최대 평형농도로의 매우 느린 접근을 수반한다.

또 다른 연구에서 2,4-dichlorophenol의 흡착 정도는 pH의 함수인 것으로 밝혀졌다. 표면 작용기들의 존재는 또한 활성탄에서의 페놀류들이 흡착에 영향을 미쳤다. 활성탄에서 용존 산소의 존재는 페놀 화합물들에 대한 흡착용량을 증가시켰다. 흡착용량에서의 이러한 증가는 산화 결합(coupling) 반응들을 통한 화합물들의 올리고머화에 기인하였다[48].

Hamdaouia 등[49]은 GAC에서 수용액으로부터 5가지의 페놀 화합물들의 흡착 평형 등온 관계들에 관하여 연구하였고 모델화하였다. 선택된 다섯 가지 화합물들은 페놀(Ph), 2-chlorophenol(2-CP), 4-chlorophenol(4-CP), 2,4-dichlorophenol(DCP),

그리고 2,4,6-trichlorophenol(TCP)이었다. 그들은 활성탄 표면과 페놀 화합물들의 상호작용은 국한된 단일층 흡착 타입에서 일어났다는 것을 즉, 다시 말해서 흡착된 분자들은 한정된 일정한 국한된 자리들에서 흡착된다는 사실을 또한 관찰하였다. 페놀류의 흡착은 Rh<2-CP<4-CP<DCP<TCP의 순서로 증가하였으며 이것은 분자량, 횡단면의 면적, 그리고 소수성에서의 각각의 증가와 그리고 용해도와 pKa에서의 감소와 잘 상관관련되었다.

산업폐수로부터 페놀의 제거를 위해 매우 저렴한 흡착제인 톱밥을 탄화시킨 후 사용하였다. 평형 흡착수준은 용액의 pH, 온도, 접촉시간, 흡착제 dose 그리고 초기 농도의 함수로서 결정되었다. 톱밥을 사용한 페놀에 대한 흡착 최대값은 10.29mg/L이었다[51].

탄소질의 재료, AC, BA(bagasse ash) 그리고 WC(wood charcoal)와 같은 흡착제들이 물로부터 페놀의 제거를 위해 사용되었다[51]. 결과들은 페놀-WC, 그리고 페놀-BA에 대한 제거효율들은 각각 대략 98%, 90% 그리고 90%이었다는 것을 나타내었다. 페놀의 제거효율은 흡착시스템의 pH가 감소하였을 때 약간 증가하였다. Yapar와 Yilmar[52]는 페놀의 제거를 위한 터키산 백토와 천연 제올라이트 재료의 흡착용량에 관하여 보고하였다. 그들은 회화된 hydrotalcite가 연구된 흡착제들 중에서 가장 좋았으며 이것에서 1:100의 흡착제/페놀 비율에서 1000mg/L 페놀의 용액으로부터 페놀의 52%를 흡착하였던 반면 다른 것들은 페놀의 단지 8%만을 흡착하였다는 사실을 발견하였다. 또한, 수용액으로부터 페놀의 제거를 위한 흡착제들로서 실리카겔, 활성 알루미나, AC, fitrasorb 400 그리고 Hisir 1000 흡착제를 시험하였다. 그들은 Hisir 1000이 테스트된 재료들 중에서 가장 좋았다는 사실을 밝혔다[53]. Das와 Patnaik[54]는 batch 실험을 통해서 페놀 흡착을 조사하기 위해 BFD(blast furnace flue dust)와 슬래그를 사용하였다.

Bromophenols(2-bromophenol, 4-bromophenol, 그리고 2,4-dibromophenol)은 독성 유기 페놀류의 한가지로서 생각되었다. 산업폐기물들은 이 오염물질들의 제거를 위한 저렴한 흡착제로서 사용되었다. 비료산업 폐기물로부터 제조된 탄소질의 흡착제에서 최대 흡착은 4-bromophenol, 2-bromophenol, 그리고 2,4-dibromophenol 각각에 대해서 40.7, 170.4 그리고 190.2mg·g-1이었다. 탄소질의 흡착제와 비교해서 다른 세 가지 흡착제들(용광로 슬러지, 재, 그리고 슬래그)은 훨씬 더 적은 정도로 bromophenols를 흡착한다[55]. <표 10-2>는 페놀류들의 제거를 위한 다른 흡착제들의 최대 흡착용량을 나타낸다.

〈표 10-2〉 Adsorption capacities of different adsorbents for the removal of phenols.

Organic Pollutants	Adsorbent	Adsorption Maximum	Ref.
Phenol	Porous Clay	14.5mg/g	[56]
2,5-dichlorophenol	Porous Clay	45.5mg/g	[56]
3,4-dichlorophenol	Porous Clay	48.7mg/g	[56]
3,5-dichlorophenol	(cetyl-pyridinium-Al PILC)	97.2mg/g	[57]
Phenol	Hemidesmus Indicus Carbon(HIC)	370ppm	[58]
Phenol	Commercial Activated Carbon(CAC)	294ppm	[58]
Phenol	NORIT Granular Activated Carbon(NAC 1240)	74.07mg/g	[59]
Phenol	NORIT Granular Activated Carbon 1010	166.6mg/g	[59]
Phenol	Active carbon	257mg/g	[60]
Phenol	Mesoporous carbon CMK-3-100℃	347mg/g	[60]
Phenol	Mesoporous carbon CMK-3-100℃	428mg/g	[60]
Phenol	Mesoporous carbon CMK-3-100℃	473mg/g	[61]
Phenol	Leaf litter of *Shorea roubsta*	76%	[60]
Phenol	activated phosphate rock(1M HNO_3)	83.34mg/g	[62]
Phenol	Natural day	15mg/g	[63]
2,4-dichlorophenol	activated carbon derived from oil palm empty fruit bunch(EFB)	232.56mg/g	[64]

6. 농약과 제초제의 흡착

주변 환경으로 고의로 계획적으로 배출된 농약과 제초제는 수중 시스템들에 동시에 도처에 있다; 그들은 종종 낮은 농도 수중들로 검출되며 일반적으로 복잡한 혼합물들의 형태로 생긴다[64-65]. 농지와 임야에 사용된 화학비료와 농약의 침출은 여러 수계 스트림에서 유기오염에 대한 주된 이유 중의 하나이다. 농약과 제초제는 그들의 독성, 발암성 그리고 돌연변이 유발력 때문에 생물체들에 매우 유해하다[66]. 그러므로 농약과 그들의 분해 생성물들의 독성은 이 화학물질들을 주변환경을 오염시킴에 의한 잠재적인 위험요소로 만들고 있다. 그것들은 단일 그리고/혹은 결합된 독성적인 영향의 장기간 축적 때문에 수중 생태 시스템과 인간의 건강에 대하여 심각한 걱정(우려)을 불러일으켰다[67]. 농약과 제초제에 의한 지하수, 지표수 그리고 토양의 오염은 최근 중대하고 의미 심장한 관심을 끌고 있는데 이것은 농업 부문에서의 농약 사용이 증가하고 있기 때문이다[67].

새롭게 개발된 농약 중에서 유기인계 농약들이 가장 일반적으로 사용된다. 이 부류의 화학물질들은 여러 형태로 나뉘어진다; 그러나 두 가지의 가장 보편적인 형태들은 phosphates와 phosphorothionates이다. 메틸 파라티온(o,o-dimethyl o-4-nitrophenyl phosphorothioate)은 class I 살충제이다. 메틸 파라티온이 곡물 위로 스프레이로써 환경 속으로 투입되자마자 공기 중에서의 메틸 파라티온의 방울들은 토양, 식물 혹은 물 위로 떨어진다. 대부분의 메틸 파라티온은 그것을 사용한 지역에 머무르게 됨과 동시에 일부는 비, 안개 그리고 바람에 의해서 사용되었던 지역으로부터 멀리 떨어진 지역으로 이동할 수 있다[69].

변형된 고분자 흡착제들이 물과 폐수로부터 유기 오염물질들의 제거를 위해 제조되었다. 흡착제로서 CDPs(cyclodextrin-based polymer)를 사용한 유기 오염물질들의 흡착은 특유한 친화력, 낮은 가격 그리고 간단한 디자인의 유리한 점들을 갖는 효과적인 기술이다[65, 70-71]. CDPs는 복잡한 분자로서 CD와 가교결합제로서 다중작용물질(예를 들면, epichlorohydrin(EPI))을 사용하여 합성될 수 있다. 여러 구조들과 성질들을 갖는 수많은 CDPs가 개발되어졌다 할지라도[72, 73] CDP 성질들이 유기 오염물질들, 특히 혼합된 오염물질들에 대한 흡착 친화력에 어떻게 영향을 미칠 수 있는지에 관해서는 아직까지 분명치 않다. Liu 등[66]은 Scheme 1에서 CDP의 가교결합된 구조와 관련된 흡착 메커니즘들에 관해서 그림으로 설명하였다.

[그림 10-1] Cross-linked structure of cyclodextrin polymer and related adsorption mechanisms, from LiU et al.[66]

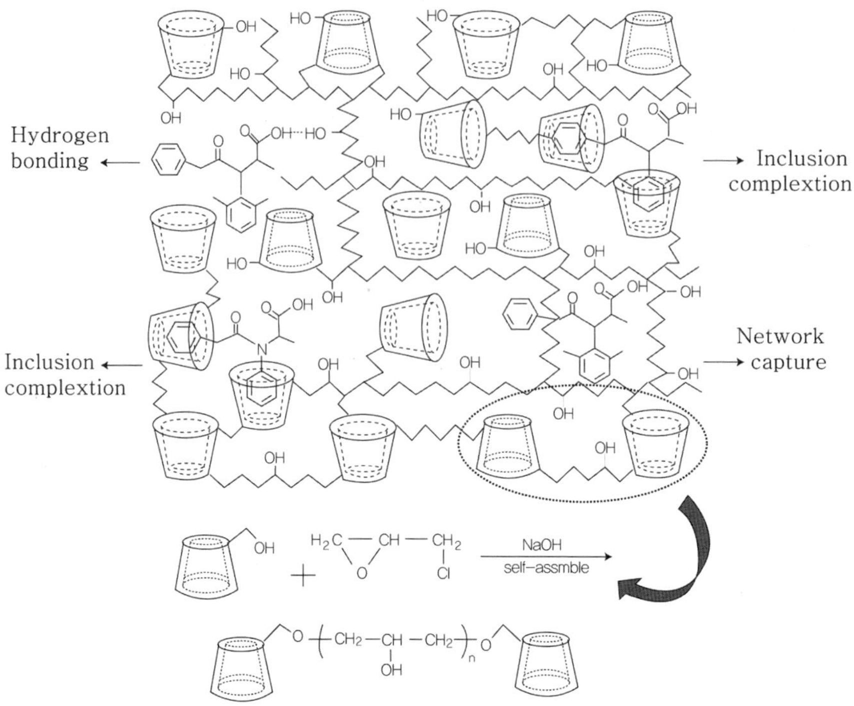

다른 변형된 고분자 흡착제가 제초제의 처리에 사용되었다. 액체 용액으로부터 제초제들(alachlor, amitrole, trfluralin 그리고 prometryn)의 흡착을 위해 다공성 고분자 흡착제들을 사용하였다. 다음과 같은 두 가지의 흡착제 수지들을 조사하였다: highly hydrophobic Amberlite XAD-4(polystyrene-divinylbenzene copolymer) 그리고 functionalized more hydrophilic XAD-7(nonionic aliphatic acrylic polymer), 흡착은 pH 6.5에서 성공적으로 이루어졌다[74].

농약의 제거를 위해 폭넓게 사용된 다른 흡착제는 AC(활성탄)이다. 농업 및 산업폐기물들로부터 제조된 활성탄들(ACs)은 오염된 물로부터 농약의 제거를 위해 사용되었다. 물리적인 스팀 활성화에 의해서 농업 잔류물들(olive kernel, corn cobs, rapeseed stalks 그리고 soya stalks)로부터 생산된 ACs는 물로부터 BP(Bromopropylate)의 제거를 위해 테스트 되었다. 테스트 결과들은 corn cob, olive kernel, soya stalks 그리고 rapeseed stalks로부터 제조된 흡착제들(ACs)에서 농약의 최대 흡착용량(qm)은 7.9×10^{-2}, 12.3×10^{-2}, 11.6×10^{-2} mmol/L임을 나타내었다. 이 연구에서 달성된 BP의 제거는 모든 ACs에 대해 90~100%이었다[75].

Ayranci와 Hoda[76]는 높은 specific area의 ACC(Activated carbon-cloth) 흡착제에서 수용

액으로부터 농약인 ametryn[2-(ethylamino)-4-isopropylamino-b-methyl- thio-s-triazine], aldicarb[(2-methyl-2-(methylthio)propionaldehyde o-methylcarbamoyloxime)], diuron[N-(3,4-dichlorophenyl)-N,N-dimethyl urea] 그리고 dinoseb[2-(sec-butyl)-4,6-dinitrophenol]의 흡착에 관하여 연구하였다. 연구의 결과 ametryn, diuron, dinose 그리고 aldicarb에 대한 ACC의 최대 흡착용량은 각각 354.61, 421.58, 301.84 그리고 213.06mg/g이었다.

KOH와 CO_2 활성화에 의한 BSAC(banana stalk activated carbon)는 농약인 2,4-D(2,4-dichlorophrnoxyacetic acid)와 bentazon을 제거할 수 있는 그것의 능력에 관해서 조사되었다. 2,4-D 초기 농도가 50mgL^{-1}로부터 300mgL^{-1}까지로 증가하였을 때 2,4-D의 % 제거효율은 98.4%로부터 85.4%까지로 감소하였다. Bentazon에 대해서는 bentazon 초기 노도가 25mgL^{-1}로부터 250mgL^{-1}까지로 증가하였을 때 % 제거효율은 96.5%로부터 61.6%까지로 감소하였다. 그러므로 BSAC에 의한 2,4-D와 bentazon의 흡착은 농약들의 초기 농도에 강하게 의존한다. 2,4-D에 대한 최대 흡착용량(qe)은 168.03mgg^{-1}이었으며 bentazon에 대해서는 100.95mgg^{-1}[79]이었다.

7. 다른 유기 오염물질들의 흡착

다른 유기 오염물질들은 물과 폐수에서 오염물질들로서 발견되었다. 이들 오염물질들에는 제약폐수, 계면활성제, 유기용매, 프탈레이트, 탄화수소, 에스터, 알코올, 휘발성의, 반휘발성의 그리고 비휘발성의 염소화된 유기 오염물질들이 포함된다. 활성탄(AC), 백토, 그리고 백토 미네랄들은 유기 오염물질들의 제거를 위해 폭넓게 사용된다.

7.1 활성탄(AC)에서의 흡착

AC에서의 흡착은 수용액 산업 슬러지, 지표수 그리고 음료수로부터 유기 오염물질들을 제거하기 위한 최근에 가장 종종 사용되는 기술이다. MTBE(Methyl tert-butyl ether)는 주로 가솔린에서 연료 첨가제로서 그리고 또한 용매로서 사용되는 유기 오염물질이다. GAC에 의한 MTBE의 흡착에 관하여 조사되었다. GAC에서의 MTBE의 최대 흡착용량은 204.1mg/g이었다. GAC는 MTBE에 대한 효과적인 흡착제이며 또한 이 연구의 결과들은 오염된 지하수에서 GAC에서의 MTBE의 흡착에 있어서의 일정한 지침을 제공한다[82].

새로운 triolein-embedded AC 복합물 흡착제가 개발되었다. 새로운 복합물 흡착제는 supporting AC와 surrounding triolein-embedded cellulose acetate membrane으로써 이루어졌다. 흡착제를 5주일 동안 담궈 적신 후 triolein 누출이 검출되지 않았기 때문에 흡착제는 물에서 안정하였다. 흡착제는 dieldrin에서 좋은 흡착 능력을 가졌다. 이러한 사실은 $0.204\mu gL^{-1}$ 잔류 dieldrin 농도에 의해서 지적되어졌다. 복합물 흡착제의 제거 효율은 전통적인 AC 흡착제보다도 더 높았다[83]. Essa 등[84]은 흡착제로서 화학적으로 활성화된 대추야자 씨의 가능성에 관하여 연구하였다. 대추야지 씨들은 70% 인산을 주입시켰으며 이후 300℃와 700℃ 사이에서의 열처리를 수반하였다. 동공 표면적에 미치는 활성화 온도와 산농도의 영향에 관하여 연구되었다. 500℃에서 제조된 AC 시료를 사용한 수용액에서의 페놀 흡착 경향들은 상업적인 시료(Filtrasorb-400)와 비교되었다.

AC의 다섯 가지의 상업적으로 입수가능한 타입들(GAC 1240, GCN 1240, RBI, pK1~3, ROW 0.8 SUPRA)은 화학 플랜트의 폐수로부터 유기 염소화 화합물들을 제거하기 위해 사용되었다. 여러 가지 타입의 AC는 dichloromethane의 분자량(MW 84.93 $gmol^{-1}$)으로부터

hexachlorobenzene(MW 284.78gmol^{-1})의 분자량까지의 분자량 범위의 14개의 순수한 유기 염소화 화합물들에 대한 Freundlich 흡착 등온관계들을 기초로 해서 테스트 되었다. 가장 좋은 흡착제(GAC 1240)가 선택되었으며 테스트된 유기 염소화 화합물들에 관하여 그것의 제거효율을 평가하기 위하여 실험실적 고정상 칼럼에서 사용되었다. 제거효율은 항상 90%보다도 더 높았다<표 10-3>[85].

〈표 10-3〉 Removal efficiency (%) of chlorinated compounds from wastewater by five commercially available types of activated carbon, from Pavonia et al.[85]

Substance	Precenage of adsorption efficiency(%)
Dichloromethane	98.3
Trichloromethane	98.8
1,1,1-Trichloromethane	99.0
Carbon tetrachloride	99.0
1,2-Dichloroethane	82.8
Trichloroethylene	94.7
1,1,2-Trichloroethane	86.3
Tetrachloroethylene	91.6
1,1,1,2-Tetrachloroethane	87.3
Trans 1, 4-dichloro-2-butene	94.2
1,2,4-Trichlorobenzene	99.2
1,2,3-Trichlorobenzene	90.5
Hexachloro-1,3-butadiene	99.4
Hexachlorobenzene	95.1

항생제는 약리학적 유기 오염물질의 한 종류로서 생각된다. Chio 등[86]은 응집과 GAC 여과를 사용하여 처리되지 않은 물(합성 그리고 강)로부터 7가지 테트라사이클린 부류들의 항생제(TAs)의 처리에 관해서 조사하였다. 그들의 결과는 응집과 GAC 여과는 TAs의 제거에 대해 효과적이었으며 제거효율은 TAs의 타입에 의존하였다는 사실을 나타내었다. GAC 여과는 응집에 의해 제거되기 어려웠던 TC(tetracycline), DXC(doxycycline-hyclate) 그리고 CTC(Chlortetracycline-HCl)의 제거를 위해 상대적으로 더 효과적이었다. Putra 등[87]은 흡착제들로서 벤토나이트와 AC를 사용하여 제약폐수로부터 Amoxicillin(항생제)의 제거에 관해서 조사하였다. 연구는 여러 pH값들에서 이루어졌다. Langmuir 모델과 Freundlich 모델을 평형 데이터를 상관관계시키기 위해 사용하였는데 두 가지 모델들은 데이터를 동등하게 잘 피팅시켰다. 화학흡착은 벤토나이트에서의 지배적인 주된 흡착 메커니즘인 반면 물리흡착과 화학흡착은 AC에서의 흡착에 대해 중요한 역할을 하였다. Ruiz 등[88]은 화학적으로 변형된 ACs를 사용한 수용액으로부터 paracetamol(진통제)의 제거를 연구하였다. Paracetamol의 제거에 미치는 탄소 표면화학 조성과 같은 AC 재료의 화학적 성질의 영향에 관해서 연구되었다. 탄소의 표면 이질성(불균일성)은 paracetamol 제거의 속도(비율)에 영향을 미쳤다. 그들은 산화 후 탄소의 습윤성은 향상되었으며 이것은 탄소 동공들로

paracetamol 분자들의 이동을 유리하게 하였다는 사실을 밝혔다. 동시에 전반적인 흡착율(속도)과 제거효율은 물분자들의 길항적 영향 때문에 산화된 탄소에서 감소된다. TCEP(Tris(2-chloroethyl) phosphate), iopromide, naproxen, carbamazepine, 그리고 caffeine drugs는 지표수와 폐수처리 플랜트들로부터의 방출수에서 매우 종종 관찰되었다. 완전한 규모의 그리고 파일럿 규모에서의 음료수 그리고 폐수처리 공정들에서의 이들 화학물질의 제거에 관해서 조사되었다. 응집과 여과와 같은 전통적인 음료수 처리방법들은 오염물질 제거를 위해 상대적으로 비효과적이었던 반면 GAC에 의해서 효과적인 제거(99%)가 달성되었다.

Liu 등[89]은 SPE(solid-phase extraction)의 방법과 함께 AC, haydite 그리고 quartz sand에 의한 음료수에서의 유기 오염물질들(11카테고리에서 42종의 유기 오염물질들)의 제거효과들에 관해서 연구하였다. AC, haydite 그리고 quartz에 의한 유기 오염물질들의 제거율은 각각 70.35%, 29.68% 그리고 37.36%이었다. 모두 중에서 AC는 대부분의 유기 오염물질들에서 가장 좋은 제거 효과를 나타내었다. 만약 AC-quartz sand 결합 공정들이 사용되었다면 유기 오염물질 화학종들과 total peak area는 동시에 감소될 수 있었다. Phthalate와 di-n-butyl phthalate에 대한 AC의 흡착능력은 바람직스러웠다. 제거율들은 93.27%와 57.02%에 도달하였다. Haydite에 대해서 대응하는 처리되는 물에서 10카테고리에서 26종류의 유기 오염물질들이 있었다. Total peak area는 29.68%까지 제거되었다. 아민들, 알칸들 그리고 페놀들에 대한 제거 효과들은 만족스러웠으며 제거율은 각각 68.71%, 49.97% 그리고 41.19%이었다. 그러나 phthalates, 에스터들 그리고 알데히드들의 경우에 효과들은 dimethyl phthalate 그리고 di-n-butyl phthalate와 명백하게 같지 않았다. 유기 오염물질들의 화학종들은 quartz sand에 의해서 36으로부터 20까지로 감소되었다. 그중에서도 특히 처리되지 않은 물에서 자일렌, 디메틸 프탈레이트 그리고 디-n-부틸 프탈레이트는 효과적으로 제거되었다. 수도꼭지에서 받은 맹물에서의 자일렌과 di-n-부틸 프탈레이트는 절대적으로 제거되었으며 디메틸 프탈레이트는 59.59%까지 제거되었다.

CA-triolein(Cellulose acetate embedded with triolein)은 미세오염된 수용액으로부터 POPs의 제거를 위한 흡착제로서 제조되었다. Dieldrin의 제거를 위한 CA-triolein, CA 그리고 GAC의 비교에 관해서 조사되었다. 조사결과들에서는 비록 GAC가 첫 4시간의 흡착에서 높은 제거율을 가졌다 할지라도 CA-triolein 흡착제는 24시간 후 가장 낮은 잔류농도를 주었다는 사실을 나타내었다. CA-triolein의 혼합된 POPs(예를 들면, aldrin, dieldrin, endrin 그리고 heptachlor epoxide)의 제거효율, 흡착 등온선, 흡착제의 재생 그리고 초기 칼럼 실험들이 자세히 연구되어졌다. 선형 흡착 등온선과 두 성분으로 된 등온선에서의 독립 흡착은 선택된 POPs는 주로 대체로 분배 메커니즘에 의해

CA-triolein 흡착제에서 흡착된다는 사실을 지적하였다. 열역학적 계산들은 흡착은 높은 친화력으로써 자발적이었으며 흡착은 흡열반응이었다는 사실은 나타내었다. 헥산으로써 씻어내면 CA-triolein 흡착제는 POPs의 흡착 후 재생될 수 있다. 흡착-재생과정이 5번 반복되었을 때 조차도 dieldrin 제거효율에 있어서의 현저한 감소는 관찰되지 않았다. 초기 칼럼 실험들의 결과들은 유입농도가 1~1.5g/L이었고 EBCT (empty-bed contact time)가 20분이었을 때 CA-triolein 흡착제는 3200의 BV(breakthrough empty-bed volume)에서 breakthrough point에 도달하지 않았다는 사실을 나타내었다 [90].

코우킹 폐수로부터 유기 오염물질들을 흡착하기 위하여 AC(activated coke)를 연구하였다. 연구는 코우킹 폐수로부터 COD의 제거를 위한 AC의 흡착 반응속도와 평형흡착 등온관계에 초점을 맞추었다. 연구결과들은 AC의 dose가 $200gL^{-1}$이었을 때 40℃에서 6시간의 교반 후 COD의 91.6%와 색깔의 90%가 제거될 수 있었다는 사실을 나타내었다. AC에서 코우킹 폐수로부터 COD의 흡착의 반응속도는 pseudo-2차 모델에 피팅되었다. AC에서의 COD의 흡착은 온도의 증가에 따라서 향상되었는데 이것은 흡광 과정이 물리적인 흡착이라기보다는 오히려 화학적인 흡착이라는 사실을 지적해 준다[91].

석탄연소방식의 발전 플랜트로부터 발생되는 폐재료의 한 종류인 bottom 회분은 일반적으로 시멘트 첨가제에 그리고 빌딩재료로서 사용된다. Bottom 회분은 코우킹 폐수와 제지폐수에서 유기 오염물질들을 제거하기 위해 사용되었다. COD의 제거에 미치는 bottom ash의 입자크기와 dosage의 영향에 관하여 연구되었다. 연구결과들은 COD 제거효율은 그것의 POC(Particle organic carbon)의 높은 퍼센트 때문에 제지폐수에 대한 그것보다도 훨씬 더 높다는 사실을 나타내었다. Bottom ash dosage에 따른 제거효율의 다른 경향들이 또한, 그들의 여러 POC 농도들 때문에 코우킹 폐수와 제지폐수에 대해 관찰되어진다[92].

7.2 백토와 백토광물 흡착제들에서의 흡착

이들 오염물질의 제거를 위해 여러 가지 흡착제들이 사용되었다. 효과적이며 저렴한 흡착제들 중에서 하나는 백토와 백토광물이다. 그들의 높은 표면적과 분자체 구조 때문에 천연 백토광물들은 양이온의 혹은 극성의 유기 오염물질들에 대한 매우 효과적인 흡착제들이다. 천연의 그리고 변형된 백토광물과 제올라이트들은 오염물질들의 유치를 위한 높은 표면적을 갖는다[93].

유기백토로부터 제조된 흡착제들은 다양한 유기 오염물질들을 제거하기 위해 나타났다[94, 95]. Montmorillonite는 양이온 계면활성제들의 제거를 위한 흡착제로서 사용되었으며 동시에 Montmorillonite의 친수적인 표면은 변형되었으며 흡착제로서 사용되었다[97]. 회화된 hydrocalcites는 제조되어 오염된 물로부터 유기 음이온 농약들[97]을 제거하기 위해 사용되었다. 이것에서 양으로 하전된 기공들이 DDAB(didodecyldimethyl-ammonium bromide)로써 이루어진 이공-백토 콤플렉스들은 Montmorillonite에서 흡착되었으며 그리고 물로부터 음이온성(sulfentrazone, imazaquin) 그리고 중성(alachlor, atrazine) 오염물질들을 효과적으로 제거하였다. 이들 콤플렉스들(0.5% W:W)은 10mg/L를 포함하는 용액으로부터 sulfentrazone, imazaquin 그리고 alachlor의 92~100%를 그리고 atrazine의 60%를 제거하였다. 모든 오염물질들이 동시에 존재하였을 때 (30mg/L 각각) 그것의 제거퍼센트는 85.5이었다. Quartz sand와 기공-백토의 혼합물(100:1, W:W)로써 채워진 칼럼필터들(18cm)이 테스트되었다. 모든 오염물질들을 각 10mg/L로 포함하는 용액 1L(25 pore volumes)의 통과에 대해 제거는 sulfentrazone과 imazaquin에 대해서는 완전하였으며 alachlor에 대해서는 94% 그리고 atrazine에 대해서는 53.1%이었던 반면 AC를 사용하였을 때 제거는 현저하게 덜 효과적이었다. Vesicle-clay 필터의 비슷한 유리함은 제거용량들에 대해 관찰되었다. <표 10-4>는 DDAB-Clay complex 흡착제에 의한 물로부터 유기 오염물질들의 제거효율을 나타낸다[98].

〈표 10-4〉 Removal of organic pollutants from water by DDAB-Clay complex adsorbent[a,b](From Undabeytiaa et al.[98])

% removal	Initial herbicide conc (mg/L)	DDAB Conc. (Mm)	Pollutants
37.3±0.3	8	3	Atrazine
(57.4±0.7)	8	5	
56.6±1.0			
(59.8±0.1)			
[59.0]			
94.9±0.8	10	3	Alachlo
(85.6±1.0)	10	6	
95.5±0.1			
(87.2±0.2)			
[92.7]			
73.6±0.4	10	3	Imazaquin
(92.0±0.3)	10	6	
75.52±0.3			
(92.3±1.0)			
[95.8]			
98.0±1.0	10	3	Sulfentrazone
(99.7±0.1)	10	6	
99.7±0.1			
(99.7±0.1)			
[99.9]			

괄호 속의 데이터는 건조된 콤플렉스를 용액에 첨가하였을 때의 과정에 대응하는 반면 다른 경우는 백토의 첨가를 수반하면서 DDAB로써 꾀한 후의 제거에 대응하는 것이다.

대괄호 속의 데이터는 Langmuir 식(바인딩 계수들)에 의해 예측된 제거이다.

Zhao 등[99]은 mesoporous 실리카 재료를 제조하였으며 그것을 물에서 유기 오염물질들의 흡착을 위해 사용하였다. Mesoporous 실리카 재료는 다음과 같은 두 가지의 계면활성제들의 자체 회합 마이셀집합체들을 사용하여 실행된다: CPB(cetylpyridinium bromide)와 CTAB(cetyltrimethylammonium bromide), 환경 오염물질들(mono-, di-, tri-chloroacetic acid, toluene, 나프탈렌, 그리고 메틸 오렌지)에 대한 이들 두 가지 종류의 mesoporous 실리카 재료의 보유(포획) 성질들에 관하여 연구되었다. 흡착성능에 미치는 조성(계면활성제들의 존재 유무, 다른 종류의 계면활성제들)의 영향에 관해서 고려되었다. 그들은 재료가 chloroacetic acids, 톨루엔, 나프탈렌, 그리고 메틸 오렌지에 대해서 훌륭한 보유(포획)성능을 나타낸다는 사실을 밝혔다. 계면활성제 없는 재료는 이온성 그리고 비이온성 분석물질들에 대한 친화력을 나타내지 않는다.

$19 \leq Si/Al \geq 1$을 갖는 3차원 구조들과 알루미늄 함유량을 갖는 mesoporous aluminosilica monoliths가 수용액으로부터 유기분자들의 효과적인 흡착제로서 연구되었다. Mesocage cubic Pm3n aluminosilica monoliths는 간단하고, 재현성 있는 그리고 직접적인 합성을 사용하여 성공적으로 제조되었다[그림 10-2]. Monoliths의 산성도는 실리카 동공구조 벽들에서의 알루미늄 화학종들의 증가하는 양에 따라서 현저하게 증가하였다. Aluminosilica monoliths에서의 유기 오염물질들의 batch 흡착은 여러 온도들에서 수용액에서 실행되었다. 이 흡착제들은 짧은 기간 애에(단지 수 분 내에) 90%까지의 유기 오염물질들(예를 들면, aniline, p-chloroaniline, o-aminophenol 그리고 p-nitroaniline)의 효과적인 제거를 나타낸다.

변형된 백토들은 폐수로부터 유기 오염물질들의 제거를 위한 흡착제들로서 사용되었다. 두 가지의 기둥 모양으로 된 백토들은 알루미늄 그리고 지르코늄 용액들의 삽입에 의해 합성되며 수용액들로부터 Orange Ⅱ와 Methylene Blue의 제거를 위한 흡착제들로서 평가되었다. 최대 흡착에 대한 평형에 도달하기 위한 접촉시간은 300분인 것으로 밝혀졌다. 두 가지 백토는 Orange Ⅱ에 대해서는 같은 흡착용량을 갖는 것으로 밝혀졌던 반면 Methylene Blue에 대해서는 Zr-PILC의 흡착용량(27mg/g)이 Al-PILC(21mg/g)의 그것보다도 더 높았다. 염료들의 흡착 반응속도는 pseudo 1차 및 2차 반응속도에 관하여 연구되었으며 그리고 Freundlich, Langmuir 그리고 Sips 등온 모델들은 평형 흡착데이터에 또한 적용되었다. NaCl의 첨가는 Orange Ⅱ에 대한 두 가지의 pillared clays의 흡착용량들을 증가시키는 것으로 밝혀졌다. PILCs (Pillared Inter Layered Clays)는 토양(흙)의 삽입에 의해 얻어질 수 있는 다공성 재료이다

[101]. 또한, pillared clays 흡착제는 벤조(a)피랜과 염화페놀[102], 계면활성제로써 변형된 pillared clays에 의해 수용액으로부터 염화페놀들[103] 그리고 pillared clays에서 제조제 Diuron의 제거를 위해[104] 사용되었다.

[그림 10-2] Aluminosilica monoliths with a disc-like shape (A) and mesocage pores (B) as adsorbents (C) of organic compounds (Ⅰ-Ⅳ) inside the mesocage cavity and onto pore surfaces of 3D cubic Pm3n structures (D). Note that 3D TEM image (B) was recorded with aluminosilica monoliths with a Si/Al ratio of 4 (From El-safty et al.[100]).

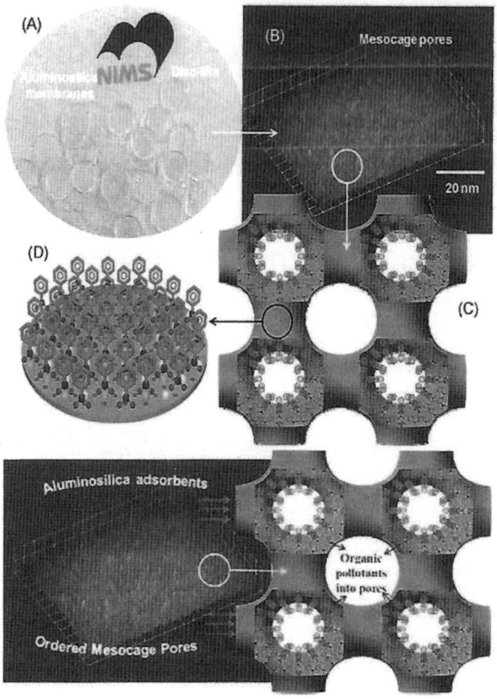

8. 결론

특히 POPs와 같은 생태시스템에서의 유기 오염물질들은 가장 중요한 환경오염 문제점들을 유발시키는 대상들이다. 고찰된 문헌들에서는 커다란 환경오염 우려를 초래하는 과거 수십 년간 유기 오염물질들의 생산과 사용에 있어서의 높은 증가가 있었다는 것을 나타내었다. 물과 폐수로부터 매우 독성적인 유기 화합물들의 제거를 위한 효과적인 기술들은 현저한 관심과 흥미를 끌었다. 흡착은 물과 폐수로부터 유기 오염물질들의 제거를 위한 그리고 고품질의 처리된 방출수를 생산하기 위한 효과적이고 저렴한 기술로서 인식된다. 이 장에서는 다른 종류의 천연 및 합성 흡착제들에 의한 흡착기술을 사용한 유기 오염물질들의 제거에 관하여 고찰하였다.

많은 연구들은 흡착기술에 의한 유기 오염물질들 제거효율의 확립을 목표로 하였다. 처리비용을 감소시키기 위하여 산업 그리고 농업활동의 폐재료로부터의 값싼 대체 AC를 찾고져 하는 시도가 이루어졌다. 또한, 백토와 천연 백토광물들은 그들의 높은 표면적과 분자체 구조 때문에 유기 오염물질들에 대한 매우 효과적인 흡착제들이다. 이 장에서는 흡착현상, 다른 타입의 천연 및 합성 흡착제들, 염료, 페놀류, 농약, 제초제 그리고 다른 유기 오염물질들의 흡착에 관해서 다룬 문헌들을 고찰하고 평가하였다. 최종적으로 AC, 백토 그리고 백토광물들에서의 유기 오염물질들의 흡착에 관한 최근의 연구들에 관하여 분석, 고찰하였다.

약어

AC Activated carbon, PCP pentachlorophenol
CAC Commercial Activated carbon, PCDD/Fs polychlorinated dibenzo-p-dioxins and di-benzofurans
PAC powered activated carbons, DDT dichloro-diphenyl-trichloroethane
ACC Activated carbon cloth adsorbent, DNOC 2,4-dinitrophenol (DNP) and 2-methyl-4,6- dinitrophenol
WC Wood charcoal, HCB Hexachlorobenzene
GAC Granular activated carbon, CD Cyclodextrin
HIC Hemidesmos Indicus carbon, BP Bromopropylate
POPs persistent organic pollutants, LDHs MgAl layered double hydroxides
BET Buruner, Emmett, and Teller, MTBE Methyl tert-butyl ether
TCP 2,4,6-trichlorophrnol, MP Methyl parathion
DCP Dichlorophenol. TCEP Tris (2-chloroethyl) phosphate
BA Bagasse ash, TC Tetracycline
BFD Blast furnace flue dust, DXC Doxycycline-hyclate
TWMP Treated watermelon peels, CTC Chlortetracycline-HCl
PPC Potato peels charcoal, CA Cellulose acetate
WBA Wood-shaving bottom ash, CA-triolein Cellulose acetate (CA) embedded with triolein
CDPs Cyclodextrin-based polymer, EBC Empty-bed contact time
CG Coffee grounds, DDAB Ddidodecyldimethyl-lammonium bromide
MS Melon seeds, CPB Cetylpyridinium bromide
OP Orange peels, CTAB Cetyltrimethylammonium bromide
MB Methylene blue, EPA Environmental Protection Agency
RR141 Red Reactive, 141 WHO TheWorld Health Organisation
POPs Persistent organic pollutants, PhAcS Pharmaceutically active substances
OCPs Organochlorine pesticides, PCBs polychlorinated biphenyls
TMP Trimethoprim, PCP Pentachlorophenol
PhAcS Pharmaceutically active substances, PCDD/Fs polychloronated dibenzo-p-dioxins and dibenzofurans
PCBs polychloronated biphenyls, DDT Dichloro-diphenyl-trichloroethane
COD Chemical oxygen demand, MW Molecular Weight

참고문헌

[1] Ali, I., Mohd. Asim, Tabrez. A. Khan. Low cost adsorbents for the removal of organic pollutants from watewater. Journal of Environmental Management 2012; 113, 170–183.

[2] Ali, I., Aboul-Enein, H.Y., Chiral. Pollutants: Distribution, Toxicity and Analysis by Chromatography and Capillary Electrophoresis. John Wiley & Sons, Chichester, 2004.

[3] Damià, B. Emerging Organic Pollutions in Waste Waters and Sludge. Springer, Berlin, 2005.

[4] Harrad, S., Persistent Organic Pollutants Environmental Behavior and Pathway for Human Exposure. Kluwer Academic Publishers, Norwell, 2001.

[5] Burkhard, L.P., Lukazewycz, M.T. Toxicity equivalency values for polychlorinated biphenyl mixtures. Environ. Toxicol. Chem. 2008, 27, 529–534.

[6] Clive, T. Persistent Organic Pollutants: Are we close to a solution? Published by the Canadian Arctic Resources Committee, Volume 26, Number 1, Fall/Winter. 2000.

[7] Fiedler, H., Persistent Organic Pollutants. Springer, New York, 2003.

[8] Ritter, L.; Solomon, K.R.; Forget, J. Persistent organic pollutants, An assessment report Canadian Network of Toxicology Centres 620 Gordon Street Guelphon Canada, 2000.

[9] Crini G. Recent developments in polysaccharide-based materials used as adsorbents in wastewater treatment. Prog. Polym Sci. 2005, 30, 38–70.

[10] Kurniawan, T.A. and Lo, W.H., Removal of refractory compounds from stabilized landfill leachate using an integrated H202 oxidation and granular activated carbon (GAC) adsorption treatment. Water Research, 2009, 43, 4079–4091.

[11] Aly, Osman M and Faust, Samuel D. Adsorption processes for water treatment. Butterwarth Publisher(Boston) 509p, 1987.

[12] Moreno-Castilla C. Adsorption of organic molecules from aqueous solutions on carbon materials. Carbon 2004, 42, 83–94.

[13] Amokrane, A., Comel, C. and Veron, J. Landfill leachate pretreatment by coagulation- flocculation. Water Research, 1997, 31, 2775–2782.

[14] Surmacz-Gorska, J. Degradation of Organic Compounds in Municipal Landfill Leachate. Lubin, Publishers of Environmental Engineering Committee of Polish Academy of Sciences, 2001.

[15] Putraa, E.K., Pranowo, R., Sunarsob, J. Indraswati, N. and Ismadji, S. Performance of activated carbon and bentonite for adsorption of amoxicillin from wastewater: Mechanism, isotherms and kinetics water research. 2009, 43, 2419–2430.

[16] Lillo-Rodenas M.A., D. Cazorla-Amoros, A. Linares-Solano. Behavior of activated carbons with different pore size distributions and surface oxygen groups for benzeneand toluene adsorption at low concentrations. Carbon 2005, 43, 1758–1767.

[17] Ardejani F. Doulati, Kh. Badii, N. Yousefi Limaee, N.M. Mahmoo해야, M. Arami, S.Z. Shafaei, A.R. Mirhabibi. Numerical modelling and laboratory studies on the removal of Direct Red 23 and Direct Red 80 dyes from textile effluents using orange peel, a low-cost adsorbent. Dyes and Pigments 2007, 73, 178-185.

[18] Gupta Vinod K., Alok Mittal, Rajeev Jain, Megha Mathur, Shalini S. Adsorption of Safranin-T from wastewater using waste materials-activated carbon and activated rice husks Journal of Colloid and Interface Science, 2006, 303, 80-86.

[19] Hamdaoui Oualid. Batch studey of liquid-phase adsorption of methylene blue using cedar sawdust and crushed brick Journal of Hazardous Materials 2006, B135, 264-273.

[20] Leechart P., Woranan Nakbanpote b, 1, Paitip Thiravetyan. Application of 'waste' wood-shaving bottom ash for adsorption of azo reactive dye Journal of Environmental Management 2009, 90, 912-920.

[21] Tsai Wen-Tien, Hsin-Chieh Hsub, Ting-Yi Su b, Keng-Yu Lin b, Chien-Ming Lin. Removal of basic dye (methylene blue) from wastewaters utilizing beer brewery waste. Journal of Hazardous Materials 2007, 154, (1-3) 73-78.

[22] Rashed. M.N., Acid Dye Removal from Industrial Wastewater by Adsorption on Treated Sewage Sludge, Int. J. Environment and Waste Management, 2011, 7, Nos. 1/2, 175-191.

[23] Rozada F., M. Otero, A. Moran, A.I. Garcia. Adsorption of heavy metals onto sewage sludge- derived materials. Bioresource Technology 2009, 99, 6332-6338.

[24] Rio, S., Catherine, F.B., Laurence, L.C., Philippe, C. and Pierre, L.C. Experimental design methodology for the preparation of carbonaceous sorbents from sewage sludge by chemical activation-application to air and water treatments. Chemosphere 2005, 58, 423-437.

[25] Martin, M.J., Artola, A., Balaguer, M.D., and Rigola, M., Towards waste minimization in WWTP: activated carbon from biological sludge and its application in liquid phase adsorption, J. Chem. Technol. Biotechnol., 2002, 77, 825-833.

[26] Gulnaz, O., Kayaa, A., Matyar, F. and Arikan, B. Sorption of basic dyes from aqueous solution by activated sludge', Journal of Hazardous Materials B, 2004, 108, 183-188.

[27] Otero M., F. Razada, L.F. Calvo, A.I. Garcia, A. Moran Adsorption on adsorbents from sewage sludge Elimination of organic water pollutants using adsorbents obtained from sewage sludge Dyes and Pigments 57, 2003, 55-65.

[28] Acemioglu, 2004 Acemioglu, B. Adsorption of Congo red from aqueous solution onto calcium rich fly ash. Journal of Colloid Interface Science, 2004, 274, 371-379.

[29] Wang, S., Boyjoo, Y., Choueib, A. and Zhu, J. Utilization of fly ash as low cost adsorbents for dye removal. Chemeca, 2004, 26-29.

[30] Wang, S., Boyjoo, Y., and Zhu, J. Sonochemical treatment of fly ash for dye removal from wastewater. Journals of Hazardous Materials, 2005, Vol. B126, 91-95.

[31] Al-Degs Yahya S. a, Musa I. El-Barghouthi a, Amjad H. El-Sheikh a, Gavin M. Walker. Effect of solution pH, ionic strength, and temperature on adsorption behavior of reactive dyes on activated carbon, Dyes and Pigments 2008, 77, 16-23.

[32] Orhan Ozdemira, Bulent Armaganb, Mustafa Turanb, Mehmet S. C, elike. Comparison of the adsortion characteristics of azo-reactive dyes on mezoporous minerals, Dyes and Pigments 2004, 62, 49-60.

[33] Indra D. Mall, Vimal C. Srivastava, Nitin K. Agarwal. Removal of Orange-G and Methyl Violet dyes by adsorption onto bagasse fly ashdkinetic study and equilibrium isotherm analyses, Dyes and Pigments 2006, 69, 210-223.

[34] Mansoor Anbia, Samira Salehi. Removal of acid dyes from aqueous media by adsorption onto amino-functionalized nanoporous silica SBA-3, Dyes and Pigments 2012, 94, 1-9.

[35] Auta M., B.H. Hameed. preparation of waste tea activated carbon using potassium acetate as an activating agent for adsorption of Acid Blue 25 dye, Chemical Engineering Journal 2011, 171, 502-509.

[36] Emad N. El Qada, Stephen J. Allen Gavin M. Walker. Adsorption of Methylene Blue onto activated carbon produced from steam activated bituminous coal: A study of equilibrium adsorption isotherm. Chemical Engineering Journal 2006, 124, 103-110.

[37] G. Gong, Q. Xie, Y. Zheng, S. Ye, Y. Chen. Regulation of pore size distribution in coal-based activated carbon, New Carbon Mater. 2009, 24, 141-146.

[38] B,S, Girgis, E. Smith, M.M. Louis, A.N.A. El-Hendawy. Pilot production of activated carbon from cotton stalks using H3PO4, J. Anal. Pyrol. 2009, 86, 180-184.

[39] Mehmet Ulas Durala, Levent Cavasa,b, Sergios K. Papageorgiouc, Fotis K. Katsarosc. Methylene blue adsorption on activated carbon prepared from Posidonia oceanica (L.) dead leaves: Kinetics and equilibrium studies. Chemical Engineering Journal 2011, 168, 77-85.

[40] Yongze Bao, Guilan Zhang. Study of adsorption Characteristics of Methylene Blue onto Activated Carbon Made by Salix Psammophila. Energy Procidia 2012, 16, 1141-1146.

[41] Alexandro M.M. Vargas, Andre L. Cazetta, Marcos H. Kunita, Tais L. Silva, Vitor C. Almeida. Adsorption of methylene blue on activated carbon produced from flamboyant pods (Delonix regia): Study of adsorption isotherms and kinetic models. Chemical Engineering Journal 2011, 168, 722-730.

[42] Ahmad A.L., M.M. Loh, J.A. Aziz. Preparation and characterization of activated carbon from oil palm wood and its evaluation on methylene blue adsorption, Dyes Pigments 2007, 75, 263-272.

[43] Tan I.A.W., A.L. Ahmad, G.H. Hameed. Enhancement of basic dye adsorption uptake from aqueous solutions using chemically modified oil palm shell activated carbon, Colloids Surf. A 2008, 318, 88-96.

[44] Das V.Srihari-Ashutosh. Adsorption Of Phenol From Aqueous Media By An Agro-Waste (Hemidesmus Indicus) Based Activated Carbon. Applied Ecology And Environmental Research 2011, 7(1): 13-23.

[45] Radovic, L.R., Moreno-Castilla, C. and Rivera-Utrilla, J. Carbon materials as adsorbents in aqueous solutions, In: Radovis, L.R.(Ed.). Chemistry and Physics of Carbon, A Series of Advances, 2001, 27, 227-405.

[46] Dobbs R. A. and Cohen, J.M., Carbon adsorption isotherms for toxic organics. In:

EPA-600/8-80-023, Municipal Environmental Research Laboratory, Office of Research and Development, Cincinnati, Ohio 1980.

[47] Zogorski, J.S., Faust, S.D. and Haas Jr., J.H. The kinetics of adsorption of phenols by granular activated carbon. J. Colloid Interface Sci., 1976, 55, 329-341.

[48] Snoeyink, A.L., McCreary, J.J. and Murin, C.J. CArbon adsorption of trace organic compounds. Cincinnati, Ohio, Municipal Research Lab Office of Research and Development, U.S. Environmental Protection Agency, 1977.

[49] Hamdaoui, O. and Naffrechoux, E. Modeling of adsorption isotherms of phenol and chlorophenols onto granular activated carbon Part Ⅰ. Two-parameter models and equations allowing determination of thermodynamic parameters. Journal of Hazardous Materials, 2007, 147, 381-394.

[50] Larous. Sl, Meniai A-Hl M.F.F.Sze, V.K.C. Lee, G. McKay. The use of sawdust as by product adsorbent of organic pollutant from wastewater: adsorption of phenol. Desalination 2008, 218, 323-333.

[51] Mukherjee Somnath, Sunil Kumarb, Amal K. Misra, Maohong Fan. Removal of phenols from water environment by activated carbon, bagasse ash and wood charcoal. Chemical Engineering Journal 2007, 129, 133-142.

[52] Yapar S., M. Yilmar. Removal of phenol by using montmorillonite, clinoptilolite and hydrotalcite, Adsorption 2004, 10, 287-298.

[53] Roostari N., F.H. Tezel. Removal of phenol from aqueous solution by adsorption, J. Environ. Manage. 2004, 70, 157-164.

[54] Das C.P., L.N. Patnaik. Removal of phenol by industrial solid waste, Practice Period. Hazard. Toxic Radioactive Waste Manage. ASCE 9, 2005, (2) 135-140.

[55] Bhatnagar Amit. Removal of bromophenols from water using industrial waste as low cost adsorbents, Journal of Hazardous Materials 2007, B139, 93-102.

[56] Sofía Arellano-Cárdenas, Tzayjrí Gallardo-Velázquez, Guillermo Osorio-Revilla, Ma. del Socorro López-Cortézl and Brenda Gómez-Perea. Adsorption of Phenol and Dichlorophenols from Aqueous Solutions by Porous Clay Heterostructure (PCH) J. Mex. Chem. Soc. 2005, 49(3), 287-291.

[57] Matthes, W., Kahr, G. Sorption of organic compounds by Al-and Zr-hydroxy-inter-calated and pillared bentonite. Clays and Clay Minerals 2000, 48, 593-602.

[58] V. Srihari, Ashutosh Das. Adsorption of Phenol From Aqueous Media By An Agro-Waste (Hemidesmus Indicus) Based Activated Carbon. Applied Ecology And Environmental Research 2009, 7(1): 13-23.

[59] Hawaiah Imam Maarof, Bassim H. Hameed, Abdul Latif Ahmad. Adsorption Isotherms for phenols onto Activated Carbon. AJChE, 2004, 4(1)-70-76.

[60] Enamul Haque, Nazmul Abedin Khan, Siddulu Naidu Talapaneni, Ajayan Vinu, Jonggeon Jegal and Sung Hwa Jhung. Adsorption of Phenol on Mesoporous Carbon CMK-3: Effect of Textural Properties, Bull. Korean Chem. Soc. 2010, Vol.31, No. 6

[61] Mishra S., Bahattachrya J. Potential of leaf litter for phenol adsorption-A Kinetic Study. Indian J. Chem Techn. 2006, 13, 298-301.

[62] Atef S. Alzaydien and Waleed Manasreh. Equilibrium, kinetic and thermodynamic studies on the adsorption of phenol onto activated phosphate rock. International Journal of Physical Sciences 2009, 4(4), 172-181.

[63] Djebbar M. 1, F. Djafril, M. Bouchekara and A. Djafri. Adsorption of phenol on natural clay. African Journal of pure and Applied Chemistry 2012, 6(2), 15–25, 15.

[64] Shaarani F.W., B.H. Hammed. Batch adsorption of 2,4–dichlorophenol onto activated carbon derived from agriculture waste, Desalination, 2010, 255(1–3) 159–164.

[65] Gilliom, R.J. Pesticides in U.S. streams and groundwater. Environmental Science & Technology 2007, 41(10), 3408–3414.

[66] Liu Huihui, Xiyun Cai, Yu Wanga, Jingwen C. Adsorption mechanism–based screening of cyclodextrin polymers for adsorption and separation of pesticides from water. Water research 2011, 45, 3499–3511.

[67] International Agency for Research on Cancer (IARC), Overall evaluations of cacinogenicity: An updating of IARC monographs volumes 1 to 42, Supplement 7, WHO, Lyon, France, 1987.

[68] Cui, N., Zhang, X., Xie, Q., Wang, S., Chen, J., Huang, L., Qiao, X., Li, X., Cai, X. Toxicity profile of labile preservative bronopol in water: the role of more persistent and toxic transformation products. Environmental Pollution 2011, 159(2), 609–615.

[69] Philip H.H., in: E.M. Michalenko, W.F. Jarvis, D.K. Basu, G.W. Sage, W.M. Meyland, J.A. Beauman, D.A. Gray (Eds.), Handbook of Environmental Fate and Exposure Data for Organic Chemicals, Ⅲ, Lewis, Chelsea, MI, 1991.

[70] Memon G. Zuhra, M.I. Bhanger, Mubeena Akhtar, Farah N. Talpur, Jamil R. Memon. Adsorption of methyl parathion pesticide from water using watermelon peels as a low cost adsorbent. Chemical Engineering Journal, 2008, 138, 616–621.

[71] Allabashi, R., Arkas, M., Hormann, G., Tsiourvas, D. Removal of some organic pollutants in water employing ceramic membranes impregnated with cross– linked silylated dendritic and cyclodextrin polymers. Water Research 2007, 41(2), 476–486.

[72] Romo, A., Penas, F.J., Isasi, J.R., Garcia–Zubiri, H.X., Gonzalez–Gaitano, G. Extraction of phenols from aqueous aolutions by beta–cyclodextrin polymers. Comparison of sorptive capacities with other sorbents. Reactive & Functional Polymers 2008, 68(1), 406–413.

[73] Crini, G., Morcellet, M. Synthesis and applications of adsorbents containing cyclo–dextrins. Journal of Separation Science 2002, 25(13), 789–813.

[74] G. Kyriakopoulosa, D. Douliaa, E. Anagnostopoulos. Adsorption of pesticides on porous polymeric adsorbents. Chemical Engineering Science 2005, 60, 1177–1186.

[75] Ioannidou Ourania A., Anastasia A. Zabaniotou, George G. Stavropoulos, Md. Azharul Islam, Triantafyllos A. Albanis. Preparation of activated carbons from agricultural residues for pesticide adsorption. Chemosphere 2010, 80, 1328–1336.

[76] Ayranci Erol, Numan Hada. Adsorption kinetics and isotherms of pesticides onto activated carbon–cloth. Chemosphere 2005, 60, 1600–1607.

[77] Djilani Chahrazed, Rachida Zaghdoudib, Ali Modarressid, Marek Rogalskid, Fayç al Djazia, Abdelaziz Lallame. Chemical Engineering Journal 2012, 189–190, 203–213.

[78] Chaara D., I. Pavlovic, F. Bruna, M.A. Ulibarri, K. Draoui, C. Barrig. Removal of nitrophenol pesticides from aqueous solutions by layered double hydroxides and their calcined products. Applied Clay Science 2010, 50, 292–298.

[79] SalmanJ.M., V.O. Njokua, B.H. Hameeda. Adsorption of pesticides from aqueous solution onto banana stalk activated carbon. Chemical Engineering Journal 2011, 174, 41–48.

[80] Maryam Khoshnood, Saeid Azizian. Adsorption of 2,4-dichlorophenoxyacetic acid pesticide by graphitic carbon nanostructures prepared from biomasses. Journal of Industrial and Engineering Chemistry. 2012, 18(5), 1796-1800.

[81] Memon G. Zuhra, M.I. Bhanger, Mubeena Akhtar, Farah N. Talpur, Jamil R. Memon. Adsorption of methyl paration pesticide from water using watermelon peels as a low cost adsorbent. Chemical Engineering Journal 2008, 138, 616-621.

[82] Chen D.Z., J.X. Zhang, J.M. Chen. Adsorption of methyl tert-butyl ether using granular activaetd carbon: Equilibrium and kinetic analysis Int. J. Environ. Sci. Tech., 2010, 7(2), 235-242.

[83] Jia RU, LIU Huijuan, QU Jiuhui, WANG Aimin, DAI Ruihua. Characterization and adsorption behavior of a novel triolein-embedded activated carbon composite adsorbent. Chinese Science Bulletin 2005, 50(23), 2788-2790.

[84] Essa, M.H.; Al-Zahrani M.A.; Nesaratnam S.A. Step towards national reliance using locally produced activated carbon from dates. Third Saudi Technical Conference and Exhibition (STCEX-3), Riyadh, Saudi Arabia, 291-297, 2004.

[85] Pavonia B., D. Drusiana, A. Giacomettia, M. Zanetteb. Assessment of organic chlorinated compound removal from aqueous matrices by adsorption on activated carbon. Water Research 2006, 40, 3571-3579.

[86] Choi, K.J., Kim, S.G. and Kim, S.H. Removal of antibiotics by coagulation and granular activated carbon filtration. Journal of Hazardous Materials, 2008, 151(1), 38-43.

[87] Putraa, E.K., Pranowo, R., Sunarsob, J., Indraswati, N. and Ismadji, S. Performance of activated carbon and bentonite for adsorption of amoxicillin from wastewater: Mechanism, isotherms and kinetics. Water research. 2009, 43, 2419-2430.

[88] Ruiz, B., Cabrita, I., Mestre, A.S., Parra, J.B., PiresJ., Carvalho, A.P and Ania, C.O. Surface heterogeneity effects of actevated carbons on the kinetics of paracetamol removal from aqueous solution. Applied Surface Science, 2010, 256, 5171-5175.

[89] Liu Hanchao, Feng Suping, Du Xialin, Zhang Nannan, Liu Yongli. Comparison of three sorbents for organic pollutant removal in drinking water. Energy Procedia 2012, 18, 905-914.

[90] Huijuan Liu, Jia Ru, Jiuhui Qu, Ruihua Dai, Zijian Wang, Chun Hu. Removal of persistent organic pollutants from micro-polluted drinking water by triolein embedded adsorbent. Bioresource Technology 2009, 100, 2995-3002.

[91] Mo he Zhang, Quan lin Zhao, Xue Baib, Zheng fang Ye. Adsorption of organic pollutants from coking wastewater by activated coke Colloids and Surfaces A: Physicochem. Eng. Aspects 2010, 362, 140-146.

[92] Wei-ling Sun, Yan-zhi Qu, Qing Yu, Jin-Ren Ni. Adsorption of organic pollutants from coking and papermaking wastewaters by bottom ash. Journal of Hazardous Materials 2008, 154, 595-601.

[93] Watanabe, Y., Yamada, H., Tanaka, J., Komatsu, Y., Moriyoshi, Y. Environmental purification materials: removal of ammonium and phosphate ions in water system. Trans. Mater. Res. Soc. Jpn. 2004, 29, 2309-2312.

[94] Beall, G.W. The use of organo-clays in water treatment. Appl. Clay Sci. 2003, 24, 11-20.

[95] Ake, C.L., Wiles, M.C., Huebner, H.J., McDonald, T.J., Cosgriff, D., Rochardson,

M.B., Donelly, K.C., Phillips, T.D. Porous organoclay composite for the sorption of polycyclic aromatic hydrocarbons and pentachlorophenol from groundwater. Chemosphere 2003, 51, 835–844.

[96] Borisover, M., Graber, E.R., Bercovich, F., Gerstl, Z. Suitability of dye–clay complexes for removal of non–ionic organic compounds from aqueous solutions. Chemosphere 2001, 44, 1033–1040.

[97] Li, F., Wang, Y., Yang, Q., Evans, D.G., Forano, C., Duan, X. Study on adsorption of glyphosate (N–phosphonomethyl glycine) pesticide on Mg–Al–layered double hydroxides in aqueous solution. J. Hazard. Mater. 2005, 125, 89–95.

[98] Tomas Undabeytiaa, Shlomo Nirb, Trinidad Sanchez–Verdejoa, Jaime Villaverdea, Celia Maquedaa, Esmeralda Morilloa. A clay–vesicle system for water purification from organic pollutants. Water Research 2008, 42, 1211–1219.

[99] Zhao Y.X., M.Y. Ding, D.P. Chen. Adsorption properties of mesoporous silicas for organic pollutants in water. Analytica Chimica Acta 2005, 542, 193–198.

[100] Sherif A. El–Safty, Ahmed Shahata, Mohamed Ismaela. Mesoporous aluminosilica monoliths for the adsorptive removal of small organic pollutants. Journal of Hazardous Materials 2012, 201–202, 23–32.

[101] Gil A., F.C.C. Assis, S. Albeniz, S.A. Korili Removal of dyes from wastewater by adsorption on pillared clays. Chemical Engineering Journal 2011, 168, 1032–1040.

[102] Srinivasan K.R., H.S. Fogler. Use of inorgano–orgono–clays in the removal of priority pollutants from industrial wastewaters: adsorption of benzo(a)pyrene and chlorophenols from aqueous solutions, Clays Clay Miner. 1990, 38, 287–293.

[103] Michot L.J., T.J., Pinnavaia. Adsorption of chlorinated phenols from aqueous solution by surfactant–modified pillared clays, Clays Clay Miner. 1991, 39, 634–641.

[104] Bouras O., J.C. Bollinger, M. Baudu, H. Khalaf. Adsorption of diuron and its degradation products from aqueous solution by surfactant–modified pillared clays, Appl. Clay Sci. 2007, 37, 240–250.

[저자약력]

최주환

- 고려대학교 화학과 및 동 대학원 - KIST(이학박사)
- 영국 옥스퍼드대학교 석유대학 수료
- 프랑스 TOTAL 석유그룹 Gonfreville 연구센터에서 연구
- 이수화학(주) 생산기술연구소 선임연구원
- 한국석유관리원 연구직 과장
- 한국과학기술원(KIST) 기전연구부 위촉연구원
- 한국환경자원공사 기술심의위원
- 고려대, 이화여대, 동덕여대, 상명대, 단국대 강사
  (화학과, 과학교육과, 응용화학과, 공업화학과)

[주요저서]

- 합성윤활유 및 첨가제(97, 진리탐구)
- 기기분석개론 및 응용(98, 교보문고)
- UV-Vis 및 원자흡수분광분석법(98, 우용출판사)
- 합성윤활유 및 윤활유 첨가제(00, 푸른길)
- 항공기용 연료유 및 합성윤활유(00, 푸른길)
- 폐플라스틱과 환경(00, 푸른길)
- 촉매(00, Prentice-Hall/Pearson Education Korea)
- 석유제품 적외선 스펙트라 핸드북(01, 유림문화사)
- 대기환경과 자동차연료(01, 마루)
- 폐유의 재생과 리사이클링(04, 홍)
- 석탄액화연료(04, 동아문화사)
- 계면활성제(09, 내하출판사)
- 촉매(10, 내하출판사)
- 폐유의 재생과 처리(10, 내하출판사)
- 바이오디젤(12, 내하출판사) ※(2013, 대한민국학술원 우수학술도서)
- 바이오연료(14, 내하출판사)
- 고기능성 엔지니어링 고분자(14, 내하출판사)
- LNG와 메틸연료(15, 내하출판사)
- 석유화학 폐수의 처리(19, 도서출판 서훈)

독성 오염물질 제어전략

2020년 3월 17일 초판 1쇄 인쇄
2020년 3월 27일 초판 1쇄 발행

저자 / 최주환
발행인 / 고우용
발행처 / 도서출판 서훈
등록일 / 1997년 11월 25일
출판등록 / 제2018-000062호
주소 / 서울특별시 은평구 갈현로47가길 22
전화번호 / 02)324-6577
팩시밀리 / 02)324-6177

정가 / 39,000원

ISBN / 978-89-6249-102-9 93570